U0128910

材料成型及控制工程系列规划教材
编审委员会

主　任　李春峰

委　员　（按姓氏笔画排序）

王文先　王东坡　王成文　王志华　王惜宝　韦红余
龙文元　卢百平　田文彤　毕大森　刘　峰　刘雪梅
刘翠荣　齐芳娟　池成忠　许春香　杨立军　李　日
李云涛　李志勇　李金富　李春峰　李海鹏　吴志生
沈洪雷　张金山　张学宾　张柯柯　张彦敏　陈茂爱
陈翠欣　林晓娉　孟庆森　胡绳荪　秦国梁　高　军
郭俊卿　黄卫东　焦永树

普通高等教育材料成型及控制工程

系列规划教材

材料科学与工程中的传输原理

李　日　等编著

黄卫东　主　审

化学工业出版社

·北京·

在材料科学研究与材料热加工工程中，许多过程是在高温下进行的。流体流动、热量传递和物质传递是普遍存在的三种最基本的物理现象。本书以微积分为主要的分析工具，系统而全面地剖析了动量、热量以及质量传输现象的物理特征，阐述了流体流动过程、传热过程和传质过程的基本理论。

本书分3篇共13章阐述了流体力学、传热学及传质学的基本理论，及在工程中的主要应用。每章后均安排有复习思考题及习题。书末附录给出了必要的数据资料。

本书可作为材料科学与工程、材料成形与控制工程、冶金工程专业的本科生教材，也可供从事此类专业的研究生及其他相关的科技人员参考。

图书在版编目（CIP）数据

材料科学与工程中的传输原理/李日等编著．—北京：化学工业出版社，2010.6

（普通高等教育材料成型及控制工程系列规划教材）

ISBN 978-7-122-08504-7

Ⅰ.材…　Ⅱ.李…　Ⅲ.材料科学：热工学-高等学校-教材　Ⅳ.TB3

中国版本图书馆CIP数据核字（2010）第082035号

责任编辑：彭喜英　　　装帧设计：周　遥

责任校对：郑　捷

出版发行：化学工业出版社（北京市东城区青年湖南街13号　邮政编码100011）

印　　装：大厂聚鑫印刷有限责任公司

787mm×1092mm　1/16　印张15¼　字数390千字　　2010年7月北京第1版第1次印刷

购书咨询：010-64518888（传真：010-64519686）　售后服务：010-64518899

网　　址：http://www.cip.com.cn

凡购买本书，如有缺损质量问题，本社销售中心负责调换。

定　　价：29.80元

版权所有　违者必究

序

材料成型及控制工程专业是1998年教育部进行专业调整时，在原铸造专业、焊接专业、锻压专业及热处理专业基础上新设立的一个专业，其目的是为了改变原来老专业口径过窄、适应性不强的状况。新专业强调“厚基础、宽专业”，以拓宽专业面，加强学科基础，培养出适合经济快速发展需要的人才。

但是由于各院校原有的专业基础、专业定位、培养目标不同，也导致在人才培养模式上存在较大差异。例如，一些研究型大学担负着精英教育的责任，以培养科学研究型和科学研究与工程技术复合型人才为主，学生毕业以后大部分攻读研究生，继续深造，因此大多是以通识教育为主。而大多数教学研究型和教学型大学担负着大众化教育的责任，以培养工程技术型、应用复合型人才为主，学生毕业以后大部分走向工作岗位，因此大多数是进行通识与专业并重的教育。而且目前我国社会和工厂企业的专业人才培训体系没有完全建立起来；从人才市场来看，许多工厂企业仍按照行业特征来招聘人才。如果学生在校期间的专业课学得过少，而毕业后又不能接受继续教育，就很难承担用人单位的工作。因此许多学校在拓宽了专业面的同时也设置了专业方向。

针对上述情况，教育部高等学校材料成型及控制工程专业教学指导分委员会于2008年制定了《材料成型及控制工程专业分类指导性培养计划》，共分四个大类。其中第三类为按照材料成型及控制工程专业分专业方向的培养计划，按这种人才培养模式培养学生的学校占被调查学校的大多数。其目标是培养掌握材料成型及控制工程领域的基础理论和专业基础知识，具备解决材料成型及控制工程问题的实践能力和一定的科学研究能力，具有创新精神，能在铸造、焊接、模具或塑性成形领域从事设计、制造、技术开发、科学研究和管理等工作，综合素质高的应用型高级工程技术人才。其突出特色是设置专业方向，强化专业基础，具有较鲜明的行业特色。

由化学工业出版社组织编写和出版的这套“材料成型及控制工程系列规划教材”，针对第三类培养方案，按照焊接、铸造、塑性成形、模具四个方向来组织教材内容和编写方向。教材内容与时俱进，在传统知识的基础上，注重新知识、新理论、新技术、新工艺、新成果的补充。根据教学内容、学时、教学大纲的要求，突出重点、难点，力争在教材中体现工程实践思想。体现建设“立体化”精品教材的宗旨，提倡为主干课程配套电子教案、学习指导、习题解答的指导。

希望本套教材的出版能够为培养理论基础和专业知识扎实、工程实践能力和创新能力强、综合素质高的材料成型及加工的专业性人才提供重要的教学支持。

教育部高等学校材料成型及控制工程专业教学指导分委员会主任

李春峰

2010年4月

前言

根据“教育部材料成型及控制工程专业教学指导委员会”制定的指导性培养方案，在教学指导委员会的指导和支持下，依据教指委“材料成型及控制工程（分专业方向）本科培养方案”，配合高等院校的教学改革和教材建设，编写了本教材。

“动量、热量和质量传递原理”描述了流体流动、传热、单元操作和化学反应等过程工程中的共性科学问题。在美国，该课程一直作为大多数工程专业教学体系中的“工程科学核心课程”，由此也可看出传递现象在工程教育中的基础理论地位。

在材料科学与工程研究中，流体在各个形态阶段的动量传递、热传递、质量传递及应力传递四种基本物理量的变化过程对材料制备和成型有决定作用，这些过程也是材料制备和成型过程中普遍存在的物理现象。因此，培养材料科学与工程各专业的学生综合应用动量、热量和质量传输的观点去定量定性地分析材料成型及控制工程中的各种理论问题和工程问题就成为本书的目的。应力场的分析暂时不在本书的讨论范围之内。

推行专业改革，为社会培养综合素质高、知识结构全面的人才，教材建设是极为重要的一个部分。

中国现代理工科教育使用的教材基本是承袭了西方国家的教育传统，所建立的教学体系也基本是仿照西方教育体系而来。我们最初使用的教材是翻译过来的，几经延续，形成了我国目前的教材体系。但教材的基本结构没有实质性的变化，其基本结构是：概念和名词解释—原理论证。这种教材的特点为：是专门知识的说明书，或者说是专门知识的“字典”，体例翔实、系统性强；但同时又是它的致命弱点，就是抽去了知识探索和思想探索的过程，只保留了结果，极少叙述知识的来源和思想脉络。没有了人的活动，不叙述思想探索的过程，使思想历程变成了知识的堆积，因而把活生生的人类探索的历程变成了僵化的教条，使知识的学习索然无味，激发不出学生的求知欲，更谈不上继续创造。

而我们许多教师的教学特点也是“背书式”教学法，即沿着教科书的编写顺序去复述和解释文本，极少去叙述知识的思想根源、探索历程，教师基本是扮演了“教材的扬声器”和“教材的解释器”的作用，这是学生不爱学习的根本原因。再加上大学里课程很多，教学进度比中学明显加快，而做练习的时间又大大缩短，因此学生没有时间去品味知识，更谈不上追寻知识的根源和理出知识的思想脉络了。

我们考察许多著名的科学家会发现，他们在年轻的时候就作出了惊人的科学贡献，原因是非常了解其所在领域的思想发展历程，因此可以顺着那个方向去作出有全局性和根本性贡献的科学创造。比如爱因斯坦，他对当时的学校教育很不感兴趣，却有机会读到当时最杰出的物理学家和思想家的原著，如马赫、牛顿、法拉第、麦克斯韦、亥姆霍兹等的著作。而著作与教材的根本不同就在于它包含着思想探索的脉络。再如麦克斯韦，他就是在读法拉第的原著时，激发了把法拉第的思想翻译成“数学语言”欲望，因此才有了今天的电动力学。所以只有获得了思想和灵魂的知识才是真正的知识，而“思想和灵魂”和历史是密不可分的。

但是原著是大量的，而时间是有限的，因此为了达到在较短时间内传授真知识的目标，就要求教师经过艰苦的劳动把专门知识的思想脉络和历程提炼出来，和现有的教材相结合，形成既有思想性，又有知识性；既有趣味，而又不失严谨性的教材体系，使学生学得有趣、学得轻松、学得扎实、学到真知识。

本书力图从知识的创造根源、思想方法和发展方向去还原知识的本来面目，将知识、思想、方法和智慧融为一体，从而激发学生研究问题、探索思想的兴趣。

“材料科学与工程中的传输原理”的先修课程为“高等数学”、“大学物理”、“大学化学”和“工程力学”。同时它又是“材料科学基础”和“材料成形原理”的基础先修课。

在内容安排上，首先是绪论，对三种传递现象进行了综述。全书分三篇：第一篇为动量传递，包括第 1 章～第 6 章的内容。第二篇为热量传递，包括第 8 章～第 10 章的内容。第三篇为质量传递，包括第 11 章～第 13 章的内容。适合 50～60 学时讲授。

全书力求突出如下特点。

1. 在编排顺序上围绕着一个宗旨：还知识以本来面目，即知识是科学探索和科学研究的产物。从研究主题出发，围绕研究目标展开论述。具体做法是：为了实现研究目标，需要开展哪些方面的研究（研究内容），在研究内容下，需要解决什么样的关键问题，这样，需要确立的概念和名词就会自然地呈现出来。

2. 突出用微分方程定量分析和描述连续体的连续传递过程的方法；突出首先根据问题抽象出物理模型，然后建立相应的数学模型的方法。

3. 突出工程的思想，即如何把基础理论在工程中表现出来的方法。例如，在工程流体力学一章中，全面体现了如何根据具体的工程问题将理论流体力学的基本微分方程组转化为工程上可以应用的方程形式。

4. 留出继续思考和创造的余地。如相似原理一章中关于相似三定律的哲学观念的讨论，传热学研究概论一章中关于科学研究范围的讨论，及从物质内部直接冷却和加热的提法等；这些都是会引起争论的问题，但其中却蕴涵着可能的创造根源，所以在书中也加以叙述，目的是激发读者深入思考。

全书由河北工业大学李日教授等编著，由谭雁清编写第 3 章 5.5 节，王成武编写第 10 章 10.9 节、李红丽编写第 13 章 13.5 节。并由谭雁清、王成武、李红丽负责全书文字和图表的输入工作。由西北工业大学凝固技术国家重点实验室的宋梦华博士、比亚迪公司的张晓丽女士进行全书文字和图表的校核和整理工作，特此致谢！

全书由西北工业大学凝固技术国家重点实验室黄卫东教授主审。在编写过程中，黄先生对全书的框架结构、思想阐述提出了建设性的指导意见，在此特别表示诚挚的感谢！本书由凝固技术国家重点实验室开放课题资助，课题批准号：SKLSP201006。

由于水平所限和编写时间仓促，难免会有不少不当之处，诚请广大读者指正，以待今后改正。

编　者

2010 年 1 月

主要符号

a　加速度，m/s²
　热扩散率，m/s²
A　面积，m²
b　蓄热系数，W/(m²·℃·s^{1/2})
B　宽度，m
c　比热容，J/(kg·K)
　辐射系数，W/(m²·K⁴)
c_f　摩擦阻力系数
c_p　比定压热容，J/(kg·K)
c_V　比定容热容，J/(kg·K)
d　直径，m
D　直径，m
　扩散系数，m/s²
D_{AA}　自扩散系数，m/s²
D_{AB}　互扩散系数，m²/s
e　自然对数的底
E　比能，J
　辐射能量，W/m²
F　力，N
g　重力加速度，m²/s
G　重力，N
h　高度，m
h_W　摩擦阻力损失，J/m³或J/kg
　沿程损失水头，m 液体柱
h_f　局部阻力损失，J/m³
δ　厚度（或边界层厚度），m
Δ　绝对粗糙度，m
j　质量通量密度（相对于质量平均速度），kg/(m²·s)
v　速度，m/s
　比体积，m³/kg
V　体积，m³
w　质量分数
W　质量力，N
X　单位质量力 x 轴分量，N
Y　单位质量力 y 轴分量，N
Z　单位质量力 z 轴分量，N
　高度（水头），m
α　表面传热系数，W/(m²·℃)
　热辐射吸收率，%
　角度
α_V　体积膨胀系数，℃⁻²
　角度
γ　重度，N/m³
κ_T　等温压缩率，Pa⁻¹
J　摩尔通量密度（相对于摩尔平均速度），mol/(m²/s)
k　传热系数，W/(m²·℃)
k_c　对流传质系数，m/s
l　长度，m
$\bar{l}$　分子平均自由程，m
L　厚度或特征长度，m
　凝固潜热量，J/kg
m　质量，kg
M　摩尔质量，kg/mol
　动量，N·s
n　质量通量密度（相对于静止坐标），kg/(m²·s)
N　摩尔通量密度（相对于静止坐标），mol/(m²·s)
p　压力，Pa或N/m²
q　热流密度，W/m²
Q　热量，J
　流量，m³/s或kg/s
r　半径，m
R　气体常数，J/(kg·K)
　水力半径，m
　冲击力，N
R_t　热阻，m²·℃/W
t　时间，s

	摄氏温度,℃
T	热力学温度，K
ε	热辐射，发射率,%
ζ	局部阻力系数
η	动力黏度，Pa·s
θ	角度
Θ	无量纲温度
λ	沿程阻力系数
	热导率，W/(m·K)
	辐射波长，m
ν	运动黏度（动量扩散系数），m^2/s
ρ	密度，kg/m^3
	热辐射，反射率,%
σ	正应力（或表面张力），Pa
	辐射常数，$W/(m^2 \cdot K^4)$
τ	切应力，Pa
	热辐射，透射率,%
Φ	热流量，W/m^2
φ	角度
ω	孔隙度

相似特征数

$Ar=\frac{gl^3}{\nu^2}\cdot\frac{\rho-\rho_0}{\rho}$，阿基米德数

$Bi=\frac{\alpha L}{\lambda}$，毕渥数

$Bi^*=\frac{k_c L}{D}$，传质毕渥数

$Eu=\frac{\Delta p}{\rho v^2}$，欧拉数

$Fo=\frac{at}{L^2}$，傅里叶数

$Fo^*=\frac{Dt}{L^2}$，传质傅里叶数

$Fr=\frac{v^2}{\sqrt{gL}}$，弗劳德数

$Ga=\frac{gL^3}{v^2}$，伽利略数

$Gr=\frac{\alpha_v gL^3}{v^2}\Delta T$，格拉晓夫数

$Ho=\frac{vt}{L}$，均时性数

$Le=\frac{a}{D}$，路易斯数

$Nu=\frac{\alpha L}{\lambda}$，努赛尔数

$Pe=RePr=\frac{vL}{a}$，贝克莱数

$Pr=\frac{\nu}{a}$，普朗特数

$Re=\frac{vL}{\nu}$，雷诺数

$Sc=\frac{\nu}{D}$，施密特数

$Sh=\frac{k_c L}{D}$，舍伍德数

$St=\frac{Nu}{RePr}=\frac{\alpha}{\rho v c_p}$，斯坦顿数

$St^*=\frac{Nu}{ReSc}=\frac{k_c}{v}$，传质斯坦顿数

目　录

附录 ····· 221

参考文献 ····· 229

绪　论

本章导读： 阐述动量传输、热量传输、质量传输是冶金过程、热处理过程、铸造过程、焊接过程及锻压冷变形过程等主要的材料热加工中的主要现象，研究材料加工过程的规律的一个主要方面就是要研究这些过程的各种传输现象及其耦合，而另一个主要的方面就是从热力学的角度去分析这些过程的组织变化的可能性与动力学过程。而研究传输规律的主要数学方法就是连续介质的微积分方法特别是偏微分方程的建立。最后说明了本书的写作特点，即把三大传输现象划分为若干科学研究主题，然后围绕这些科学主题进行科学布局，即确立主问题与子问题之间的关系，然后按照一定的技术路线去展开论述，直至完成整个主题的论述。在论述过程中，充分体现科学研究的思想方法和知识脉络。

0.1　传输现象在材料科学与工程研究中的地位和意义

0.1.1　对一个铸件的充型凝固过程的分析

首先让我们来观察和分析制动鼓铸件从浇注到凝固结束的全过程，如图 0-1。

铸件的形成经历了充型和凝固两个阶段，宏观上主要表现为流动、冷却和收缩三种物理现象。在充型过程中，伴随着流动过程，液体温度在发生变化，同时全部金属液内部成分的浓度分布也在变化。如果把整体铸件空间看作一个场，则在这个场中的某个物理量分布成为某物理量的场。在上述铸件充型过程中，金属液在铸件空间中的流动状态在不断变化，即流场在发生着变化，同时温度场和浓度场也在变化，如果冷却强度足够大，应存在着微弱的液体和固体的收缩，则应力场也在变化。而且这四场的变化是交织在一起，即耦合发生的。

充型结束后，液体静止下来，铸件开始冷却凝固。在此过程中，在温度场变化的同时，存在着金属液的自然对流和已凝固金属的收缩和液体的收缩，收缩导致应力场的变化，在液-固转变的过程中存在着溶质分配过程，即浓度场在发生着变化。因此，在铸件的凝固过程中，温度场、浓度场、应力场、自然对流现象在耦合变化。

在铸件的形成过程中，如果流场不合理，则容易造成铸件的卷气、夹杂、冷隔等缺陷，也可能造成流动结束时温度分布不合理；如果温度场不合理，铸件凝固过程就可能不合理，造成收缩缺陷，如缩孔、缩松等；如果浓度分配不合理，则可能造成铸件中的成分偏析现象等。

可见，在铸件形成过程中，流场、温度场、浓度场、应力场的综合作用决定了铸件的最终形态和最终质量。客观地描述铸件形成过程的四场变化，并加以有效的控制，是获得合格铸件的必要条件。

在金属材料热处理过程中，主要是温度场、浓度场和应力场在发生变化。在焊接过程中，主要表现为流场、温度场、浓度场、应力场的变化。在锻压过程中，表现为温度场、浓度场以及固态形变的应力应变场的变化。在冶金过程中，流场、温度场、浓度场相互关联。在其他一些金属材料的先进制备技术中，如快速凝固、定向凝固、非晶制备、半固态铸造、激光成形、纳米制备等技术中，上述四场中的一场或多场的变化都起着非常重要的作用。

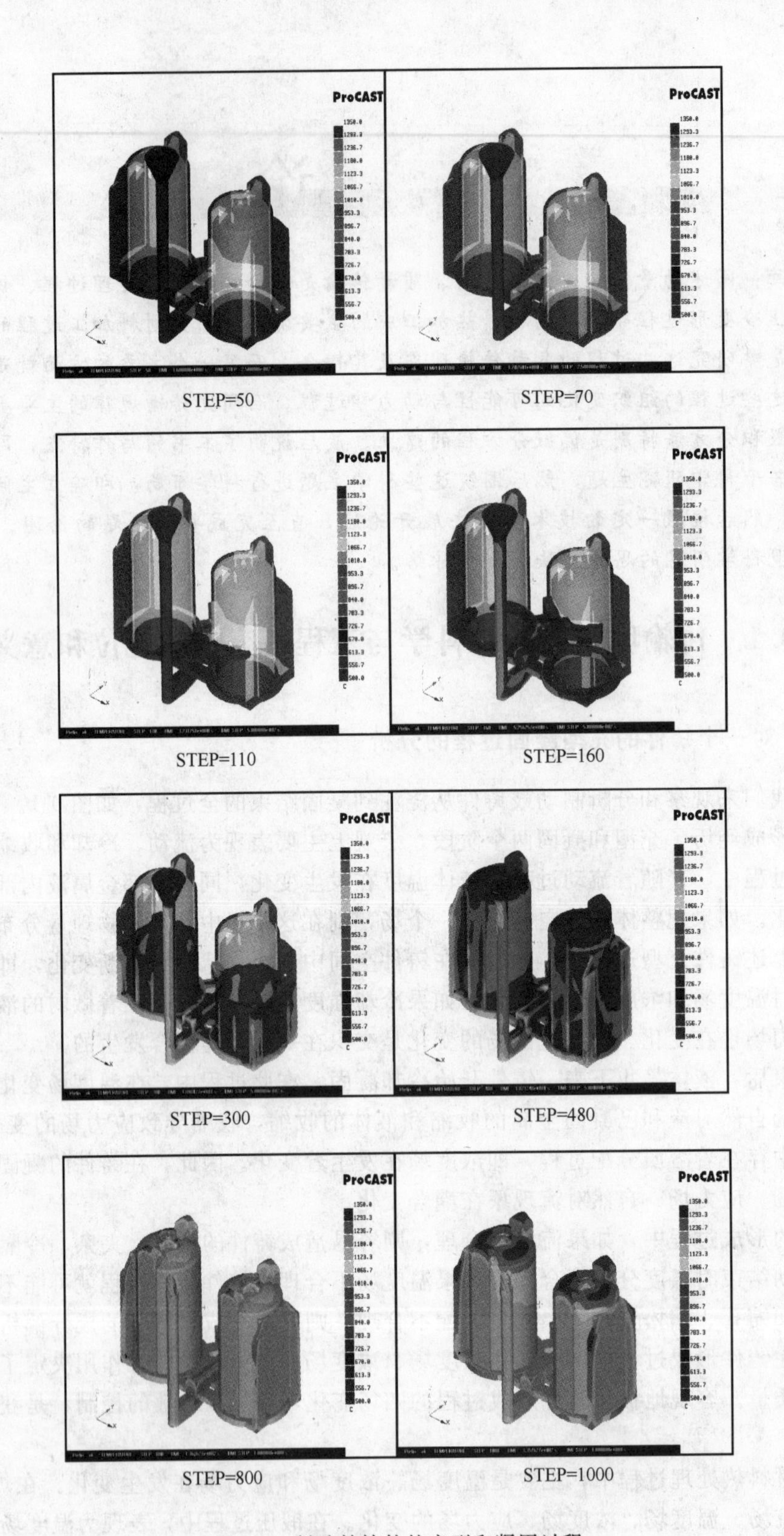

图 0-1　制动鼓铸件的充型和凝固过程

近年来，在材料研究和制备中，还出现了利用感应电场、电磁场、超声波等特殊方法，但这些特殊的外加作用主要是影响上述四个场来对材料成形过程起作用。这些特殊作用不在本书的讨论范围，有兴趣的读者可参考相关著作。

0.1.2 对微观组织形成过程的分析

在金属材料成形过程中，温度场、浓度场的变化对金属材料微观组织形成有直接的决定作用，如果有流动的存在，则对微观组织形貌也有明显的影响。

在合金材料微观组织的形成过程中，溶质的传输和分配对相组织的形成和演化具有非常重要的作用。在凝固过程中，因溶质元素在固液相的浓度分布而导致的成分过冷对相组织的形貌有决定性作用。在相组织的形成过程中，热量传输无疑是起决定作用的直接驱动力，如果存在液体流动，则对枝晶的生长形态影响很大。如图 0-2 所示，当存在对流时，在迎流方向上，枝晶优先生长。可见，流动对微观组织的形成及形态也具有显著的影响。

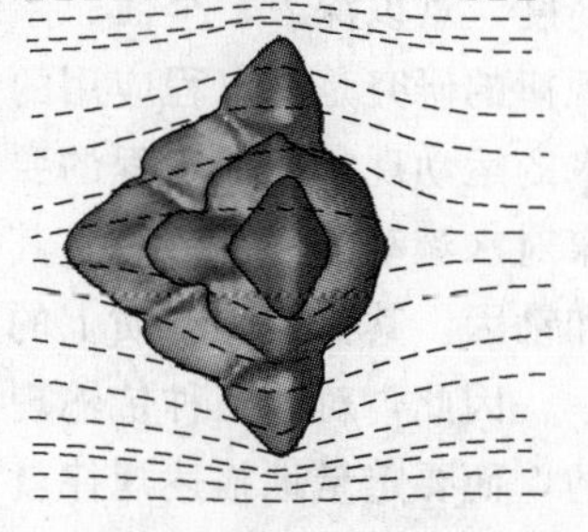

图 0-2 晶体迎流生长

0.1.3 传输现象在材料科学与工程研究中的地位和意义

由上述分析可知，在材料科学研究、材料成型及控制工程、材料熔炼过程中，流体动量、材料温度、浓度及应力四种基本物理量的变化过程是有决定作用的物理量，也是材料制备和成型过程中普遍存在的物理现象。本书研究的传输过程是物理量从非平衡状态向平衡状态转移的过程，主要研究动量、热量和质量（momentum，heat and mass）的传输现象的规律。动量传输指在垂直于实际流体流动方向上，动量由高速度区向低速度区的转移；热量传输指热量由高温区向低温区的转移；质量传输则是指物系中一个或几个组分由高浓度区向低浓度区的转移。应力场的分析暂时不在本书的讨论范围之内。

0.1.4 “传输原理”和“物理化学”是材料科学与工程研究的两大理论支柱

材料科学与工程的主要研究方法是研究体系的状态及其演化过程。要回答的问题是：①在一定的条件下，体系能否以某一状态稳定存在，是否可以向另一状态变化，变化的速率如何？这是物理化学要解决的问题。②如果在一定条件下，体系可以从一种状态变化为另一种状态，那么体系演化的过程是怎样的？在演化过程中，哪些物理量在发生作用？需要控制哪些量来使体系沿着一定的途径来变化？这是“传输原理”要解决的问题。

“物理化学”不关心体系变化的具体途径，只关心体系变化的方向和速率。而“传输原理”却是要具体跟踪体系是如何从一种状态转化到另一种状态的，具体变化的细节是什么？过程是怎样的？只有搞清楚体系变化过程，才能对体系变化实施有效控制，这对材料制备和材料成型来说至为重要。

由此可见，这两个知识体系具有互补性，是相辅相成的，它们共同构成材料科学与工程研究的两大理论基础。

0.2 微分方程是进行传输现象分析的核心工具

对流体动量传输、热量传输、质量传输现象的描述不仅仅限于科学家和工程学家，在其他领域里，也有许多对这些现象的描述和研究。以水的运动为例，在艺术领域，文学家对水流的生动描写和刻画不胜枚举，画家对水流的描绘也比比皆是。但与科学家和工程学家相比较，艺术家对水的运动的刻画和描述偏重于表现水的艺术美，偏重于体现人的心灵的感受，而在数量上则是模糊的。与艺术家相比，科学家和工程学家对水的运动的研究有很大的不同。科学家们着眼于探究产生水的诸多运动形态的背后的动因，这就决定了科学家必须要定量地揭示和描述水的运动变化的规律，如果仅仅局限于定性地描述水的运动状态和动因，就难以上升到科学的高度，难以深入、全面、系统地揭示水的运动变化的规律。工程学家，如水利学家对水的运动规律的研究是从工程应用的角度出发，就更重视从数量上来把握水的运动形式和运动状态，使水的运动现象按照工程的要求准确可靠地运动，以完成一定的工程目标。因此科学家和工程学家对水流动的研究目标与其他领域的专家非常明显的差别在于是否定量化地揭示水的运动形态和动因。其实这种本质上的差别也同样体现在热量传输和质量传输现象上。

因此，对这三种传输现象的规律的描述必须是定量化的，仅仅定性地叙述规律是远远不够的，而要定量地描述规律就要诉诸数学方法。那么对于上述三种传输现象来说，应当采用什么样的数学形式才能实现定量化精确描述的目的呢？

让我们首先来看看承载三种传输现象的主体的特点。

动量传输的主体是流体，流体不同于质点的突出特点是流体是由连续的质点“联结”在一起的“软体”，即不能把流体看作整块的刚性体以至于可用单质点来研究它。因为这块连续体中各个质点在同一时刻的流体运动的物理量（如速度、压力等）并不都相同，甚至是都不相同。单刚性质点的运动过程是一个“点”的连续变化过程，而连续体的运动过程却是连续体的连续变化过程。定量地描述单刚性质点的连续变化过程的有效方法是用微分方程求得的连续函数，那么如何将单质点的连续变化过渡到定量地描述连续体的变化过程就成为解决问题的关键。

热量传输可能在流动的流体这种连续体中发生，也可能在静止的流体以及固体连续体中发生。不管在哪种连续体中发生热量传输，热量传输的宏观表现形式——温度的变化都不仅是某个质点的温度变化过程，而是整体连续体中所有“联结”在一起的质点温度的连续变化过程。因此，与连续体的动量传输类似，连续体热量传输定量描述的关键也是要把对单质点的温度连续变化过程过渡到连续体温度的连续变化过程的描述。

类似地，质量传输与动量传输和热量传输均有相同的特点。

综上所述，传输现象的共同特点是连续体的连续变化过程，而我们的目标是要选择合适的数学方法来定量化地精确描述上述过程。

描述连续变化过程的最有效方法是包含连续性概念的微分方法。用微分方程来描述质点连续变化过程在高等数学、理论力学中已经得到了详尽的阐述。因为连续体是由质点联结在一起的，因此必须寻找到可以将质点和连续体联结在一起的“桥梁”，才能将研究质点连续变化的方法过渡到连续体的连续变化。实现这种转变的方法就是引入微元体（如图 0-3），微元体的特点是它有尺度（dx，dy，dz），但这些尺度可以趋向于无限小，因此可以看作质点，关于质点的变化规律可以直接运用于微元体。因为微元体有尺度，因此可以积分，积分后可以扩大为有一定体积的体，进而得到连续体的连续变化的规律。因此建立微元体的微分方程就成为研究连续体的三种传输现象规律的主要方法。

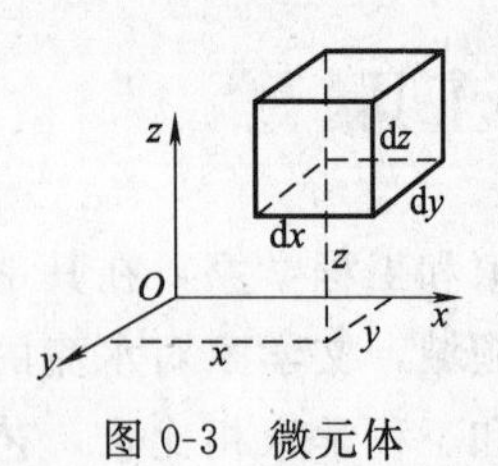

图 0-3　微元体

代数学的落脚点是代数方程（组），其在实际问题中的应用是根据实际问题列出代数方程（组），然后求解出未知数，所求得的结果是一个或一组数。而微积分的落脚点是微分方程（组），它在物理现象、化学现象或其他连续性现象中的应用是根据实际现象列出微分（或偏微分）方程（组），所要求的结果是一个或一组函数。因此对传输现象进行定量化描述（或叫数学分析）的本质是要根据传输现象的规律列出相应的微分方程（组），然后求解这些方程组，得到连续函数（组），以达到定量描述传输现象规律的目的。

一般来说，要得到描述三种传输现象的微分方程，首先要把描述传输现象的物理量放到一定的坐标系中，然后求得在该坐标系下的微分方程。描述三种传输现象的物理量一般是随时间、空间而连续变化的，在直角坐标系中，可以表达为时间和空间的函数 u（x，y，z，t），其中 x，y，z 表示直角坐标系的三个坐标，而 t 则表示时间。这种物理量的变化规律往往表现为关于时间和空间坐标的各阶变化率之间的关系式，即物理量 u 关于 t 和（x，y，z）的各阶偏导数之间的等式，即包含未知函数及其偏导数等的偏微分方程。

因为描述连续变化的物理现象的方法是极限、连续性和微分，而连续变化的物理现象又遵循一定的物理规律，把连续过程的微分体现在这些物理规律中，就形成微积分方程。所以为了寻求传输现象中的定量化规律，其本质是列出体现传输现象规律的微分方程，然后再求解这些方程，得到显示函数式，这就是研究传输现象的总体思路。

令人遗憾的是，这三种传输现象得到的偏微分方程是不可求解的，因此得不到明晰的解析解或通解。人们必须通过增加许多限制条件来得到一些特殊解以达到工程应用的目的。

为了能够全面地求解传输过程的偏微分方程（组），只有采用数值解方法才能完成此任务。数值解不是去直接求解微分方程，而是将微分方程以一定形式（如有限差或有限元方法）在求解域上离散为代数方程组，然后求解此代数方程组得到相应的解，这种解叫做数值解，是对解析解的在一定误差范围内的近似。关于这方面的更为深入的论述请参考文献［7］。

数值解是在一定误差限内对真实解（或叫理论解、解析解）的逼近，而且如果需要，原则上数值解可以通过加密网格和减小时间步长的办法无限趋近于真实解。因为偏微分方程的各种离散格式都是得到严格证明了的可以无限逼近真实解的格式。当得到了求解域上的全部离散格式的数据后，可对其进行图形处理，则可观察到全域上的流动场、温度场等的变化情况。随着计算机技术的全面发展，数值解得到了长足的发展，已成为与分析研究和实验研究并列的具有同等重要意义的研究方法。数值解的优点是能够解决分析研究无法解决的复杂问题；和实验法相比，所需费用和时间都比较少，而且精度高。有些问题，如加热炉过程的解析与自动控制，可控核聚变中的高温等离子流动，以及星云演化过程等均无法在实验室内进行实验，采用数值方法却可对它们进行研究。数值方法要求对问题的物理特性有足够的了解，才能得到较精确的结果。

0.3 本书叙述特点

传统教材的编写特点是在每篇每章开始时，首先提出一般性概念及名词解释，然后再引导到中心主题上。这种叙述方法不符合一般科学探索和科学研究的规律和顺序。一般地说，概念和名词是在科学研究过程中产生出来的，不是先产生名词概念，再展开科学研究过程。但目前的教学一般是按照教材的编排顺序，先解释名词概念，再进入研究主题，这不符合人的正常思维习惯，学生学习时不得不生硬地接受，往往会不知道名词概念的背景来源。另外，传统教材的编排很多不是围绕研究主题去展开叙述，而是按一定的由浅入深的顺序去编排节目，这也很容易使学生只是理解性地学习知识，而失去了对知识根源和思想脉络的追索。举例来说，目前大多数流体力学方面的教材都是首先介绍流体黏性的概念，然后在下一章才叙述 N-S 方程的推导。学生学习时不知道为什么要提出黏性这个概念，它的来源和出处在哪里。学习这个概念时感到很吃力。若开始时就从流体中微元体受力分析入手，则由流体内摩擦力引致的黏性概念便顺理成章地出现了。又如，传统教材将连续性方程和欧拉方程、N-S 方程排列在一章里，却不讨论它们之间的关系，不说明连续性方程和 N-S 方程组成封闭微分方程的必要性，这两个方程只是独立的知识点，是人为地将整块的知识作了分割。

本书的编排顺序围绕着一个宗旨：还知识以本来面目，即知识是科学探索和科学研究的产物。从研究主题出发，围绕研究目标展开论述。具体做法是：为了实现研究目标，需要开展哪些方面的研究（研究内容），在研究内容下，需要解决什么样的关键问题，这样，需要确立的概念和名词就会自然地呈现出来。

以上述流体黏性概念为例。在建立实际流体动力学微分方程（N-S 方程）时，需要对微元体进行受力分析。在受力分析时自然会引发一个疑问：流体微元体之间是否存在摩擦力，这个摩擦力是由什么引起的？为了推导出动力学方程，就必须首先解决流体内部摩擦力是否存在，以及摩擦力定量表达式的问题，这个流体内部摩擦力即是流体黏性的表现，这就表达清楚了流体黏性的来源出处。流体黏性是研究流体动力学的自然要求，而不仅仅是为了列举流体性质而人为造出的概念。

本书以流体力学（动量传输）、传热学（热量传输）、传质学（质量传输）为三大篇。在每一篇中划分为若干大的科学主题，如流体力学划分为理论流体力学和工程流体力学两大研究主题，然后围绕这些研究主题进行研究布局，即确立主问题与子问题之间的关系，然后按照一定的技术路线去展开论述，在论述过程中充分体现科学研究的思想方法和知识脉络。

复习思考题

1. 小论文：试分析一个铸件从浇注到凝固的全过程。看看在整个过程中合金液的流动、温度、浓度及应力在发生着怎样的变化？这四个量的变化对获得合格的铸件有什么作用？对比分析焊接过程、塑性成形过程及热处理过程的相应量的变化。

2. 《物理化学》与本课程的侧重点有什么不同？二者在材料科学与工程的研究中各起什么作用？

3. 回忆《大学物理》、《大学化学》、《工程力学》、《材料力学》等课程的研究方法，分析《高等数学》在上述课程的研究中是如何起作用的？其突出特色是什么？

第一篇 动量传输

第1章 理论流体力学的科学布局

本章导读：通过比较科学家、文学家、画家等对流体，如水的研究角度和研究目的的不同指出科学对流体研究的目的是定量地控制流体的运动变化，因此必须首先建立描述流体运动的符号体系和运动模型，即连续介质模型，为了研究连续介质模型的变化就必须将质点动力学与微积分结合起来形成封闭的微分方程。在建立微分方程的过程中必须首先解决两个子问题：流体的膨胀性和收缩性以及流体内部是否有摩擦力，如此则形成了研究理论流体力学的科学布局和研究技术路线。

1.1 流体力学的研究目标、研究方法和核心问题

1.1.1 流体力学的研究目标

首先来观察图1-1图片。摄影家的目的是表现海浪击岸的艺术美，如浪潮起伏大代表激流，起伏小代表缓流，海流与海岸碰撞激起的大浪表现力量等。如果是文学家表现水流，如“潺潺的流水”，“飞流疾驰”等用语表现水的速度，“惊涛拍岸”则表现水的力量等。在艺术家那里，是用各种手段去反映水的各种形态，目的是唤起人们对水的各种形态的心灵感受。但艺术对形成水的各种形态的原因是不关心的。

科学家和工程学家研究水的角度和目标与艺术家不同。科学家和工程学家研究水及其他流体的目的是要能够定量地描述和控制流体的运动变化以满足工程或其他方面的需要。为此必须找到能够描述流体运动的定量关系式，通过这些关系式，可以得到流体在任意位置任意时刻的速度大小和力的大小，并可以预测流体运动过程和形态。这就是理论流体力学的研究目标或研究主题。

图1-1 海浪拍岸

1.1.2 研究流体的方法

1.1.2.1 一般分析

一般物质都以三种状态存在：固态、液态、气态。其中后两种状态为流体。给人们最直观感受的液态是流体，让我们首先从如何研究液态流体开始分析。

液态流体给人的直接感觉是一个形状随时可以变化的整体。如果把这个整体划分为多个“小”的部分。则这些小的部分是无间隙地紧密结合在一起的，如果形状发生变化，这些“小”的部分也发生变化，各个小的部分变化程度虽然不同，但它们的变化却是关联的，而不是相互

独立的。因此液态流体不是质点，因为质点的运动是单一的。一个体积很大的刚性体的运动就可以看作是一个质点的运动。只有把液态流体划分成小的部分，当这些小的部分充分地小，小到了这些“小”部分的所有更小的组成部分的运动都一致时，这个小部分即可看作质点。此时，液态流体就可以看作是质点的集合。尽管如此，液态流体还不能看作是相互独立互不相关的质点集合，如不能把液态流体看作是一堆沙子的集合，而应把它看作是相互之间有关联的“粘”在一起的质点的集合，那么流体的变化就是这些“粘”在一起的质点的连续地关联地发生变化的过程。也就是说，流体应当被看作一个连续体，研究流体的运动规律其实就是研究连续体的规律。

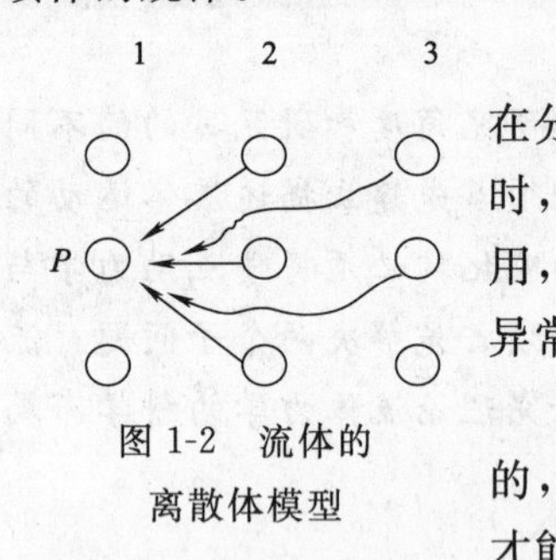

图 1-2　流体的离散体模型

如果不把流体看作连续体，而是把它看作离散体，如图 1-2 所示，在分析流体运动的受力情况时，如果要分析第一层质点 P 的受力情况时，第二层的质点，以及 3、4…各层的质点都有可能对 P 点发生作用，各个质点对 P 作用的情况是不同的，则对该点作用的分析会变得异常复杂，以至无法展开。这种模型不符合我们对流体的一般经验。

按照我们对流体的直观观察，如图 1-3，流体是紧密结合在一起的，图 1-2 中的 3 层流体要对 1 层流体发生作用，必须先作用于 2 层，才能将作用传递给 1 层。这符合我们对流体的经验认识。因此，从研究流体运动的目标出发，将流体看作连续体更为合理。

从表述流体运动规律的角度出发，只有把流体看作连续体，才能用统一的连续解析函数去描述总体流体的运动规律。因为如果把流体看作离散体，则各个流体质点的运动方程均不相同，则无从把握流体的总体宏观运动。实际上，从宏观上观察，流体从整体上具有运动上的连续变化的趋向，因而具有连续变化的规律，也要求将其看作连续体来处理。

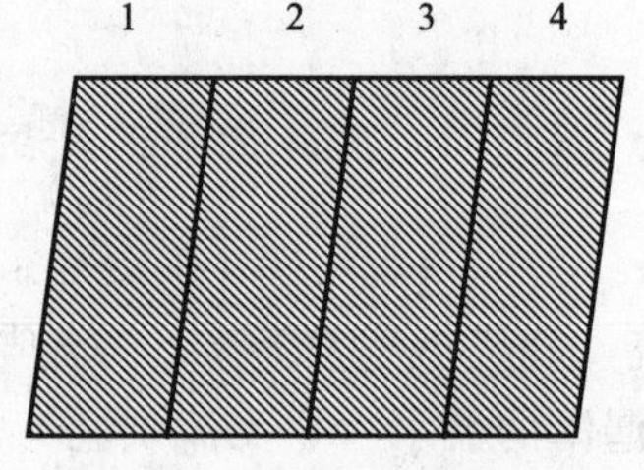

图 1-3　连续体模型

1753 年欧拉（Euler）首先采用“连续介质”作为宏观流体模型，将流体看作由无限多个流体质点所组成的密集而无间隙的连续介质，也叫做流体连续性的基本假设。即流体质点是组成流体的最小单位，质点与质点之间不存在空隙。

当然，完全将流体看作连续体，也不是完美的，因为完全按连续体模拟计算得到的结果难以处理流体在流动过程中飞溅脆裂的情形，因此还需要特别处理，这不是本书所讨论的内容了。

1.1.2.2　连续介质模型

以下给出流体连续介质模型的完整表述。

(1) 流体质点的概念

流体是由分子组成的，根据热力学理论，这些分子（无论液体或气体）在不断地随机运动和相互碰撞着。因此，到分子水平这一层，流体之间就总是存在间隙，其质量在空间的分布是不连续的，其运动在时间和空间都是不连续的。而到亚分子层次，如原子核和电子，流体同样是不连续的。

但是，在流体力学及与之相关的科学领域中，人们感兴趣的往往不是个别分子的运动，而是大量分子的一些平均统计特性，如密度、压力和温度等。确定物质物理量的分子统计平均方法可以用来建立流体质点的概念，现以密度为例说明如下。

在流体中任意取一体积为 ΔV 的微元，其质量为 Δm，则平均密度为

$$\rho_m=\frac{\Delta m}{\Delta V}$$

显然，为了精确刻画不同空间点的密度，ΔV 应取得尽量的小，但是，ΔV 的最小值又必须有一定限度，超过这一限度，分子的随机进出将显著影响微元体的质量，使密度成为不确定的随机值。因此，两者兼顾，用于描述物理量平均统计特性的微元 ΔV 应该是使物理量统计平均值与分子随机运动无关的最小微元 ΔV_1，并将该微元定义为流体质点，该微元的平均密度就定义为流体质点的密度

$$\rho=\lim_{\Delta V\to\Delta V_1}\frac{\Delta m}{\Delta V}$$

在一般关于流体运动的工程和科学问题中，将描述流体运动的空间尺度精确到 0.01mm 数量级，就能够满足对精度的要求。在三维空间的情况下，这个尺度相当于 $10^{-6}\,mm^3$。对于一般工程问题（除稀薄气体情况），如果令 $\Delta V_1=10^{-6}\,mm^3$，则其中所包含的分子数量就足以使其统计平均物理量与个别分子的运动无关（例如，在标准大气条件下，$10^{-6}\,mm^3$ 空气中的分子数就有 2.69×10^{10} 个），但另一方面，在一般精度要求范围内，ΔV_1 的几何尺寸又可忽略不计。因此，对于一般工程问题，完全可将流体视为由连续分布的质点构成，而流体质点的物理性质及其运动参量就作为研究流体整体运动的出发点，并由此建立起流体的连续介质模型。

（2）流体的连续介质模型

基于流体质点的概念，流体的连续介质模型有如下的基本假说。

① 质量分布连续　用密度作为表示流体质量的物理量，则密度是空间坐标和时间的单值和连续可微函数，即

$$\rho=\rho(x,y,z,t)$$

② 运动连续　在取定的区域和时间内，质量连续分布的流体处于运动状态时，其各个部分不会彼此分裂，也不会相互穿插，即运动是连续的。以流体运动速度为例，流体运动连续，则速度是空间坐标点和时间的单值和连续可微函数，即

$$v=v(x,y,z,t)$$

③ 内应力连续　流体运动时，流体质点之间的相互作用力称之为流体内应力。在流体中任意取一个微元面积 ΔA，微元面上流体质点之间的相互作用力为 ΔF，则流体内应力 P 可以定义为

$$P=\lim_{\Delta A\to 0}\frac{\Delta F}{\Delta A}=\frac{dF}{dA}$$

与流体质量和运动速度一样，流体内应力也是连续的，即为空间坐标和时间的单值和连续可微函数

$$P=P(x,y,z,t)$$

建立流体连续介质模型假说具有非常重要的意义。在此模型前提下，不仅流体质点运动的各种物理量是时间和空间的连续函数，更重要的是，整体流体的运动变化都服从一套统一的连续函数，如压力对时间、空间的函数对流体中的每个质点都适用（除界面质点外），其他如速度、密度也如此。这意味着可以用连续函数的解析方法特别是微分方法来分析流体问题。

需要指出的是，当研究稀薄气体等流动问题时，连续介质模型不再适用，而应以统计力学和运动理论的微观近似来代替。此外，对流体的某些宏观特性（如黏性和表面张力等），也需要从微观分子运动的角度来予以阐明。

1.1.3 理论流体力学的核心问题：流场方程

1.1.3.1 流场方程

由上分析，必须把流体看作连续体，才能用连续的解析函数的形式对其进行运动规律的描述。现在用连续介质模型展开对流体运动的描述，可以从两个角度去展开讨论。

第一，如果把一整块流体作为研究对象，如把一滴油滴入一杯水中，想要描述清楚这整块流体的运动规律，只要把这“块”流体中每个质点的运动规律都描述清楚了，综合所有质点的运动规律，则整块流体的运动规律就清楚了。这种方法的着眼点是流体质点。这种分析方法是拉格朗日方法（Lagrange）。

第二，如果不是对某“块”特定的流体有兴趣，而是对流体流经的空间区域感兴趣，即是说，当流体流经某个空间区域时，流体在这个空间区域的所有空间点处，在不同时刻都有一定的运动参数（如速度、压力、密度等），如果能够得到流体在所需时间段中，所需要的流体在该空间区域的全部运动参数，则达到了研究目标。比如说，冬天供暖，我们关心的是热水流经每户家庭的暖水管中的温度速度压力情况等，而不关心具体是哪块流体流经这户人家的管道。如果把这个空间区域称为一个场域，则流体流经这块场域时的运动变化情况称为流场。流场的本质是流体运动参数在这个空间域的随时间的分布情况和变化规律。这种研究流场的方法称为欧拉法（Euler）。欧拉法的准确描述是，研究流体质点通过空间固定点时的运动参数随时间的变化规律，综合所有空间点的运动参数变化情况，就得到整个流体的运动规律。

在材料科学与工程研究中，常常对流体对某个域的影响情况感兴趣，如铸件充型过程，是对流体在铸型空腔中的运动感兴趣，而不是对流体中的某个质点感兴趣，因此本书主要以欧拉法作为研究方法。

现在回顾一下开始提出的流体力学的研究目标：获得描述流体运动的定量关系式。具体到欧拉法，就是获得流场中所有点的运动参数的分布和变化规律，也就是获得流场的定量描述。关于流体运动的运动参数主要有两项：质点在某空间点处某一时刻的速度 v，质点在某空间点处某一时刻的压力 P。至于其他运动参数如位移、加速度、密度，重度、黏性力等则可由这两项推演出来。把上述文字性描述“翻译”为数学语言，就是把流场转化为数学表达式的方法是：设（x，y，z）为流场在直角坐标系中的任意一点，在任意时刻 t，其速度和压力可以表示为：

$$\left.\begin{aligned} v&=v(x,y,z,t)\\ P&=P(x,y,z,t)\end{aligned}\right\}\tag{1-1}$$

式（1-1）是流场中任意点在任意时刻的运动参数的抽象的函数解析表达式，也就是流场的数学语言描述。

因为是在笛卡尔直角坐标系中研究流场，因此 u 可以分解为 v_x，v_y，v_z 三个分量，而压力 P 在各个方向均相同不必分解，所以流场又可表示为：

$$\left.\begin{aligned} v_x&=v_x(x,y,z,t)\\ v_y&=v_y(x,y,z,t)\\ v_z&=v_z(x,y,z,t)\\ P&=P(x,y,z,t)\end{aligned}\right\}\tag{1-2}$$

至此，流体力学的研究内容即集中在一点，就是要求解出式（1-2）的函数解析表达式。这是理论流体力学的核心问题。

式（1-2）含有 4 个未知函数，需要列出四个方程来求解这四个未知函数的显式解析式。列出四个方程即要找到四个等价关系，那么如何找到四个包含式（1-2）未知函数的等价关系呢？这需要通过对流体运动规律的分析来得到。

1.1.3.2　与流场方程相关的其他问题

(1) 流体质点加速度

通过流场中某点的流体质点加速度的各分量可表示为

$$\left.\begin{aligned} a_x=\frac{dv_x}{dt}=\frac{\partial v_x}{\partial t}+\frac{\partial v_x}{\partial x}\cdot\frac{dx}{dt}+\frac{\partial v_x}{\partial y}\cdot\frac{dy}{dt}+\frac{\partial v_x}{\partial z}\cdot\frac{dz}{dt}\\ a_y=\frac{dv_y}{dt}=\frac{\partial v_y}{\partial t}+\frac{\partial v_y}{\partial x}\cdot\frac{dx}{dt}+\frac{\partial v_y}{\partial y}\cdot\frac{dy}{dt}+\frac{\partial v_y}{\partial z}\cdot\frac{dz}{dt}\\ a_z=\frac{dv_z}{dt}=\frac{\partial v_z}{\partial t}+\frac{\partial v_z}{\partial x}\cdot\frac{dx}{dt}+\frac{\partial v_z}{\partial y}\cdot\frac{dy}{dt}+\frac{\partial v_z}{\partial z}\cdot\frac{dz}{dt} \end{aligned}\right\} \tag{1-3}$$

或

$$\left.\begin{aligned} a_x=\frac{dv_x}{dt}=\frac{\partial v_x}{\partial t}+\frac{\partial v_x}{\partial x}\cdot v_x+\frac{\partial v_x}{\partial y}\cdot v_y+\frac{\partial v_x}{\partial z}\cdot v_z\\ a_y=\frac{dv_y}{dt}=\frac{\partial v_y}{\partial t}+\frac{\partial v_y}{\partial x}\cdot v_x+\frac{\partial v_y}{\partial y}\cdot v_y+\frac{\partial v_y}{\partial z}\cdot v_z\\ a_z=\frac{dv_z}{dt}=\frac{\partial v_z}{\partial t}+\frac{\partial v_z}{\partial x}\cdot v_x+\frac{\partial v_z}{\partial y}\cdot v_y+\frac{\partial v_z}{\partial z}\cdot v_z \end{aligned}\right\} \tag{1-4}$$

式（1-4）的等式右边第一项表示通过空间固定点的流体质点速度随时间的变化率，称当地加速度；等式右边后三项反映了同一瞬间（即 t 不变）流体质点从一个空间点转移到另一个空间点的速度变化率，称迁移加速度。质点的总加速度等于当地加速度与迁移加速度之和，即 dv/dt 称全加速度。

(2) 稳定流与非稳定流

如果流场的运动参数不仅随位置改变，又随时间不同而变化，这种流动就称为非稳定流：如果运动参数只随位置改变而与时间无关，这种流动就称为稳定流。

对于非稳定流，流场中速度和压力分布可表示为

$$\left.\begin{aligned} v_x=v_x(x,y,z,t)\\ v_y=v_y(x,y,z,t)\\ v_z=v_z(x,y,z,t)\\ p=p(x,y,z,t) \end{aligned}\right\} \tag{1-5}$$

对于稳定流，上述参数可表示为

$$\left.\begin{aligned} v_x=v_x(x,y,z)\\ v_y=v_y(x,y,z)\\ v_z=v_z(x,y,z)\\ p=p(x,y,z) \end{aligned}\right\} \tag{1-6}$$

所以稳定流的数学条件是：

$$\frac{\partial v_x}{\partial t}=0\ ;\quad \frac{\partial v_y}{\partial t}=0\ ;\quad \frac{\partial v_z}{\partial t}=0\ ;\quad \frac{\partial p}{\partial t}=0 \tag{1-7}$$

上述两种流动可用流体流过薄壁容器壁的小孔泄流来说明。图 1-4 的容器内有充水和溢流

装置来保持水位恒定，流体经孔口的流速和压力不随时间变化，流体经孔口出流后为一束形状不变的射流，这就是稳定流。但在图 1-5 所示中，没有一定的装置来保持容器中水位的恒定，由于经孔口泄流后水位下降，因此，在变水位下经孔口的液体外流，其速度及压力都随时间而变化，液体经孔口外流便是随时间不同而改变形状的射流，这就是非稳定流。

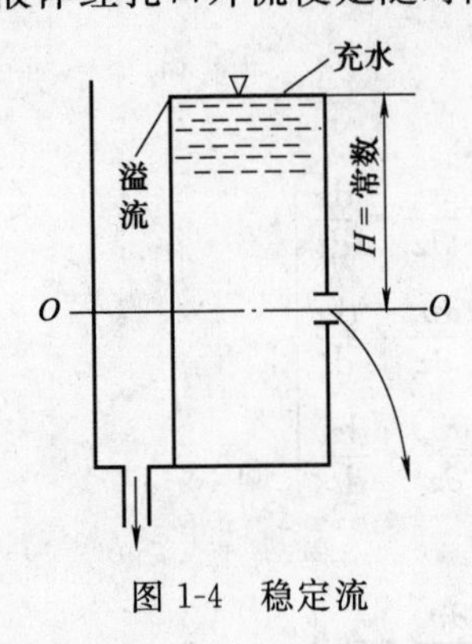

图 1-4　稳定流

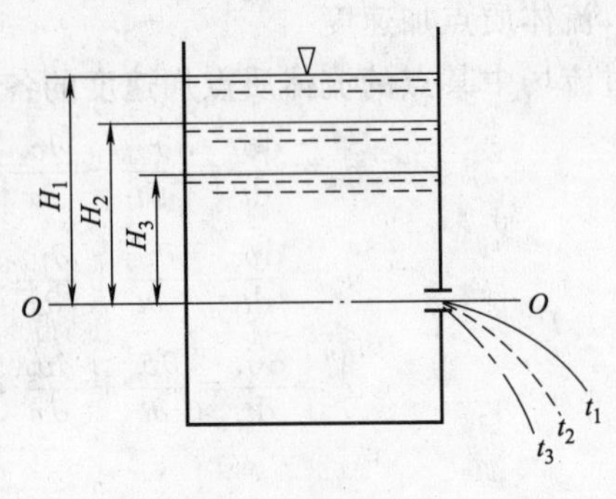

图 1-5　非稳定流

研究稳定流是有实际意义的。因为实际工程中绝大部分流体流动都可近似地看作是稳定流动，特别是在容器截面较大、孔口又较小的情况下，即使没有液体补充装置，其水位的下降也相当缓慢，这时按稳定流处理误差不会很大。因此，本书主要研究稳定流的基本规律。

1.2　对实际流体运动分析引出的问题

下面我们回到 1.1.3.1 节最后提出的问题，即通过对流体运动规律的分析来找到四个包含式（1-2）未知函数的等价关系。

1.2.1　第一个等价关系

首先观察一个圆管中流体的流动，如图 1-6，发现单位时间内从圆管一端流入多少流体，则应当在同样时间内从圆管的另一端流出同样多的流体。用 Q 代表流量，则可表示为

$$Q_{入}=Q_{出} \tag{1-8}$$

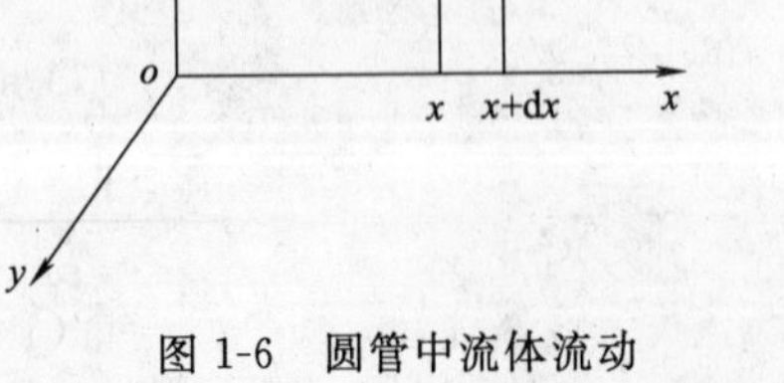

设 $A_{入}$，$A_{出}$ 分别表示入口面积和出口面积，$V_{入}$ 和 $V_{出}$ 表示入口流速和出口流速，则式（1-3）又可表示为

$$v_{入}A_{入}=v_{出}A_{出} \tag{1-9}$$

图 1-6　圆管中流体流动

显然，式（1-9）中的 $V_{入}$ 和 $V_{出}$ 表示入口和出口处的平均速度，而非每个质点的瞬时速度。式（1-9）中的反映的是流体的总体流动关系，并不代表组成连续流体的每个质点的流动规律，而我们的核心问题式（1-2）是关于流场的关系式，也就是流场中每个空间微元（与连续流体的质点相对应）都应该符合同一种函数关系。为此在流场中选取一个空间微元体来进行观察，如图 1-6 中微元体的微元体 $\mathrm{d}x\mathrm{d}y\mathrm{d}z$，因为流体是连续流体，因此流体从坐标为 x 处的微元体的截面 $\mathrm{d}y\mathrm{d}z$ 流入的流体量应当等于从 $x+\mathrm{d}x$ 处的微元体截面 $\mathrm{d}y\mathrm{d}z$ 流出的流体量，即

$$\begin{bmatrix}\text{单位时间输入}\\\text{微元体的质量}\end{bmatrix}=\begin{bmatrix}\text{单位时间输出}\\\text{微元体的质量}\end{bmatrix} \tag{1-10}$$

$$\mathrm{d}Q_{\text{入}}=\mathrm{d}Q_{\text{出}} \tag{1-11}$$

由式（1-11）可以推导出一个关于流场中每个空间点的流体运动的方程来。但此时立即会产生一个疑问，即流体真的总是符合流入等于流出的规律吗？如果流途中流体的密度由于其他原因（如温度、压力）而发生了变化，则不再符合上述等价关系，而是符合下面的关系：

$$Q_{\text{入}}-Q_{\text{出}}=\Delta Q \tag{1-12}$$

ΔQ 为单位时间内微元体内累积的质量。

如果流体密度发生了变化，则意味着流体发生了压缩或膨胀。但迄今为止，我们还没有研究流体是否可以被压缩或膨胀，只有先把流体是否具有可压缩性和可膨胀性弄清楚，才能返回来列出式（1-12）的微元方程。

现在基本可以肯定，只要解决了流体压缩性和膨胀性的问题，就可以得到一个微分方程了。但我们的目标是 4 个微分方程，现在只得到一个，还要找另外 3 个微分方程，才能得到一组封闭的微分方程组。

1.2.2　第二个等价关系

第一个等价关系是通过直接观察流体的运动规律得到的。现在只通过直观的观察已得不到新的等价关系。

因为要研究流体运动学规律，而流体是连续介质，因此可以取流场空间中的微元体来分析，当流体经过流场空间时，以流体质点作为研究对象，因为所取的质点是任意的，因此该质点的运动规律就是流体中所有质点的运动规律，也就是流体的运动规律。而且由于流体是连续体，因此对单个质点的运动规律的积分可以得到流体的宏观规律。如图 1-7 在流体中取一个质点，根据连续介质模型，可以将此质点看做一个微元体 $\mathrm{d}x\mathrm{d}y\mathrm{d}z$。因为是质点，应符合质点动力学方程如牛顿第二定律 $\sum \mathrm{F}=ma$。该方程在 x，y，z 三个方向的分量为

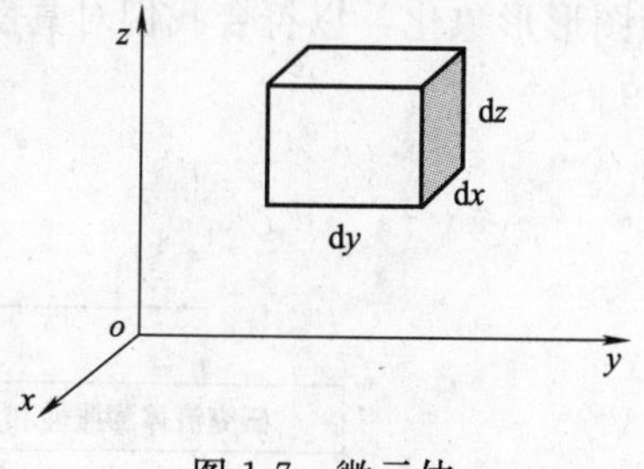

图 1-7　微元体

$$\begin{cases}\sum \mathrm{F}_x=ma_x\\\sum \mathrm{F}_y=ma_y\\\sum \mathrm{F}_z=ma_z\end{cases}$$

只要对微元体质点分别在 x，y，z 三个方向上进行受力分析，即可得到三个方程，这三个方程就可以和上述的第一个等价关系得到的方程共同组成一组封闭的微分方程。

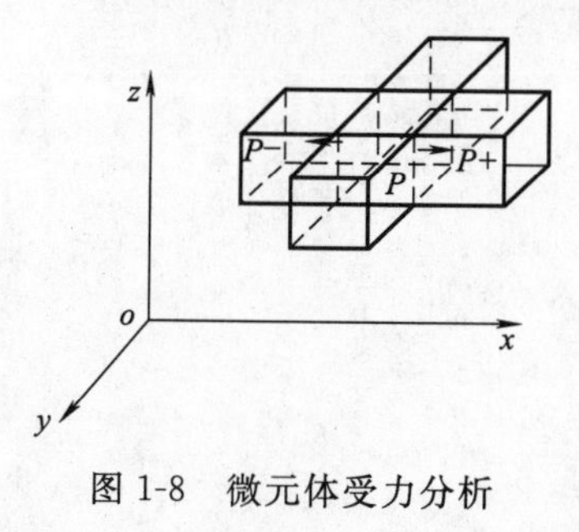

图 1-8　微元体受力分析

现在对微元体进行 x 方向的受力分析。如图 1-8，假设该微元体质点不是取在流体边界处，而是取自内部，则该质点微元体周围有六个紧邻的质点微元体对其有作用。

在 x 方向上，假设沿 x 正向流体速度是增加的，设微元体 P 在 x 方向的两个相邻微元体分别为 P_{x-}，P_{x+}，由于沿 x 方向速度渐增，因此 P_{x-} 对 P 表现为负方向的拉应力，而 P_{x+} 对 P 表现为正方向的拉应力，如果用 σ_{xx} 表示 P 点处的法向应力，则在微元体 $x-$ 方向面上的法向应力为

$$\sigma_{xx}-\frac{\partial(\sigma_{xx})}{\partial x}\cdot\frac{\mathrm{d}x}{2}$$

在 $x+$ 方向面上的法向应力为

$$\sigma_{xx}+\frac{\partial(\sigma_{xx})}{\partial x}\cdot\frac{\mathrm{d}x}{2}$$

现在来分析微元体 P 在 y 方向上紧邻的两个微元体 P_{y-}，P_{y+} 对其作用力。假定沿 y 方向流体速度也是增加的，即 P_{y+} 在 x 方向的速度大于 P 在 x 方向速度，而 P 在 x 方向的速度也大于 P_{y-} 在 x 方向的速度。由于 P_{y+} 速度大于 P 速度，按照刚性质点运动学的原理，在非理想接触（非光滑接触）条件下，微元体 P_{y+} 应当给微元体 P 沿 $x+$ 方向一个摩擦力的作用，同理，P_{y-} 应当给 P 沿 $x-$ 方向一个摩擦力的作用。但对于流体来说，流体内部质点间是否存在摩擦力呢？这问题必须澄清。如果这个问题不解决，则无法列出其余三个方程。

1.3 理论流体力学的研究布局

通过讨论，首先把理论流体力学的研究集中到了要求解四个流场解析函数式，为了求解这 4 个函数解析式，必须找到四个方程来组成封闭的方程组。通过 1.2 节分析，找到了列出四个方程的等价关系，但为了用这些等价关系列出方程，必须首先解决流体的两个性质问题：①流体是否存在压缩性和膨胀性？如果有，如何定量表达？②流体内部是否有内摩擦力？内摩擦力如何定量表达？因此研究流体力学的步骤应该是，首先澄清流体的两个性质，然后再列出封闭方程组，求解封闭方程组，得到流场 u 和 P 的函数解析式，最后把用函数解析式求得的流场用图形形象化，以符合我们对真实流体的观察习惯。因此，研究流体力学的布局可以归结为图 1-9。

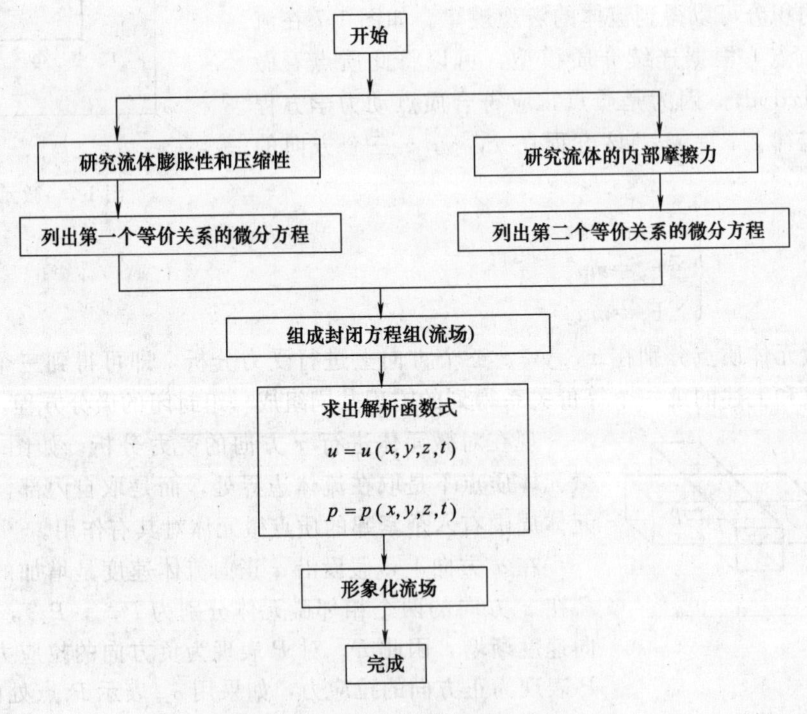

图 1-9 理论流体力学研究布局

1.4 流场形象化的研究

通过对流体运动的全面分析，将流体运动的核心问题归结到求得流场的速度场解析式和压力场解析式。一旦求出这些函数解析式，代入具体的空间坐标及时间后，得到的将是一组组的速度值和压力值，可以对其中的个别数据或局部数据进行分析，但更期望得到对这些数据的总体感觉，如人们看到浪花或水流后，虽然对浪花或水流中局部情况不太清晰，但却对浪花和水流有总体的感受。因此有必要把从解析式得到的具体数据还原为图形形式。

在本书以后的解析流场的过程中，一般地，是要以流场为研究对象，第二章推导 N-S 方程时，是在流线场中（非迹线）取微元六面体进行解析，因此，在开始解析流场前，应当首先确定用什么样的方法来表现流体经过的流场，即如何将流场形象化（用图形表示流场）。

那么如何将流场形象化呢？

1.4.1 迹线和流线

从人们日常生活中对流体的观察角度划分，一般存在两种情况，一种情况是人们对流体中的某个质点感兴趣，如人们做漂流流动时，对漂流的小舟在不同时刻的位置的变化有兴趣，这个小舟代表流体中的某个质点随时间的变化，位置在发生着变化。另一种情况是人们对流体的总体流动感兴趣，如人们拍摄海浪击岸时，会将海浪的运动定格在某一时刻，然后将各个时刻的运动联系起来观察海浪的总体运动。当海浪运动定格在某一时刻时，所观察到的是海浪中所有流体质点在那一刻的运动情况。因此，如果要将流场的计算结果形象化，应当按照上面所述的两种经验来还原计算数据。前一种方法是针对具体的质点进行还原，反映的是具体质点随时间变化的轨迹，这种方法称为迹线方法。后一种方法是针对全体质点进行还原，得到的是某一时刻全体质点的流动情况，这种方法称为流线还原法。

迹线是流体质点的轨迹线。迹线的特点是：每个质点都有一个运动轨迹，而且迹线是随质点不同而异。迹线是三个表示位置的空间坐标和一个时间坐标轴表示出来的，严格地说，迹线是图示不出来的，因为四维坐标系无法图形化，只能表示为截面的形式。即将四维图形投影为三维、二维或一维图形。

如果要图示流体的总体流动状况，而非某个特定的流体质点。只能是描述流体在某一时刻的全体流体状况，然后把多个时刻的流动状况联系起来得到所需时间段的运动变化图像，这与动态摄影类似。那么如何图现流体在某一时刻的流动状况呢？

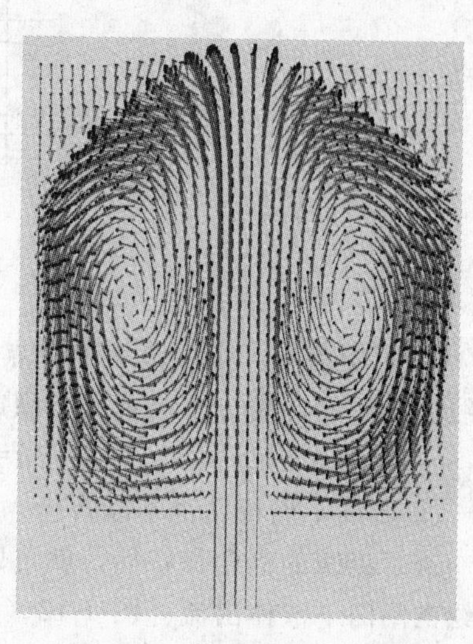

图 1-10 大平板反重力充填

首先把全体质点在该时刻的空间位置确定下来，然后将所有质点的运动方向与速度的大小标示出来，就可以观察出流体的总体运动趋势了。显然在各质点上标位移和压力，因位移与时间有关，而压力无方向，只有速度才能反映运动趋势。图 1-10（大平板反重力填充）为将流场中许多离散质点的速度、方向和大小标示出来的图像。观察图像，成组的质点的运动趋向可以联系成一条条的线，线的走向表现了流体的运动趋势。这一条条线就是流线。该线的具体做法如下。

如图 1-11，设在某瞬时 t_1，流场中某点 1 处流体质点的流速为 v_1；沿 v_1 矢量方向无穷小距离 ds_1 取点 2，点 2 处流体质点在同一瞬时 t_1 的流速为 v_2；沿 v_2 矢量方向无穷小距离 ds_2 取点 3，点 3 处流体质点在同一瞬时 t_1 的流速为 v_3；依此类推，可以找到点 4，点 5，…这样，在 t_1 瞬时我们可以得到一条空间折线 1-2，2-3，3-4，…，当各折线段 ds 趋近零时，该折线的极限为一条光滑的曲线 S。曲线 S 就称为瞬时 t_1 流场中经过点 1 的流线。由此看出流线的定义为：流场中某一瞬间的一条空间曲线，在该线上各点的流体质点所具有的速度方向与曲线在该点的切线方向重合。

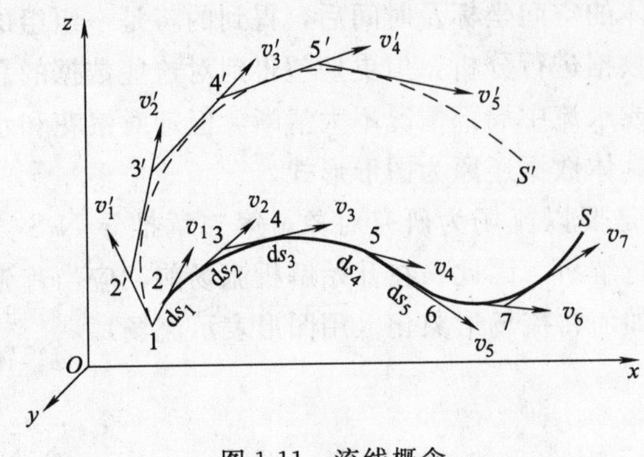

图 1-11　流线概念

通过流场中其他点，也可用上述方法作出流线。因此，整个流场成为被无数流线所充满的空间，它显示出流体运动清晰的几何形象。

流线有以下三个特征：

① 非稳定流时，由于沉场中速度随时间改变，所以在瞬时 t_2 通过流场空间点 1 的速度矢量将改变为 v_1'，按流线定义则 t_2 瞬时流过点 1 的流线将改变为 S'（图 1-12）。因而，非稳定流时，经过同一点的流线其空间方位和形状是随时间改变的。

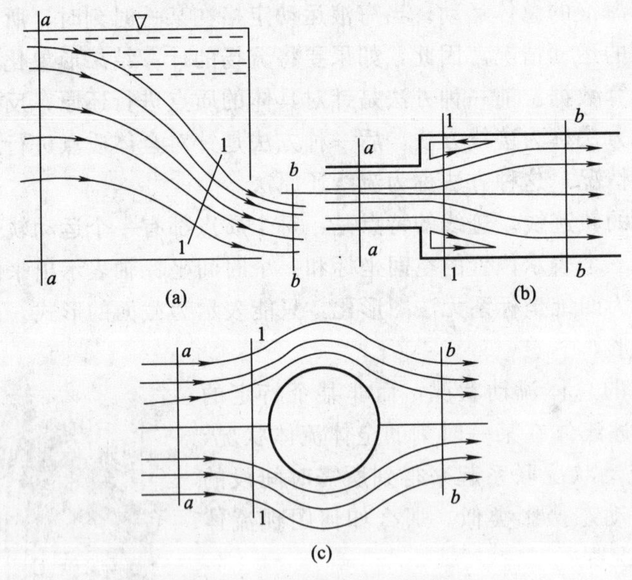

图 1-12　不同边界的流线图

② 稳定流时，由于流场中各点流速不随时间改变，所以同一点的流线始终保持不变，且流线上质点的迹线与流线重合。稳定流时，速度场和压力场的表达式变化为（无时间项）：

$$u=u(x,y,z),P=P(x,y,z)$$

③ 流线不能相交也不能转折。

有了流线的概念和特性，就可以形象地描述不同边界条件下的流体流动。如用“流线谱”描绘的闸门下液体出流［图 1-12（a)］；经突然放大的流体流动［图 1-12（b)］；绕球体运动的流线分布［图 1-12（c)］。

显然，在流线分布密集处流速大，在流线分布稀疏处流速小。因此，流线分布的疏密程度就表示了流体运动的快慢程度。

若在运动的流体中添加一些小的质点粒子，使之跟随液体一起运动，则液体的流动成为可见的流动。若采用短时间摄影，把注意力集中在整个流场的瞬时流动上，就可以获得流线的照片。如果用长时间摄影，集中注意力于某个质点的运动轨迹上，就可获得迹线照片。

1.4.2 流管、流束、流量

流线只能表示流场中一个个质点的流动情况，不能从总体上表现出流体流动的宏观态势，为此，引入流管和流束的表现方法来描述流体的体积效应。

在流场内取任意封闭曲线 1（图 1-13），通过曲线 1 上每一点连续地作流线，则流线族构成一个管状表面，叫**流管**。非稳定流时流管形状随时间而改变，稳定流时流管形状不随时间而改变。因为流管是由流线组成的，所以流管上各点的流速都在其切线方向，而不穿过流管表面（否则就要有流线相交）。所以流体不能穿出或穿入流管表面。这样，流管就像刚体管壁一样，把流体运动局限在流管之内或流管之外。在流管内取一微小曲面 dA，通过 dA 上每个点作流线，这族流线叫做**流束**。如果曲面 dA 与流束中每一根流线都正交。dA 就叫做**有效截面**。截面无穷小的流束称为**微小流束**。由于微小流束的截面 dA 很小，可以认为在微小截面 dA 上各点的运动参数是相同的，这样就可以运用数学积分的方法求出相应的总有效截面的运动参数。

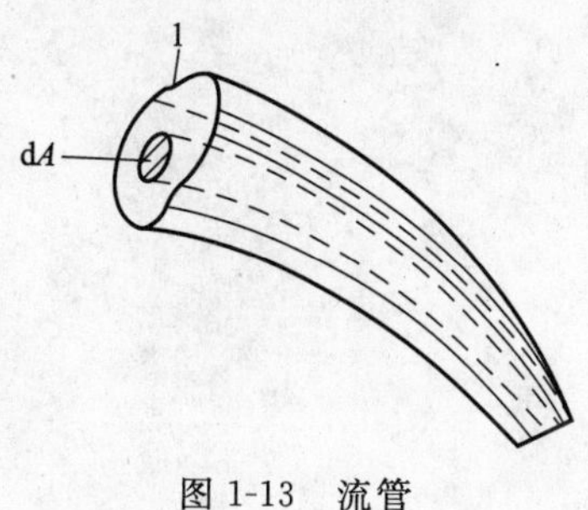

图 1-13　流管

因为在微小流束的有效截面中流速 v 相同，所以单位时间内流过此微小流束的流量 dQ 应等于 $v\mathrm{d}A$。一个流管是由许多流束组成的，这些流束的流动参量并不一定相同，所以流管的流量应为

$$Q=\int_A v\mathrm{d}A$$

由于流体有黏性，任一有效截面上各点的速度大小不等，由实验可知，总有效截面上的速度分布呈曲线图形，边界处 v 为零，管轴处 v 最大。工程上引用平均速度 $\overline{v}$ 的概念，根据流量相等的原则，单位时间内匀速流过有效截面的流体体积应与按实际流体通过同一截面的流体体积相等，即

$$\overline{v}\int_A \mathrm{d}A=\int_A v\mathrm{d}A=Q$$

则

$$\overline{v}=\frac{\int_A v\mathrm{d}A}{\int_A \mathrm{d}A}=\frac{Q}{A}$$

平均速度的概念反映了流道中各微小流束的流速是有差别的。工程上所指的管道中流体的流速，就是这个截面的平均速度 $\overline{v}$。

复习思考题

1. 小论文：论述理论流体力学体系的结构框架。提示：从流体力学的研究目标、研究方法，以及如何围绕流体力学的核心问题去搭建流体力学结构框架去展开论述。

2. 为什么要把流场形象化？如何进行流场的形象化？具体方法是什么？

3. 流线和迹线有什么不同？在一个流体质点的迹线中能否表现出其相邻质点的情况？在一个流体质点的流线中能出现其相邻质点的情况吗？

4. 举出一个例子，分别绘出稳定流和非稳定流的流线和迹线图。

3. 在建立理论流体力学体系前为什么先要研究流体黏性问题（流体内摩擦力）和流体收缩膨胀问题？

4. 你如何来确定流体内部是否具有摩擦力？如果要定量表达流体内摩擦力，你如何解决这个问题？请设计一种方法。对一切流体，内摩擦力表达式都会一样吗？

5. 如何证明流体（气体、液体）具有收缩性和膨胀性？气体和液体的膨胀性有什么不同？

6. 试推导一下第一个等价关系和第二个等价关系的微分方程。

第 2 章 流体的两个主要性质

本章导读：按照第一章的格局首先研究流体的两大性质，然后延伸流体黏性的叙述，为非牛顿流体力学的研究留下余地。最后附带叙述与建立流体运动微分方程相关的流体的其他性质，并给出其场的表述形式。

根据 1.3 节所述的理论流体力学的研究布局和技术路线，应当首先澄清流体是否具有膨胀性质和收缩性质，以及流体内部是否存在内部摩擦力，才能列出关于流体运动的封闭的微分方程组。本章即展开这两个问题的研究。

2.1 流体的膨胀性和收缩性

流体包括液体和气体。要研究它们是否具有膨胀性和收缩性，首先应建立实验用测定指标，然后经实验测定即可得到结论。以下分别阐述液体和气体的研究结果。

2.1.1 液体的压缩性和膨胀性

如果液体具有膨胀性和收缩性，则这两个性质应该与压力和温度直接相关，因此应该从压力角度和温度角度给出测定量。

从压力角度给出的测定量为等温压缩率，从温度角度给出的测定量为体胀系数。

2.1.1.1 等温压缩率

当作用在流体上的压力增加时，流体所占有的体积将缩小，这种特性称为流体的压缩性(反过来就是膨胀性)。通常用等温压缩率 κ_T 来表示。κ_T 指的是在温度不变时，压力每增加一个单位时流体体积的相对变化量，即

$$\kappa_T=-\frac{1}{V}\left(\frac{\Delta V}{\Delta P}\right)_T \tag{2-1}$$

式中 κ_T——等温压缩率，Pa^{-1}；

ΔP——压力增高量，Pa；

ΔV——体积的变化量，m^3；

V——流体原来的体积，m^3。

负号表示压力增加时体积缩小，故加上负号后 κ_T 永远为正值。

对水等液体的测定结果表明，均具有压缩性，但非常小，在工程中可以不加考虑。例如，对于 0℃的水在压力为 5.065×10^5 Pa (5atm) 时，κ_T 为 $0.539\times10^{-9}\,Pa^{-1}$，可见水的可压缩性是很小的。其他液体也有类似性质。

2.1.1.2 体胀系数

当温度变化时，流体的体积也随之变化。温度升高时，体积膨胀，这种特性称为流体的膨胀性 (反过来就是收缩)，用体胀系数 α_V 来表示。α_V 是指当压力保持不变，温度升高 1K 时流体体积的相对增加量，即

$$\alpha_V=\frac{1}{V}\left(\frac{\Delta V}{\Delta T}\right)_P \tag{2-2}$$

式中 α_V——体积膨胀系数（K^{-1}）；

ΔT——流体温度的增加值（K）。

研究结果表明，在温度较低时（10～20℃），每增高 1℃水的体积相对改变量（α_V值）仅为 1.5×10^{-4}。其他液体也有类似性质。

由于水和其他液体的 κ_T和 α_V都很小，工程上一般不考虑它们的压缩性或膨胀性。但当压力、温度的变化比较大时（如在高压锅炉中），就必须考虑了。

2.1.2 气体的压缩性和膨胀性

气体不同于液体，压力和温度的改变对气体密度的影响很大。在热力学中，用气体状态方程来描述它们之间的关系。理想气体的状态方程式为

$$pv=RT \tag{2-3}$$

式中 p——气体压力；

v——比体积；

R——气体常数；

T——气体温度。

对空气来说，气体常数 R=287N·m/(kg·K)。式（2-3）也写成

$$\frac{p}{\rho}=RT \tag{2-4}$$

或

$$\frac{p}{\gamma}=\frac{RT}{g} \tag{2-5}$$

式中 γ——流体的重度，N/m^3。

当气体温度不变时，式（2-3）～式（2-5）变为

$$\left.\begin{aligned} pv=\text{常数} \quad \text{即 } p_1v_1=p_2v_2 \\ p/\rho=\text{常数} \quad \text{即 } p_1/\rho_1=p_2/\rho_2 \end{aligned}\right\} \tag{2-6}$$

式（2-6）表明：在温度不变时，单位质量理想气体的体积与压力成反比，而它的密度与压力成正比，此即波义耳（Boyle）定律。

当气体的压力保持不变时，式（2-3）～式（2-5）可写成

$$\left.\begin{aligned} \frac{v}{T}\text{常数} \quad \text{即}\frac{v_1}{T_1}=\frac{v_2}{T_2} \\ \gamma T=\text{常数} \quad \text{即 } \gamma_1T_1=\gamma_2T_2 \\ \rho T=\text{常数} \quad \text{即 } \rho_1T_1=\rho_2T_2 \end{aligned}\right\} \tag{2-7}$$

如果单位质量气体在 273K 时的体积为 V_0，温度升高 ΔT 后其体积为 V_t，则有

$$\frac{V_0}{273}=\frac{V_t}{273+\Delta T}$$

$$V_t=V_0\frac{273+\Delta T}{273} \tag{2-8}$$

根据体胀系数的定义，有

$$V_t=V_0+\Delta V=V_0+V_0\alpha_V\Delta T=V_0(1+\alpha_V\Delta T) \tag{2-9}$$

将式（2-9）代入式（2-8）得：

$$\alpha_V = \frac{1}{273}$$

由此可见，在压力不变时，一定质量气体的体积随温度升高而膨胀。温度每升高 1K，体积便增加 273K 时体积的 1/273，此即盖·吕萨克定律。

若气体的变化过程既不向外散热，又没有热量输入，即绝热过程，则据热力学可得

$$pv^k = 常数 \tag{2-10}$$

将式（2-10）与式（2-3）联立得

$$\frac{T_2}{T_1} = \left(\frac{v_1}{v_2}\right)^{\kappa-1} = \left(\frac{p_2}{p_1}\right)^{\frac{\kappa-1}{\kappa}} \tag{2-11}$$

式中　T_1、T_2——气体变化前后的温度，K；

v_1、v_2——变化前后的比体积，m^3/mol；

p_1、p_2——变化前后的压力，Pa；

κ——等熵指数，$\kappa = c_p/c_v$，在通常条件下，可取 $\kappa = 1.4$。

研究表明：在一般情况下，流体的 κ_T 和 α_V 都很小，对于能够忽略其压缩性的流体称为不可压缩流体，不可压缩流体的密度和重度均可看成常数；反之，对于 κ_T 和 α_V 比较大而不能被忽略，或密度和重度不能看成常数的流体称为可压缩流体。

但是，可压缩流体和不可压缩流体的划分并不是绝对的。例如，通常可把气体看成可压缩流体，但是当气体的压力和温度在整个流动过程中变化很小时（如通风系统），它的重度和密度的变化也很小，可近似地看为常数。再如，当气体对于固体的相对速度比当时温度下在这种气体中的声速小很多时，气体密度的变化也可以被忽略，即可把气体的密度看成常数，可按不可压缩流体来处理。

2.2 流体黏性及内摩擦定律

现在来澄清流体内部是否存在摩擦力及如何定量地表达这个摩擦力。

2.2.1 牛顿黏度定律

为了检测流体内部存在相对运动时，是否存在摩擦力，自然会设计如图 2-1 所示的实验。在两块平行平板间充满静止的水，下板固定不动，给上板一个力，让它开始运动。如果水内部没有摩擦力，则上面的板会做加速运动，且板下面的水会一直保持静止。如果水内部有摩擦力，则当板的运动达到稳定状态时，即作用于上板的外力与水对板的阻力达到平衡时，上板会以匀速 v_0 平移，两板间的流体会呈现出类似图中的速度分布，即附着在动板下的流体层具有与动板等速的 v_0，越往下速度越小，定板上的流体层的速度为零。实验表明，水内部确实存在图中所示的速度分布，说明水内部存在摩擦力。

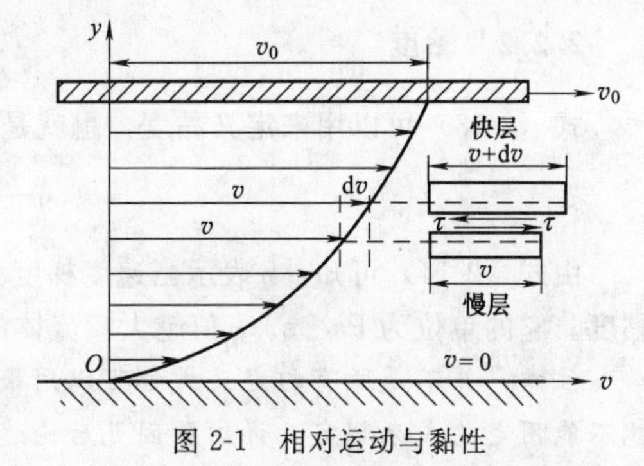

图 2-1　相对运动与黏性

这一事实说明：每一运动较慢的流体层，都是在运动较快的流体层带动下才运动的；同时，每一运动较快的流体层（快层），也受到运动较慢的流体层的阻碍，而不能运动得更快。也就是说，在作

相对运动的两流体层的接触面上，存在一对等值而反向的作用力来阻碍两相邻流体层作相对运动，这说明当流体内各层之间存在相对运动时，流体内部就会出现内部摩擦力，把流体具有的这种性质叫做流体黏性。

1687 年，牛顿在其发表的《自然哲学的数学原理》一书中对流体黏性作了理论描述，即“牛顿黏度定律”。

流体运动时的黏性阻力与哪些因素有关？经过大量的实验研究，牛顿提出了确定流体黏性阻力的“牛顿黏性定律”：当流体的流层之间存在相对位移，即存在速度梯度时，由于流体的黏性作用，在其速度不相等的流层之间以及流体与固体表面之间所产生的黏性阻力的大小与速度梯度和接触面积成正比，并与流体的黏性有关。

在稳定状态下，当图 2-1 所示两平行平板间的流动是层流时，对于面积为 A 的平板，为了使动板保持以速度 v_0 运动，必须施加一个力 F，该力可表示为

$$\frac{F}{A}=\eta\frac{v_0}{Y} \tag{2-12}$$

式中　Y——两平板间的距离；

η——动力黏度。

这是一种剪切力系，单位面积上所受的力（F/A）为切应力（τ_{yx}）。在稳定状态下，如果速度分布是线性分布，那么 v_0/Y 可用恒定的速度梯度 $\mathrm{d}v_x/\mathrm{d}y$ 来代替，于是任意两个薄流层之间的切应力 τ_{yx} 可以表示为

$$\tau_{yx}=-\eta\frac{\mathrm{d}v_x}{\mathrm{d}y} \tag{2-13}$$

τ_{yx} 又称为黏性动量通量。我们也可用动量传输原理来解释式（2-13）。假想流体是一系列平行于平板的薄层，每个薄层具有相应的动量，同时导致直接位于其下的薄层的流动。因此，动量沿 y 方向进行传输。τ_{yx} 的注脚说明了动量传输的方向（y 向）和所讨论的速度分量（x 向）。式（2-13）中的负号表示动量是从流体的上层传向下层的，即负 y 向。而此时 $\mathrm{d}v_x/\mathrm{d}y$ 是正值，即速度沿正 y 方向增长。如果把 τ_{yx} 看作力，则负号表示摩擦力总是对引起摩擦力的动力起阻碍作用，读者可以参照图 2-1 进行具体分析。

式（2-13）就是牛顿黏度定律。

黏性是由于流体内部分子之间存在内聚力以及流体层间分子运动的动量交换而造成的。内摩擦力是这种性质的表现形式。当流体处于静止或各部分之间相对速度为零时，流体的黏性就表现不出来，内摩擦力为零。

注意：牛顿黏性定律是在层流情况下的实验定律，如果是湍流，则该公式需要增加一个修正项——附加阻力项。详见第 5 章。

2.2.2　黏度

式（2-13）可以用来定义黏度，也就是可以用它来测定流体黏度，即

$$\eta=-\frac{\tau_{yx}}{(\mathrm{d}v_x/\mathrm{d}y)} \tag{2-14}$$

由式（2-14）可知：η 表示当速度梯度为 1 单位时，单位面积上摩擦力的大小，称为动力黏度。它的单位为 Pa·s。η 值越大，流体的黏性也越大。

注意：并不是所有的定义式都可以用来测定某些物性参数，比如第 11 章的对流换热系数就不能用定义式来测定。详细原因见后论述。

在工程计算中也常采用流体的动力黏度与其密度的比．这个比值称为运动黏度，以 ν 表示，即

$$\nu=\frac{\eta}{\rho} \tag{2-15}$$

运动黏度是个基本参数，它是动量扩散系数的一种度量，其单位为 m^2/s。运动黏度从一定意义上说是排除了流体物质紧密程度的影响，单纯度量流体物质分子之间的结合力的一个衡量参数。

【例 2-1】 两平行板相距 3.2mm，下板不动，而上板以 1.52m/s 的速度运动。欲使上板保持运动状态，需要施加 $2.39N/m^2$ 的力，求板间流体的动力黏度？

解：由式（2-12）并参看图 2.1 可知，

$$\eta=\frac{F/A}{v_0/Y}$$

因
$$F/A=2.39N/m^2$$

又
$$v_0/Y=\frac{1.52m\cdot s^{-1}}{3.2mm}=\frac{1520mm\cdot s^{-1}}{3.2mm}=475s^{-1}$$

故
$$\eta=\frac{2.39N\cdot m^{-2}}{480s^{-1}}=5.03\times10^{-3}Pa\cdot s$$

温度对流体的黏度影响很大。当温度升高时，液体的黏度降低；但是，气体则与其相反，当温度升高时，黏度增大。这是因为液体的黏性主要是由分子间的吸引力造成的，当温度升高时，分子间的吸引力减小，η 值就要降低；而造成气体黏性的主要原因是气体内部分子的杂乱运动，它使得速度不同的相邻气体层之间发生质量和动量的交换，当温度升高时，气体分子杂乱运动的速度加大，速度不同的相邻气体层之间的质量和动量交换随之加剧，所以 η 值将增大。

一些常见的金属液体的黏度随温度的变化如图 2-2 所示。图中为 η 与 $1/T$ 的关系曲线，所有金属液体的黏度都随温度的升高而降低。关于液态合金的黏度，可供使用的数据很少。黏度不仅与温度有关，合金元素对黏度也有很大的影响。在图 2-3 和图 2-4 中列出了两种重要二元系合金（A1-Si 和 Fe-C）的黏度，并分别标在各自的相图上，可清楚地看出合金元素及温度对黏度的影响。

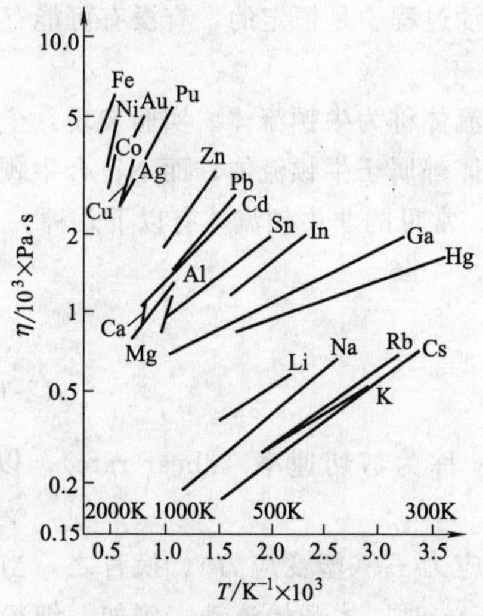

图 2-2　液体金属的黏度与温度的关系

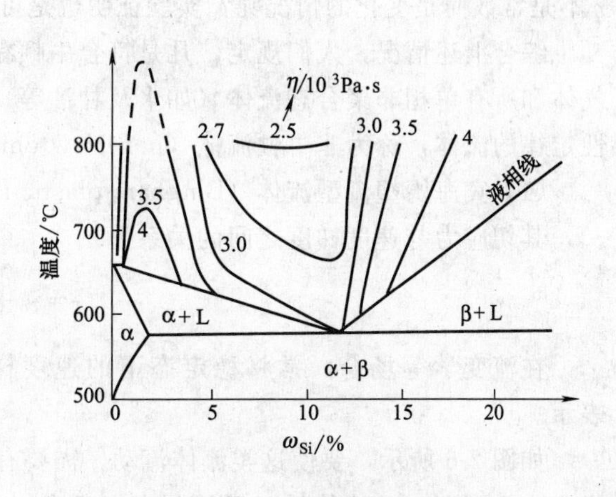

图 2-3　Al-Si 合金溶液的黏度

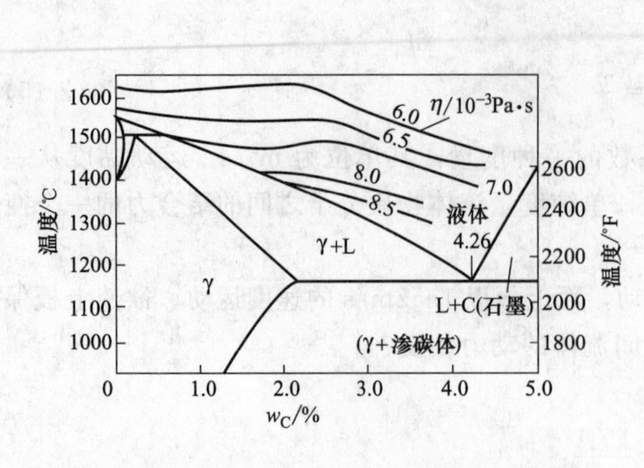

图 2-4　Fe-C 合金溶液的黏度

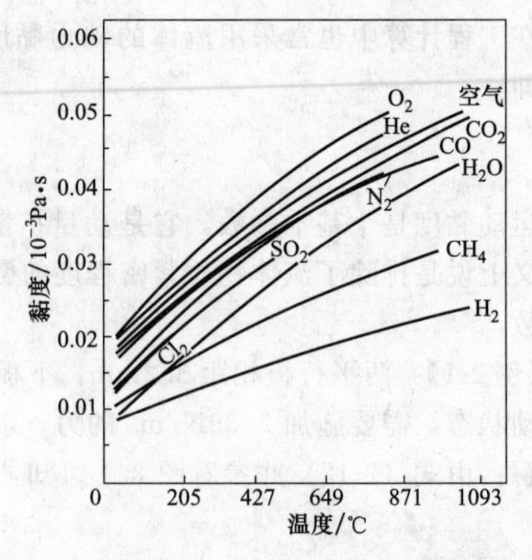

图 2-5　一般气体在 1.013×10^5 Pa（1atm）时的黏度

各种气体的黏度随温度的变化关系曲线如图 2-5 所示。由图可知，所有气体的黏度均随温度升高而增加。

2.3　对流体黏性的再讨论——非牛顿流体

牛顿黏性定律是用部分流体实验得到的实验定律。进行黏性实验时，不可能穷尽所有的流体种类，既然如此，有无可能存在不符合牛顿黏性定律的流体呢？所谓符合牛顿黏性定律，即切应力 τ_{yx} 与 $-\mathrm{d}v_x/\mathrm{d}y$ 呈线性关系，有无可能 τ_{yx} 与 $-\mathrm{d}v_x/\mathrm{d}y$ 不成线性关系，而成别的函数关系呢？再者，我们观察，只要存在 τ_{yx}，则立即出现流体层的速度梯度，即只要有外力作用于流体，流体立即运动，是否存在这种可能，τ_{yx} 必须达到一定的值才能使流体动起来，才能使流体层之间出现速度梯度呢？经过实验，人们确实发现了上述情况的流体：①τ_{yx} 与 $-\mathrm{d}v_x/\mathrm{d}y$ 成指数关系；②τ_{yx} 确实需要克服一个阈值，即 $\tau_{yx}=\tau_0+\eta\dfrac{\mathrm{d}v_x}{\mathrm{d}y}$；③甚至也可能出现 $\tau_{yx}=\tau_0+\eta\left(\dfrac{\mathrm{d}v_x}{\mathrm{d}y}\right)^n$ 的情况。

上述情况有一个共同特点，就是黏性系数 η 在流体运动过程中是恒定的，有没有可能存在 η 不是常数而是变化的情况呢？实验证明也是可能的。

综合上述情况，人们规定，凡是符合牛顿黏性定律的流体称为牛顿流体。实验发现，全部气体和所有单相非聚合态流体（如水及甘油等）等均质流体都属于牛顿流体；而不符合牛顿黏性定律的流体，称为非牛顿流体（non-Newtonian fluids）。常见的非牛顿流体有以下几种。

(1) 宾海姆塑流型流体（Bingham-plastic fluids）

其切应力与速度梯度之间的关系为

$$\tau=\tau_0+\eta\frac{\mathrm{d}v_x}{\mathrm{d}y} \tag{2-16}$$

在流变学等场合，常将稳定态下的速度梯度 $\mathrm{d}v_x/\mathrm{d}y$ 称为剪切速率（shear rate），以 γ 表示。

如图 2-6 所示，要使这类流体流动，需要有一定的切应力 τ_0（塑变应力）。换言之，当切应力小于 τ_0 时，该流体处于固结状态；只有当切应力大于 τ_0 时，才开始流动。例如，细粉煤泥浆、乳液、砂浆、矿浆等均属于这类流体。

(2) 伪塑流型流体（pseudoplastic fluids）和胀流型流体（dilatant fluids）

其特征为

$$\tau=\eta\left(\frac{\mathrm{d}v_x}{\mathrm{d}y}\right)^n$$

式中，η 与 n 均为常数。当 $n<1$ 时，为伪塑流型流体；当 $n>1$ 时，为胀流型流体。它们的 τ 与 $\mathrm{d}v_x/\mathrm{d}y$ 的关系如图 2-6 所示。由图可知，伪塑流型流体的曲线斜率随切应力增大而减小。而胀流型流体的曲线斜率却随切应力的增大而加大。属于这类流体的有半固态金属液、石灰和水泥岩悬浮液等。

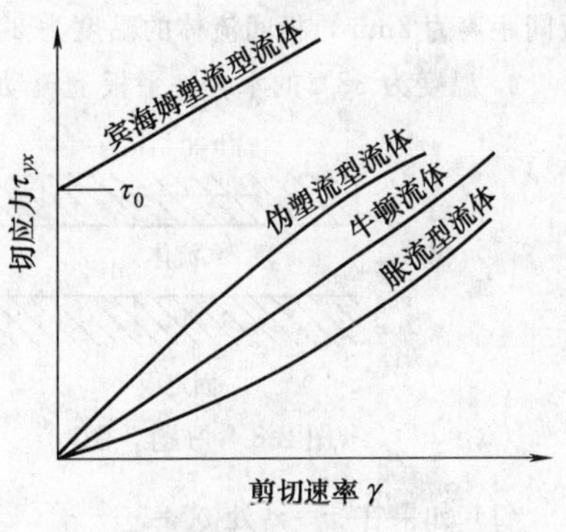

图 2-6　稳定流流体的切应力-剪切速率关系曲线

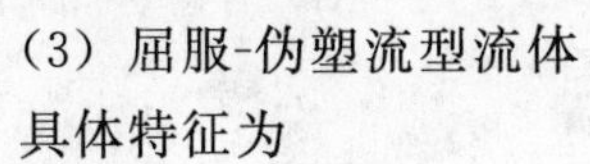

(3) 屈服-伪塑流型流体

具体特征为

$$\tau=\tau_0+\eta\left(\frac{\mathrm{d}v_x}{\mathrm{d}y}\right)^n$$

这类流体与宾海姆塑流型流体相类似，但切应力与速度梯度之间的关系是非线的。

此外，在研究半固态金属或铸造涂料时，会遇到在剪切速率固定不变的情况下，流体的切应力（τ）随切变运动时间的增加而减小的非牛顿流体，称为触变性流体，如图 2-7 所示。图中 a 为触变性流体，b 为牛顿流体。由图可知曲线 b 与时间无关，在固定的剪切速率下其切应力不随时间而变化，但曲线 a 却随时间而变化。

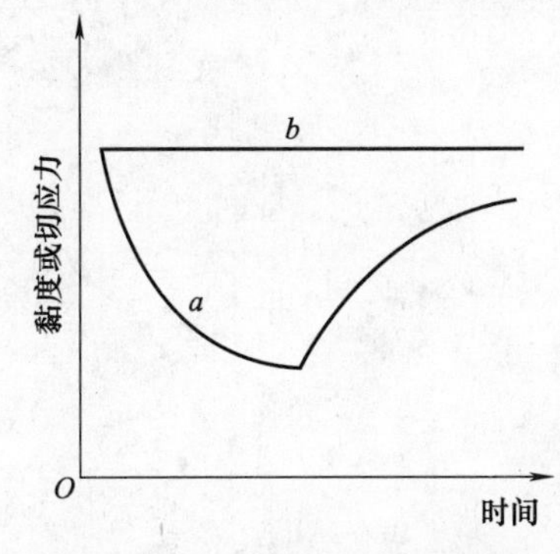

图 2-7　触变性流体的特征曲线

综上所述，实际上很多流体未必依从牛顿黏性定律。在本书的其他章节中讨论流体运动或动量传输过程等问题时，将只讨论牛顿流体。

在下一章可见到，依据层流的黏性定律，建立起了牛顿流体的动力学微分方程（N-S 方程）。同样地，依据层流的非牛顿流体的黏性力关系式也可以建立起非牛顿流体的动力学方程，如半固态流体的动力学方程（可用于半固态铸造），当然这已不属本书的研究范围了。

复习思考题

1. 如何设计衡量液体和气体压缩性和膨胀性的实验指标？
2. 牛顿流体和非牛顿流体的本质区别是什么？为什么会产生这个问题？
3. 牛顿黏性定律适合于流速非常大的流体吗？如果流体流速极大时，如何测定其内部摩擦力？

习　　题

1. 某可压缩流体在圆柱形容器中，当压力为 $2\mathrm{MN/m^2}$ 时体积为 $995\mathrm{cm^3}$，当压力为 $1\mathrm{MN/m^2}$ 时体积为 $1000\mathrm{cm^3}$，问它的等温压缩率 κ_T 为多少？
2. 某液体具有黏度 $\eta=0.0055\mathrm{Pa\cdot s}$，相对密度为 0.85，求它的运动黏度 ν。
3. 当一平板在一固定板对面以 0.61m/s 的速度摆动时（图 2-8），计算稳定状态下的动量通量（$\mathrm{N/m^2}$）。

板间距离为 2mm，板间流体的黏度为 2×10^{-3} Pa・s 动量通量的方向如何？切应力的方向呢？

4. 温度为 38℃的水在一平板上流动（图 2-9）。

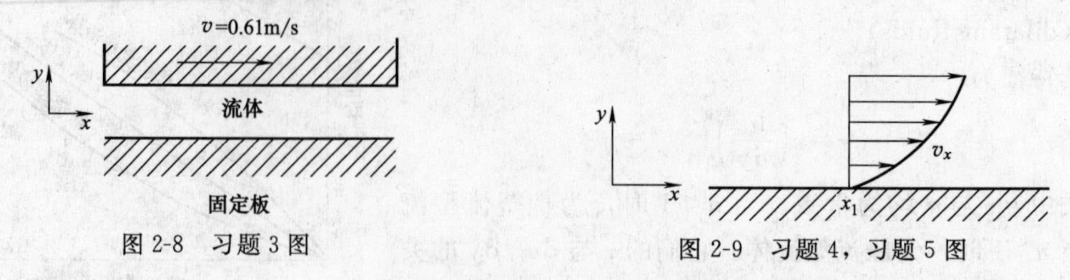

图 2-8 习题 3 图　　图 2-9 习题 4，习题 5 图

（1）如果在 $x=x_1$ 处 $v_x=3y-y^3$，求该点壁面切应力。38℃水的特性参数是：

$$\rho=1\text{t/m}^3 \quad \nu=0.007\text{cm}^2/\text{s}$$

（2）在 $y=1$mm 和 $x=x_1$ 处，沿 y 方面传输的动量通量是多少？

（3）在 $y=1$mm 和 $x=x_1$ 处，沿 x 方向有动量传输吗？若有，它是多少（垂直于流动方面的单位面积上的动量通量）？

5.（1）计算习题 4 中在 $y=25$mm 和 $x=x_1$ 处，沿 y 方向传输的动量通量。

（2）计算该点沿 x 方向的动量传输。

（3）将结果与习题 4 的结果作一比较。

第 3 章 理论流体力学的微分方程组

本章导读： 在完成了流体两个性质的研究论述后，进入主题，即建立封闭可解的流体运动方程组。根据对流体流动现象的观察首先找到第一个等价关系，建立起连续性方程。然后根据牛顿第二定律找到第二个等价关系，建立起 N-S 方程。由上述两个方程建立起了理论流体力学的总体框架，然后对这个方程组进行评述，指出其理论上的完美性和实际应用的障碍，然后说明计算机技术的出现是这个方程组得以工程化应用的技术保证。作为 N-S 方程的特例，推导了当不计流体内部摩擦力即把流体看作理想牛顿流体时的运动微分方程——欧拉方程。

第 2 章澄清了流体是否具有膨胀性和收缩性的问题，以及流体内部是否具有摩擦力的问题。按照 1.3 的研究布局，本章要回头来建立理论流体力学的封闭可解的微分方程组，从而建立起理论流体力学的结构框架。

3.1 实际流体微分方程组

所谓**实际流体**，即有黏性的流体；反之，若流体内部没有摩擦力，即流体无黏性，则定义为**理想流体**。

3.1.1 连续性方程

3.1.1.1 直角坐标系的连续性方程

现在依据 1.2.1 节的第一个等价关系来建立实际流体的第一个微分方程，叫做连续性方程。在流场中取一空间六面体作为微元控制体，其边长为 dx，dy，dz，如图 3-1 所示。观察该微元体内部流体的质量变化。

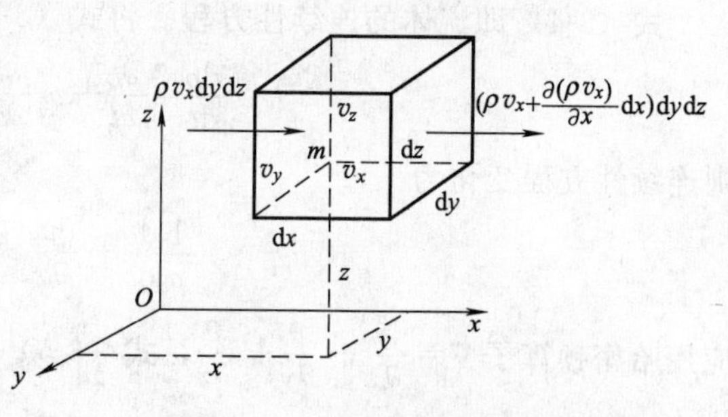

图 3-1 六面体微元控制体

设六面体点 m（x，y，z）上流体质点的速度为 v_x，v_y和 v_z，密度为 ρ，根据质量守恒定律有

$$\begin{bmatrix}\text{单位时间输入}\\ \text{微元体的质量}\end{bmatrix}-\begin{bmatrix}\text{单位时间输出}\\ \text{微元体的质量}\end{bmatrix}=\begin{bmatrix}\text{单位时间微元体}\\ \text{内累积的质量}\end{bmatrix} \tag{3-1}$$

首先分析与 x 轴垂直的面。单位时间内流体通过 x 处的平面进入微元体的质量流量是

$$\mathrm{d}y\mathrm{d}z(\rho v_x)\mid_x$$

通过 $x+\mathrm{d}x$ 处的平面流出微元体的质量流量是

$$\mathrm{d}y\mathrm{d}z(\rho v_x)\mid_{x+\mathrm{d}x}=\left[\rho v_x+\frac{\partial(\rho v_x)}{\partial x}\mathrm{d}x\right]\mathrm{d}y\mathrm{d}z$$

故 $\mathrm{d}t$ 时间内沿 x 向从六面体 x 处与 $x+\mathrm{d}x$ 处输入与输出的质量差为

$$\mathrm{d}y\mathrm{d}z(\rho v_x)\mid_x\mathrm{d}t-\mathrm{d}y\mathrm{d}z(\rho v_x)\mid_{x+\mathrm{d}x}\mathrm{d}t$$

$$=(\rho v_x)\mathrm{d}y\mathrm{d}z\mathrm{d}t-\left[\rho v_x+\frac{\partial(\rho v_x)}{\partial x}\mathrm{d}x\right]\mathrm{d}y\mathrm{d}z\mathrm{d}t$$

$$=-\frac{\partial(\rho v_x)}{\partial x}\mathrm{d}x\mathrm{d}y\mathrm{d}z\mathrm{d}t$$

同理，沿 y，z 两个方向 $\mathrm{d}t$ 时间内输入与输出微元六面体的质量差分别为

$$-\frac{\partial(\rho v_y)}{\partial y}\mathrm{d}x\mathrm{d}y\mathrm{d}z\mathrm{d}t；\quad -\frac{\partial(\rho v_z)}{\partial z}\mathrm{d}x\mathrm{d}y\mathrm{d}z\mathrm{d}t$$

因此，$\mathrm{d}t$ 时间内六面体内输入与输出的流体质量差应为

$$-\frac{\partial(\rho v_x)}{\partial x}\mathrm{d}x\mathrm{d}y\mathrm{d}z\mathrm{d}t-\frac{\partial(\rho v_y)}{\partial y}\mathrm{d}x\mathrm{d}y\mathrm{d}z\mathrm{d}t-\frac{\partial(\rho v_z)}{\partial z}\mathrm{d}x\mathrm{d}y\mathrm{d}z\mathrm{d}t$$

$$=-\left[\frac{\partial(\rho v_x)}{\partial x}+\frac{\partial(\rho v_y)}{\partial y}+\frac{\partial(\rho v_z)}{\partial z}\right]\mathrm{d}x\mathrm{d}y\mathrm{d}z\mathrm{d}t \tag{3-2}$$

再来看微元体内的质量累积。开始时微元体内流体的平均密度为 ρ，经 $\mathrm{d}t$ 时间后，流体密度变为 $\rho+\frac{\partial\rho}{\partial t}\mathrm{d}t$，则 $\mathrm{d}t$ 时间内微元体内的质量累积为

$$\left(\rho+\frac{\partial\rho}{\partial t}\mathrm{d}t\right)\mathrm{d}x\mathrm{d}y\mathrm{d}z-\rho(\mathrm{d}x\mathrm{d}y\mathrm{d}z)=\frac{\partial\rho}{\partial t}\mathrm{d}x\mathrm{d}y\mathrm{d}z\mathrm{d}t \tag{3-3}$$

当微元体内无源无汇（即微元体自生出流体——**源**；或由其他物体另外供给该微元体流体量——**汇**），且流体流动为连续时，由式（3-1）～式（3-3），得

$$-\left[\frac{\partial(\rho v_x)}{\partial x}+\frac{\partial(\rho v_y)}{\partial y}+\frac{\partial(\rho v_z)}{\partial z}\right]\mathrm{d}x\mathrm{d}y\mathrm{d}z\mathrm{d}t=+\frac{\partial\rho}{\partial t}\mathrm{d}x\mathrm{d}y\mathrm{d}z\mathrm{d}t$$

或

$$\frac{\partial\rho}{\partial t}+\frac{\partial(\rho v_x)}{\partial x}+\frac{\partial(\rho v_y)}{\partial y}+\frac{\partial(\rho v_z)}{\partial z}=0 \tag{3-4}$$

式（3-4）即流体的连续性方程。将式（3-4）展开，并取

$$\frac{\mathrm{d}\rho}{\mathrm{d}t}=\frac{\partial\rho}{\partial t}+v_x\frac{\partial\rho}{\partial x}+v_y\frac{\partial\rho}{\partial y}+v_z\frac{\partial\rho}{\partial z}$$

则连续性方程变化为

$$\frac{1}{\rho}\frac{\mathrm{d}\rho}{\mathrm{d}t}+\frac{\partial v_x}{\partial x}+\frac{\partial v_y}{\partial y}+\frac{\partial v_z}{\partial z}=0 \tag{3-5}$$

应用哈密顿算子 $\nabla=\frac{\partial}{\partial x}+\frac{\partial}{\partial y}+\frac{\partial}{\partial z}$，式（3-5）成为

$$\frac{1}{\rho}\frac{\mathrm{d}\rho}{\mathrm{d}t}+\nabla\mathbf{V}=0 \tag{3-6}$$

或

$$\frac{\mathrm{d}\rho}{\mathrm{d}t}+\rho\,\nabla\mathbf{V}=0 \tag{3-7}$$

对于可压缩性流体稳定流动，$\frac{\partial\rho}{\partial t}=0$（而 $\frac{\mathrm{d}\rho}{\mathrm{d}t}\neq 0$），式（3-4）变为

$$\frac{\partial(\rho v_x)}{\partial x}+\frac{\partial(\rho v_y)}{\partial y}+\frac{\partial(\rho v_z)}{\partial z}=0 \tag{3-8a}$$

或

$$\nabla(\rho\mathbf{V})=0 \tag{3-8b}$$

式（3-8）即为可压缩性流体稳定流动的三维连续性方程。它说明流体在流经单位体积空间时，单位时间内流出与流入的质量相等，或者说空间体内质量保持不变。

对于不可压缩流体的稳定流动，$\rho=const$，则式（3-8）变化为

$$\frac{\partial(v_x)}{\partial x}+\frac{\partial(v_y)}{\partial y}+\frac{\partial(v_z)}{\partial z}=0 \tag{3-9a}$$

或

$$\nabla \mathbf{V}=0 \tag{3-9b}$$

3.1.1.2　一维总流的连续性方程

对工程中常见的一维（一元）流动来说，$v_y=v_z=0$。可以证明，当同一微小流束的两个不同的截面积分别为 $\mathrm{d}A_1$ 和 $\mathrm{d}A_2$ 时，稳定流时，可压缩流体沿微小流束的连续性方程为

$$\rho_1 v_1 \mathrm{d}A_1=\rho_2 v_2 \mathrm{d}A_2 \tag{3-10}$$

对式（3-10）两边积分，并取 ρ_1 及 ρ_2 为平均密度 $\rho_{1均}$ 及 $\rho_{2均}$，可得一维总体流动方程

$$\rho_{1均}\int_{A1} v_1 \mathrm{d}A_1=\rho_{2均}\int_{A2} v_2 \mathrm{d}A_2$$

有

$$\rho_{1均} v_1 A_1=\rho_{2均} v_2 A_2 \tag{3-11}$$

式中　v_1、v_2——截面 A_1 及 A_2 处的流体平均速度，m/s；

A_1、A_2——有效截面积，m^2。

式（3-11）说明可压缩流体稳定流时，沿流程的质量流量保持不变为一常数。

对于不可压缩流体，即 $\rho=$常数，则式（3-11）成为

$$v_1 A_1=v_2 A_2$$

$$\frac{v_1}{v_2}=\frac{A_2}{A_1} \tag{3-12}$$

式（3-12）为一维总流不可压缩流体稳定流动的连续性方程。它确立了一维总流在稳定流动条件下，沿流程体积流量保持不变为一常值；各有效截面平均流速与有效截面面积成反比，即截面大流速小，截面小流速大。这是不可压缩流体运动的一个基本规律。

【例 3-1】　一化铁炉的送风系统如图 3-2 所示。将风量 $Q=50\mathrm{m}^3/\mathrm{min}$ 的冷空气经风机送入冷风管（0℃时空气密度为 $\rho_{1均}=1.293\mathrm{kg/m}^3$），再经密筋炉胆换热器被炉气加热，使空气预热至 $t=250$℃。然后，经热风管送至风箱中。若冷风管和热风管的内径相等，即 $d_1=d_2=300\mathrm{mm}$。试计算两管实际风速 v_1 和 v_2。

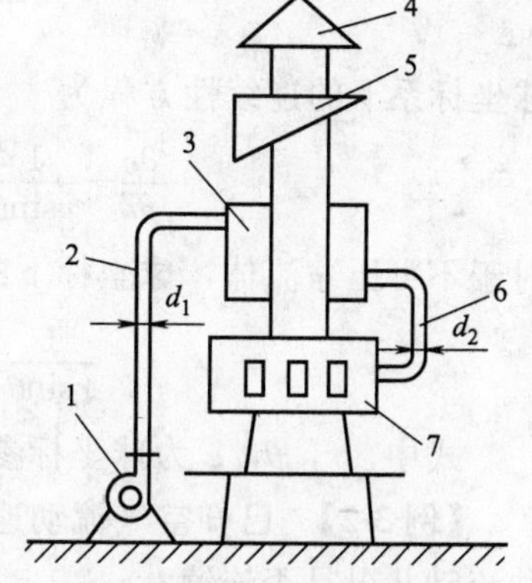

图 3-2　化铁炉送风系统

1—风机；2—冷风管；3—换热器；4—烟囱帽；5—除尘器；6—热风管；7—风箱

解： 因冷风经炉胆预热，到热风管时空气密度有了变化（此处由于压力变化引起的密度变化不大，可以忽略不计）。因此，在确定风速时，应根据可压缩流体的连续方程式（3-11）计算，即

$$\rho_{1均} v_1 A_1=\rho_{2均} v_2 A_2$$

因

$$v_1=\frac{Q}{A}=\frac{50/60}{\frac{\pi}{4}\times 0.3^2}\mathrm{m/s}=11.8\mathrm{m/s}$$

再由气体密度与体积膨胀系数 α_V 及温度 t 的关系，求 250℃温度时相应的空气密度 $\rho_{2均}$，即

$$\rho_{2均}=\frac{\rho_{1均}}{1+\alpha_V t}=\frac{1.293}{1+\frac{250}{273}}\text{kg/m}^3=0.674\text{kg/m}^3$$

因此

$$v_2=\frac{\rho_{1均}v_1A_1}{\rho_{2均}A_2}=\frac{1.293\times 11.8}{0.674}=22.6\text{m/s}$$

以上结果表明：由于温度 t 的改变，热风的流速 v_2 为标准状态下（0℃，98.06kPa，即1at）流速 v_1 的 $(1+\alpha_V t)$ 倍，即 $v_2=(1+\alpha_V t)v_1$。体积膨胀系数 $\alpha_V=1/273$，(℃$^{-1}$)。

3.1.1.3　圆柱坐标系和球坐标系的连续性方程

在圆柱坐标系和球坐标系中，取一微单元体，如图 3-3、图 3-4 所示。也可推出相应的连续性方程。

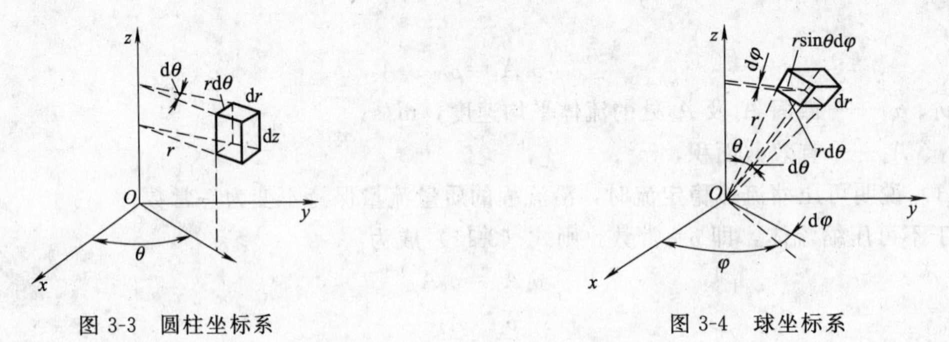

图 3-3　圆柱坐标系　　　　图 3-4　球坐标系

其中，圆柱坐标系下的连续性方程为

$$\frac{\partial\rho}{\partial t}+\frac{\rho v_r}{r}+\frac{\partial(\rho v_r)}{\partial r}+\frac{1}{r}\frac{\partial(\rho v_\theta)}{\partial\theta}+\frac{\partial(\rho v_z)}{\partial z}=0 \tag{3-13}$$

球坐标系下的连续性方程为

$$\frac{\partial\rho}{\partial t}+\frac{1}{r\sin\theta}\frac{\partial(\rho v_\theta\sin\theta)}{\partial\theta}+\frac{1}{r\sin\theta}\frac{\partial(\rho v_\varphi)}{\partial\varphi}+\frac{1}{r^2}\frac{\partial(\rho v_r r^2)}{\partial r}=0 \tag{3-14}$$

对于不可压缩流体，球坐标下的连续性方程变化为

$$\frac{1}{r\sin\theta}\frac{\partial(v_\theta\sin\theta)}{\partial\theta}+\frac{1}{r\sin\theta}\frac{\partial(v_\varphi)}{\partial\varphi}+\frac{1}{r^2}\frac{\partial(v_r r^2)}{\partial r}=0 \tag{3-15}$$

式中，r，θ，φ 为球坐标参量。

【例 3-2】 已知空气流动速度场为 $v_x=6(x+y^2)$，$v_y=2y+z^3$，$v_z=x+y+4z$，试分析这种流动状况是否连续？

解：因为 $\frac{\partial v_x}{\partial x}=6$，$\frac{\partial v_y}{\partial y}=2$，$\frac{\partial v_z}{\partial z}=4$，故 $\frac{\partial v_x}{\partial x}+\frac{\partial v_y}{\partial y}+\frac{\partial v_z}{\partial z}=12\neq 0$，根据式（3-9a）可以说明空气的流动是不连续的。

3.1.2　实际流体动力学方程（N-S 方程）

现在来建立 1.2.2 节中第二个等价关系的微分方程，也叫实际流体动力学方程，或实际流体动量传输方程，也叫 Navier-Stokes 方程，分别由法国的纳维尔（Navier）和英国的斯托克斯（Stokes）分别于 1826 年和 1847 年推出，合称为 N-S 方程。

作用于某一流体块或微元体积的力可分为两大类：表面力、质量力（或体积力）。所谓表面力，是指作用于流体块外界面的力，如压力和切应力。所谓质量力，是指直接作用在流体块中各质点上的非接触力，如重力、惯性力等。质量力与受力流体的质量成正比，也叫体积力。单位质量流体上承受的质量力称单位质量力。

如图 3-5，假设该微元体质点 P 不是取在流体边界处，而是取自内部，则该质点微元体周围有六个紧邻的质点微元体如图所示分别为 P_{x-}，P_{x+}，P_{y-}，P_{y+}，P_{z-}，P_{z+}，它们都对微元体 P 有力的作用。设微元六面体边长为 dx，dy，dz，微元体中心的流速沿各坐标轴的分量分别为 v_x，v_y，v_z，密度为 ρ。

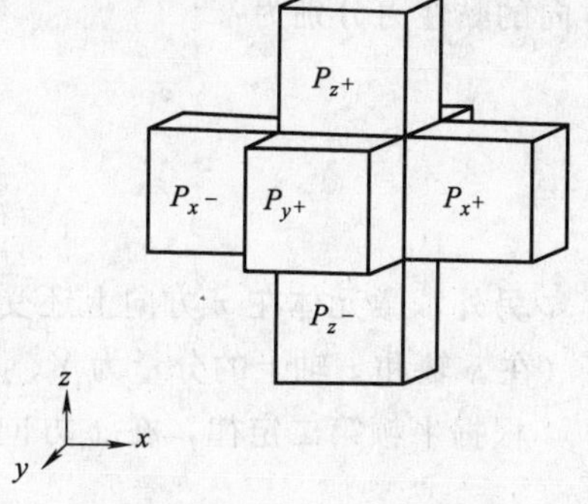

图 3-5　微元体 P 的相邻单元

首先对微元体 P 进行 x 方向的受力分析（如图 3-6）。

在 x 方向上，假设沿 x 正向流体速度是增加的，微元体 P 在 x 方向的两个相邻微元体分别为 P_{x-}，P_{x+}，由于沿 x 方向速度渐增，因此 P_{x-} 对 P 表现为负方向的拉应力，而 P_{x+} 对 P 表现为正方向的拉应力，如果用 σ_{xx} 表示微元体中心 P 点处的法向应力，则在微元体 x^- 方向面上的法向应力为

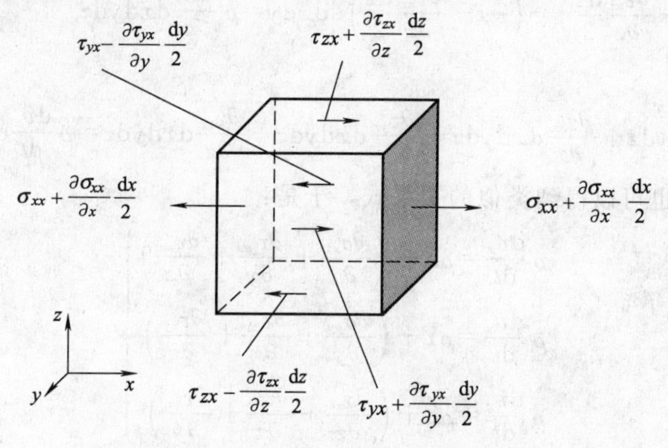

图 3-6　微元体受力分析

$$\sigma_{xx}-\frac{\partial(\sigma_{xx})}{\partial x}\cdot\frac{dx}{2}$$

在 x+方向面上的法向应力为

$$\sigma_{xx}+\frac{\partial(\sigma_{xx})}{\partial x}\cdot\frac{dx}{2}$$

注意此时法向力不单是流体的表面力，还包括由于剪切变形引起的附加法向力。

现在来分析微元体 P 在 y 方向上紧邻的两个微元体 P_{y-}，P_{y+} 对其在 x 方向上的作用力。假定沿 y 方向的微元体，随微元体坐标值的增加，其 x 方向的流体速度也是增加的，即 P_{y+} 在 x 方向的速度大于 P 在 x 方向的速度，而 P 在 x 方向的速度也大于 P_{y-} 在 x 方向的速度。由于 P_{y+} 速度大于 P_{y-} 速度，根据 2.2 节流体黏度定律可知，P_{y+} 微元体会给 P 微元体一个 x 正方向的黏性力，设流体在微元体中心 P 点处沿 y 方向进行动量传递的黏性力为 τ_{yx}，其方向为 x 方向，则 P_{y+} 给 P 的 x 正方向的黏性力为：

$$\tau_{yx}+\frac{\partial\tau_{yx}}{\partial y}\frac{dy}{2}$$

同理 P_{y-} 给 P 的 x 负方向的黏性力为：

$$\tau_{yx}-\frac{\partial\tau_{yx}}{\partial y}\frac{dy}{2}$$

同样地，微元体 P 在 z 方向上紧邻的两个微元体 P_{z-}，P_{z+} 对微元体 P 在 x 正方向和 x 负方向的黏性力分别为：

$$\tau_{zx}+\frac{\partial \tau_{zx}}{\partial z}\frac{\mathrm{d}z}{2}$$

$$\tau_{zx}-\frac{\partial \tau_{zx}}{\partial z}\frac{\mathrm{d}z}{2}$$

另外，微元体在 x 方向上还受到惯性力的作用，设流体的单位质量力在 x 轴上的分量为 X（在 y 轴和 z 轴上的分量为 Y、Z），则微元体的质量力在 x 轴的分量为 $F_x=X\rho\mathrm{d}x\mathrm{d}y\mathrm{d}z$。

根据牛顿第二定律，在 x 方向上有：

$$\sum F_x=ma_x$$

那么

$$X\rho\mathrm{d}x\mathrm{d}y\mathrm{d}z+\left[\left(\sigma_{xx}+\frac{\partial \sigma_{xx}}{\partial x}\frac{\mathrm{d}x}{2}\right)-\left(\sigma_{xx}-\frac{\partial \sigma_{xx}}{\partial x}\frac{\mathrm{d}x}{2}\right)\right]\mathrm{d}y\mathrm{d}z+\left[\left(\tau_{yx}+\frac{\partial \tau_{yx}}{\partial y}\frac{\mathrm{d}y}{2}\right)-\left(\tau_{yx}-\frac{\partial \tau_{yx}}{\partial y}\frac{\mathrm{d}y}{2}\right)\right]\mathrm{d}x\mathrm{d}z$$
$$+\left[\left(\tau_{zx}+\frac{\partial \tau_{zx}}{\partial z}\frac{\mathrm{d}z}{2}\right)-\left(\tau_{zx}-\frac{\partial \tau_{zx}}{\partial z}\frac{\mathrm{d}z}{2}\right)\right]\mathrm{d}x\mathrm{d}y=\rho\frac{\partial v_x}{\partial t}\mathrm{d}x\mathrm{d}y\mathrm{d}z$$

整理得

$$\mathrm{X}\rho\mathrm{d}x\mathrm{d}y\mathrm{d}z+\frac{\partial \sigma_{xx}}{\partial x}\mathrm{d}x\mathrm{d}y\mathrm{d}z+\frac{\partial \tau_{yx}}{\partial y}\mathrm{d}x\mathrm{d}y\mathrm{d}z+\frac{\partial \tau_{zx}}{\partial z}\mathrm{d}x\mathrm{d}y\mathrm{d}z=\rho\frac{\mathrm{d}v_x}{\mathrm{d}t}\mathrm{d}x\mathrm{d}y\mathrm{d}z$$

在 y、z 方向上也可以得到类似的关系式，于是：

$$\left.\begin{aligned}\rho\frac{\mathrm{d}v_x}{\mathrm{d}t}&=\rho X+\left(\frac{\partial \sigma_{xx}}{\partial x}+\frac{\partial \tau_{yx}}{\partial y}+\frac{\partial \tau_{zx}}{\partial z}\right)\\ \rho\frac{\mathrm{d}v_y}{\mathrm{d}t}&=\rho Y+\left(\frac{\partial \sigma_{yy}}{\partial y}+\frac{\partial \tau_{xy}}{\partial x}+\frac{\partial \tau_{zy}}{\partial z}\right)\\ \rho\frac{\mathrm{d}v_z}{\mathrm{d}t}&=\rho Z+\left(\frac{\partial \sigma_{zz}}{\partial z}+\frac{\partial \tau_{xz}}{\partial x}+\frac{\partial \tau_{yz}}{\partial y}\right)\end{aligned}\right\}\tag{3-16}$$

注意到黏性动量通量 τ 与变形率之间的关系，即式（2-13），以及法向力 σ 与压力 p 的关系，可以进一步对式（3-16）进行推导（推导过程略）。其中的第一式可写成

$$\rho\frac{\mathrm{d}v_x}{\mathrm{d}t}=\rho X-\frac{\partial p}{\partial x}+\eta\left(\frac{\partial^2 v_x}{\partial x^2}+\frac{\partial^2 v_y}{\partial y^2}+\frac{\partial^2 v_z}{\partial z^2}\right)+\eta\frac{\partial}{\partial x}\left(\frac{\partial v_x}{\partial x}+\frac{\partial v_y}{\partial y}+\frac{\partial v_z}{\partial z}\right)$$

对于不可压缩流体，根据连续性方程，上式等式右侧最后一项为零。则

$$\rho\frac{\mathrm{d}v_x}{\mathrm{d}t}=\rho X-\frac{\partial p}{\partial x}+\eta\left(\frac{\partial^2 v_x}{\partial x^2}+\frac{\partial^2 v_y}{\partial y^2}+\frac{\partial^2 v_z}{\partial z^2}\right)$$

将上式两边均除以 ρ，并以 $\nu=\frac{\eta}{\rho}$ 代入，得

同理

$$\left.\begin{aligned}\frac{\mathrm{d}v_x}{\mathrm{d}t}&=X-\frac{1}{\rho}\frac{\partial p}{\partial x}+\nu\left(\frac{\partial^2 v_x}{\partial x^2}+\frac{\partial^2 v_x}{\partial y^2}+\frac{\partial^2 v_x}{\partial z^2}\right)\\ \frac{\mathrm{d}v_y}{\mathrm{d}t}&=Y-\frac{1}{\rho}\frac{\partial p}{\partial y}+\nu\left(\frac{\partial^2 v_y}{\partial x^2}+\frac{\partial^2 v_y}{\partial y^2}+\frac{\partial^2 v_y}{\partial z^2}\right)\\ \frac{\mathrm{d}v_z}{\mathrm{d}t}&=Z-\frac{1}{\rho}\frac{\partial p}{\partial y}+\nu\left(\frac{\partial^2 v_z}{\partial x^2}+\frac{\partial^2 v_z}{\partial y^2}+\frac{\partial^2 v_z}{\partial z^2}\right)\end{aligned}\right\}\tag{3-17}$$

应用拉普拉斯（Laplace）运算子 $\nabla^2=\frac{\partial^2}{\partial x^2}+\frac{\partial^2}{\partial y^2}+\frac{\partial^2}{\partial z^2}$，并用实质导数符号 $\frac{Dv}{Dt}$ 表示 v 对 t 的三个导数，则上式可改写为

$$\left.\begin{aligned}\frac{\mathrm{d}v_x}{\mathrm{d}t}&=X-\frac{1}{\rho}\frac{\partial p}{\partial x}+\nu\,\nabla^2 v_x\\ \frac{\mathrm{d}v_y}{\mathrm{d}t}&=Y-\frac{1}{\rho}\frac{\partial p}{\partial y}+\nu\,\nabla^2 v_y\\ \frac{\mathrm{d}v_z}{\mathrm{d}t}&=Z-\frac{1}{\rho}\frac{\partial p}{\partial z}+\nu\,\nabla^2 v_z\end{aligned}\right\}$$

或
$$\frac{Dv}{Dt}=\boldsymbol{W}-\frac{1}{\rho}\nabla \boldsymbol{p}+\nu\,\nabla^2 \boldsymbol{v} \tag{3-18}$$

式中　$\nabla \boldsymbol{p}$——压力梯度，$\nabla \boldsymbol{p}=\frac{\partial}{\partial x}p+\frac{\partial}{\partial y}p+\frac{\partial}{\partial z}p$。

将矢量表达式改写为
$$\rho\frac{Dv}{Dt}=-\nabla \boldsymbol{p}+\nu\nabla^2 \boldsymbol{v}+\rho \boldsymbol{W}$$

就可以看出：质量（ρ）乘以速度（Dv/Dt）等于压力（$-\nabla p$）、黏滞力（$\eta\nabla^2 v$）和质量力（ρW）或重力等力之总和。

3.1.3　对流体力学微分方程组的讨论

3.1.3.1　对流体力学微分方程组的讨论

由连续性方程和N-S方程联立组成的微分方程组，是黏性流体流动遵守质量守恒和动量守恒原理的数学表达，具有普适性。静力学方程和理想流体的运动方程是其特例。

该方程组结构对称，形式优美，不仅表达了流体中单个质点在流场中的运动规律，而且也是流体中除边界外的所有质点在流场中的运动规律的表现。所以该方程组也是流场方程。如果附以流场边界处的速度条件和压力条件（一般为已知条件），则对流场的描述就是完备的，并且保持了逻辑上的一致性。理论上，对该方程组进行一定条件下的积分，则可以得到流体在该流场中的总量或宏观量。在应用该方程组时，应注意两点：①这 4 个方程关于 v_x，v_y，v_z，p 是封闭的，理论上可以求解。但如果流场中的流体参数 ρ 和 ν 是变化的，则应补充有关物性变化的方程。比如对于理想气体的流动，气体状态方程即为补充方程。②N-S方程由于引入了牛顿黏性定律，而此定律是以层流为实验背景的，因此 N-S 方程只适应于层流流动。对于湍流流动，一般认为非稳态的 N-S 方程对湍流的瞬时运动仍然适用，但湍流的瞬时运动具有高度的随机性，要跟踪这种随机运动十分困难。因此通常将湍流流场中的流动参数 ϕ 分解成随机时均值 $\bar{\phi}$ 与随机脉动值 ϕ'，即 $\phi=\bar{\phi}+\phi'$，但 ϕ' 的引入又导致运动方程不封闭，从而使人们力图通过各种推理和假设寻求 ϕ' 与 $\bar{\phi}$ 的关系，以建立使方程封闭的补充方程，即湍流模型，此模型不在本书讨论范围之内，有兴趣的读者请参考文献［7］。

虽然上述微分方程组是封闭的，但迄今为止还没有人得到一般形式的流场的解析解。不仅如此，较该方程组简单得多的傅立叶导热偏微分方程虽然只有一个方程，也没有得到完备的解析解。其实，所有的关于空间（x，y，z）和时间 t 的场的偏微分方程迄今为止都没有找到解析解。

可见，只列出微分方程组并没有达到研究目标，而人们努力寻求流体运动规律的目的就是为了能运用规律来改造世界，为此，人们采取了各种方法来处理上述微分方程组，主要表现为两种形式。

① 对于工程实际问题，由于总有其特殊性，可以利用这些特殊性来简化方程，从而获得准确或近似的分析解。如后续要讨论的贝努利方程。

② 求微分方程组的数值解。不直接求解微分方程组，而是把要求解的流场进行空间离散和时间离散。如图 3-7 中的矩形流场区域，将其划分为一个个的矩形小单元，用单元中心的速度值和压力值代表每个单元的速度值和压力值。同时把所要求的流场时间段划分为一个个的小时间段 Δt_1、Δt_2…用每个时间段内某个时刻的速度压力值代表这个小时间段的速度值和压力值。然后把偏微分方程组在这些离散的空间和时间上按照一定的方法（如有限差分法、有限元法、有限体积法……）离散为代数方程组；然后把边界条件和初始条件也在这些离散的空间和时间上离散化，配合上述代数方程组即可求出每个时间段上的每个单元的速度值和压力值来。

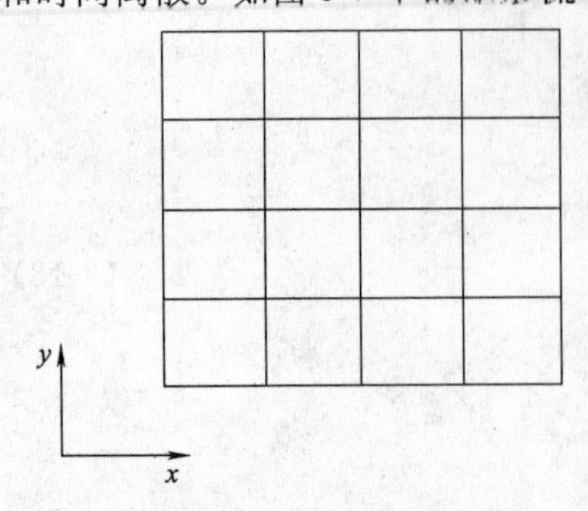

图 3-7 矩形区域空间离散

注意，用数值方法求出的流场参数如速度和压力是不连续的、离散的，因而称为数值解，而非解析解（真实解）。但综合数值解的结果仍可找到流场的运动变化规律。这是因为，在用一定的数值方法将微分方程组离散为代数方程组时，要经过数学上的严格证明，就是要保证：当流场空间网格和时间段划分得无限小时，即离散空间和离散时间趋近于连续空间和连续时间（或真实空间、真实时间）时，离散方程能够还原为真实的微分方程，而且离散的数值解无限趋近于真实解（数学上称为收敛）；而且还要保证所离散的代数方程组在求解过程中始终保持稳定，不会发生振荡（数学上称为稳定）。这在理论上保证了数值解可以无限地满足人们对解的误差要求，也就是从理论上说，数值解就是真实解。其实这就是彻底地从另一个角度解决了偏微分方程求解的问题。

在计算机技术发展起来前，数值解发展不快。原因是离散得到的代数方程组未知数和方程数量巨大，人工无法求解。对流场求解，例如将一个求解区域划分为 100 个单元，则要有约 400 个未知数，需要解约 400 个代数方程组。在常规条件下，如解一个中等铸件的流动过程，可能需要划分 100 万以上的网格单元，需要求解约 400 万个未知数，这是人工无法完成的。现代计算机技术的进步促使数值模拟技术迅猛发展。目前，数值方法已与解析法、实验法一起并列为研究流体流动的三种基本方法。

3.1.3.2 *研究流体流动的三种基本方法*

流体流动问题的研究有三种基本方法：理论解析法、实验研究法和数值模拟方法。这些方法也同样应用于研究传热问题和传质问题。

(1) 理论解析法

理论解析法是针对要研究的流动问题建立相应的定量描述的数学关系式，目的是在已知条件给定的前提下能够求解出目标量来。例如本章前三节是以微分方程为分析工具，以物理学的 2 个基本定律（质量守恒定律、牛顿第二定律）为依据，得到定量描述流动过程的微分方程——连续性方程和 N-S 方程，然后试图求解这个方程组。分析方法的核心是微元平衡法，得到的是微分方程，其解是在具体条件下的速度分布和压力分布。

理论解析法的本质是针对具体的物理问题建立数学模型，一般包含下述三个阶段：

① 确定物理模型　通过对所研究的问题进行观察、实验以及分析，提炼出问题的物理模型。

② 建立数学模型　根据已经建立的物理模型，将模型中包含的物理过程转化为数学语言，即建立数学模型，一般是数学方程。

③ 数学求解　利用各种数学工具准确地或近似地解出上述数学问题，并把结果和实验或观察资料进行比较，确定解的准确程度以及适用范围。

(2) 实验研究方法

实验研究方法是研究流体流动的不可缺少的基本方法，因为：①确定物理模型时，需要实验提供依据；②数学求解的结果是否正确，需要实验验证；③当所研究的问题一时难于建立数学模型时，或虽有数学模型但因方程复杂或边界条件复杂难于求解时，实验研究就是唯一的选择。

(3) 数值模拟方法

如 3.1.3.1 节所述，流体流动的传输微分方程是二阶非线性偏微分方程组，无法求得解析解，而生产技术的日益提高，又要求能研究真实的流体流动以及其他更复杂的过程，得到全面的数据分布，这是实验方法无法完成的，所以必须依靠数值模拟方法。计算机的迅速发展，以及近似计算方法（有限差分法、有限元法、元胞自动机等）的不断成熟，使数值模拟法已成为与理论研究和实验研究并列的具有同等重要意义的研究方法。数值模拟方法具有以下特点：①成本低，对于实验和数值模拟都能解决的问题，数值模拟的成本往往要低几个数量级，而且随着计算机的发展，其成本还在降低，而实验成本却随着材料物价的升高在上升。②速度快，只要准备工作完毕，其模拟每一个工况的时间之短是实验无法相比的，这使得数值模拟能在短时间内进行多个工况的模拟计算并通过比较确定优化工况。③资料完备，数值模拟几乎没有达不到的流场位置，可提供全流场的信息，正因如此，即使是实验研究，也应尽量由模拟工作来补充资料。④可以模拟真实条件，如高温低温，有毒无毒，对数值模拟都无关紧要。⑤可以模拟理想条件，当需要在一些理想条件下研究某些现象时，如模拟一个绝热表面，模拟计算可准确实现这一边界条件，而实验最多也只能做到近似。

研究流体动量传输以及热量传输、质量传输问题的一般顺序是：通过实验获得问题的感性材料，通过对感性材料的分析得到物理模型，然后对物理模型进行数学分析得到数学模型，接着用数值方法求解数学模型得到全面的数值解，之后再次通过实验来加以验证，最后推向工程实际应用。

3.2　理想流体的微分方程组

理想流体是没有黏度的流体，因此其动力学方程是 N-S 方程的特例，又名欧拉方程。而连续性方程保持不变。下面给出欧拉方程的推导过程。

理想流体是指无黏性的流体，可以不考虑由黏性产生的内摩擦力，因而作用在流体表面上的力只有垂直指向受压面的压力。

在理想流体流场中取一微元六面体，如图 3-8 所示，设边长为 dx，dy，dz，微元体的中心 $A(x, y, z)$ 处的流体静压力为 p，流速沿各坐标轴的分量分别为 v_x，v_y，v_z，密度为 ρ。微元体所受的力有表面力（压力）和质量力。

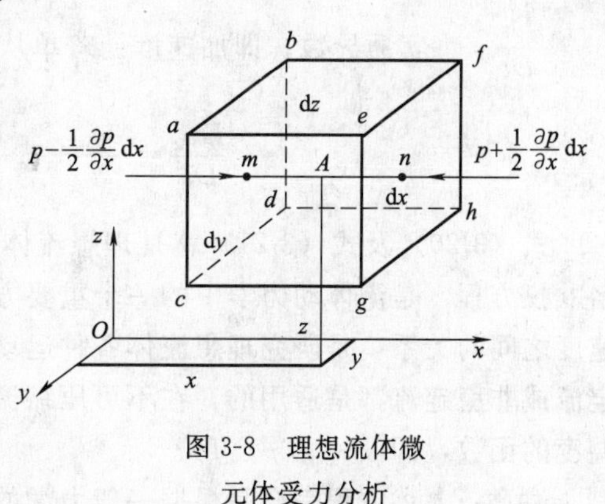

图 3-8　理想流体微元体受力分析

现以 x 方向为例，进行受力分析。

设作用在微元体中心 A 点的压力为 p，那么，

左侧 $abdc$ 面形心 m 点压力为

$$p-\frac{1}{2}\frac{\partial p}{\partial x}\mathrm{d}x$$

式中，$\frac{\partial p}{\partial x}$是压力 p 沿 x 轴的变化率（又称为压力梯度）。

同理，右侧 $efhg$ 面形心 n 点的压力为

$$p+\frac{1}{2}\frac{\partial p}{\partial x}\mathrm{d}x$$

此外，流体的单位质量力在 x 轴上的分量为 X，则微元体的质量力在 x 轴的分量为

$$F_x=X\rho\mathrm{d}x\mathrm{d}y\mathrm{d}z$$

根据牛顿第二定律，在 x 方向上有：

$$\sum F_x=ma_x$$

则

$$X\rho\mathrm{d}x\mathrm{d}y\mathrm{d}z+\left(p-\frac{1}{2}\frac{\partial p}{\partial x}\mathrm{d}x\right)\mathrm{d}y\mathrm{d}z-\left(p+\frac{1}{2}\frac{\partial p}{\partial x}\mathrm{d}x\right)\mathrm{d}y\mathrm{d}z=\rho\mathrm{d}x\mathrm{d}y\mathrm{d}z\,\frac{\mathrm{d}v_x}{\mathrm{d}t} \tag{3-19}$$

等式两边除以微元体质量 $\rho\mathrm{d}x\mathrm{d}y\mathrm{d}z$，得单位质量流体的运动方程为

同理

$$\left.\begin{aligned}X-\frac{1}{\rho}\frac{\partial p}{\partial x}=\frac{\mathrm{d}v_x}{\mathrm{d}t}\\Y-\frac{1}{\rho}\frac{\partial p}{\partial y}=\frac{\mathrm{d}v_y}{\mathrm{d}t}\\Z-\frac{1}{\rho}\frac{\partial p}{\partial z}=\frac{\mathrm{d}v_z}{\mathrm{d}t}\end{aligned}\right\} \tag{3-20}$$

若用矢量表示，则为

$$\boldsymbol{W}-\frac{1}{\rho}\nabla\boldsymbol{p}=\frac{Dv}{Dt} \tag{3-21}$$

式中　$\boldsymbol{W}$——质量力，$\boldsymbol{W}=\boldsymbol{i}X+\boldsymbol{j}Y+\boldsymbol{k}Z$；

$\nabla\boldsymbol{p}$——压力梯度，有时写成 gradp。注意，压力 p 本身是个标量，而压力梯度却是矢量，矢量与标量之积仍是矢量；

$\frac{Dv}{Dt}$——实质导数，即加速度。若单从 x 轴来计算，有

$$\frac{Dv_x}{Dt}=\frac{\partial v_x}{\partial t}+v_x\frac{\partial v_x}{\partial x}+v_y\frac{\partial v_y}{\partial y}+v_z\frac{\partial v_z}{\partial z}=a_x$$

式（3-20）及式（3-21）就是理想流体的动量平衡方程，由欧拉于 1755 年首先提出，又名欧拉方程，是流体动力学中的一个重要方程：①建立了作用在理想流体上的力与流体运动加速度之间的关系，是研究理想流体各种运动规律的基础。②对可压缩及不可压缩理想流体的稳定流或非稳定流都是适用的，在不可压缩流体中密度 ρ 为常数；在可压缩流体中密度是压力和温度的函数，即 $\rho=f\,(p,\ T)$。

注意：上述方程完全是根据一般力学的力的平衡关系得到的。如果从另一种角度，即从动

量传输和动量平衡的角度来看，力的平衡也可看成是动量的（或更准确地说是动量通量的）平衡。从力和动量（或动量通量）二者的量纲上可看出它们的类同关系：

$$[\text{动量}]=[\text{质量}]\times[\text{速度}]$$

$$\begin{aligned}[\text{动量通量}]&=[\text{动量}/\text{时间}]\\&=[\text{质量}\times\text{速度}/\text{时间}]\\&=[\text{质量}\times\text{加速度}]\\&=[\text{力}]\end{aligned}$$

由此，动量通量和力可看成为同一物理量。建立起这个概念对研究材料加工及冶金传输过程现象非常重要。因为在材料加工或冶金过程中一切过程都是包括动量、热量和质量在内的传输过程。描述传输现象中的三个基本定律，即牛顿黏度定律、傅里叶热传导定律和菲克扩散定律，就是从本质上反映了诸多物理量间的传输关系。

当 $v_x=v_y=v_z=0$ 时，说明流体运动状态没有改变，可得流体静力学的欧拉平衡微分方程，静力学微分方程是运动方程的特例。

若将式（1-4）各分加速度代入式（3-20），则得

$$\left.\begin{aligned}X-\frac{1}{\rho}\frac{\partial p}{\partial x}&=\frac{\partial v_x}{\partial t}+v_x\frac{\partial v_x}{\partial x}+v_y\frac{\partial v_y}{\partial y}+v_z\frac{\partial v_z}{\partial z}\\Y-\frac{1}{\rho}\frac{\partial p}{\partial y}&=\frac{\partial v_y}{\partial t}+v_x\frac{\partial v_x}{\partial x}+v_y\frac{\partial v_y}{\partial y}+v_z\frac{\partial v_z}{\partial z}\\Z-\frac{1}{\rho}\frac{\partial p}{\partial z}&=\frac{\partial v_z}{\partial t}+v_x\frac{\partial v_x}{\partial x}+v_y\frac{\partial v_y}{\partial y}+v_z\frac{\partial v_z}{\partial z}\end{aligned}\right\}\tag{3-22}$$

这是较式（3-20）更为详细的欧拉运动方程。

一般情况下，作用在流体上的单位质量力 X、Y、Z 是已知的，对理想不可压缩流体来说，ρ=常数，上述方程中包含了以 x、y、z 和 t 为独立变量的四个未知函数 v_x、v_y、v_z 和 p，方程（3-22）再加上一个连续性方程共有四个方程，理论上可以求解。对于可压缩流体，将多出一个变量 ρ，此时可引入密度随压力、温度变化的关系式，仍然可解。

复习思考题

1. 什么是理想流体？什么是实际流体？它们的区别是什么？
2. 试绘出理想流体在粗糙圆管中的速度分布。绘出实际流体在光滑无摩擦的圆管中的速度分布。
3. 什么是表面力？什么是质量力？
4. 实际流体动力学微分方程组是什么？该方程组是否适合于湍流流动？为什么？
5. 理想流体微分方程组是什么？
6. 推导 N-S 方程和欧拉方程。

习　题

1. 取轴向长度为 dz 和径向间隙 dr 的两个同心圆柱面所围成的体积作为控制体（单元），试导出流体在圆管内作对称流动时的二维（r，z 方向）连续方程。

2. 下面的平面流场流动是否连续？

$$v_x = x^3 \sin y,\quad v_y = 3x^3 \cos y$$

3. 试判断下列平面流场是否连续？

$$v_r = 2r\sin\theta\cos\theta,\quad v_\theta = 2r\cos^2\theta$$

4. 设有流场，其欧拉表达式为

$$v_x = x + t, v_y = -y + t, v_z = 0$$

求此流场中的流线微分方程式。若取流场中的一点：$x=1$，$y=2$，$z=3$。在 $t=1$ 及 $t=1.5$ 时通过该点的流线方程式又为如何？试加以比较并说明之。

5. 从换热器两条管道输送空气至炉子的燃烧器，管道横截面尺寸均为 400mm×600mm，设在温度为 400℃时通向燃烧器的空气量为 8000kg/h，试求管道中空气的平均流速。在标准状态下空气的密度为 1.29kg/m³。

第4章 工程流体力学

本章导读： 在分析理论流体力学应用缺陷的基础上，说明人们把理论流体力学向工程应用所作的转化。以西气东输管道要解决的问题为例，说明工程流体力学要解决的主要问题：沿管道线路上的能量的转化规律、沿程阻力问题、局部阻力问题、流体和管道的作用力的问题等。然后对上述问题逐一展开论述，分别给出贝努利方程、动量方程、达西定律及局部阻力计算公式等的推导过程，在每个公式的推导过程中，详细论述推导这些公式的思想方法。

迄今为止，仍然无法对理论流体力学微分方程组进行求解。为了实际工程应用的需要，要依照具体工程问题的特殊条件来简化方程，以得到相应的分析解。

许多流体工程问题关心的是流体进入稳定流动状态后对环境的影响，而流体起始阶段和结束阶段对环境的影响可以忽略不计。如送暖工程，人们关心的是进入稳定供暖状态后，热水在每家每户管道中稳定流动时对室内环境的影响，而起始送气阶段和结束阶段热水的流动情况对总体供暖影响甚微。再如，用冲天炉进行合金熔化时，对冲天炉送风也主要考虑稳定送风状态下的各种参数。又如西气东输工程，也主要是考虑天然气稳定输送时的各种状态参数等。流体在管道中的流动是工程中最为常见的流动方式，其中包含了工程流体力学的主要研究内容。

下面以一个管道输运的工程模型为例引出工程流体力学的主要研究内容，然后形成工程流体力学的研究布局和技术路线。

4.1 工程流体力学的典型模型、主要问题和研究布局

图4-1为一虚拟的西气东输的管道系统，当达到稳定输气状态时，假设从新疆向上海输气。如果输气管道在上海的出口面积为$A_{上海}$，按照上海市的供气流量需求，在上海处管道的天然气出口速度为$V_{上海}$，设新疆处输气管道入口面积为$A_{新疆}$，那么，新疆输气管道入口处的供气速度是否可以简单地按照式（4-1）计算呢？

$$V_{新疆}=\frac{V_{上海}A_{上海}}{A_{新疆}} \tag{4-1}$$

让我们来分段分析图4-1。

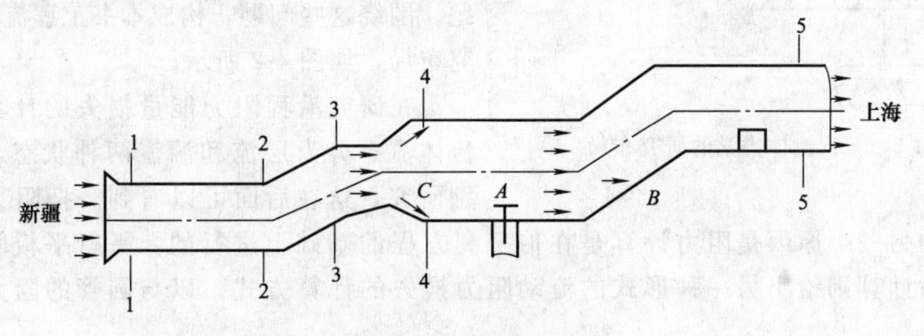

图4-1 管道输气系统

截面 1-1 至截面 3-3 是一段等截面管道，其中 1-1～2-2 段是水平管段，2-2～3-3 为倾斜段。在 1-1～2-2 段是否存在关系（4-2）呢？

$$V_{1-1}=\frac{V_{2-2}A_{2-2}}{A_{1-1}} \tag{4-2}$$

如果关系（4-2）成立，由于该段管道为水平等截面，则 $V_{1-1}=V_{2-2}$，但根据经验，管道内是有摩擦力的，会造成流体流动的能量损失，如果是这样，则 $V_{1-1}\neq V_{2-2}$，就不能简单地按式（4-2）来计算速度，那么，如何计算这段管道的能量损失呢？——**问题 1**。

再来看 2-2～3-3 段。该段管道为倾斜管道，流体在其中有动能和势能的转化，因此也不存在 $V_{2-2}=V_{3-3}$ 的情况，但流体不是质点，不能简单地套用质点机械能守恒公式进行计算，那应当如何计算呢？——**问题 2**。

再来观察 3-3～4-4 这段管道。这段管道截面发生了突变。当截面发生突变时，在突变斜面处会出现流体回流，这部分回流与原流体流动方向相反，则会损耗部分能量，这部分能量如何计算？——**问题 3**。

当流体经过管道中突起 A 时受到阻碍，也会损耗部分能量，影响流动速度。这种类型的能量损失也应计入。——**问题 4**。

从新疆铺向上海的天然气管道不可能是笔直的水平直线，而要依所经过路线的地理地形状况而变化。这样，当天然气经过 B 处时，对管道有冲击作用。必须要算出冲击力的大小，才能正确地设计管道强度，所以要解决流体对管道作用力的问题。当然即便管道不是倾斜管道，而是水平管道，管壁也要承受水流对管道的压力。但这里特别以倾斜管道为例，是为了更清晰地说明水流对管道作用力的问题。——**问题 5**。

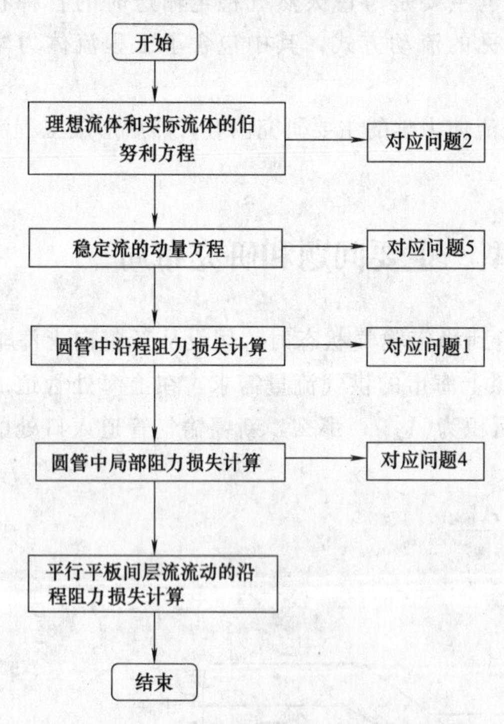

图 4-2　工程流体力学的研究布局

综上所述，在进行上述基本的管道输运计算设计时，需要解决下述问题：

① 流体连续体的能量守恒和能量转换的关系，不能简单地套用质点的能量守恒关系；

② 等管径沿程阻力导致的能量损失的计算；

③ 当流体流经的区域发生局部突变时造成的能量损失；

④ 流体与所流经管道的相互作用力的计算。

以上问题构成了工程流体力学中的主要研究内容，是本书在工程流体力学部分着重讨论的问题。围绕这些问题，构成本书工程流体力学的研究布局，如图 4-2 所示。

在研究沿程阻力能量损失的计算时，因为流体流态分为层流和湍流两种状态，因此要分别研究，这在后面可以看到。把阻力问题放在后面讨论的另一个原因是阻力计算是在伯努利方程的基础上进行的。平行平板间层流流动的沿程阻力计算则给出另一种形式的流动阻力损失的计算方式，以与圆管的阻力损失计算相对照。

4.2 理想流体的伯努利方程

由连续性方程和N-S方程组成的实际流体的偏微分方程组尽管形式优美，结构对称，但却难于求解。原因是方程中出现的关于力的项和速度的项均属矢量，并且分属于 x，y，z 三个坐标轴，相互之间线性不相关，不能用分离变量的方法求解，如果将力的形式转化为能量形式，矢量转化为标量，N-S方程中的各项就可以进行简单加和。把力转化为能量的方式是外力对流体质点所做的功 $\mathrm{d}W=\boldsymbol{F}\cdot\mathrm{d}\boldsymbol{s}$，它在 x，y，z 坐标轴上的三个分量为 $\mathrm{d}W_x=F_x\mathrm{d}x$，$\mathrm{d}W_y=F_y\mathrm{d}y$，$\mathrm{d}W_z=F_z\mathrm{d}z$。

仍然以流体质点为研究对象，要求得外力 $\boldsymbol{F}$ 对质点微元体所做的功，如图4-3，则应在质点运动的迹线方向上取一微元段 $\mathrm{d}\boldsymbol{s}$，然后求得微功 $\mathrm{d}W=\boldsymbol{F}\cdot\mathrm{d}\boldsymbol{s}$。但在流体质点的迹线上得不到力的表达式，也不可能得到该质点的力的表达式，因为质点的迹线只能反映单质点的运动，反映不出其相邻质点与该质点的相互作用情况。

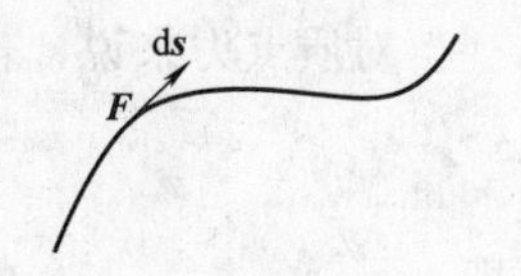

图4-3　迹线上的功

N-S方程反映的是流体质点在某一时刻（或某一瞬间）流体中全部质点的受力情况，其中的每一项都是流体质点某一类型的力的表述，但N-S方程是在流线的背景下导出的，流线只反映某一瞬间全部质点的相互作用情况，却反映不出位移情况，即在流线背景下没有位移。所以，要得到流体质点功和能量的表达式，必须要求迹线和流线重合，才能同时反映出流体质点的力和位移的情况，而迹线和流线重合意味着流动是稳定流动，而稳定流动也正是许多工程问题的要求。因此稳定流是把N-S方程和连续性方程向能量方式转化的**第一个限制条件**。

首先以理想流体欧拉方程和连续性方程为例进行转化。

理想流体在 x，y，z 方向的力的表达式为欧拉方程：

$$\begin{cases}\boldsymbol{X}-\dfrac{1}{\rho}\dfrac{\partial p}{\partial x}=\dfrac{\mathrm{d}v_x}{\mathrm{d}t}\\[2ex]\boldsymbol{Y}-\dfrac{1}{\rho}\dfrac{\partial p}{\partial y}=\dfrac{\mathrm{d}v_y}{\mathrm{d}t}\\[2ex]\boldsymbol{Z}-\dfrac{1}{\rho}\dfrac{\partial p}{\partial z}=\dfrac{\mathrm{d}v_z}{\mathrm{d}t}\end{cases}$$

分别用 $\mathrm{d}x$，$\mathrm{d}y$，$\mathrm{d}z$ 乘以上式得到 $\mathrm{d}W_x$，$\mathrm{d}W_y$，$\mathrm{d}W_z$，再相加得到能量表达式：

$$(\boldsymbol{X}\mathrm{d}x+\boldsymbol{Y}\mathrm{d}y+\boldsymbol{Z}\mathrm{d}z)-\frac{1}{\rho}\left(\frac{\partial p}{\partial x}\mathrm{d}x+\frac{\partial p}{\partial y}\mathrm{d}y+\frac{\partial p}{\partial z}\mathrm{d}z\right)=\frac{\mathrm{d}v_x}{\mathrm{d}t}\mathrm{d}x+\frac{\mathrm{d}v_y}{\mathrm{d}t}\mathrm{d}y+\frac{\mathrm{d}v_z}{\mathrm{d}t}\mathrm{d}z \tag{4-3}$$

只有当质量力定常有势（与时间无关），即 $W=W(x, y, z)$ 时，$\mathrm{d}W=\boldsymbol{X}\mathrm{d}x+\boldsymbol{Y}\mathrm{d}y+\boldsymbol{Z}\mathrm{d}z$，这是实现转化的**第二个限制条件**。

在稳定流情况下，$p=p(x, y, z)$，则

$$\mathrm{d}p=\frac{\partial p}{\partial x}\mathrm{d}x+\frac{\partial p}{\partial y}\mathrm{d}y+\frac{\partial p}{\partial z}\mathrm{d}z$$

$$v_x\mathrm{d}v_x+v_y\mathrm{d}v_y+v_z\mathrm{d}v_z=\frac{1}{2}\mathrm{d}(v_x^2+v_y^2+v_z^2)=\frac{1}{2}\mathrm{d}v^2$$

那么

$$\mathrm{d}W-\frac{1}{\rho}\mathrm{d}p=\mathrm{d}\left(\frac{v^2}{2}\right) \tag{4-4}$$

要使$\frac{1}{\rho}dp=d\left(\frac{p}{\rho}\right)$，必须要求 $\rho=$const（常数），即流体不可压缩，这是转化的**第三个限制条件**。

由式（4-4）

$$d\left(W-\frac{p}{\rho}-\frac{v^2}{2}\right)=0 \tag{4-5}$$

即

$$W-\frac{p}{\rho}-\frac{v^2}{2}=C \tag{4-6}$$

式（4-6）适用于流线，不管流线是直线还是曲线，在曲线上的各点均符合式（4-6）表达的能量守恒，不受坐标轴的限制，这一点对工程应用具有重要意义。

对质点力来说，若只存在重力，则 $X=0$，$Y=0$，$Z=-g$，那么

$$-gz-\frac{p}{\rho}-\frac{v^2}{2}=C$$

即

$$z+\frac{p}{\rho g}+\frac{v^2}{2g}=C \tag{4-7}$$

总结上述推导过程，在以下限制条件下：

① 稳定流；

② 质量力定常有势；

③ 流体不可压缩；

对于只有重力场作用的稳定流动，理想的不可压缩流体沿流线的运动符合积分方程式(4-7)，称为伯努利方程（Bernoulli equation），是伯努利于 1738 年发表的。此式说明在上述限定条件下，任何点的$\left(z+\frac{p}{\gamma}+\frac{v^2}{2g}\right)$为常量。

4.3 实际流体的伯努利方程

4.3.1 实际流体的伯努利方程

推导理想流体的伯努利方程时，是对欧拉方程进行线积分；而实际流体遵循 N-S 方程，因此，实际流体的伯努利方程是对 N-S 方程进行线积分。

如果运动流体所受的质量力只有重力，则质量力可用势函数 W 表示。整理式（3-18）得

$$\left.\begin{aligned}\frac{\partial}{\partial x}\left(W-\frac{p}{\rho}-\frac{v^2}{2}\right)+\upsilon\nabla^2 v_x=0\\ \frac{\partial}{\partial y}\left(W-\frac{p}{\rho}-\frac{v^2}{2}\right)+\upsilon\nabla^2 v_y=0\\ \frac{\partial}{\partial z}\left(W-\frac{p}{\rho}-\frac{v^2}{2}\right)+\upsilon\nabla^2 v_z=0\end{aligned}\right\} \tag{4-8}$$

如果流体是定常流动，流体质点沿流线运动的微元长度 ds 在各轴上的投影分别为 dx、dy、dz，而且 $dx=v_x dt$，$dy=v_y dt$，$dz=v_z dt$，将式（4-8）中的各个方程分别对应地乘以 dx、dy、dz，然后相加，得到

$$d\left(W-\frac{p}{\rho}-\frac{v^2}{2}\right)+\upsilon(\nabla^2 v_x dx+\nabla^2 v_y dy+\nabla^2 v_z dz)=0 \tag{4-9}$$

从式（4-9）中可以看出，$\nabla^2 v_x$、$\nabla^2 v_y$、$\nabla^2 v_z$项系单位质量黏性流体所受切向应力在相应轴上的投影。所以式（4-9）中的第二项即为这些切向应力在流线微元长度 ds 上所做的功。又因为由于黏性而产生的这些切向应力的合力总是对该流体微元的运动起着阻碍作用，故所做的功应为负功。因此，式（4-9）中的第二项可表示为

$$\upsilon(\nabla^2 v_x dx+\nabla^2 v_y dy+\nabla^2 v_z dz)=-dW_R \tag{4-10}$$

式中，W_R——阻力功。

将式（4-10）代入式（4-9），则

$$d\left(W-\frac{p}{\rho}-\frac{v^2}{2}-W_R\right)=0$$

将此式沿流线积分，得

$$W-\frac{p}{\rho}-\frac{v^2}{2}-W_R=C \tag{4-11}$$

式（4-11）即实际流体运动微分方程的伯努利积分。它表明：在质量力为有势，且作定常流动的情况下，函数值$\left(W-\frac{p}{\rho}-\frac{v^2}{2}-W_R\right)$是沿流线不变的。

如在同一流线上取 1 和 2 两点，则可列出下列方程

$$W_1-\frac{p_1}{\rho}-\frac{v_1^2}{2}-W_{R1}=W_2-\frac{p_2}{\rho}-\frac{v_2^2}{2}-W_{R2} \tag{4-12}$$

当质量力只有重力时，则 $W_1=-z_1 g$，$W_2=-z_2 g$，代入式（4-12），整理得

$$z_1 g+\frac{p_1}{\rho}+\frac{v_1^2}{2}=z_2 g+\frac{p_2}{\rho}+\frac{v_2^2}{2}+(W_{R2}-W_{R1}) \tag{4-13}$$

式中，$(W_{R2}-W_{R1})$ 表示单位质量黏性流体自点 1 运动到点 2 的过程中内摩擦力所做功的增量，其值总是随着流动路程的增加而增加的。

令 $h'_w=(W_{R2}-W_{R1})$ 表示单位质量的黏性流体沿流线从点 1 到点 2 的路程上所接受的摩擦阻力功（或摩擦阻力损失），则式（4-13）可写为

$$z_1 g+\frac{p_1}{\rho}+\frac{v_1^2}{2}=z_2 g+\frac{p_2}{\rho}+\frac{v_2^2}{2}+h'_w \tag{4-14}$$

或

$$z_1+\frac{p_1}{\gamma}+\frac{v_1^2}{2g}=z_2+\frac{p_2}{\gamma}+\frac{v_2^2}{2g}+\frac{h'_w}{g}$$

这就是黏性流体运动的伯努利方程。

4.3.2 伯努利方程的几何意义和物理意义

4.3.2.1 几何意义

在式（4-7）和式（4-14）中，各符号的意义可如下理解。

① z 是指流体质点流经给定点时所具有的位置高度，称为位置水头，简称位头；z 的量纲是长度的量纲。

② p/γ 是指流体质点在给定点的压力高度（受到压力 p 而能上升的高度），称为压力水头，简称压头。p/γ 的量纲也是长度的量纲。

③ $\frac{v^2}{2g}$表示流体质点流经给定点时，以速度 v 向上喷射时所能达到的高度，称为速度水头。其量纲为$\left[\frac{v^2}{2g}\right]=\frac{L^2T^{-2}}{LT^{-2}}=L$，也是长度的量纲。

伯努利方程中位置水头、压力水头、速度水头三者之间和称为总水头，用 H 表示，则

$$H=z+\frac{p}{\gamma}+\frac{v^2}{2g}$$

由于伯努利方程中每一项都代表一个高度，所以可用几何图形来表示各物理量之间的关系。如图 4-4 所示，连接$\frac{p}{\gamma}$各顶点而成的线叫做静水头线，它是一条随过水截面改变而起伏的曲线；连接$\frac{v^2}{2g}$各顶点而成的线叫做总水头线。

由图 4-4 看出，理想流体运动中，因为不形成水头损失，故 $H_1=H_2=H_3=$常数，即流线上各点的总水头是相等的，其总水头顶点的连线是一条水平线。也就是说，虽然速度水头$\frac{v^2}{2g}$是随过水截面的改变而变化的，但包括位置水头（连接各点 z 而成的）在内的三个水头可以相互转化，而总水头却仍不变。

按式（4-14）可绘出实际流体总流的几何图形，如图 4-5 所示。可以看出，在黏性流体运动中，因为形成水头损失，故 $H_1\neq H_2$，即沿着流向，总水头必然是降低的。所以总水头线是一条沿流向向下倾斜的曲线。与理想流体运动的情形一样，此时其静水头线还是一条随着过水截面改变而起伏的曲线。

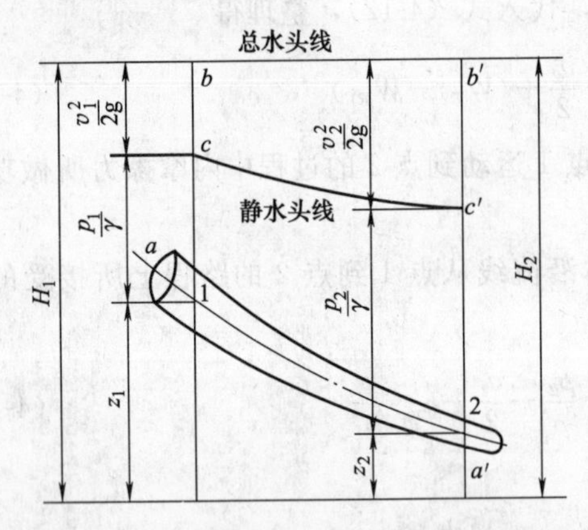

图 4-4　理想流体微元流束伯努利方程图解

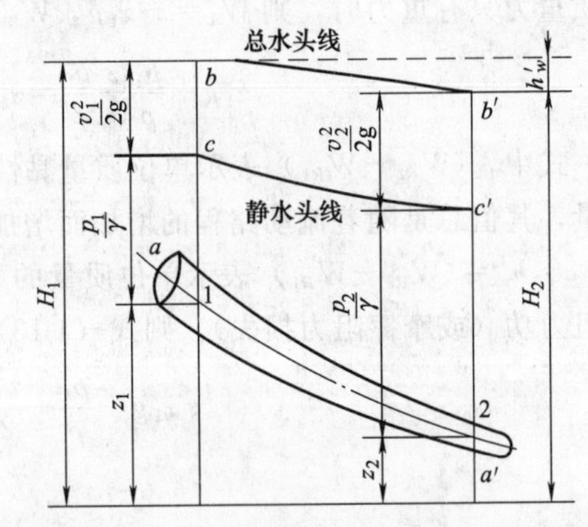

图 4-5　黏性流体微元流束伯努利方程图解

4.3.2.2　物理意义

从前述几何意义的讨论可以看出，方程中的每一项都具有相应的能量意义。

zg 可看成是单位质量流体流经该点时所具有的位置势能，称比位能；p/ρ 可看成是单位质量流体流经该点时所具有的压力能，称为比压能；$v^2/2$ 是单位质量流体流经给定点时的动能，称为比动能；W_R是单位质量流体在流动过程中所损耗的机械能，称为能量损失。

对于理想流体，式（4-7）表明单位质量无黏性流体沿流线自位置 1 流到位置 2 时，其各项能量可以相互转化，但它们的总和却是不变的。

对于黏性流体，式（4-14）表明单位质量黏性流体沿流线自位置 1 流到位置 2 时，不但各项能量可以相互转化，而且它的总机械能也是有损失的。用 E_1表示位置 1 的总比能，E_2表示

位置 2 的总比能，ΔE 表示单位质量流体总比能的损失，则

$$E_1=E_2+\Delta E$$

该式表明，单位质量黏性流体在整个流动过程中，其总比能是一定有损失的。

4.3.3 实际流体总流的伯努利方程

式（4-7）和式（4-14）是流线上的能量守恒方程，在实际工程问题中，更关心的是在总体流动的管路上应遵循什么样的守恒关系。所以就要把流线上的守恒关系通过积分的方法转化到总体流动管路上去。从流线向总流过渡的中间环节是流束，流束相当于推导流体动力学方程时的微元体。

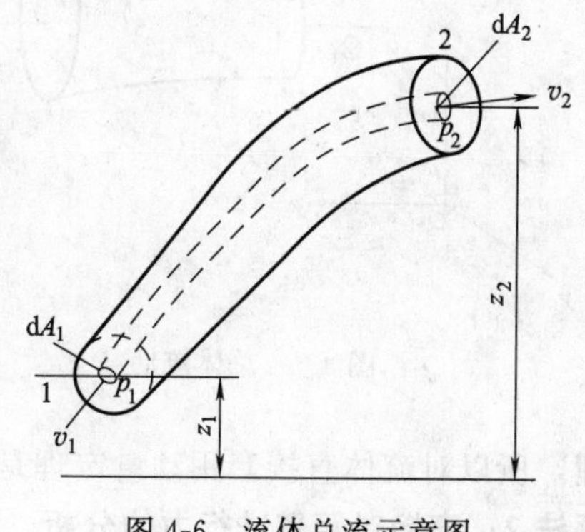

图 4-6　流体总流示意图

如图 4-6，在缓变流[1]条件下，由实际流束的伯努利方程式（4-14），对流束在整个流动截面上积分，可得实际流体总流的伯努利方程（详细推导过程请参阅文献［1］）：

$$z_1g+\frac{p_1}{\rho}+\alpha_1\frac{v_1^2}{2}=z_2g+\frac{p_2}{\rho}+\alpha_2\frac{v_2^2}{2}+h_w$$

或

$$z_1+\frac{p_1}{\gamma}+\alpha_1\frac{v_1^2}{2g}=z_2+\frac{p_2}{\gamma}+\alpha_2\frac{v_2^2}{2g}+\frac{h_w}{g} \tag{4-15}$$

式（4-15）就是描述实际流体经管道流动的伯努利方程式。速度为截面上的平均速度，h_w 为通过管道截面 1 与 2 之间的距离时单位质量流体的平均能量损失。该公式的适用条件为：不可压缩、实际流体、稳定流动和缓变流条件。

利用式（4-15），可以在取得 p_1 和 p_2 的实际测量数据和流量数据后推算出流道中的阻力损失 h_w。也可用经验公式求出流道阻力损失 h_w 后再来决定流道中的某些参量，如 p、v 等。

式（4-15）中的动能修正系数 α_1、α_2 通常都大于 1。若流动中的流速越均匀，α 值就越趋近于 1。在一般工程中，大多数情况下流速都比较均匀，α 在 1.05～1.10 之间，所以在工程计算中可取 $\alpha=1$。

流管的伯努利方程是个很重要的公式，它与连续性方程和后面将要讨论的动量方程一起用于解决许多工程实际问题。

4.4　稳定流的动量方程

根据 4.1 节的讨论，在许多工程问题上都需要计算运动流体与固体边界上的相互作用力，例如水在弯管中流动时对管壁的冲击作用等。动量方程是在解决该问题时得到的动力学规律。

与伯努利方程类似，讨论的前提仍然是稳定流。

首先给出质点系的动量定理：质点系动量（$\sum m\boldsymbol{v}$）对时间（t）的微商，等于作用在该质点系上诸外力的合矢量（$\boldsymbol{F}$）。即

$$\frac{\mathrm{d}}{\mathrm{d}t}\left(\sum m\boldsymbol{v}\right)=\boldsymbol{F}$$

---

[1] 缓变流：指流道中流线之间的夹角很小，且流线趋于平行并近似于直线。

如果用符号 M 表示动量，则上式可写成

$$\frac{d\boldsymbol{M}}{dt}=\boldsymbol{F} \quad 或 \quad d\boldsymbol{M}=\boldsymbol{F}dt \tag{4-16}$$

解法 1：对总体流动直接套用动量定理

如图 4-7 所示，先从分析一段圆管所受流体的冲击力开始。设流过该段圆管的流体总质量为 m，密度为 ρ，入口处速度为 $\boldsymbol{v}_1$，出口处速度为 $\boldsymbol{v}_2$，入口流量为 Q_1，出口流量为 Q_2，因为稳定流，所以 $Q_1=Q_2$，设该段流体所受外力合力为 $\sum\boldsymbol{F}$，由动量定理 $\sum\boldsymbol{F}=\Delta(m\boldsymbol{v})$，则

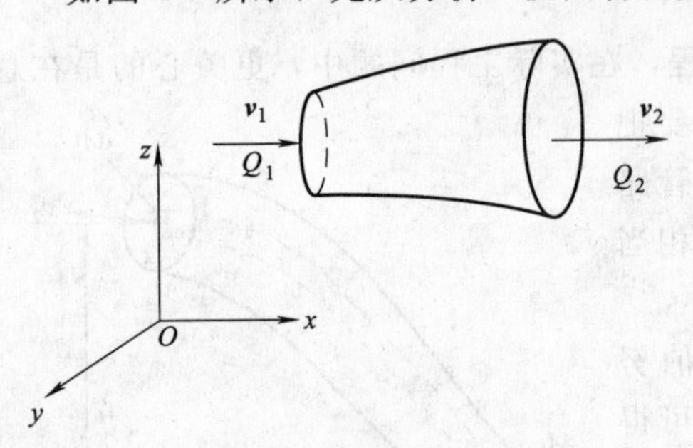

图 4-7　总体流动

$$\sum\boldsymbol{F}\Delta t=\Delta(m\boldsymbol{v})=\rho Q_2\boldsymbol{v}_2\Delta t-\rho Q_1\boldsymbol{v}_1\Delta t=\rho Q(\boldsymbol{v}_2-\boldsymbol{v}_1)\Delta t$$

有

$$\sum\boldsymbol{F}=\rho Q(\boldsymbol{v}_2-\boldsymbol{v}_1)$$

上述结果的形式正确，但解法错误。因为动量定理是质点系的动量定理，而非连续体的动量定理，所以对流体直接套用动量定理是错误的，必须将流体分解为微元体质点才能求解。

解法 2：直接对管壁进行力的分析

要求解的是流体对圆管的作用力，最直接的想法是在圆管壁内侧与流体接触处取一个微元体 P_1，对其进行受力分析，如图 4-8 所示，在 P_1 周围有四个相邻的微元体 P_{E1}、P_{W1}、P_{S1}、P_{N1}，其中 P_{N1} 为流体微元体单元，其余三个微元体为管壁单元，要求得 P_{E1}、P_{W1}、P_{S1}、P_{N1} 对 P_1 的作用力，则须知道管道的受力情况（包括流体对管的作用力，及其他管外物体对管的作用力），这会把其他未知条件牵扯进来，将问题复杂化，应充分利用流体的已知条件来解决问题。

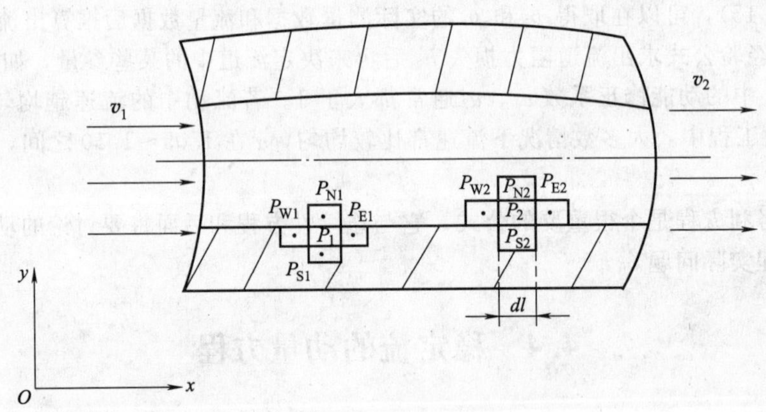

图 4-8　管壁附近微元体力的分析

解法 3：对紧贴管壁处的流体进行力的分析

直接求取流体对管的作用力不可行，因此考虑求管对流体的作用力。如图 4-8 所示，在紧贴圆管壁处取一流体微元体单元 P_2，对其进行受力分析，如果能得到管壁单元 P_{S2} 对 P_2 的作用力，则其反作用力就是流体 P_2 对管壁单元 P_{S2} 的作用力。求出 P_{S2} 对 P_2 的作用力后，沿着该微元体所在圆管段的周围积分，就可以得到流体对该微元段 dl 所在圆管一周所受到的管壁的作用力。

对 P_2 进行受力分析。微元体 P_{N2} 对 P_2 有黏性力的作用。该黏性力应由 P_{N2} 和 P_2 之间的

速度梯度求出，因此，如果要在 dl 所在周围段上积分求得流体对管壁的作用力，必须知道流体在近圆管壁处的速度分布，但是速度分布难于求取，且不能找到平均速度来代替，因此该方法也不可行。

解法 4：求圆管中一段流体的总动量变化

如果可以求出图 4-9 中 dl 段流体的总的动量变化，该段流体对该段圆管的总的作用力即可求出。如前所述，要用连续体的质点微元体的分析方法。

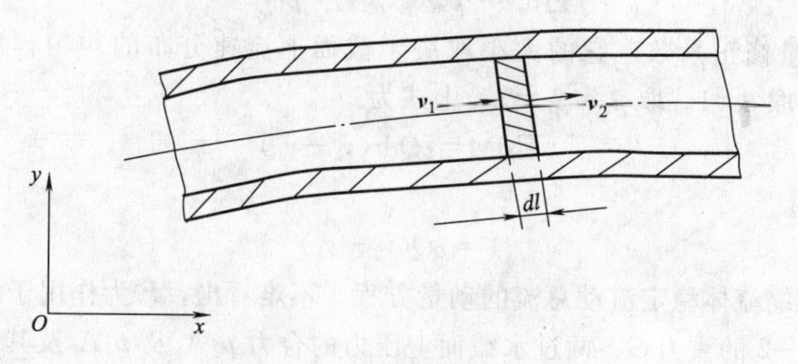

图 4-9　dl 段流体动量变化

如图 4-10，在中心轴线段上取一个微元体 dm 分析，在稳定流条件下，dm 在 dt 时间内由 1—1 位置移动到 $1'$—$1'$位置，动量变化只在 11—$1'1'$段及 22—$2'2'$段发生，而在 $1'1'$—22之间不变，根据流束和流线的性质，可以将 dm 微元体扩大为微元流束进行分析。如图 4-10 取微元流束 11—22 段进行动量分析。

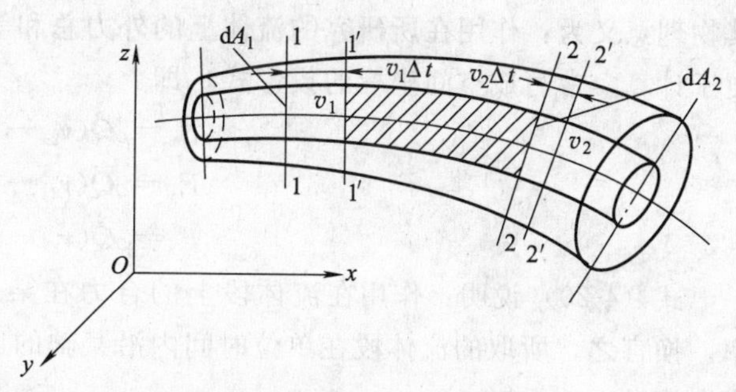

图 4-10　流束动量变化

设在总流中任选一条微元流束段 1—2，其过水截面分别为 1—1 及 2—2，如图 4-10 所示，以 p_1 及 p_2 分别表示作用于过水截面 1—1 及截面 2—2 上的压强；v_1 及 v_2 分别表示流经过水截面 1—1 及截面 2—2 时的速度，经 dt 时间后，流束段 1—2 将沿着微元流束运动到 $1'$—$2'$的位置，流束段的动量因而发生变化。

这个动量变化，就是流束段 $1'$—$2'$的动量 $M_{1'-2'}$ 与流束段 1—2 的动量 M_{1-2} 两量的矢量差。但因是稳定流动，在 dt 时间内经过流束段 $1'$—2 的流体动量无变化，所以流束段由 1—2 的位置运动到 $1'$—$2'$位置时的整个流束段的动量变化，应等于流束段 2—$2'$和流束段 1—$1'$两者的动量差，即

$$\mathrm{d}\boldsymbol{M}=\boldsymbol{M}_{2-2'}-\boldsymbol{M}_{1-1'}=\mathrm{d}m_2\boldsymbol{v}_2-\mathrm{d}m_1\boldsymbol{v}_1=\rho\mathrm{d}Q_2\mathrm{d}t\boldsymbol{v}_2-\rho\mathrm{d}Q_1\mathrm{d}t\boldsymbol{v}_1$$

在总体流动的截面上积分，有

$$\begin{aligned}\sum\mathrm{d}M&=\int_{Q_2}\rho\mathrm{d}Q_2\mathrm{d}t\boldsymbol{v}_2-\int_{Q_1}\rho\mathrm{d}Q_1\mathrm{d}t\boldsymbol{v}_1\\&=\mathrm{d}t\left(\int_{Q_2}\rho\mathrm{d}A_2v_2\boldsymbol{v}_2-\int_{Q_1}\rho\mathrm{d}A_1v_1\boldsymbol{v}_1\right)\\&=\rho\mathrm{d}t\left(\int_{A_2}\mathrm{d}A_2v_2\boldsymbol{v}_2-\int_{A_1}\mathrm{d}A_1v_1\boldsymbol{v}_1\right)\end{aligned}$$

（注：因为是稳定流动，所以 dt 可以提到积分号外）

因为 $\boldsymbol{v}_2$、$\boldsymbol{v}_1$在 A_2、A_1 上的分布难以确定，所以取截面上的平均值，并加上修正系数 β_2、β_1，则

$$\sum \mathrm{d}M = \rho \mathrm{d}t\left(\beta_2 \boldsymbol{v}_2 \int_{A_2} \mathrm{d}A_2 v_2 - \beta_1 \boldsymbol{v}_1 \int_{A_1} \mathrm{d}A_1 v_1\right)$$

由于是稳定流，且流体连续，故

$$\int_{A_2} v_2 \mathrm{d}A_2 = \int_{A_1} v_1 \mathrm{d}A_1 = Q$$

所以

$$\sum \mathrm{d}M = \rho Q \mathrm{d}t(\beta_2 \boldsymbol{v}_2 - \beta_1 \boldsymbol{v}_1)$$

式中，β 为动量修正系数，它的大小取决于截面上流速分布的均匀程度。β 的实验值为 1.02～1.05，通常取 $\beta=1$。取 $\beta_2=\beta_1=1$，上式为

$$\sum \mathrm{d}\boldsymbol{M} = \rho Q \mathrm{d}t(\boldsymbol{v}_2 - \boldsymbol{v}_1) \tag{4-17}$$

由式（4-16），即得

$$\boldsymbol{F} = \rho Q(\boldsymbol{v}_2 - \boldsymbol{v}_1) \tag{4-18}$$

这就是不可压缩流体稳定流动总流的动量方程。不难看出，F 为作用于流体上所有外力的合力，即流束段 1—2 的重力 G、两过水截面上压力的合力 p_1A_1 及 p_2A_2 及其他边界面上所受到的表面力的总值 R_w，因此上式也可写为

$$\boldsymbol{F} = \boldsymbol{G} + \boldsymbol{R}_w + \boldsymbol{p}_1 A_1 + \boldsymbol{p}_2 A_2 = \rho Q(\boldsymbol{v}_2 - \boldsymbol{v}_1) \tag{4-19}$$

其物理意义为：作用在所研究的流体上的外力总和等于单位时间内流出与流入的动量之差。为便于计算，常写成空间坐标的投影式，即

$$\left.\begin{aligned} F_x &= \rho Q(\boldsymbol{v}_{2x} - \boldsymbol{v}_{1x}) \\ F_y &= \rho Q(\boldsymbol{v}_{2y} - \boldsymbol{v}_{1y}) \\ F_z &= \rho Q(\boldsymbol{v}_{2z} - \boldsymbol{v}_{1z}) \end{aligned}\right\} \tag{4-20}$$

式（4-20）说明：作用在流体段上的合力在某一轴上的投影等于流体沿该轴的动量变化率。换言之，所取的流体段在单位时间内沿某轴的出入口的动量差，等于作用在流体段上的合力在该轴上的投影。

动量定理的特点是可以变化流束长度求得不同长度管段的动量变化及流体对管壁的作用力。

4.5 应用举例

4.5.1 伯努利方程应用举例

4.5.1.1 应用条件

伯努利方程在解决工程实际问题中被广泛地应用。由于伯努利方程是在一定条件下导出的，所以它在应用时有下述条件限制。

① 稳定流；

② 所取的有效截面必须符合缓变流条件；但两个截面间的流动不要求是缓变流；

③ 流体运动沿程流量不变。对于有分支流（或汇流）的情况，可按总能量的守恒和转化规律列出能量方程。

④ 在所讨论的两有效截面间必须没有能量的输入或输出。如有能量的输入或输出，则式（4-21）可写成如下形式：

$$z_1 g+\frac{p_1}{\rho}+\alpha_1\frac{v_1^2}{2}\pm Hp=z_2 g+\frac{p_2}{\rho}+\alpha_2\frac{v_2^2}{2}+h_w \tag{4-21}$$

例如，系统中装有泵或风机时，Hp 前的符号取正号；若装水轮机向外输出能量，Hp 取负号。

⑤ 式（4-21）适用于不可压缩流体运动。一般气流速度小于 50m/s 时可按不可压缩流体处理。

4.5.1.2　应用举例

【例 4-1】 在金属铸造及冶金中，如连续铸造、铸锭等，通常用浇包盛装金属液进行浇注，如图 4-11 所示。设 m_i 是浇包内金属液的初始质量，m_c 是需要浇注的铸件质量。为简化计算，假设包的内径 D 是不变的。因浇口的直径 d 比浇包的直径小很多，自由液面①的下降速度与浇口处；②金属液的流出速度相比可以忽略不计，求金属液的浇注时间。

解： 由伯努利方程

$$0+0+101.3\text{kPa}=\frac{1}{2}\rho v_2^2+\rho g(-H)+101.3\text{kPa}$$

因此有

$$v_2=\sqrt{2gH} \tag{4-22a}$$

式中，v_2 是出口处液体的平均流出速度；H 是液体金属的高度。由总质量平衡原理，有

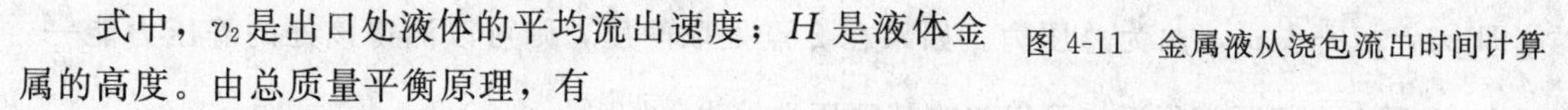

图 4-11　金属液从浇包流出时间计算

$$\frac{\mathrm{d}m}{\mathrm{d}t}=m_{\text{入}}-m_{\text{出}}=0-\rho v_2\left(\frac{\pi}{4}\mathrm{d}^2\right) \tag{4-22b}$$

将式（4-22a）代入式（4-22b），得

$$-\frac{\mathrm{d}m}{\mathrm{d}t}=\frac{\pi}{4}\rho d^2\sqrt{2gH} \tag{4-22c}$$

忽略柱塞的体积，有

$$m=\rho\left(\frac{\pi}{4}D^2 H\right) \tag{4-22d}$$

由式（4-22c）和式（4-22d）消去 H，得

$$\frac{-1}{2}\frac{1}{\sqrt{m}}\mathrm{d}m=\sqrt{\frac{\pi\rho g}{2}}\frac{d^2}{2D}\mathrm{d}t \tag{4-22e}$$

根据题意，按下列范围积分，

t=0，$m=m_i$；$t=t$，$m=m_i-m_c$，有

$$\sqrt{m_i}-\sqrt{m_i-m_c}=\sqrt{\frac{\pi\rho g}{8}}\frac{d^2 t}{D}$$

因此，需要流出时间为

$$t=\sqrt{\frac{8}{\pi\rho g}}\frac{D}{d^2}(\sqrt{m_i}-\sqrt{m_i-m_c})$$

【例 4-2】 毕托管（Pitot tube）是用来测量流场中一点流速的仪器。其原理如图 4-12（a）所示，在管道里沿流线装设迎着流动方向开口的细管，可以用来测量管道中流体的总压，试求毕托管的测速公式？

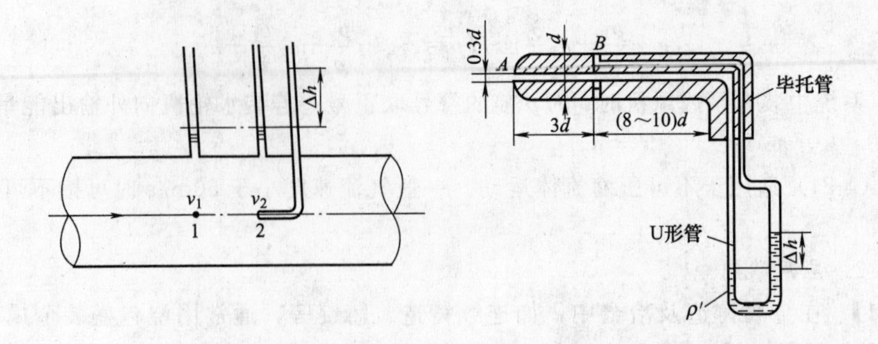

(a)毕托管测量原理图 (b)毕托管结构示意图

图 4-12 毕托管

解：沿流线 1、2 两点列出伯努利方程式：

$$z_1 g+\frac{p_1}{\rho}+\frac{v_1^2}{2}=z_2 g+\frac{p_2}{\rho}+\frac{v_2^2}{2}$$

因为迎着流体的毕托管端对流动的流体有阻滞作用，此处流体的流速 $v_2=0$。$z_1=z_2$，于是，

$$\frac{p_1}{\rho}+\frac{v_1^2}{2}=\frac{p_0}{\rho}$$

即 $p_0=p_1+\frac{\rho}{2}v_1^2$，$p_0$ 为总压力。如果在 2 点处取静压，则可以测得该处的静压力能$\frac{p_2}{\rho}$。由于 1、2 两点之间距离很近，可以忽略其间压力损失，因此

$$\frac{p_2}{\rho}=\frac{p_1}{\rho}$$

这时有

$$\frac{p_2}{\rho}+\frac{v_1^2}{2}=\frac{p_0}{\rho}$$

又因为 $p_0-p_2=\rho g\Delta h$，所以

$$v_1=\sqrt{\frac{2(p_0-p_2)}{\rho}}=\sqrt{2\Delta hg}$$

一种本身带有静压测点的毕托管称为动压管［图 4-12（b)］，同一支毕托管内不同管路同时输出总压（测点 A）及静压（测点 B），接到同一个 U 形管上，也可以直接读出动压头 $v^2/2g$，根据毕托管所测风速及毕托管在管道截面的安放位置，可计算出流量。若气流密度 ρ_1 与 U 形管中液体的密度 ρ_2 不同，$p_A-p_B=\Delta h(\gamma_2-\gamma_1)=\Delta hg(\rho_2-\rho_1)$，故

$$v=\sqrt{\frac{2(p_A-p_B)}{\rho_1}}=\sqrt{\frac{2g\Delta h(\rho_2-\rho_1)}{\rho_1}}$$

4.5.2 动量方程应用举例

4.5.2.1 *液流对弯管壁的作用力*

在如图 4-13（a）所示的渐缩弯管中，液体以速度 v_1 流入 1—1 截面，从 2—2 截面流出的速度为 v_2。以弯管中的流体为分离体，其重力为 G。弯管对此分离体的作用力为 R，取坐标如图 4-13（b）所示。

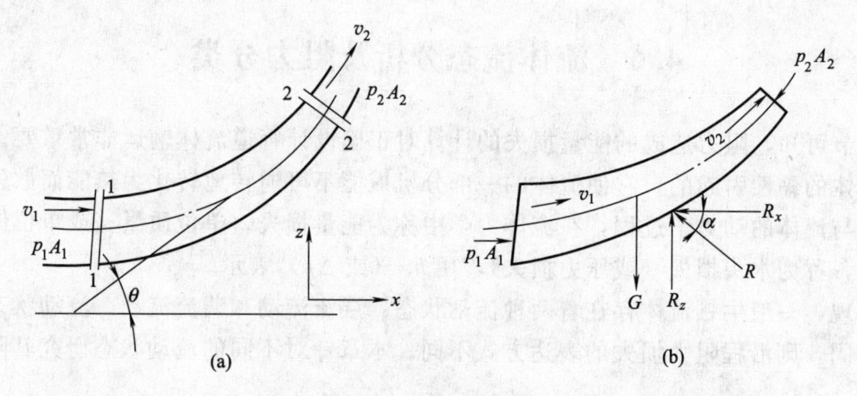

图 4-13　液流对弯管壁的作用力

按式（4-20），沿 x 轴和 z 轴求分量

$$F_x=p_1A_1-p_2A_2\cos\theta-R_x=\rho Q(v_{2x}-v_{1x})$$

$$F_z=-p_2A_2\sin\theta-G+R_z=\rho Q(v_{2z}-v_{1z})$$

或

$$R_x=p_1A_1-p_2A_2\cos\theta-\rho Q(v_2\cos\theta-v_1)$$

$$R_z=p_2A_2\sin\theta+G+\rho Qv_2\sin\theta$$

$$R=\sqrt{R_x^2+R_z^2},\ \alpha=\arctan\frac{R_z}{R_x}$$

液体作用于弯管上的力，大小与 R 相等，方向与 R 相反。

4.5.2.2　射流对固体壁的冲击力

如图 4-14 所示，液体自管嘴喷出形成射流。液流处在同一大气压强之下，略去重力影响，作用在流体上的力，只有固体壁对射流的阻力，其反作用则为射流对固体壁的冲击力。

图 4-14 中，流股射向与水平成 θ 角的固定平板。当流体自喷管射出时，其截面积为 A_0，平均流速为 v_0，射向平板后分散成两股，其动量分别为 m_1v_1 与 m_2v_2。

取射流为分离体，设平板沿其法线方向对射流的作用力为 R，射流所受的相对压强为零，按式（4-19），得

$$m_1\boldsymbol{v}_1+m_2\boldsymbol{v}_2-m_0\boldsymbol{v}_0=\boldsymbol{R}$$

以平板法线方向为 x 轴方向，向右为正，则上式各量在 x 轴上的投影为

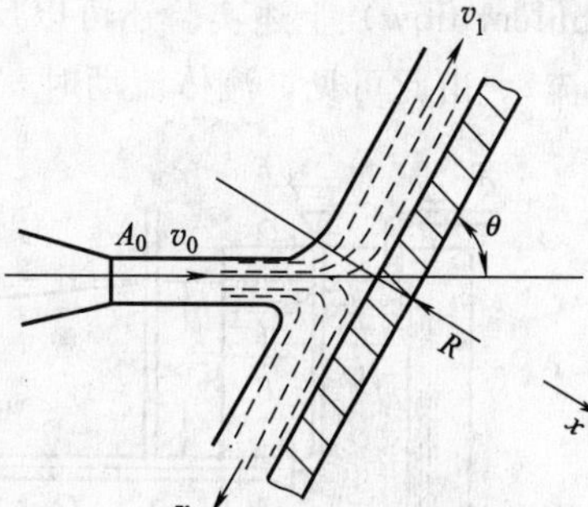

图 4-14　射流冲击固体壁

$$-m_0v_0\sin\theta=-R$$

即

$$R=m_0v_0\sin\theta=\rho A_0v_0^2\sin\theta$$

因此，射流对此平板的冲力就是一个与 R 大小相等、方向相反的力 R'（图中未标出）。当 $\theta=90°$，即射流沿平板法线方向射去，则平板所受的冲击力为

$$R'=\rho A_0v_0^2$$

设平面沿射流方向以速度 v 移动，则射流对此移动平板的冲击力为

$$R'=\rho A_0(v_0-v)^2$$

4.6 流体流态分析及阻力分类

由 4.1 节可知，阻力造成的能量损失的计算对正确设计管道流体输运非常重要。这种阻力是由实际流体的黏性引起的，它使流体的一部分机械能不可逆转地转化为热能而散失，这部分能量不再参与流体的动力学过程，在流体力学中称为能量损失。单位质量（或单位体积）流体的能量损失，称为水头损失（或压力损失），用 h_w（或 Δp）表示。

雷诺发现，一般牛顿流体存在着两种流动状态：层流流动和湍流流动。流动状态不同，流体黏性也不同，则沿程阻力损失的表达方式不同。本章针对不同的流动状态研究其阻力损失。

4.6.1 流态及 *Re* 数

4.6.1.1 流动状态实验——雷诺实验

雷诺（Reynolds）于 1882 年在圆管内进行了流体流动形态的试验，试验状况如图 4-15 所示。水不断由供水管注入水箱 B，靠溢流维持水箱内水位不变（靠稳流板 J 和泄水管 C 来完成)。水从玻璃管 G 经阀门 H 流入量水箱中以便计量。小容器 E 内装着比重与水相同，但不与水相溶的红色液体。开启活栓 D 后，红色液体沿 F 管流入流入玻璃管 G 与水一起流走。实验时，先微开阀门 H，水以很低的速度流过玻璃管；然后再开 D 阀，红液就流入玻璃管形成一条明显的红线，不与周围的水相混，这表示水质点只作沿管轴线的直线运动，而无横向运动，如图 4-15（a）所示。若在 G 管的入口处同时从若干点供给色液，则会得到若干条色线而互不相混，说明了流体呈一层一层流动的状态。这种流动状态称为流体的层流运动（laminar flow)。若开大 H 阀，增加流速，红色液体所形成的流线便发生震荡，上下波动，流线弯曲呈波形，如图 4-15（b）所示。继续增加流速到一定值，管内红色线发生断裂，形成与周围清水互相混杂、穿插的紊乱流动，如图 4-15（c）所示，这种流态称为流体的湍流（有的也叫紊流，turbulent flow）上述实验还可以反向进行。如逐渐关小 H 阀门，则流动由“湍流”又返回到“层流”。由此可见，流体流动时，存在着两种性质完全不同的流动状态：层流和湍流。

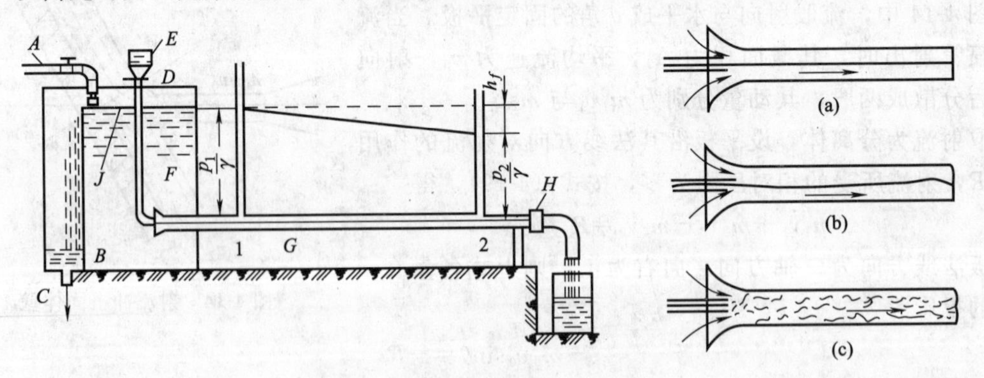

图 4-15 层流、过渡状态及湍流

4.6.1.2 流动状态判断准则——雷诺数

在实验基础上，雷诺提出了在流体流动过程中存在着两种力，即惯性力和黏性阻力。它们的大小和比值直接影响到流体流动的形态。它们的比值越大，也就是惯性力越大，就越趋向于由层流向湍流转变；比值越小，即使原来是湍流也会变成层流。显然，若用代表流动过程的物理量来表达上述关系会更确切。表示这个关系的数群是雷诺首先提出的，所以称为雷诺数

(Reynolds number)，常用 Re 来表示。

$$Re=\frac{\overline{v}\rho D}{\eta}=\frac{\overline{v}D}{\upsilon}=\frac{惯性力}{黏性力} \tag{4-23}$$

式中　$\overline{v}$——流体在圆管内的平均流速，m/s；

　　D——圆管内径，m。

实验确定，对于在圆管内强制流动的流体，由层流开始向湍流转变时的临界雷诺数（也叫下临界雷诺数）$Re_{cr}\approx2320$。通常临界雷诺数随体系的不同而变化。即使同一体系，它也会随其外部因素（如圆管内表面粗糙度和流体中的起始扰动程度等）的不同而改变。一般来说，在雷诺数超过上临界雷诺数 $Re'_{cr}\approx13000$ 时，流动形态转变为稳定的湍流。当 $Re_{cr}<Re<Re'_{cr}$ 时，流动处于过渡区域，是一个不稳定的区域，可能是层流，也可能是湍流。

以上表达式中的雷诺数是以直径 D 作为圆形过水截面的特征长度，当管道的过水截面是非圆形截面时，可用水力半径 R 作为管道的特征长度，即

$$R=A/x$$

$$Re=\frac{\overline{v}A}{\nu x}$$

式中，A 为过水截面的面积；x 为过水截面的润湿周长。取 Re_{cr} 为 500。对于工程中常见的明渠水流，Re_{cr} 则更低些，常取 300。

当流体绕过固体（如绕过球体）而流动时，也出现层状绕流（物体后面无旋涡）和紊乱绕流（物体后面形成涡流）的现象。此时，雷诺数用下式计算：

$$Re=\frac{\overline{v}l}{\nu}$$

式中　$\overline{v}$——主流体的绕流速度；

　　l——固体的特征长度（球形物体为直径 d）。

$Re=1$ 的流动情况称为蠕流，该数据对于选矿、水力运输等工程计算有实用价值。

【例 4-3】 在水深 $h=2$cm，宽度 $b=80$cm 的槽内，水的流速 $v=6$cm/s，已知水的运动黏性系数 $\nu=0.013\text{cm}^2/\text{s}$。问水流处于什么运动状态？如需改变其流态，速度 v 应为多大？

解： 这种宽槽属于非圆形截面，可取水深 h 代表水力半径 R，并作为固体的特征长度 l。因为

$$R=\frac{A}{x}=\frac{bh}{b+2h}=\frac{80\times2}{80+2\times2}\text{cm}\approx2\text{cm}$$

槽内水流的雷诺数为

$$Re=\frac{vl}{\nu}=\frac{vR}{\nu}=\frac{6\times2}{0.013}=923>300$$

故为湍流状态。如需改变流态，应算出层流的临界速度，即

$$v=\frac{Re_{cr}\nu}{R}=\frac{300\times0.013}{2}\text{cm/s}=1.95\text{cm/s}$$

当 $v\leqslant1.95$cm/s 时水流将改变为层流状态。

4.6.1.3　*层流及边界层*

下面讨论层流的特点及其速度分布。

流体质点在流动方向上分层流动，各层互不干扰和掺混，这种流线呈平行状态的流动称为层流，或称流线型流。一般说来，层流是在流体具有很小的速度或黏度较大的流体流动时才出

现。如果流体沿平板流动，则形成许多与平板平行流动的薄层，互不干扰地向前运动，就像一叠纸张向前滑动一样。如果流体在圆管内流动，则构成许多同心的圆筒，形成与圆管平行的薄层，互不干扰地向前运动，就像一束套管向前滑动。

如图 4-16，以管内层流流动为例来分析管内速度分布的特点。在管的入口 A 处，流体速度分布均匀，如果流体为理想流体，或者管壁为没有摩擦力的完全光滑管壁，则流体会保持入口处的速度分布不变直到出口（如 C 处）。如果流体为实际流体，并且管壁为非光滑管壁，即管壁与流体之间存在摩擦力，由于在流层之间及流体与管壁之间的摩擦阻力，使原来均匀分布的速度逐渐变得不均匀，在管壁附近一定厚度的区域内流体的速度要减低，造成速度的曲线分布规律［图 4-16（b）］。近壁处，由流速为零的壁面到速度分布较均匀的地方（严格地说，到速度为均匀速度的 99%的地方），这一流体层称之为边界层（boundary layer）或附面层。边界层厚度用 δ 表示，δ 是随流体流进管内的距离的增加而增大的。流体黏性大，δ 增大就快。由于流过管子各截面的流量不变，边界层内流速降低，必引起边界层外流速的提高，最后呈如图 4-16（a）中的 C 截面上的速度分布。由实验和理论计算都可确定（见后关于沿层阻力的讨论），不论入口速度分布如何，只要管内是层流状态，流体的最终速度分布总是呈旋转抛物面规律分布。图 4-16（a）中 AC 管段称为“层流起始段”。对于直径为 d 的直管来说，层流起始段的长度 $l=0.065dRe$（Re 为雷诺数）。

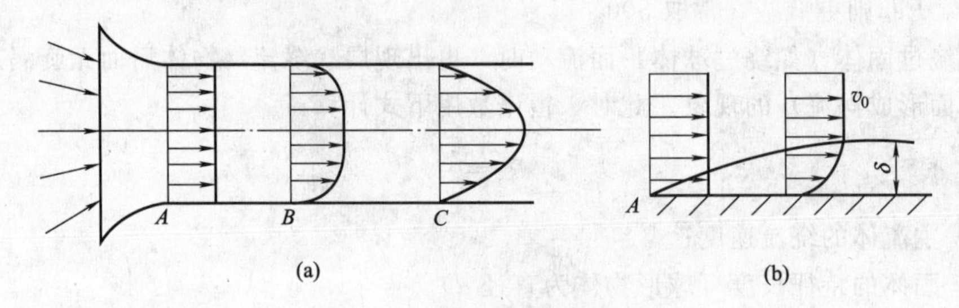

图 4-16　管内层流的速度发展

4.6.1.4　*湍流及湍流边界层*

湍流流动与层流流动有着本质的不同。

流体流动时，各质点在不同方向上作复杂的无规则运动，互相干扰地向前运动，这种流动称为湍流。湍流运动在宏观上既非旋涡运动，在微观上又非分子运动。在总的向前运动过程中，流体微团具有各个方向上的脉动。在湍流流场空间中的任一点上，流体质点的运动速度在方向和大小上均随时间而变，这种运动状态可称为湍流脉动。图 4-17（a）所示为流线上 O 点在某瞬间的速度示意图。该点的速度 v 随时间而变。因此该点的分速度，即脉动分速度 v'_x 和 v'_y 亦随时间而变。图 4-17（b）所示为流体上某点分速度 v'_x 随时间变化的示意图。由于脉动的存在，空间中任一质点速度均随时间而变，因而产生了瞬时速度的概念。瞬时速度在一定时间 t 内的平均值，称为瞬时平均速度，如图 4-17（b）中的 $\bar{v}_x$。

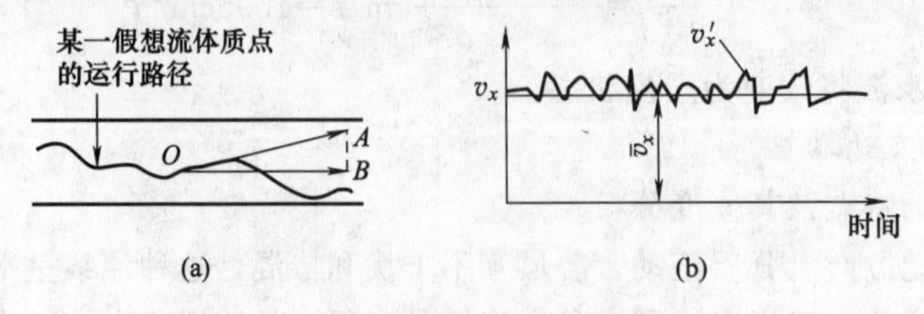

图 4-17　湍流质点的运动

管内出现湍流流动时，由于流体质点的横向迁移，导致湍流速度分布及流动阻力与层流大不相同。图 4-18 表示圆管径向截面上层流和湍流的速度分布。请注意，在流体与管壁界面处，上述两种情况的速度均为零。但在管子中间部分，流体的平均速度在湍流时是比较均匀的。在此区域内，流体层与层之间的相对速度很小，因而黏性摩擦阻力很小，以至可以忽略。然而，正是在这个区域，由于流体微团的无规则迁移、脉动，使得流体微团间的动量交换得很激烈，湍流中的流动阻力主要是由这种原因造成的，它要比层流中的黏性阻力大得多。

如图 4-19 所示，湍流边界层的结构也与层流边界层的不同。由于黏性力的作用，紧贴壁面的一层流体对邻近层流体产生阻滞作用。在管入口处，管内湍流与边界层均未充分发展，边界层极薄，边界层内还是层流流动。进入管内一段距离后［湍流下，直管进口起始段的长度 $l=(25\sim40)d$］，管内湍流已获得充分发展，这时，原边界层内流体质点的横向迁移也相当强烈，层流边界层变成了湍流边界层，只不过湍流的程度不如边界层外的主流大。但在贴近壁面处仍有一薄层流体处于层流状态，这层流体称为层流底层。可见，湍流边界层包括层流底层和它外面的湍流部分。

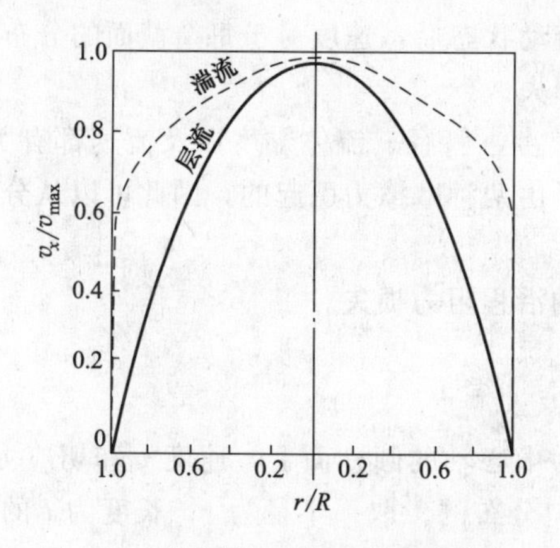

图 4-18 管内层流和湍流的速度分布

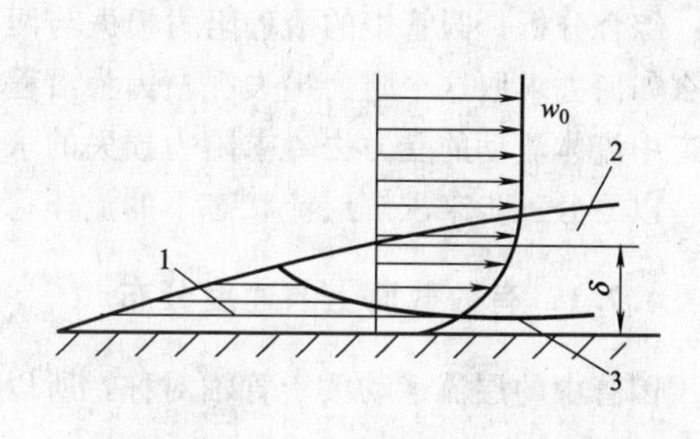

图 4-19 湍流边界层发展

1—层流边界层；2—湍流边界层；3—层流底层；w_0—流体速度；δ—边界层厚度

4.6.2 流动阻力分类

由 4.1 节可知，流体流动过程的能量损失是必须要解决的一大问题。流动状态不同，则能量损失也不同，根据流态将能量损失划分为图 4-20 所列的几种情况，然后分别展开讨论。本书主要以圆管中的流动为例讨论两种流态下的各种能量损失，作为对比，最后再给出一个平行平板间层流沿程阻力损失计算的例子。

流动状态
- 层流
  - 沿程损失
  - 局部损失
- 湍流
  - 沿程损失
  - 局部损失

图 4-20 沿程能量损失分类

4.7 圆管中层流流动的沿程阻力计算

我们要计算的是圆管中流体流经一定行程后由于存在流体与圆管间，以及流体内部摩擦力而导致的沿程阻力损失，实际流体总流的伯努利方程式（4-15）中的 h_f 就是这个沿程阻力损失，式（4-14）中的 h_f 不是我们要求的沿程阻力损失，因为它是流线上的伯努利方程。与 h_f 直接相关的是流体在截面上的平均速度，而非截面上每个点的即时速度，因此 h_f 最终应当以平均速度的形式表达。而且平均速度也是工程设计的基本参数，因为流量很容易知道，而即时速度除特殊要求外是不去测定的。

那么能否直接应用式（4-15）求解 h_f呢？按照4.1节西气东输管道的工程设计，已知一端所需的流体流量（上海），要求得另一端需要以多大的流量供气（新疆），那么只有先求出沿程能量损失，才能求出另一端的流量来。也就是说，工程设计时，对两个截面的计算，一般是已知一个截面的数据如 z_1、p_1、v_1，要求另一个截面的数据如 z_2、p_2、v_2，显然，应当是先求出 h_f，而不是用 z_1、p_1、v_1和 z_2、p_2、v_2来求 h_f。

求解两个截面之间的沿程阻力损失时，要求这两个截面是等截面，并且是稳定流。如果是不等截面，速度必然在两截面之间发生变化，则会导致沿程阻力表达式形式复杂，不易使用，而且当截面扩大时，会出现局部阻力损失，则引起沿程阻力损失表达的困难。只要能求出等截面间的沿程阻力损失，又可以求出截面发生变化时的局部阻力损失，就可以分段求出总体管道的阻力损失，因此将沿程阻力损失计算确定为两个等截面之间的沿程阻力损失是符合工程设计要求的。

由于是稳定流，并且是等截面，因此当进入稳定流动状态后，速度对于每个截面的分布都是一样的。则可以用一个平均的速度来表达沿程阻力损失。

综合分析，圆管中的沿程阻力损失与两截面间的长度、管径、流体黏度以及流速都有关。那么如何去求取这个阻力损失呢？因为沿程阻力损失是由两种摩擦力引起的，因此可以从分析管道中流体流动的受力去寻求阻力损失的求解方法。

以下分三步来求解层流状态下的流体稳定流动时的沿程阻力损失。

4.7.1 有效截面上的速度分布

因管中的层流运动关于管轴对称，所以在以管轴为中心轴的圆柱面上，速度 v 和切应力 τ 将是均匀分布的。取一半径为 r，长度为 l 的圆柱形微元流体段（图4-21），设1—1及2—2截面的中心距基准面 $O—O$ 的垂直高度为 z_1 和 z_2；压力分别为 p_1 和 p_2；圆柱侧表面上的切应力为 τ；圆柱形流体段的重力为 $\pi r^2 l\gamma$。由于所取流体段为微元流体段，且该流体段沿管轴作等速运动，所以流体段沿管轴方向必满足力的平衡条件，即

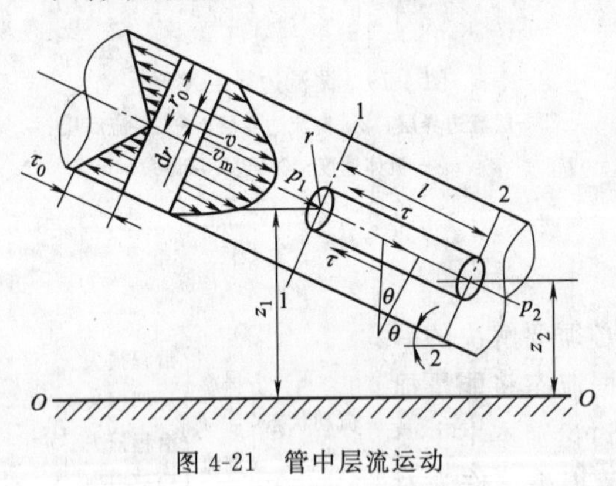

图4-21 管中层流运动

$$\pi r^2(p_1-p_2)-2\pi rl\tau+\pi r^2 l\gamma\sin\theta=0 \quad (4\text{-}24)$$

由图中可知 $\sin\theta=(z_1-z_2)/l$，由牛顿内摩擦定律可得

$$\tau=\eta\frac{\mathrm{d}v}{\mathrm{d}y}=-\eta\frac{\mathrm{d}v}{\mathrm{d}r}$$

式中，v 指半径为 r 处流体的速度，由于在管壁处速度为零，故知 v 随 r 的增加而减小，如图4-21左端所示。

将 $\sin\theta$ 及 τ 的关系式代入关系式（4-24），得

$$\mathrm{d}v=-\frac{\gamma}{2\eta l}\left(\frac{p_1-p_2}{\gamma}+z_1-z_2\right)r\mathrm{d}r \quad (4\text{-}25)$$

写出1及2两截面的总流伯努利方程

$$z_1+\frac{p_1}{\gamma}+\frac{v_1^2}{2g}=z_2+\frac{p_2}{\gamma}+\frac{v_2^2}{2g}+h_f$$

因为是等截面，故 $v_1=v_2$，则上式成为

$$h_f=\frac{p_1-p_2}{\gamma}+z_1-z_2$$

代入式（4-25），积分后得

$$v=-\frac{\gamma h_f}{4\eta l}r^2+C$$

取边界条件：$r=r_0$时，$v=0$，故积分常数 $C=\frac{\gamma h_f}{4\eta l}r_0^2$

结果得
$$v=\frac{\gamma h_f}{4\eta l}(r_0^2-r^2) \tag{4-26}$$

式（4-26）即为管中层流有效截面上的速度分布公式。它表明速度在有效截面上按抛物线规律变化。最大速度 $v_{\max}$ 在管轴上，即 $r=0$ 处，此时

$$v_{\max}=\frac{\gamma h_f}{4\eta l}r_0^2 \tag{4-27}$$

把式（4-26）变形成为 h_f 的表达式即可得到管流中的沿程损失计算公式。但该式中的 v 是瞬时速度，由前分析，应该把它转化为平均速度，因此需要进一步推导。

4.7.2 平均流速和流量

根据平均流速的表达式 $\bar{v}=\frac{\int_A v\mathrm{d}A}{\int_A \mathrm{d}A}$。注意到 $\mathrm{d}A=2\pi r\mathrm{d}r$，并将式（4-26）代入，得

$$\begin{aligned}\bar{v}&=\int_0^{r_0}\frac{\gamma h_f}{4\eta l}(r_0^2-r^2)2\pi r\mathrm{d}r/(\pi r_0^2)\\&=\frac{\gamma h_f}{2\eta l r_0^2}\left[\int_0^{r_0}r_0^2 r\mathrm{d}r-\int_0^{r_0}r^3\mathrm{d}r\right]\\&=\frac{\gamma h_f}{2\eta l r_0^2}\left(\frac{r_0^4}{2}-\frac{r_0^4}{4}\right)=\frac{\gamma h_f}{8\eta l}r_0^2=\frac{1}{2}v_{\max}\end{aligned} \tag{4-28}$$

式（4-28）表明，层流中平均流速恰好等于管轴上最大流速的一半。如用毕托管测出管轴上的点速，即可利用这一关系算出圆管层流中的平均流速 $\bar{v}$ 和流量 Q。

$$Q=\bar{v}A=\frac{\gamma h_f}{8\eta l}r_0^2\pi r_0^2=\frac{\pi\gamma h_f}{8\eta l}r_0^4=\frac{\pi\gamma h_f}{128\eta l}d_0^4 \tag{4-29}$$

式（4-29）即为管中层流流量公式，也称哈根-伯肃叶（Hagen-Poiseuille）定律。它表明，流量与沿程损失水头及管径四次方成正比。由于式中的 Q、γ、h_f、l 及 d_0。都是可测出的量，因此利用式（4-29）可求得流体的动力黏性系数 η，有些黏度计就是根据这一原理制成的。

4.7.3 管中层流沿程损失的达西公式

得到了平均速度的表达式（4-28），即可写出沿程损失水头为

$$h_f=\frac{8\eta l}{\gamma r_0^2}\overline{v}=\frac{32\eta l}{g\rho d^2}\overline{v} \tag{4-30}$$

式（4-30）即管中层流沿程损失水头的表达式。它从理论上说明了，沿程损失水头h_f与平均流速$\overline{v}$的一次方成正比。这同雷诺实验结果是一致的。

在流体力学中，常用速度头$\left(\frac{v^2}{2g}\right)$来表示损失水头。为此，将上式加以变化而写成

$$h_f=\frac{32\times 2}{\frac{\overline{v}\rho d}{\eta}}\frac{l}{d}\frac{\overline{v}^2}{2g}=\frac{64}{Re}\frac{l}{d}\frac{\overline{v}^2}{2g}$$

令

$$\lambda=\frac{64}{Re} \tag{4-31}$$

则

$$h_f=\lambda\frac{l}{d}\frac{\overline{v}^2}{2g}$$

或

$$\Delta p_f=\gamma h_f=\lambda\frac{l}{d}\rho\frac{\overline{v}^2}{2} \tag{4-32}$$

式中　λ——沿程阻力系数或摩阻系数（无量纲数），它仅由Re确定。对于管内层流，$\lambda=\frac{64}{Re}$；

$\overline{v}$——平均流速，m/s；

h_f——沿程损失水头（米流体柱）；

Δp_f——沿程压力损失，N/m^2。

式（4-32）即为流体力学中著名的达西（Darcy）公式。如果流量为Q的流体，在管中作层流运动时，其沿程损失的功率为

$$N_f=Q\gamma h_f=\frac{128\eta l Q^2}{\pi d^4} \tag{4-33}$$

式（4-33）表明，在一定的l、Q情况下，流体的η越小、则损失功率N_f越小。在长距离输送石油时，之所以要预先将石油加热到某一温度而后再输送，就是这个道理。

【例 4-4】 沿直径$d=305mm$的管道，输送密度$\rho=980kg/m^3$、运动黏性系数$\nu=4cm^2/s$的重油。若流量$Q=60L/s$，管道起点标高$z_1=85m$，终点标高$z_2=105m$，管长$l=1800m$。试求管道中重油的压力降及损失功率各为若干？

解：（1）本题所求的压力降，是指管道起点 1 截面与终点 2 截面之间的静压差$\Delta p=p_1-p_2$。为此，首先列出 1、2 两截面的总流伯努利方程。因为是等截面管，所以有

$$z_1+\frac{p_1}{\gamma}=z_2+\frac{p_2}{\gamma}+h_f$$

故得压力降

$$\Delta p=p_1-p_2=\gamma(z_2-z_1+h_f)$$

可见，须计算沿程损失水头h_f，因此应确定流动类型，而先计算Re数：

$$Q=60L/s=0.06m^3/s$$

$$v=\frac{Q}{A}=\frac{0.06}{0.785\times 0.305^2}m/s=0.824m/s$$

$$Re=\frac{vd}{\nu}=\frac{0.824\times 0.305}{4\times 10^{-4}}=625<2320\text{ 为层流}$$

按达西公式（4-32）求沿程损失水头

$$h_f=\frac{64}{Re}\frac{l}{d}\frac{v^2}{2g}=\frac{64\times 1800\times 0.824^2}{6254\times 0.305\times 2\times 9.81}\text{m}=20.85\text{m}（重油柱）$$

将已知值代入，则得压力降

$$\Delta p=\gamma(z_2-z_1+h_f)=980\times 9.81(105-85+20.85)\text{N/m}^2=394000\text{N/m}^2$$

（2）计算损失功率：将已知值代入式（4-32）中，得

$$N_f=\frac{128\eta lQ^2}{\pi d^4}=\frac{128\times 980\times 4\times 10^{-4}\times 1800\times 0.06^2}{3.14\times 0.305^4}\text{W}=12050\text{W}$$

或

$$N_f-Q\gamma h_f=0.06\times 980\times 9.81\times 20.85\text{W}-12050\text{W}-12.05\text{kW}$$

4.8 圆管中湍流流动的沿程阻力计算

4.8.1 湍流沿程损失的基本关系式

4.8.1.1 湍流沿程阻力损失基本公式

湍流中沿程阻力的影响因素比层流复杂得多。目前还不能完全从理论上求出这些变量之间的解析表达式，一般采用瑞利（Rayleigh）于1899年建立的量纲分析法来建立计算公式（见第6章）。量纲分析法的基本步骤是首先找到影响阻力的所有因素，然后用量纲和谐的原理去求出函数的表达式。对管中湍流来说，实验表明，管中湍流的沿程压力损失 Δp 与截面平均流速 v、流体密度 ρ，管径 d、管长 l、流体的黏性系数 η 以及管壁的绝对粗糙度 Δ 等有关。写成函数式为

$$\Delta p=F(v,p,d,l,\eta,\Delta)$$

然后用量纲分析法求得

$$\Delta p=\lambda\frac{l}{d}\rho\frac{v^2}{2} \tag{4-34}$$

或

$$h_f=\lambda\frac{l}{d}\frac{v^2}{2g} \tag{4-35}$$

其中湍流沿程阻力系数 λ 为

$$\lambda=\Phi\left(Re,\frac{\Delta}{d}\right) \tag{4-36}$$

式（4-35）即为管中湍流沿程损失的基本公式，其沿程阻力系数 λ 是两个无量纲数 Re 和 $\frac{\Delta}{d}$ 的函数，只能由实验确定。正因为如此，在湍流沿程阻力系数 λ 的经验公式中，一般都含有 Re 及 $\frac{\Delta}{d}$ 这两个无量纲数。还可看出，湍流时的 λ 值，已与层流时的 $\lambda=\frac{64}{Re}$ 不同。

在流体力学中，$\frac{\Delta}{d}$ 称为相对粗糙度。其值越大，表示管壁越粗糙。

4.8.1.2 非圆形管道沿程损失公式

由于圆形截面的特征长度是直径 d，非圆形截面的特征长度是水力半径 R，而且 $d=4R$，故只需格式（4-35）中的 d 改为 $4R$（或称为当量直径 $d_{当}$）便可应用。因而，非圆形管沿程损失公式为

$$h_f=\lambda\frac{l}{d_{当}}\frac{v^2}{2g}=\lambda\frac{l}{4R}\frac{v^2}{2g} \tag{4-37}$$

4.8.2　对湍流沿程损失中有关参数的处理方式

因为湍流流体是非稳定流，流场中每个点的速度和压力随时间发生着变化，而要用式(4-34)计算湍流沿程阻力损失，其中的速度如何确定？又，湍流沿程阻力损失中的阻力系数与圆管粗糙度相关，那么如何处理圆管粗糙度呢？既然湍流与层流是性质不同的流动，则二者的黏性摩擦力也会不同，那么湍流情况下的黏性摩擦力又是怎样的呢？

4.8.2.1　速度和压力的时均化

由雷诺实验，湍流状态时，流体质点在进行着极不规则的混杂运动，运动的速度、大小、方向都随时间而改变。即湍流中所有的运动参数如 v，p……都在随时间变化。实质上，湍流运动是非稳定流动，即使边界条件恒定不变，流场中任一点的瞬时速度仍具有随机变化的性质。但实验发现，这种变化在足够长的时间内，总是围绕着某一“平均值”上下摆动；湍流中的压力场也是如此。这种围绕某一“平均值”上下变动的现象，称为脉动现象。

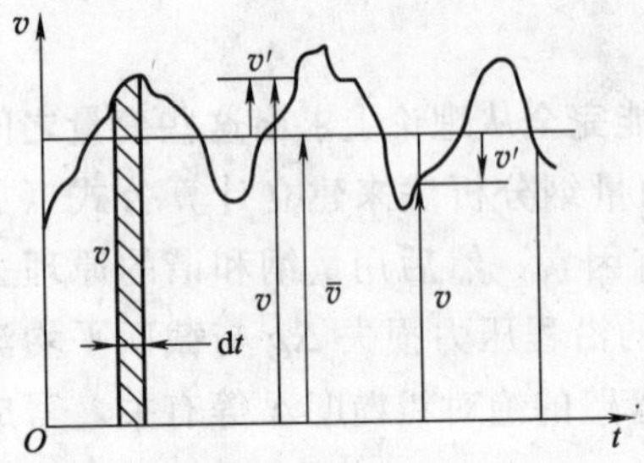

人们试图用脉动“平均值”代替真实速度值来分析研究湍流问题。求取这个“平均值”的方法采用了时均化原则。

在一个足够长的时间段 T 内，如果以真实的有脉动的速度 v 流经一微小有效截面积 ΔA 的流体体积，等于某个唯一确定的速度流经同一微小有效截面积 ΔA 的流体体积，则这个唯一确定的速度即时均化速度 $\overline{v}$，如图 4-22 所示。

图 4-22　速度时均化

这就是湍流的速度时均化原则。根据这一原则可写出

$$\overline{v}\Delta AT=\int_0^T v\Delta A\mathrm{d}t \tag{4-38}$$

即

$$\overline{v}=\frac{1}{T}\int_0^T v\mathrm{d}t \tag{4-39}$$

也可以描述为：在足够长的时间段内，某点速度的平均值称为时间平均速度，简称时均速度。将式(4-39)换成形式 $\overline{v}T=\int_0^T v\mathrm{d}t$ 来表示，则 $\int_0^T v\mathrm{d}t$ 是图中横坐标长度为 T 的真实速度曲线下的面积，可用矩形面积$\overline{v}T$ 来代替。此矩形面积的高度就是时均速度$\overline{v}$。因此，真实速度与时均速度之间的关系为

$$v=\overline{v}+v' \tag{4-40}$$

式中，v'是脉动的真实速度与时均速度的差值，称为脉动速度或附加速度。

同样地，也可定义湍流中某点的时均压力 $\overline{p}$，为

$$\overline{p}=\frac{1}{T}\int_0^T p\mathrm{d}t \tag{4-41}$$

由上可知，湍流的本质是湍流存在脉动现象，由于存在脉动，就存在脉动速度，脉动还会引起湍流运动中的附加阻力。

4.8.2.2　水力光滑管和水力粗糙管

由各种材料制成的管子，其管壁都存在不同的粗糙度，凸出高度为 Δ，如图 4-23 所示，

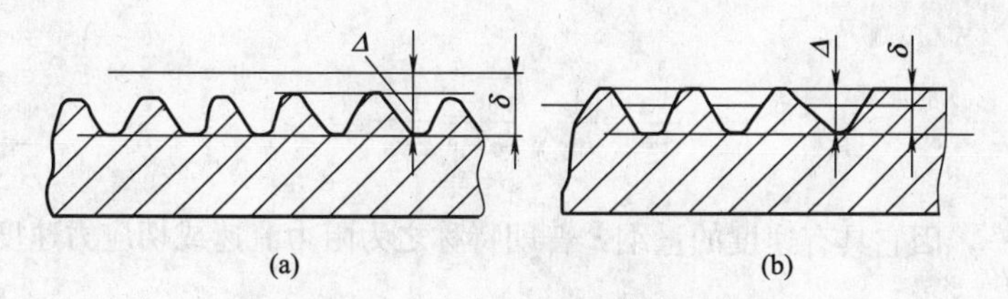

图 4-23 水力光滑管和水力粗糙管

称为管壁的绝对粗糙度。层流边界层的厚度 δ 与管壁的绝对粗糙度 Δ 之间存在着 $\delta<\Delta$ 或 $\delta>\Delta$ 的情况。在不同情况下，流体所受到的阻力也不同。

当 $\delta>\Delta$ 时［图 4-23 (a)］，管壁凸出高度完全被淹没在层流边界之中，Δ 对流动阻力影响很小。这种情况类似于液流在完全光滑的管路中运动。这种管子称为水力光滑管。当 $\delta<\Delta$ 时［图 4-23 (b)］，管壁凸出高度暴露在层流边界层之外，当流体经过凸出部分时即形成碰撞，加剧湍动，而且在凸出部分后面形成旋涡，消耗了能量。通常将处于这种情况的管子称为水力粗糙管。

在雷诺数相同的情况下，层流边界层厚度 δ 应该是相等的，但不同管壁的凸出高度 Δ 是不等的，因此不同粗糙度的管路对雷诺数相等的流体运动，会形成不同的阻力。此外，同一管路（其凸出高度 Δ 相等）对雷诺数不同（因而其边界厚度 δ 也不同）的流动，所形成的阻力也是不同的。

因此，在用量纲分析法确定湍流流动的沿程阻力损失时，要把相对粗糙度 $\frac{\Delta}{d}$ 作为一个影响因素来加以考虑。

4.8.2.3 湍流运动中的速度分布

(1) 湍流的脉动附加阻力

湍流中的脉动使流体质点之间发生交换，引起了附加阻力。按普朗特（Prandtl）混合长度理论分析，对单位面积而言，其附加阻力即切应力为

$$\tau'=\rho l^2\left(\frac{\mathrm{d}v}{\mathrm{d}y}\right)^2 \tag{4-42}$$

式中 l——流体质点因脉动而由某一层移动到另一层的径向距离。

l 相当于分子运动的平均自由行程，普朗特称之为混合长。并认为它与流体层管壁距离 y 成正比，即

$$l=ky \tag{4-43}$$

式中 k——比例系数，据卡门（Karman）测定，可取 $k=0.36\sim0.435$。

湍流中的总阻力等于黏性阻力与附加阻力之和，即

$$\tau=\eta\frac{\mathrm{d}v}{\mathrm{d}y}+\rho l^2\left(\frac{\mathrm{d}v}{\mathrm{d}y}\right)^2 \tag{4-44}$$

实验证明：在靠近管壁的层流边界层中，只有黏性阻力的作用；在湍流区起主要作用的是附加阻力：在过渡区中两者都起作用。

(2) 湍流的速度分布

当流动的 Re 数很大时，除层流边界层外，黏性阻力只起很小作用，因而可以忽略。此时，只考虑湍流的附加阻力，并且普朗特将此附加阻力取为管壁处的切应力 τ_0 来处理。即

$$\tau'=\tau_0=\rho(ky)^2\left(\frac{\mathrm{d}v}{\mathrm{d}y}\right)^2$$

开方后移项得

$$\frac{dv}{dy}=\frac{1}{ky}\sqrt{\frac{\tau_0}{\rho}}=\frac{1}{ky}v_f$$

式中，$v_f=\sqrt{\frac{\tau_0}{\rho}}$，因它具有速度的量纲，普朗特称之为阻力流速或切应力速度。将上式积分得

$$v=\frac{v_f}{k}(\ln y+C)$$

利用管轴上速度为最大的条件来确定 C。如图 4-24所示，即当 $y=r_0$ 时，$v=v_{\max}$，故有

$$v_{\max}=\frac{v_f}{k}(\ln r_0+C)$$

从而得

$$\frac{v_{\max}-v}{v_f}=-\frac{1}{k}\ln\frac{y}{r_0} \tag{4-45}$$

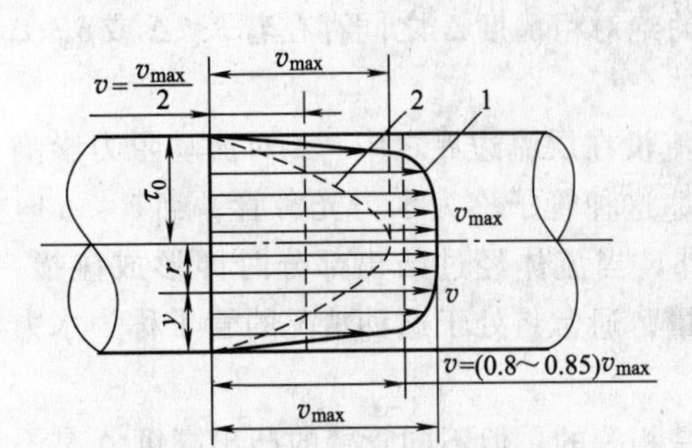

图 4-24　管中湍流速度分布

1—湍流速度分布；2—层流速度分布

由式（4-45）看出，在湍流中，速度是按对数规律分布的。此式称为普朗特方程。由于（$v_{\max}-v$）是流速差，定名为流速亏值，故上式又称为**流速亏值定律**。

由式（4-45）表明：由于动量交换，使得管轴附近各点上的速度大大平均化了，因此，它与层流运动中的速度分布是不同的。式（4-45）中的 k 值，因各人的测定情况而异，所提出的速度计算公式也各不相同。尼古拉茨（Nikuradse）实验指出，当 $k=0.4$ 时，按式（4-45）算出的速度分布曲线（图 4-24 中之 1 线）与实验结果基本上是符合的。

此外，有人提出速度是按指数曲线分布的，即

$$\frac{v}{v_{\max}}=\left(\frac{r_0-r}{r_0}\right)^m=\left(1-\frac{r}{r_0}\right)^m \tag{4-46}$$

式中　r_0——管子半径；

m——$\frac{1}{10}\sim\frac{1}{4}$；

r——管中任一流层到管轴的距离。

4.9　圆管中阻力系数值的确定

由上讨论知，在湍流运动中，λ 是 Re 和 $\frac{\Delta}{d}\left(\text{或}\frac{\Delta}{r}，r\text{ 为半径}\right)$的函数，此函数关系已由尼古拉茨实验确定。

尼古拉茨用不同相对粗糙度$\frac{\Delta}{d}$的管路测定了阻力系数 λ，并扼要表述了 λ 与及 Re、$\frac{\Delta}{d}$之间的函数关系。他制作了六种不同$\frac{\Delta}{d}$的管子，并用改变管中流体 Re 数的办法来测定阻力系数 λ。

取长度为 l 的某种$\frac{\Delta}{r}$的管路，使其中的流体流速逐渐由慢变快（即调整 Re 数由小变大），并测定其间的水头损失 h_f，按式（4-34）求出 λ 与 Re 的对应关系点，逐点描在横坐标 $\lg Re$ 和

纵坐标 lg(100λ) 的坐标系中，得出此管路的 λ 与 Re 的对数关系曲线。

然后，依次取用其他$\frac{\Delta}{r}$的管路，重复上述实验，即可绘出尼古拉茨实验图（图 4-25）。该图分为 5 个区，以下对其进行分析说明。

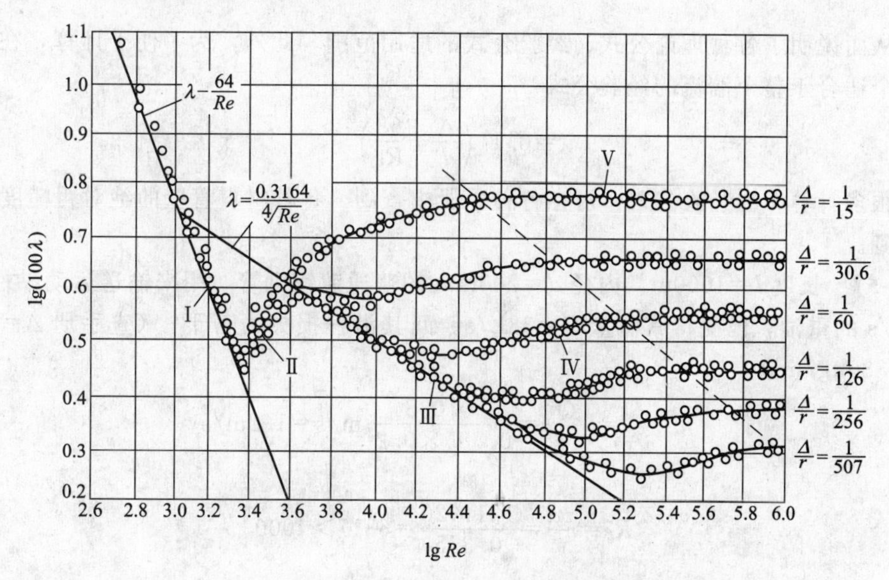

图 4-25 尼古拉茨实验图

Ⅰ区——层流区，雷诺数 $Re<2320$。粗糙度对阻力系数 λ 没有影响，λ 只是 Re 的函数，$\lambda=64/Re$。

Ⅱ区——层流变为湍流的过渡区，其雷诺数范围是 $2300<Re<4000$（即 $3.36<\lg Re<3.6$）。在此区间内，阻力系数 λ 值都急剧升高，所有实验点几乎都集中在线Ⅱ上。尚未总结出此区的 λ 计算公式，通常按下述水力光滑管来处理，或用后面的通用公式（4-50）计算。

Ⅲ区——水力光滑区，$4000<Re<59.8\left(\frac{r}{\Delta}\right)^{\frac{8}{7}}$。$4000<Re<100000$ 范围内，可用布拉休斯（Blasius）公式：

$$\lambda=\frac{0.3164}{\sqrt[4]{Re}} \tag{4-47}$$

当 $10^5<Re<10^6$ 时，可用尼古拉茨（光滑管）公式

$$\lambda=0.0032+0.0221Re^{-0.237} \tag{4-48}$$

Ⅳ区——由水力光滑管转变为水力粗糙管的过渡区，其雷诺数范围是 $59.8\left(\frac{r}{\Delta}\right)^{\frac{8}{7}}<Re<\frac{382}{\sqrt{\lambda}}\left(\frac{r}{\Delta}\right)$。在这个区间内，各种$\frac{\Delta}{r}$管流的 λ 与 Re 及$\frac{\Delta}{r}$都可能有关，可用以下实验式计算 λ

$$\lambda=\frac{1.42}{\left[\lg\left(Re,\frac{\Delta}{d}\right)\right]^2} \tag{4-49}$$

Ⅴ区——水力粗糙管区，其 $Re>\frac{382}{\sqrt{\lambda}}\left(\frac{r}{\Delta}\right)$。习惯上称它为完全粗糙区或阻力平方区。此区内常用尼古拉茨（粗糙管）公式计算

$$\lambda=\frac{1}{\left(1.74+2\lg\frac{r}{\Delta}\right)^{2}} \tag{4-50}$$

总之，尼古拉茨实验有着很重要的意义。它概括了各种相对粗糙度管内液流 λ 与 Re、$\frac{\Delta}{r}$ 的关系，从而说明了各种理论公式、经验公式的适用范围。此外，为了便于计算，在工程上还提出了一个适合于整个湍流的经验公式：

$$\lambda=0.11\left(\frac{\Delta}{d}+\frac{68}{Re}\right)^{0.25} \tag{4-51}$$

还有很多计算 λ 的经验公式，可在各种手册中查到。各种材料管壁的绝对粗糙度 Δ 也可从手册中查到。

【例 4-5】 长度 $l=1000$m，内径 $d=200$mm 的普通镀锌钢管，用来输送运动黏性系数 $\nu=0.355\text{cm}^2/\text{s}$ 的重油，已测得其流量 $Q=38$L/s。问其沿程损失为若干？（查手册 $\Delta=0.39$，重油密度为 880kg/m^3）

解：

$$v=\frac{Q}{A}=\frac{Q}{\pi\frac{d^2}{4}}=\frac{0.038}{0.785\times0.2^2}\text{m/s}=1.2\text{m/s}$$

$$Re=\frac{vd}{\nu}=\frac{121\times20}{0.355}=6817>4000$$

且

$$59.8\left(\frac{r}{\Delta}\right)^{8/7}=59.8\left(\frac{100}{0.39}\right)^{1.134}\approx32243$$

符合条件

$$4000<Re<59.8\left(\frac{r}{\Delta}\right)^{8/7}$$

故为水力光滑管。采用式（4-46）得

$$\lambda=\frac{0.3164}{\sqrt[4]{Re}}=\frac{0.3164}{6817^{0.25}}=0.0348$$

故沿程水头损失

$$h_f=\frac{\lambda l}{d}\frac{v^2}{2g}=\frac{0.0348\times1000}{0.2}\times\frac{(1.2)^2}{2\times9.8}\text{m（油柱）}=12.78\text{m（油柱）}$$

沿程压头损失 $\Delta p=\gamma h_f=880\times981\times12.78\text{Pa}=11.04\times10^4\text{Pa}$

4.10 局部阻力

如 4.1 节的分析，当实际流体在管道中流动时，除了在各直管段产生沿程阻力外，流体流过各个接头、阀门等局部障碍时也要产生一定的流动损失，即局部阻力。产生局部阻力的原因很复杂，大多数情况下，只能通过实验来确定。今以管道截面突然扩大的情况为例介绍局部阻力的计算方法。

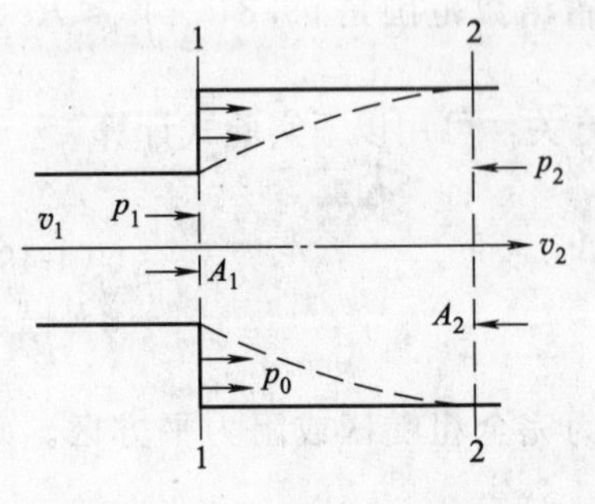

图 4-26 截面突然扩大的管道

4.10.1 截面突然扩大的局部损失

如图 4-26，设有突然扩大的管道截面段，平均速度的流线在小管中是平直的，经过一个扩大段以后，到 2—2 截面上流线又恢复到平直状态。扩大段的沿程摩阻可忽略不计。取截面 1—1 与 2—2 间液流的伯努利方程（取动能修正系数 $\alpha_1=\alpha_2\approx1$），可得

$$p_1+\frac{\rho v_1^2}{2}=p_2+\frac{\rho v_2^2}{2}+\Delta p$$

或

$$\Delta p=p_1-p_2+\frac{\rho}{2}(v_1^2-v_2^2)$$

若以 h_f 表示，则又可写为

$$h_f=\frac{p_1-p_2}{\gamma}+\frac{1}{2g}(v_1^2-v_2^2) \tag{4-52}$$

式中，h_f 为局部水头损失。

由动量方程（取动量修正系数 $\beta_1=\beta_2\approx1$）可得

$$\frac{\gamma}{g}Qv_2-\frac{\gamma}{g}Qv_1=p_1A_1-p_2A_2+p_0(A_2-A_1)$$

将 $Q=A_2v_2$ 代入上式，并经试验证明取 $p_0\approx p_1$，得

$$\frac{v_2}{g}(v_2-v_1)=\frac{p_1-p_2}{\gamma} \tag{4-53}$$

联立式（4-52）与式（4-53）后得

$$h_f=\frac{1}{2g}(v_1-v_2)^2$$

按连续性方程 $Q=A_1v_1=A_2v_2$，上式可改写为

$$\left.\begin{aligned} h_f&=\left(1-\frac{A_1}{A_2}\right)^2\frac{v_1^2}{2g}=\zeta_1\frac{v_1^2}{2g}\\ &\text{或}\\ h_f&=\left(\frac{A_2}{A_1}-1\right)^2\frac{v_2^2}{2g}=\zeta_2\frac{v_2^2}{2g}\end{aligned}\right\} \tag{4-54}$$

式中，ζ_1 或 ζ_2 称为局部阻力系数，其值随比值 A_1/A_2 不同而异（见表 4-1）。

表 4-1　管径突然扩大的局部阻力系数 ζ 值

A_1/A_2	1	0.9	0.8	0.7	0.6	0.5	0.4	0.3	0.2	0.1	0
ζ_1	0	0.01	0.04	0.09	0.16	0.25	0.36	0.49	0.64	0.81	1
ζ_2	0	0.0123	0.0625	0.184	0.444	1	2.25	5.44	36	81	∞

4.10.2　其他类型的局部损失

产生局部能量损失的实质，是由于流速的重新分布和流动分离形成旋涡所引起的附加能量损失，所以认为其他各种类型的局部损失，都应具有截面突然扩大损失公式的结构形式。所以在流体力学中，常以管径突然扩大的水头损失计算公式作为通用的计算公式，然后根据具体情况乘以不同的局部阻力系数，即

$$h_f=\zeta\frac{v^2}{2g} \tag{4-55}$$

管道中的各种局部阻力系数可以从专门的手册中查到。

4.11　平行平板间层流流动的速度分布和沿程阻力

作为与圆管阻力损失的对比，下面给出平行平板间层流稳定流动时沿程阻力损失的计算

过程。

4.11.1 运动微分方程

设有相距为 $2h$ 的两块平行板如图 4-27 所示，其垂直于图面的宽度假定是无限的。质量力为重力的流体，在其间作层流运动。现在来分析其速度分布、流量及水头损失的计算问题。

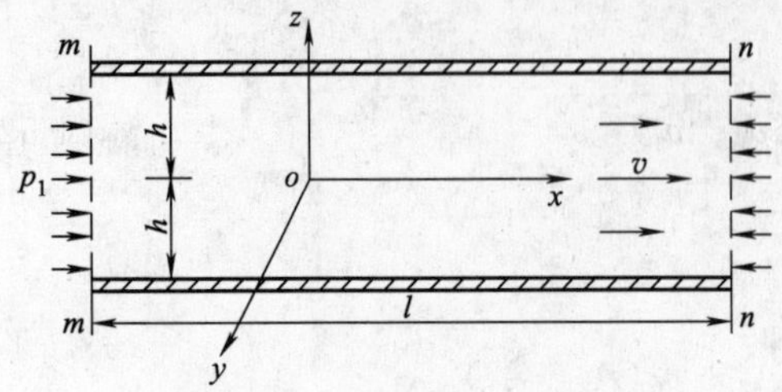

图 4-27 平行平板间的层流流动

取如图所示的坐标系，质量力只有重力，则单位质量力在各轴上的投影分别为 $X=0$，$Y=0$，$Z=-g$。因为是稳定流动，故有

$$\frac{\partial p}{\partial t}=\frac{\partial v_x}{\partial t}=\frac{\partial v_y}{\partial t}=\frac{\partial v_z}{\partial t}=0$$

又因为速度 v 与 x 轴方向一致，故有 $v_x=v$，$v_y=v_z=0$

由此可得

$$\frac{\partial v_y}{\partial y}=0,\quad \frac{\partial^2 v_y}{\partial y^2}=\frac{\partial^2 v_y}{\partial x^2}=\frac{\partial^2 v_y}{\partial z^2}=0$$

及

$$\frac{\partial v_z}{\partial z}=0,\quad \frac{\partial^2 v_z}{\partial z^2}=\frac{\partial^2 v_z}{\partial y^2}=\frac{\partial^2 v_z}{\partial x^2}=0$$

因平板沿 y 方向无限宽，则该方向的边界面对流体运动无影响，故有

$$\frac{\partial v_y}{\partial y}=0,\quad \frac{\partial^2 v}{\partial y^2}=\frac{\partial^2 v_x}{\partial x^2}=\frac{\partial^2 v_y}{\partial y^2}=\frac{\partial^2 v_z}{\partial z^2}=0$$

由上述条件可知，p、v 都不是时间 t 的函数，v 仅是坐标 z 的函数，将其代入式（3-18），得

$$\left.\begin{aligned}&-\frac{1}{\rho}\frac{\partial p}{\partial x}+\nu\frac{\partial^2 v}{\partial z^2}=0\\&-\frac{1}{\rho}\frac{\partial p}{\partial y}=0\\&-g-\frac{1}{\rho}\frac{\partial p}{\partial z}=0\end{aligned}\right\}\tag{4-56}$$

式（4-56）中的第一式可改写为

$$\frac{\partial p}{\partial x}=\eta\frac{\partial^2 v}{\partial z^2}\tag{4-57}$$

因系黏性流体在水平的平板间流动，故

$$\frac{\partial p}{\partial x}=-\frac{p_1-p_2}{l}=-\frac{\Delta p}{l}$$

又因 v 只是 z 的函数，式（4-57）右边可写成

$$\eta\frac{\partial^2 v}{\partial z^2}=\eta\frac{\mathrm{d}^2 v}{\mathrm{d}z^2}$$

将此两式代回到式（4-57）中去，则有

$$\frac{\mathrm{d}^2 v}{\mathrm{d}z^2}=-\frac{\Delta p}{\eta l}\tag{4-58}$$

式（4-58）即黏性流体在水平的平板间作层流运动时的运动微分方程。将其积分两次可得

$$v=-\frac{\Delta p}{2\eta l}z^2+C_1 z+C_2\tag{4-59}$$

积分常数 C_1、C_2 可从不同的边界条件去求得。

4.11.2 应用举例

【例 4-6】 $\Delta p=0$，上板以定速 v_0 运动，下板不动，如图 4-28 所示。

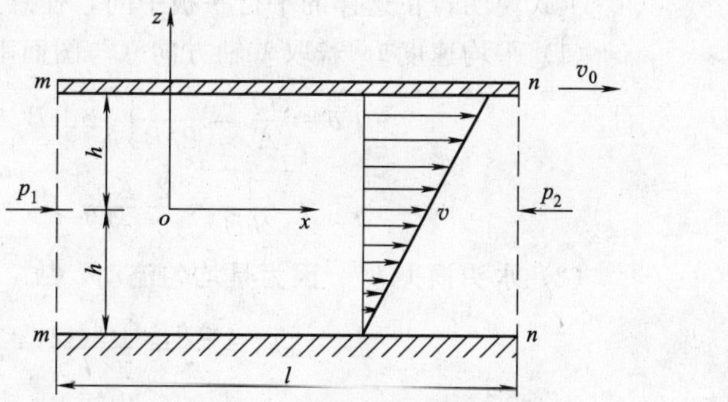

在这种情况下，边界条件是

$$z=+h \text{ 时}，v=v_0$$
$$z=-h \text{ 时}，v=0$$

由此可以定出两个积分常数为

$$C_1=\frac{v_0}{2h},\ C_2=\frac{v_0}{2}$$

图 4-28 $\Delta p=0$ 上板运动，下板不动

代入式 (4-59) 得

$$v=\frac{v_0}{2}\left(1+\frac{z}{h}\right)$$

上式表明，两个平行平板间的流体层流运动，其速度呈线性规律分布。润滑油在轴颈与轴承间的流动，就是用于这种例子之一。

如图 4-29 所示，因轴承不动，轴颈以等角速度绕轴线作旋转运动；而轴承与轴颈间的环形间隙 Δ 远小于轴颈直径 d，也远小于轴颈长度 B。故可将此环形间隙视为无限宽的两平行平板间的间隙。润滑油在这其间流动，其过水截面为 $A=B\Delta$，湿周为 $x=2B+2\Delta$，故水力半径为

$$R=\frac{A}{x}=\frac{B\Delta}{2B+2\Delta}\approx\frac{\Delta}{2}$$

若以水力半径作为过水截面上的特征长度，则雷诺数为 $Re=\frac{\rho vR}{\eta}=\frac{\rho v\Delta}{2\eta}$。

一般说来，润滑油的 η 值很大，Δ 值很小，故通常 Re 值很小，流动属层流。但必须注意，只有当轴颈负荷小、转速高，轴承与轴颈几乎同心时才可这样分析。

【例 4-7】 $\Delta p\neq0$，两板均静止，如图 4-30 所示。

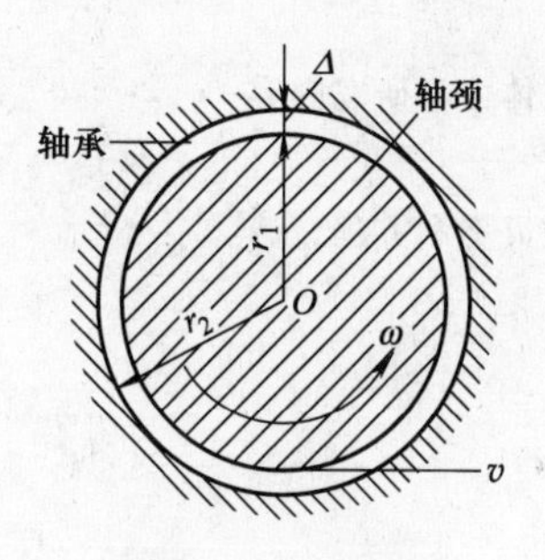

图 4-29 轴颈轴承

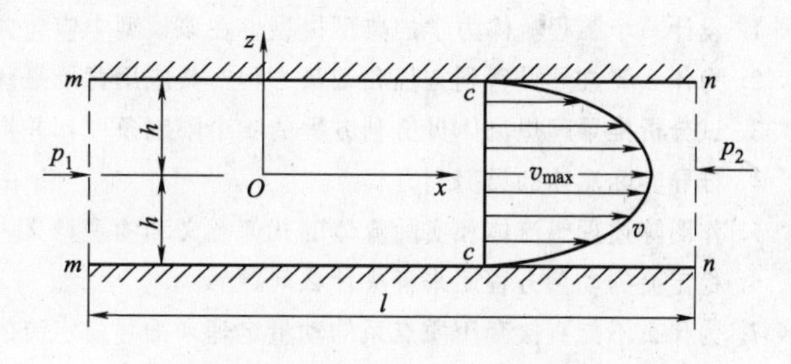

图 4-30 $\Delta p\neq0$，两板均不动

此时的边界条件：

$$z=+h \text{ 时}，v=0$$
$$z=-h \text{ 时}，v=0$$

由此可得

$$v=\frac{\Delta p}{2\eta l}(h^2-z^2)$$

上式说明；在这样的平行平板中间，任意过水截面 $c—c$ 上的速度是按抛物线规律分布的。

(1) 平均速度$\overline{v}$　若取 y 轴方向（与图面垂直）的宽度为 B，由此得

$$\overline{v}=\frac{Q}{A}=\frac{1}{2hB}\int_{-h}^{+h}v\mathrm{d}zB=\frac{1}{2hB}\int_{-h}^{+h}\frac{\Delta p}{2\eta l}(h^2-z^2)\mathrm{d}zB$$

$$=\frac{1}{2hB}\times\frac{2}{3}\frac{\Delta p}{\eta l}h^3B=\frac{\Delta p h^2}{3\eta l}$$

(2) 水头损失 h_f　因为是均匀流动，故

$$h_f=\frac{\Delta p}{\gamma}=\frac{1}{\gamma}\frac{3\eta l\overline{v}}{h^2}=\frac{24\eta}{2h\rho\overline{v}}\frac{1}{2h}\frac{\overline{v}^2}{2g}=\frac{24}{Re_{2h}}\frac{1}{2h}\frac{\overline{v}^2}{2g}$$

式中 $Re_{2h}=\frac{\overline{v}R}{\nu}=\frac{2h\overline{v}}{\nu}$是以液流深度 $2h$ 作为水力半径 R 而表示的雷诺数。

令 $\lambda=\frac{24}{Re_{2h}}$表示这种流动中的阻力系数，则上式为

$$h_f=\lambda\frac{1}{2h}\frac{\overline{v}^2}{2g}$$

以上这种分析，在研究固定柱塞与固定工作缸之间环形间隙中的油液流动时（两端存在 Δp），是适用的。

【例 4-8】　$\Delta p\neq0$，上板运动，v 与 Δp 方向相同，下板不动。如图 4-31 所示。

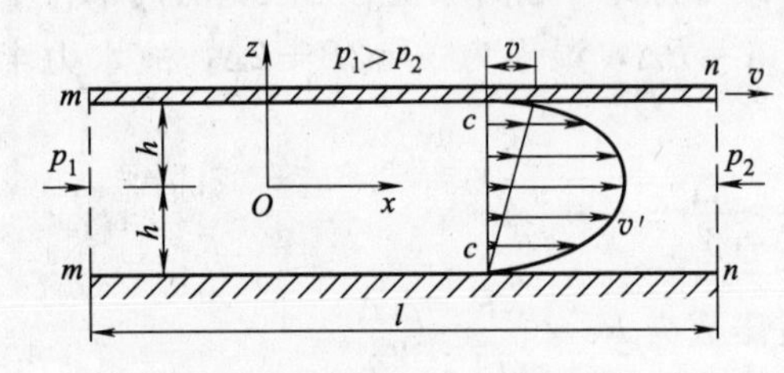

图 4-31　$\Delta p\neq0$，上板运动，下板不动

边界条件为

$z=+h$ 时，$v'=v$

$z=-h$ 时，$v'=0$

由此可得

$$v'=\frac{\Delta p}{2\eta l}(h^2-z^2)+\frac{v}{2}\left(1+\frac{z}{h}\right)$$

从图 4-31 看出，在这种平行平板之间的流速分布规律正是前面两种速度分布的合成。

复习思考题

1. 设计一个工程流体力学的典型模型，在该模型中应包含主要的工程流体力学研究内容。
2. 为什么要推导贝努利方程和动量方程？其应用背景是什么？
3. 试分析推导理想流体贝努利方程的 4 个限制条件，并推导理想流体的贝努利方程。
4. 推导实际流体的贝努利方程。
5. 作图陈述理想流体和实际流体的几何意义和物理意义。
6. 稳定流的动量方程用来解决什么问题？
7. 为什么不能直接套用质点系的动量定理来推导稳定流的动量方程？
8. 求解液流对弯管壁的作用力。
9. 求解射流对固体壁的冲击力。
10. 流体流动过程中的能量损失主要有哪几种？它们与流态有关吗？
11. 判断流动状态的特征数是什么？如何用它来判断流动状态？
12. 如果流体流经的管道是圆形的，那么如何计算雷诺数中的特征长度？
13. 用图形描述管道层流的速度发展，其边界层的范围有多大？
14. 湍流质点的运动特点是什么？图示其运动轨迹。
15. 图示管内层流和湍流的速度分布。

16. 推导达西公式。

17. 达西公式为什么要用平均速度来表达？而不用瞬时速度表达？可以用瞬时速度表达吗？

18. 湍流时，流场中每个点的速度和压力随时间在不断变化，那么要想定量描述湍流状态，应采用什么方法？

19. 什么是水力光滑管？什么是水力粗糙管？

20. 湍流时的黏性摩擦力与层流有什么不同？

21. 计算湍流的沿程阻力损失公式与层流沿程阻力损失公式有什么不同？是如何得到的？

22. 推导截面突然扩大的局部阻力损失的计算公式。其他类型的局部阻力损失计算公式与上面的公式相比有什么差别？

习　题

1. 某条供水管道 AB 自高位水池引出如图 4-32 所示。已知：流量 $Q=0.034\text{m}^3/\text{s}$；管径 $D=15\text{cm}$；压力表读数 $p_B=4.9\text{N}/\text{cm}^2$；高度 $H=20\text{m}$。问水流在管道 AB 中损失了若干水头？

2. 在图 4-33 所示的虹吸管中，已知：$H_1=2\text{m}$；$H_2=6\text{m}$；管径 $d=15\text{cm}$。如不计损失，问 S 处的压强应为多大时此管才能吸水？此时管内流速 v_2 及流量 Q 各为多少？（注意：管 B 端并未接触水面或深入水中。）

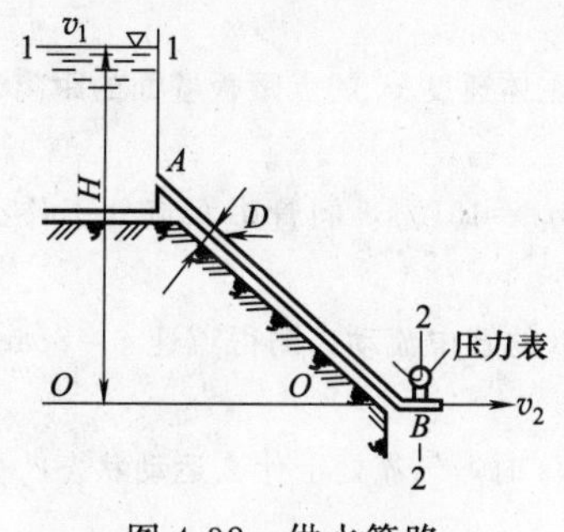

图 4-32　供水管路

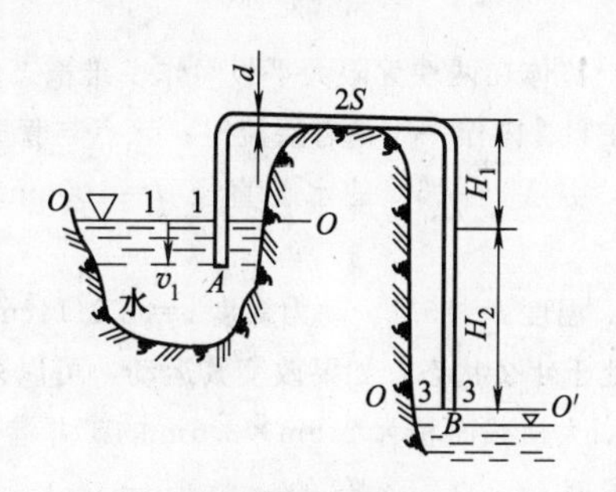

图 4-33　虹吸管

3. 图 4-34（a）所示为连接水泵出水口的压力水管，直径 $d=500\text{mm}$，弯管与水平线的夹角为 45℃。水流流过弯管时有一水平推力，弯管的受力分析如图 4-34（b）所示，为防止弯管发生位移，做一混凝土镇墩使管道固定。若通过管道的流量为 $0.5\text{m}^3/\text{s}$，截面 2—1 及 2—2 中心点的压力分别为 $p_1=108000\text{N}/\text{m}^2$ 和 $p_2=105000\ \text{N}/\text{m}^2$。试求作用在镇墩上的力 F。

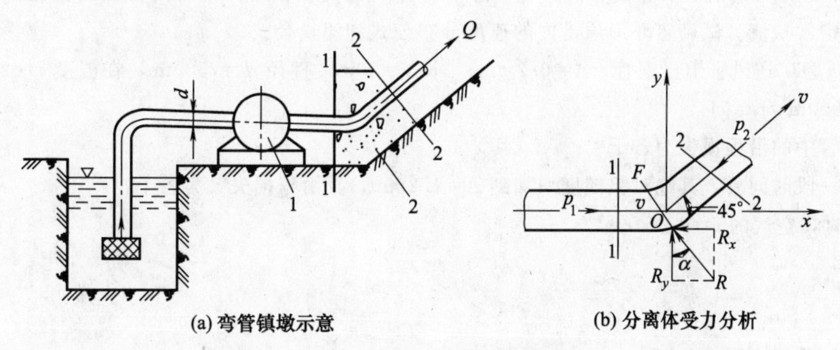

图 4-34　弯管镇墩上作用力分析

1—水泵；2—混凝土镇墩

4. 有一文特利管（图 4-35），已知 $d_1=15\text{cm}$，$d_2=10\text{cm}$，水银压差计液面高差 $\Delta h=20\text{cm}$。若不计阻力损失，求通过文特利管的流量。

5. 在直径为 $D=80\text{mm}$ 的水平管路末端，接上一个出口直径 $d=40\text{mm}$ 的喷嘴，如图 4-36 所示，管路中水的流量 $Q=1\text{m}^3/\text{min}$。问喷嘴与管子接合处的纵向拉力为若干？设动量校正系数 β 和动能校正系数 α 都取值为 1。

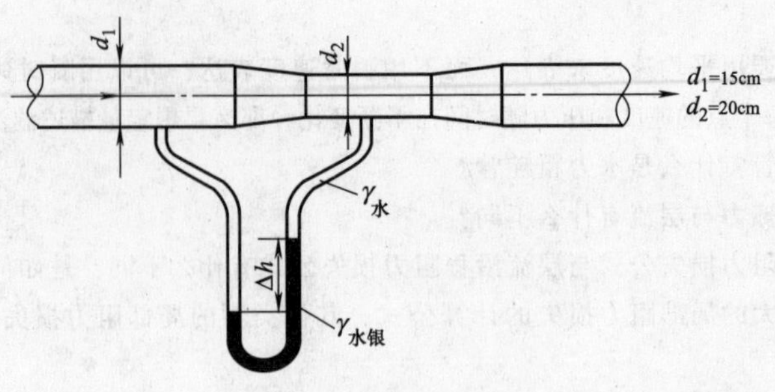

图 4-35　文特利管原理

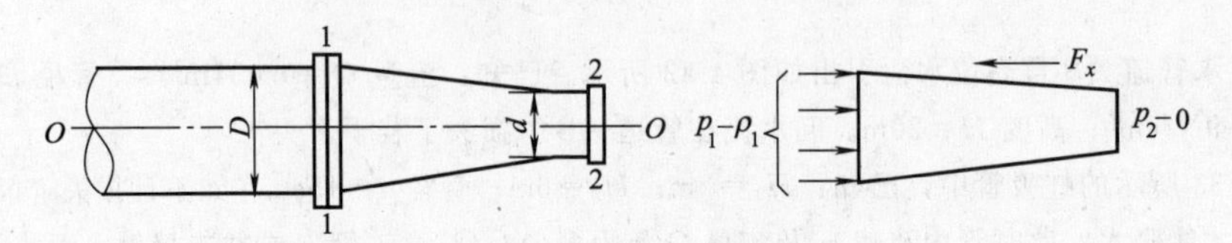

图 4-36　水枪喷嘴

6. 流体在两块无限大平板间作一维稳态层流。试求算截面上等于主体速度 v_b 的点距板壁面的距离。又如流体在圆管内作一维稳态层流时，该点与管壁的距离为若干?

7. 温度 $t=15℃$ 的水在直径 $d=100\text{mm}$ 的管中流动，体积流量 $q_V=15\text{L/s}$，问管中水流处于什么运动状态?

8. 温度 $t=15℃$，动力黏度 $\nu=0.0114\text{cm}^2/\text{s}$ 的水，在直径 $d=2\text{cm}$ 的管中流动，测得流速 $v=8\text{cm/s}$，问水流处于什么状态？如要改变其运动，可以采取哪些办法?

9. 大横截面积为 2.5m×2.5m 的矿井巷道中，当空气流速 $v=1\text{m/s}$ 时，气流处于什么运动状态?（已知：井下温度 $t=20℃$，空气的 $\nu=0.15\text{cm}^2/\text{s}$）

10. 某输油管道，管径 $d=25.4\text{mm}$，已知输油质量流量 $q_m=2.5\text{kg/min}$，油的密度 $\rho=960\text{kg/m}^3$，油的 $\nu=4\text{cm}^2/\text{s}$，问管中油的流动属于何种类型?（提示：质量流量 $q_m=\rho qv$）

11. 设流体在两块平板间流动，该两平行板与重力方向的夹角为 β，试求：(a) 速度分布方程；(b) 体积流率。

12. 在内半径为 r_2 的足够长的圆管内，有一外半径为 r_1 的同轴圆管，现有不可压缩性黏性流体在套管环隙内沿轴向作定常层流。试确定环形通道内的速度分布公式和流量公式。

13. 无介质磨矿送风管道（钢管，$\Delta=0.2\text{mm}$），长 $l=30\text{m}$，直径 $d=750\text{mm}$，在温度 $t=20℃$ 的情况下，送风量 $Q=30000\text{m}^3/\text{h}$。问：

(1) 此风管中的沿程损失为若干?

(2) 使用一段时间后，其绝对粗糙度增加到 $\Delta=1.2\text{mm}$，其沿程损失又为若干?

($t=20℃$时，空气的 $\nu=0.157\text{cm}^2/\text{s}$)。

第5章 边界层理论

本章导读：本章首先说明边界层的结构特点及形成过程。随即根据边界层的结构和流动特点，运用微积分方法从新的角度建立流体流动的运动微分方程，这些微分方程是针对一些具体问题建立起来的，不像N-S方程和连续性方程那样具有普遍性和完备性，但却有针对具体问题的有效性。最后综述了流体力学的发展概况。

从前面各章可以看到，对于实际流体的流动，无论流动形态是层流还是湍流，真正能够求解的问题很少。这主要是因为流体流动的控制方程本身是非线性的偏微分方程，处理非线性偏微分方程的问题是当今科学界的一大难题，至今还没有一套完整的求解方案。

在数值模拟技术没有发展起来之前，人们为了运用流体流动的控制方程去解决工程实际问题，作了很大努力，在第4章中我们已经有所体会。本章所介绍的边界层理论也是研究者所做的另一部分重要的工作。尽管现在数值模拟技术已经能够处理真三维实际流体的运动规律，但通过学习边界层理论，我们仍然可以领略前人是如何对流体边界层问题进行精妙的简化和抽象的，这是科学方法最突出的特征，它使人们能够更容易地从整体上去把握对象，这是精确的数值模拟所不能替代的。

研究者发现，实际工程中的大多数问题，是流体在固体容器或管道限制的区域内的流动，这种流动除靠近固体表面的一薄层流体速度变化较大之外，其余的大部分区域内速度的梯度很小。对于具有这样特点的流动，控制方程可以简化。首先由于远离固体壁面的大部分流动区域流体的速度梯度很小，可略去速度的变化，这部分流体之间将无黏性力存在，视为理想流体，用欧拉方程或伯努利方程就可求解。而靠近固体壁面的一个薄层——流动边界层，在它内部由于速度梯度较大，不能略去黏性力的作用，但可以利用边界层很薄的特点，在边界层内把控制方程简化后再去求解。这样，对整个区域求解的问题就转化为求解主流区内理想流体的流动问题，以及靠近壁面的边界层内的流动问题。当然，在这样的求解过程中还有一个重要的求解对象，就是两个区域的分界线，即下面我们要谈到的边界层厚度的问题。

普朗特于1904年首先提出了这种把受固体限制的流动问题转化为两个区域来求解的思想，他的工作为把黏性流体流动的理论应用于实际问题中开辟了一条道路，同时也进一步明确了研究无黏性流体（理想流体）流动的实际意义，在流体力学的发展史上起了非常重要的作用。

5.1 边界层理论的基本概念

（1）边界层的定义

在4.6.1.4节，流体在绕流过固体壁面时，在紧靠固体壁面处，会形成速度梯度较大的流体薄层，即边界层。随着流体流过壁面的距离的增长，由于壁面黏性力传递的影响，边界层的厚度不断加厚，如图5-1所示。

不管边界层厚度如何变化，我们总是把流速达到主流区速度的0.99处（即$v=0.99v_0$）的流体层，到固体壁面间的距离定义为边界层的厚度（以δ表示）。这样，边界以外的速度的

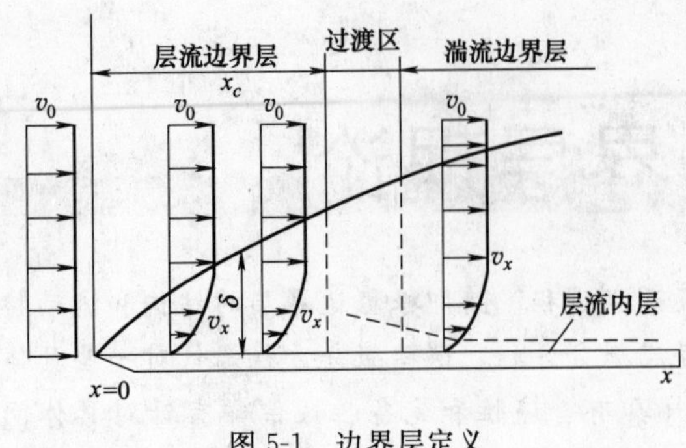

图 5-1　边界层定义

变化量充其量只有 1/100，这与前述的仅在边界层内部有速度变化的观点相一致。

（2）边界层的形成与特点

如图 5-1，当流体流过一平板时，与平板紧邻的流体受平板的黏附作用而与平板保持相对静止，其上的边界层内的流体因依次受到下层流体的黏性力作用而降低速度，于是在固体壁面附近就会形成有较大的速度变化的边界层。

对于管中流动，判别流态的标准是雷诺数 $Re=Dv\rho/\eta$。同样，对于流体绕平板的流动，判别流态的标准仍然是雷诺数，此时的雷诺数表示形式为 $Re_x=xv_0\rho/\eta$，这里 x 为流体进入平板的长度，v_0 为主流区速度。对光滑平板来说，$Re_x<2\times10^5$ 时为层流，$Re_x>3\times10^6$ 为湍流，而 $2\times10^5\leqslant Re_x\leqslant3\times10^6$ 为层流到湍流的过渡区。

以下用图 5-1 所示的平板绕流流动来分析边界层的特点：

1）层流区　流体绕流进入平板后，当进流长度不是很长，即 $x<x_c$ 时（x_c 为对应于 $Re_x=2\times10^5$ 的进流深度），这时 $Re_x<2\times10^5$，边界层内部为层流流动，该区域称为层流区。

2）过渡区　随着进流深度的增长，当 $x>x_c$，即 $Re_x>2\times10^5$ 且 $Re_x<3\times10^6$ 时，边界层内的流体流动介于层流和湍流之间，称为过渡区。该区域内边界层的厚度增速较快。

3）湍流区　随着进流尺寸的进一步增加，当 $Re_x>3\times10^6$ 时，边界层内流动形态为湍流，边界层的厚度随进流长度的增加而迅速增加。

应当注意，无论是在过渡区还是在湍流区，边界层最靠近壁面的一层始终做层流流动。该层称为层流底层。这是因为在靠近壁面处，因壁面的作用使该层流体所受的黏性力总是大于惯性力所致。需要说明的是，边界层与层流底层是两个不同的概念。层流底层是根据有无脉动现象来划分，而边界层则是根据有无速度梯度来划分，因此，边界层内的流动既可以为层流，也可以为湍流。

5.2　平面层流边界层微分方程

（1）微分方程的建立

我们知道，连续性方程与纳维尔-斯托克斯方程（N-S 方程）是流体层流流动的普适性的控制方程。以下根据边界层理论的思想，以及边界层厚度很薄的特点把该微分方程组在边界层内部简化并求解。对于边界层之外的主流区，则用欧拉方程或伯努利方程描述。

以图 5-1 所示的流体绕流平板为例，对于二维平面不可压缩层流稳定态流动，在直角坐标系下满足的控制方程为

$$\begin{cases}\dfrac{\partial v_x}{\partial x}+\dfrac{\partial v_y}{\partial y}=0\\ v_x\dfrac{\partial v_x}{\partial x}+v_y\dfrac{\partial v_x}{\partial y}=-\dfrac{1}{\rho}\dfrac{\partial p}{\partial x}+\nu\left(\dfrac{\partial^2 v_x}{\partial x^2}+\dfrac{\partial^2 v_x}{\partial y^2}\right)\\ v_x\dfrac{\partial v_y}{\partial x}+v_y\dfrac{\partial v_y}{\partial y}=-\dfrac{1}{\rho}\dfrac{\partial p}{\partial y}+\nu\left(\dfrac{\partial^2 v_y}{\partial x^2}+\dfrac{\partial^2 v_y}{\partial y^2}\right)\end{cases}\tag{5-1}$$

式中略去了质量力，这是因为对于二维平面内的不可压缩流体流动，质量力对流动状态的影响很小。

式（5-1）中的第一式为连续性方程；第二式为 x 方向的动量传输方程。可简化为

$$v_x\frac{\partial v_x}{\partial x}+v_y\frac{\partial v_x}{\partial y}=-\frac{1}{\rho}\frac{\partial p}{\partial x}+\nu\frac{\partial^2 v_x}{\partial y^2} \tag{5-2}$$

式（5-1）中的第三式为 y 方向的动量传输方程，因为边界层厚度 δ 很小，除了 $\frac{1}{\rho}\frac{\partial p}{\partial y}$ 项外，其他各项与 x 方向上的动量传输方程相比可略而不计，可简化为

$$\frac{\partial p}{\partial y}=0 \tag{5-3}$$

因为 $\frac{\partial p}{\partial y}=0$，故 x 方向动量中 $\frac{\partial p}{\partial x}$ 可以写为全微分 $\frac{\mathrm{d}p}{\mathrm{d}x}$。应用上述方程组去求解边界层内流动问题时，特别是式中 $\frac{\partial p}{\partial x}$ 成为全微分后，其值可由主流区的运动方程求得。对主流区同一 y 值，不同 x 值的伯努利方程可写为

$$p+\frac{\rho v_0^2}{2}=C \tag{5-4}$$

由于 ρ 与 v_0 为常数，故 p 也为常数，即 $\mathrm{d}p/\mathrm{d}x=0$，所以式（5-2）可进一步简化为

$$v_x\frac{\partial v_x}{\partial x}+v_y\frac{\partial v_x}{\partial y}=\nu\frac{\partial^2 v_x}{\partial y^2} \tag{5-5}$$

该方程称为普朗特边界层微分方程，它与连续性方程式构成了求解平面层流边界层内流体流动的控制方程组，即式（5-1）方程组简化为

$$\begin{cases}\dfrac{\partial v_x}{\partial x}+\dfrac{\partial v_y}{\partial y}=0\\[2ex] v_x\dfrac{\partial v_x}{\partial x}+v_y\dfrac{\partial v_x}{\partial y}=\nu\dfrac{\partial^2 v_x}{\partial y^2}\end{cases} \tag{5-6}$$

加上如下的边值条件，就构成完备的定解问题。边界条件：

$$\begin{cases}y=0 & v_x=0 \quad v_y=0\\ y=\delta & v_x=v_0\end{cases} \tag{5-7}$$

（2）微分方程的解

普朗特边界层微分方程的解是由布拉修斯（Blasius）给出的，所以通常称为布拉修斯解。他首先引入流函数的概念，将上述偏微分方程组化为偏微分方程，得出边界层微分方程的解为一无穷级数：

$$\begin{aligned}f(\beta)&=\frac{A_2}{2!}\beta^2-\frac{1}{2}\frac{A_2^2}{5!}\beta^5+\frac{11}{4}\frac{A_2^3}{8!}\beta^8-\frac{375}{8}\frac{A_2^4}{11!}\beta^{11}+\cdots\\&=\sum_{n=0}^{\infty}\left(-\frac{1}{2}\right)^n\frac{A_2^{n+1}}{(3n+2)!}C_n\beta^{3n+2}\end{aligned} \tag{5-8}$$

$$\beta=y\sqrt{\frac{v_0}{v_x}}$$

式中，C_n 为二项式的系数；A_2 为系数，可由边界条件决定。

由式（5-8）可得出边界层厚度 δ 与距离 x 及流速 v_0 的关系为

$$\delta=5.0\sqrt{\frac{\nu x}{v_0}}=5.0\frac{1}{\sqrt{Re_x}} \tag{5-9}$$

5.3 边界层内积分方程

从普朗特边界层理论的思想出发，将不可压缩流体的纳维尔-斯托克斯（N-S）方程简化到普朗特边界层方程，方程的形式大为简化，数学上求解的困难也大大减小。但总的来看，普朗特方程的求解过程很繁琐，所得到的布拉修斯解是一个无穷级数，不便于使用。另外，布拉修斯解只适用于平板表面的层流边界层，应用范围有限。因此，需要研究能用于不同流动形态和不同几何形状边界层问题的近似解法，这种方法是由冯·卡门最早提出的。此法的关键是避开复杂的纳维尔-斯托克斯方程，直接从动量守恒定律出发，建立边界层内的动量守恒方程，然后对其求解。它是求解复杂边界层流动问题的一条非常重要的途径。

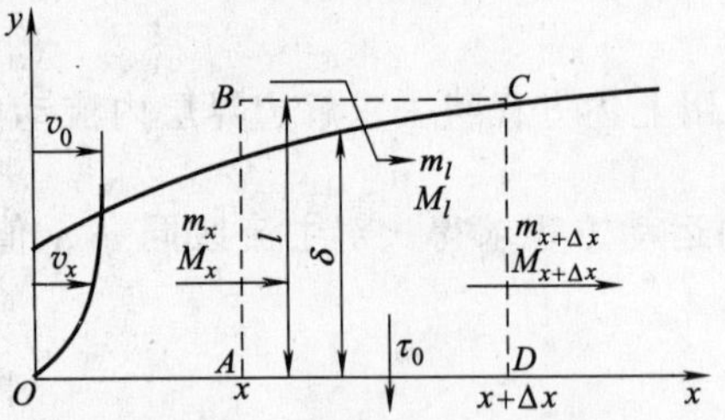

图 5-2　平面流动及单元体

（1）边界层积分方程的建立

现以二维绕平面流动为例来导出边界层积分方程，如图 5-2 所示。首先对控制体（单元体）做动量平衡计算（在计算过程中取垂直于纸面 z 方向为单位长度）。

1）流体从 AB 面单位时间流入的动量记为 M_x。由图 5-2 知，从 AB 面单位时间流入的质量为

$$m_x = \int_0^l \rho v_x \mathrm{d}y$$

所以

$$M_x = \int_0^l \rho v_x v_x \mathrm{d}y = \int_0^l \rho v_x^2 \mathrm{d}y \tag{5-10}$$

2）流体从 CD 面单位时间流出的动量记为 $M_{x+\Delta x}$　从 CD 面单位时间流出的质量为

$$m_{x+\Delta x} = \int_0^l \rho v_x \mathrm{d}y + \frac{\mathrm{d}}{\mathrm{d}x}\left(\int_0^l \rho v_x \mathrm{d}y\right)\Delta x$$

所以

$$M_{x+\Delta x} = \int_0^l \rho v_x^2 \mathrm{d}y + \frac{\mathrm{d}}{\mathrm{d}x}\left(\int_0^l \rho v_x^2 \mathrm{d}y\right)\Delta x \tag{5-11}$$

3）流体从 BC 面单位时间流入的动量为 M_l　由质量守恒可知，因为 AD 面没有流体的流入与流出，所以 BC 面流入的质量流量必须等于 CD 面及 AB 面上的质量流量之差，即

$$m_l = m_{x+\Delta x} - m_x = \frac{\mathrm{d}}{\mathrm{d}x}\left(\int_0^l \rho v_x \mathrm{d}y\right)\Delta x$$

又因为 BC 面取在边界层之外，所以流体沿 x 方向所具有的速度近似等于 v_0，由 BC 面流入的动量的 x 分量为

$$M_l = m_l v_0 = v_0 \frac{\mathrm{d}}{\mathrm{d}x}\left(\int_0^l \rho v_x \mathrm{d}y\right)\Delta x \tag{5-12}$$

4）AD 面上的动量　由于 AD 是固体表面，无流体通过 AD 流入或流出，即质量通量为零，但由黏性力决定的黏性动量通量是存在的，其量值为 τ_0。所以在控制体内由 AD 面单位时间传给流体的黏性动量为 $\tau_0 \Delta x$。

沿 x 方向一般来说可能还会存在着压力梯度，所以作用在 AB 面与 CD 面上的压力差而施加给控制体的冲量为

$$I_p = \int_0^l p\mathrm{d}y - \left(\int_0^l p\mathrm{d}y + \frac{\mathrm{d}}{\mathrm{d}x}\left(\int_0^l p\mathrm{d}y\right)\Delta x\right) = -\frac{\mathrm{d}}{\mathrm{d}x}\left(\int_0^l p\mathrm{d}y\right)\Delta x \tag{5-13}$$

由讨论边界层微分方程时我们知道 $\partial p/\partial y=0$，所以

$$I_p=-\frac{\mathrm{d}p}{\mathrm{d}x}\Delta xl \tag{5-14}$$

由动量守恒可得

$$\int_0^l \rho v_x^2\mathrm{d}y-\left[\int_0^l \rho v_x^2\mathrm{d}y+\frac{\mathrm{d}}{\mathrm{d}x}\left(\int_0^l \rho v_x^2\mathrm{d}y\right)\Delta x\right]+v_0\frac{\mathrm{d}}{\mathrm{d}x}\left(\int_0^l \rho v_x\mathrm{d}y\right)\Delta x-\tau_0\Delta x-\frac{\mathrm{d}p}{\mathrm{d}x}\Delta xl=0$$

即

$$\frac{\mathrm{d}}{\mathrm{d}x}\left[\int_0^l \rho(v_0-v_x)v_x\mathrm{d}y\right]=\tau_0+\frac{\mathrm{d}p}{\mathrm{d}x}l \tag{5-15}$$

将积分 $\int_0^l$ 换成 $\int_0^\delta+\int_\delta^l$，且注意到 $y>\delta$ 时 $v_x\approx v_0$，得

$$\frac{\mathrm{d}}{\mathrm{d}x}\left[\int_0^\delta \rho(v_0-v_x)v_x\mathrm{d}y\right]=\tau_0+\frac{\mathrm{d}p}{\mathrm{d}x}\delta \tag{5-16}$$

式（5-16）为边界层积分方程，也称为冯·卡门方程。

对绕平板流动，按前面的分析 $\mathrm{d}p/\mathrm{d}x$ 是一个小量，可略去，这时方程可简化为

$$\frac{\mathrm{d}}{\mathrm{d}x}\left[\int_0^\delta \rho(v_0-v_x)v_x\mathrm{d}y\right]=\tau_0 \tag{5-17}$$

式（5-17）称为简化的冯·卡门方程。应该说明的是，在推导冯·卡门方程时，没有对边界层内的流动形态加任何限制，所以这个方程可适用于不同流动形态，只要是不可压缩流体就行。冯·卡门方程是由一个小的有限控制体而得出来的，故仅是一种近似求解方案。它也可由普朗特微分方程通过积分得来，这里不详细给出推导过程，有兴趣的读者可参阅有关书籍。

（2）层流边界层积分方程的解

波尔豪森是最早解出冯·卡门积分方程解的人，他分析了冯·卡门方程的特点并假设在层流情况下速度分布曲线是 y 的三次方函数关系，即

$$v_x=a+by+cy^2+dy^3 \tag{5-18}$$

式中的 a，b，c，d 是一些特定常数，可由一些边界条件来确定。这些边界条件是：

1）$y=0$ 时，$v_x=0$；

2）$y>\delta$ 时，$v_x=v_0$；

3）$y>\delta$ 时，$\frac{\partial v_x}{\partial y}=0$；

4）$y=0$ 时，$\frac{\partial^2 v_x}{\partial y^2}=0$。

前三个边界条件是显然的；而第四个边界条件的得出是因为 $v_x\mid_{y=0}=v_y\mid_{y=0}=0$，再结合普朗特微分方程 $v_x\frac{\partial v_x}{\partial x}+v_y\frac{\partial v_x}{\partial y}=\nu\frac{\partial^2 v_x}{\partial y^2}$，并取 $y=0$ 时而得到。

利用上述边界条件而定出式（5-18）中的系数为

$$a=0,c=0,b=\frac{3}{2}\times\frac{v_0}{6},d=-\frac{v_0}{2\delta^3}$$

因此速度分布可表示为

$$v_x=\frac{v_0}{2\delta}\left(3y-\frac{y^3}{\delta^2}\right)$$

即

$$\frac{v_x}{v_0}=\frac{3}{2}\left(\frac{y}{\delta}\right)-\frac{1}{2}\left(\frac{y}{\delta}\right)^3 \tag{5-19}$$

式（5-19）为速度分布与边界层厚度之间的一个关系式，联立它与式（5-17）可求出速度分布与边界层厚度：

$$\delta=4.64\sqrt{\frac{\nu x}{v_0}}=4.64\frac{1}{\sqrt{Re_x}} \tag{5-20}$$

式（5-20）为边界层厚度随进流距离变化的关系，它与微分方程解出的结论基本相符。有了边界层厚度的公式，速度场就由式（5-19）具体给出，所以式（5-19）与式（5-20）是边界层积分方程的层流边界层的条件下最终的解。它像边界层微分方程理论给出的结论一样，也回答了边界层内的速度变化及边界层厚度分布的问题。

（3）湍流边界层内积分方程的解

在湍流情况下，冯·卡门积分方程式（5-17）中 τ_0 为一般的应力项，要想解上述方程也必须补一个 v_x 与 τ_0 之间的关系式。它不能由波尔豪森的三次方函数关系给出。

借助于圆管内湍流速度分布的 1/7 次方定律：

$$v_x=v_0\left(\frac{y}{R}\right)^{1/7} \tag{5-21}$$

用边界层厚度 δ 代替式中的 R 得到：

$$v_x=v_0\left(\frac{y}{\delta}\right)^{1/7} \tag{5-22}$$

用它来代替多项式的速度分布，根据圆管湍流阻力的关系式，得出壁面切应力 τ_0 为

$$\tau_0=0.0225\rho v_0^2\left(\frac{\nu}{v_0\delta}\right)^{1/4} \tag{5-23}$$

用它代替牛顿黏性力，代入式（5-22）可解得：

$$\delta=0.37\left(\frac{\nu}{v_0 x}\right)^{1/5}x \tag{5-24}$$

式（5-24）为湍流边界层厚度的分布，把它代入式（5-22）即可求出湍流边界层的速度分布。从式（5-24）还可以看出，湍流边界层厚度 $\delta\propto x^{4/5}$，与 $\delta\propto x^{1/2}$ 相比，边界层厚度随 x 增加的要快得多。这也是湍流边界层区分于层流边界的一个显著特点。

5.4 平板绕流摩擦阻力计算

当实际流体绕流流过平板时，由于流体黏性而使流体与固体之间存在着相互作用，这个相互作用力就是摩擦阻力。

由前已知，平板对流体单位时间、单位面积上所施加的力 τ_{yx}（黏性动量通量）为

$$\tau_{yx}\mid_{y=0}=\eta\left(\frac{\partial v_x}{\partial y}\right)_{y=0} \tag{5-25}$$

式（5-25）说明，如果知道流体在边界层内的速度分布与流体的动力黏度 η，平板对流体的作用力即可求出。下面分两种不同的流动形态来讨论这一力的具体形式。

（1）不可压层流平板绕流摩擦阻力

通常，定义摩擦阻力系数 C_f 为

$$C_f=\frac{\tau_{yx}\mid_{y=0}}{\frac{1}{2}\rho v_0^2} \tag{5-26}$$

对于长度为 L，宽度为 B 的平板总阻力为 S，即

$$S=\int_0^B\int_0^L \tau_{yx}\mid_{y=0}\mathrm{d}x\mathrm{d}z \tag{5-27}$$

按总阻力为单位面积上的平板阻力 h（$h=\tau_{yx}$）与面积的乘积的规律可得

$$S=hLB=\frac{C_f}{2}v_0^2\rho LB \tag{5-28}$$

把式（5-28）与式（5-27）结合，可求出层流条件下平板绕流摩擦阻力的平板摩擦阻力系数 C_f：

$$C_f=1.328\sqrt{\frac{\eta}{\rho v_0 L}}=\frac{1.328}{\sqrt{Re_L}} \tag{5-29}$$

式中，$Re_L=\frac{v_0 L}{\nu}$。

由边界层积分方程的解，也可计算层流平面绕流摩擦阻力。这时只要应用层流下边界层积分方程的解，即

$$\frac{v_x}{v_0}=\frac{3}{2}\left(\frac{y}{\delta}\right)-\frac{1}{2}\left(\frac{y}{\delta}\right)^2 \text{与 } \delta=4.64\sqrt{\frac{\nu x}{v_0}}=4.64\frac{1}{\sqrt{Re_x}}$$

得

$$\tau_{yx}\mid_{y=0}=\eta\left(\frac{\partial v_x}{\partial y}\right)_{y=0}=\frac{3}{2}\eta v_0\left(\frac{1}{\delta}\right)$$

所以

$$S=\int_0^B\int_0^L \tau_{yx}\mid_{y=0}\mathrm{d}x\mathrm{d}z=0.646\sqrt{\eta\rho v_0^3 B^2 L} \tag{5-30}$$

因此，无论从边界层积分方程理论出发还是从边界层微分方程理论出发，都可以求出固体壁面与流体之间的摩擦阻力，且结论相差很小。

(2) 不可压湍流平板绕流的摩擦阻力

当湍流绕流平壁时，平壁与流体之间的摩擦阻力不仅与分子黏性有关，也与湍流的脉动有关，具体讨论起来困难较多。但是，前面在讨论湍流边界层积分方程的解时曾引进速度 1/7 次方的经验公式，即 $v_x/v_0=(y/\delta)^{1/7}$，把它代入普通的冯·卡门方程可得：

$$\tau_0=\frac{7}{12}\rho v_0^2\frac{\mathrm{d}\delta}{\mathrm{d}x} \tag{5-31}$$

式（5-31）为湍流情况下单位时间、单位面积平板对流体的阻力（切应力），所以总阻力为

$$S=\int_0^B\int_0^L \tau_{yx}\mid_{y=0}\mathrm{d}x\mathrm{d}z=\int_0^B\int_0^L\frac{7}{12}\rho v_0^2\frac{\mathrm{d}\delta}{\mathrm{d}x}\mathrm{d}x\mathrm{d}z=\frac{7}{12}\rho v_0^2 B\int_0^{\delta(l)}\mathrm{d}\delta=\frac{7}{12}\rho v_0^2 B\delta(L) \tag{5-32}$$

边界层厚度 δ 由式（5-24）给出，只要把式（5-24）中的 x 换为 L 即可。这时平板摩擦阻力系数可由下式给出：

$$C_f=\frac{S}{\frac{1}{2}\rho v_0^2 BL}=0.072Re_L^{-1/5} \tag{5-33}$$

【例 5-1】 设空气从宽为 40cm 的平板表面流过，空气的流动速度 $v_0=2.6\text{m/s}$；空气在当

时温度下的运动黏度 $\nu=1.47\times10^{-5}\text{m}^2/\text{s}$。试求流入深度 $x=30\text{cm}$ 处的边界层厚度，距板面高 $y=4.0\text{mm}$ 处的空气流速及板面上的总阻力？

解： （1）Re_x（$x=30\text{cm}$）：$Re_x=\dfrac{v_0 x}{\upsilon}=\dfrac{2.6\times0.3}{1.47\times10^{-5}}=0.53\times10^{-5}$

（2）边界层厚度（按 Re 为层流区）：

$$\delta=\frac{4.64}{\sqrt{Re_x}}=\frac{4.64}{\sqrt{0.53\times10^{-5}}}\text{m}=0.0202\text{m}(20.2\text{mm})$$

（3）当 $y=4.0\text{mm}$ 处的速度 v_x。按边界层内的速度场：

$$\frac{v_x}{v_0}=\frac{3}{2}\left(\frac{y}{\delta}\right)-\frac{1}{2}\left(\frac{y}{\delta}\right)^3=\frac{3}{2}\times\left(\frac{4.0}{20.2}\right)-\frac{1}{2}\times\left(\frac{4.0}{20.2}\right)^3=0.293$$

$$v_x=0.293\times2.6\text{m/s}=0.76\text{m/s}$$

（4）平板上的总阻力 S，按式（5-30）确定：

$$\begin{aligned}S&=0.646\sqrt{\eta\rho v_0^3B^2L}=0.646\sqrt{\nu\rho^2v_0^3B^2L}\\&=0.646\times(1.47\times10^{-5}\times1.239^2\times2.6^3\times0.4^2\times0.3)^{1/2}\text{N}\\&=2.82\times10^{-3}\text{N}\end{aligned}$$

5.5 流体力学的发展与研究展望

（1）经典流体力学的发展

经典流体力学是从 17 世纪开始形成的。首先要归功于牛顿发明了微积分，然后，1738 年，著名的伯努利定理被提出。1752 年，达伦贝尔获得了连续性方程。紧接着欧拉于 1775 年提出了流体运动的描述方法和无黏性流体运动的方程组，推动了无黏性流动，包括有自由面的水波运动的研究。所以，欧拉是理论流体动力学的奠基人。19 世纪流体力学的主要进展是对无黏有旋和黏性流动的初步研究。1823 年和 1845 年，纳维和斯托克斯分别导出了黏性流体运动的基本方程组，这就是著名的 N-S 方程，这一方程被当时哈根、泊肃叶通过实验得到的圆管中黏性流体的流量公式所验证，这是黏性流体运动理论的发端。1858 年，亥姆霍兹给出的定理是研究旋涡运动的基本出发点，所以他是无黏旋涡运动研究的创始人。1869 年，兰金给出了激波前后的关系式，这是对流动可压缩性的初步研究结果。由此可见，经典流体力学是建立在严密的理论基础上。但是，它同具有实际应用，经验或半经验的水力学却分道扬镳了。

（2）近代流体力学的发展

从 19 世纪末开始，人们主要深入细致研究流体黏性运动和高速运动的特性，从而使理论流体力学可以真正用来指导实践，20 世纪上半叶航空事业的巨大成功正说明了这一点。在这一时期，流体力学的主要成就有以下几方面。

1883 年，雷诺的实验发现了流体运动的两种运动状态：层流和湍流，它是由后来被索末菲尔德命名的雷诺数的大小来决定的，并假设湍流是由于层流流动产生不稳定的结果。雷诺还引进了表观湍流应力或虚拟湍流应力这个具有基本重要意义的概念，并于 1895 年导出了雷诺平均方程，这是计算机出现以前解决工程问题的主要途径。雷诺发现的重要性在于它推动了整整一个世纪的湍流研究。尽管湍流问题还没有解决，但人们对它的认识深化了，并解决了大量实际问题，所以具有划时代的意义。

1904 年，普朗特凭他丰富的经验和物理直觉，提出了著名的边界层理论。他在海德贝尔格的数学年会上宣读了“具有很小摩擦的流体运动”，证明了绕固体的流动可以分为两个区域：一是物体附近很薄的一层（边界层），其中摩擦起着主要的作用；二是该层以外的其余区域，其中摩擦可以忽略不计。他指出有可能精确地分析在一些很重要的实际问题中所出现的黏性流动。边界层理论的重大意义在于，在人们还不可能求解完整的 N-S 方程以前，解决了阻力问题，使人类的飞行至少提前了半个世纪。1925 年，普朗特提出了混合长度理论，配合系统的实验，首先通过雷诺平均方程从理论上分析了湍流流动。所以，普朗特不愧是近代流体力学的奠基人。

1910 年，泰勒研究了激波内部的结构。1923 年，他又得到了两个同心圆筒间流动失稳的条件，形成所谓的泰勒涡，泰勒的主要贡献还是在湍流领域。他从 1915 年起就对大气湍流和湍流扩散发生了兴趣，还提出了湍流的涡扩散理论。到 1935 年，泰勒建立了均匀各向同性湍流的理论，通过相关能谱分析的统计方法来研究这种理想化的湍流模型。尽管这条途径似乎也不能克服湍流研究的根本困难，但在这一时期湍流研究的理论成果使人们加深了对湍流结构和机理的认识，其意义仍是不可估量的。泰勒科学工作的特点是善于把深刻的物理洞察力和高深的数学方法结合起来，并擅长设计简单而又完善的专门实验来证实他的理论。所以，泰勒在力学界的影响是深远的。

1941 年，柯尔莫果洛夫提出了局部各向同性湍流的理论，在局部相似性的假定下，可以得到惯性子范围存在的条件和结构函数，能谱的幂次律。此外，他还补充了用湍流能量和典型频率的微分方程来求解雷诺平均方程。显然，这是最早的二方程模式。他的结果往往被用来检验新理论的标准，也被他的学生用于研究大气边界层湍流。1944 年，理论物理学家朗道提出了经过无限次分叉从层流过渡到湍流的一条途径。

从以上这段历史可以看到，以普朗特为代表的应用力学学派的风格在近代力学发展中的决定性意义，从哥廷根、剑桥、加州到莫斯科以及中国科学家的研究集体都为它的形成作出了贡献，其主要特点是工程科学同数学的紧密结合。由于这一风格的影响，流体力学又回到了生产实践，解决了人类为实现飞行的理想所面临的关键技术问题。同时也推动了流体力学自身的发展，使黏性流动和可压缩流动的理论得到了完善，为 20 世纪下半叶现代流体力学的发展奠定了基础。

（3）现代流体力学的发展

所谓现代流体力学指的是，用现代的理论方法、计算和实验技术，研究同现代人类社会生产活动和生存条件紧密相关的流动问题的学科领域。所以，现代流体力学正处在一个用理论分析、数值计算、实验模拟相结合的方法，以非线性问题为重点，各分支学科同时并进的大发展时期。这一时期，渐近分析方法日臻成熟，已经成为一门独立的学科分支，纯粹数学中泛函、群论、拓扑学，尤其是微分动力系统的发展为研究非线性问题提供了有效的手段。由于建成了适合于研究不同马赫数、雷诺数范围典型流动现象的风洞、激波管、弹道靶以及水槽、水洞、转盘等实验设备，发展了热线技术，激光技术，超声技术和速度、温度、浓度及涡度的测量技术，流动显示和数字化技术延长了人的感官，可以观察新的物理现象，并获得更多的信息。最重要的是，计算机的迅猛发展，从根本上改变了流体力学面临非线性方程就束手无策的状况，大量数据采集和处理也就成为可能。因为实际问题大多是学科交叉的，新兴学科领域的出现也是十分自然的。在这一时期的主要成就如下。

计算流体力学已发展成熟，出现了有限差分，有限元，有限分析，谱方法和辛算法，建立了计算流体力学的完整的理论体系，即稳定性理论，数值误差耗散，色散原理，网格生成和自适应技术，迭代和加速收敛方法。计算流体力学在高速气体动力学和湍流的直接数值模拟中发挥了重大作用。前者主要用于航天飞机的设计，由于物体几何形状和流场极其复杂，涉及宽阔的流动范围，要考虑内自由度激发和化学反应，计算流体力学家为此进行了不懈的努力[5]。此外，还研究了非定常流的控制，超临界翼的设计等问题。这些问题计算工作量极大，如果没有先进的计算机是不可能完成的。目前，超级计算机，工作站的性能有了飞跃，最高速度可达每秒数百亿次，存储量可达100G以上，并行度也在提高，因此，人们已经可以用欧拉方程，雷诺平均方程求解整个飞机的流场，以及雷诺数达到10^5的典型流动的湍流问题。计算流体力学几乎渗透到流体力学的每个分支领域。

非线性流动问题取得重大进展。自20世纪60年代起，对色散波理论进行了系统的研究，发现了孤立子现象，发展了求解非线性发展方程完整的理论和数值方法，并被广泛应用于其他学科领域。湍流的基础研究从统计方法转向拟序结构的研究，因为拟序结构对于动量、能量、质量的传输起着决定性的作用，也便于控制。拟序结构可用流动显示，条件采样识辨，基于Lumley的物理思想，近年来，Sirovich提出的POD方法从数学上定义了拟序结构，并在理论上证明了可用最少量的模态来近似描述无限维动力系统，这是理论分析和数据处理的重要手段[6]。

(4) 流体力学新兴的发展方向

物理化学流体力学。它是20世纪50年代由列维奇倡导的，研究同扩散、渗析、返棍、电泳、聚并、燃烧、流态化和毛细流等物理化学现象有关的流体力学分支。多相流专门研究两相以上同种或异种化学成分物质组成的混合物的流动。如用单流体模型，有泡沫流和栓塞流；如用双流体模型，有液固、气固和气液流动；如果在流动中颗粒碰撞占主导地位，隙间流体的作用可以忽略，则可用颗粒流模型。多相流在自然界与在化工，冶炼和石油工业中有广泛的应用。50年代以后，进一步发展了非等温、非均匀介质，非牛顿和多相渗流，物理化学渗流，生物渗流。

磁流体力学和等离子体物理。主要研究在磁场中的流体运动规律，包括磁流体力学波与稳定性。虽然低温等离子体早已在工业中得到应用，但直到20世纪40年代，才由阿尔芬建立磁流体力学这门学科，并在天体与空间物理中得到应用。50年代以来主要动力是受控热核反应的研究，一直在寻求适当的磁场位形与解决磁约束或惯性约束问题的途径。目前提出的办法有托卡玛克、磁镜装置、激光、电子束、离子束聚变。

生物流体力学。主要研究人体的生理流动，包括心血管、呼吸、泌尿、淋巴系统的流动。流体的非牛顿流行为（如血液属卡森流体），管道的分叉和变形，肺与肾脏的多孔性，微循环通过细胞膜的传质，流动的尺度现象（如法罗伊斯-林奎斯特效应）是人体生理流动的特征，这方面的研究为发展生物医学工程（如治疗动脉粥样硬化，人造心瓣等）作出了贡献。

地球和星系流体力学。它是主要研究大气、海洋、地幔运动一般规律的学科分支，包括全球尺度、天气尺度、中尺度的运动。其特点是要考虑旋转和层结效应，包括泰勒柱、埃克曼层、地转近似、罗斯贝波、惯性波、内波、双扩散、异重流等现象，深化了人类对自然现象的认识。

综上所述，21世纪流体力学仍有着极其广阔的应用前景，将得到更加深入的研究。随着计算机的不断更新换代，利用流体力学不但可以解决极其困难复杂的工程问题，将结果形象逼真地显示出来，而且可以优化工程的设计和控制。所以要不断地发展大规模的科学与工程计算，研究并行算法与可视化技术，同时注意基础研究与应用研究的结合，使计算流体力学在解决未来社会诸多领域面临的高科技问题中发挥更大的作用。

复习思考题

1. 绘出流体绕流平板的边界层发展分布图，并分析其发展过程。

2. 普朗特所提出的把受固体限制的流动问题转化为两个区域来求解的思想是什么？

习　题

1. 常压下温度为20℃的水，以5m/s的均匀流速流过一光滑平面表面，试求出层流边界转变为湍流边界层时临界距离 x_c 值的范围。

2. 流体在圆管中流动时，"流动已经充分发展"的含义是什么？在什么条件下会发生充分发展了的层流，又在什么条件下会发生充分发展了的湍流？

3. 常压下温度为30℃的空气以10m/s的流速流过一光滑平板表面，设临界雷诺数 Re_{cr} 为 3.2×10^{-5}，试判断距离平板前缘0.4m及0.8m两处的边界层是层流层还是湍流边界层？求出层流边界层相应点处的边界层厚度。

4. 常压下，20℃的空气以10m/s的速度流过一平板，试用布拉修斯解求解距平板前缘0.1m，$v_x/v_\infty=0$ 处的 y，δ，v_x，v_y 及 $\partial v_x/\partial v_y$。

5. $\eta=0.73$Pa·s，$\rho=925\text{kg/m}^3$ 的油，以0.6m/s速度平行地流过一块长为0.5m、宽为0.15m的光滑平板，求出边界层最大厚度、摩擦阻力系数及平板所受的阻力为多少？

第6章 相似原理与量纲分析

本章导读：通过列举航天、冶金、人类社会运动的实例说明相似原理的重大理论意义，说明相似原理是人类进行科学研究和探索的理论保障。然后用示例性证明的方法用相似匀速曲线运动引出相似三定律中的前两个定律，说明相似特征数是相似现象的充要条件。接着对相似第三定律进行论述，说明其作为科学研究和探索的理论后盾的原因和意义。接着阐述如何针对两种情况求解相似特征数，即可以用数学公式来描述的物理现象的相似特征数的求解方法——相似求解法，以及无法用数学公式来描述的物理现象的求解方法——量纲分析法。最后阐述用相似模型研究物理现象的模型方法。

研究物理现象时，通常要把数学方法和实验方法结合起来才能得到可靠的结果。

采用实验法实测数据时，最直接的数据测试是用仪器实测原型系统的参数，但很多情况下难以实施，如对高温液态金属直接测量往往比较困难。如果能够建立一个实验模型，在这个实验模型中容易实测到各种参数，然后通过一定的处理后就适用于原型系统，这样利于进行各种科学实验研究。那么，如何能使实验系统与原型系统有效地对应起来，这就是相似原理要研究的内容。相似原理就是要采用相似方法，使模型中的现象相似于原型中的现象，它研究支配相似系统的性质以及如何用模型实验解决实际问题，是进行模型实验研究的基础。

6.1 相似原理的重大意义

以下通过几个实例说明相似原理的重要意义。

(1) 大型铸件的铸造过程

图 6-1、图 6-2 分别展示了世界上最大的轧钢机机架铸钢件（重 410 吨）和大型水轮机叶轮铸钢件（重 91 吨）。如此巨大的铸件要求必须一次浇注成功，不允许报废。

图 6-1 世界上最大的轧钢机机架铸钢件 重 410 吨

图 6-2 大型水轮机铸钢叶轮 重 91 吨

在制订好铸造工艺后，用数值模拟方法对工艺进行检查和评价，比如对其流动过程进行评价。但仅仅是数值模拟结果是不够的，还必须用实测数据和计算结果进行对照。显然，不可能在实际浇注铸件时实测，那样做就失去了意义。而应建立一个与铸件类似的实物模型来实测。那么如何保证实测模型系统的数据适用于实际浇注结果呢？即如何保证实验模型与原型相似，相似的判据是什么呢？

（2）新型飞机设计

新型飞机设计完成后，不能立即制造原型机进行试飞测试，而是在原型机生产前，制造模型机，在风洞中进行系统的实验研究。模型机中发生的现象只有与原型机中发生的现象相似时，在模型上的实验结果才能用于原型机上去。保证相似是至关重要的。

（3）载人航天飞机载人环境研究

研制载人航天飞机时，需要研究当航天飞机在太空中飞行时，人在太空舱中活动的诸多舱内环境参数。只有获得可靠的数据，才能保证航天员能够安全正确地在太空环境下进行各种活动。但要获得这些数据，不可能把人直接送上太空进行研究，只能先在地面建立一个模拟环境进行研究。这要求在地面模拟环境中得到的数据可以适用于太空环境。那么如何保证做到这一点呢？同样需要研究模型与原型的相似性。

（4）物理规律的普适性

许多物理规律是实验归纳总结出来的规律，和数学定理是不同的，例如牛顿三定律，杠杆定律等。以杠杆定律为例，该定律是通过一定数量的不同长度杆的实验结果得到的，但不可能穷尽所有的杆来验证这个结果。如果没有相似原理，就不能说明杠杆定律具有普适性。

（5）社会实验

社会运动是极其复杂的现象。要对人类对社会运行规律的思想认识、人类社会制度和运行体制等进行验证，风险性很大。一方面是验证周期很长，另一方面是验证成本太大，可能要以千万人的生命和生活为代价。比如中国自秦至清的国家运行体制一直是中央集权制，尽管历经了十多个朝代的更迭，每个朝代都以对前朝积累起来的生产力和社会财富的巨大破坏作为自己的开端，却始终没有突破封建中央集权的国家体制。如果能够根据社会系统的结构和运行过程遵循相似原理构建一个模型系统，在这个模型系统中进行的社会实验可以适用于整个社会，则可以防止社会改革的动荡和巨大的成本风险。这是一个非常有意义的研究课题。

由上述实例可知，相似原理对于人类进行科学研究和探索具有非常重要的意义，是人类用有限把握无限的保证。相似原理是一门研究支配相似系统的性质以及如何用模型实验解决实际问题的科学，它是进行模拟实验研究的依据，不仅应用于研究流体动力学问题，而且广泛用于传热、燃烧等其他物理——化学过程的研究。

6.2 相似匀速曲线运动分析

6.2.1 相似匀速曲线运动分析

首先来分析两个相似的匀速曲线运动（图 6-3）。

设原型曲线为 $0'$-$1'$-$2'$-…-i'-… E'（质点运动的真实的曲线形路径），模型曲线为 $0''$-$1''$-$2''$-…-i''-… E''（实验曲线路径）。假设质点在原型曲线和模型曲线上的运动是相似的。

首先，这两条曲线在几何形状上应当是相似的，这是研究运动相似的先决条件。所谓几何相似，即按照相同的等分数分割两条曲线后（等分可以无穷大），当令两曲线的起点 $0'$、$0''$的切线方向一致时，其余的等分点的切线方向应当保持一致。

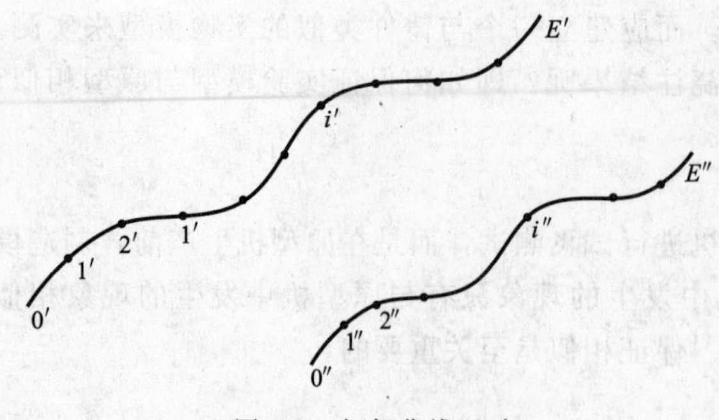

图 6-3　相似曲线运动

再看运动的相似，设原型曲线上质点运动速度为 v'，运动时间为 t'，曲线长度为 s'，模型曲线上质点运动速度为 v''，运动时间 t''，曲线长度为 s''。因为是匀速曲线运动，存在关系 $s'=v't'$，$s''=v''t''$。那么什么是运动相似呢？从感觉上来说，就是当原型曲线上的质点在某个时刻运动到曲线上某个位置时，模型曲线上的质点也在"相当"的时刻运动到"相当"的位置。那么这两个"相当"的确切含义是什么？如何转化为数学语言？

把原型曲线等分为 n 段（s'/n），同时把质点走完原型曲线的时间也 n 等分（t'/n）。用同样的等分数 n 把模型曲线和质点行完模型曲线的时间也分别 n 等分（s''/n，t''/n）。所谓在"相当"的时刻运动到"相当"的位置的含义应为：

对原型曲线来说，在第一个等分时间段 $\Delta t_1'=1\cdot t'/n$，质点运动到位置 $\Delta s_1'=1\cdot s'/n$；此时，对模型曲线来说，在它的第一个等分时间段 $\Delta t_1''=1\cdot t''/n$，质点运动到位置 $\Delta s_1''=1\cdot s''/n$。依此类推，对原型曲线，在第 i 个等分时间段 $\Delta t_i'=i\cdot t'/n$，质点运动到位置 $\Delta s_i'=i\cdot s'/n$；此时，对模型曲线来说，在第 i 个等分时间段 $\Delta t_i''=i\cdot t''/n$，质点运动到位置 $\Delta s_i''=i\cdot s''/n$。如此，当原型曲线的质点用完时间 t' 到达 E' 点时，模型曲线的质点也应当用完时间 t'' 到达 E'' 点。将原型曲线系统和模型曲线系统运动的情况对照如表 6-1，其中 $\Delta t'=t'/n$，$\Delta t''=t''/n$；$\Delta s'=s'/n$，$\Delta s''=s''/n$。

表 6-1　原型曲线和模型曲线的相似运动对照

原型曲线		模型曲线	
时刻	位移	时刻	位移
0	$0'$点	0	$0''$点
$\Delta t_1'=1\cdot\Delta t'$	$\Delta s_1'=1\cdot\Delta s'$	$\Delta t_1''=1\cdot\Delta t''$	$\Delta s_1''=1\cdot\Delta s''$
$\Delta t_2'=2\cdot\Delta t'$	$\Delta s_2'=2\cdot\Delta s'$	$\Delta t_2''=2\cdot\Delta t''$	$\Delta s_2''=2\cdot\Delta s''$
$\Delta t_3'=3\cdot\Delta t'$	$\Delta s_3'=3\cdot\Delta s'$	$\Delta t_3''=3\cdot\Delta t''$	$\Delta s_3''=3\cdot\Delta s''$
⋮	⋮	⋮	⋮
$\Delta t_i'=i\cdot\Delta t'$	$\Delta s_i'=i\cdot\Delta s'$	$\Delta t_i''=i\cdot\Delta t''$	$\Delta s_i''=i\cdot\Delta s''$
⋮	⋮	⋮	⋮
$\Delta t_n'=n\cdot\Delta t'$	$\Delta s_n'=n\cdot\Delta s'$	$\Delta t_n''=n\cdot\Delta t''$	$\Delta s_n''=n\cdot\Delta s''$

当 $n\to\infty$ 时，则在曲线的任意相当点处的运动情况均相当。

由以上分析，所谓"相当"即成比例，有

$$\frac{\Delta s_1'}{\Delta s_1''}=\frac{\Delta s_2'}{\Delta s_2''}=\frac{\Delta s_3'}{\Delta s_3''}=\cdots=\frac{\Delta s_i'}{\Delta s_i''}=\cdots=\frac{\Delta s_{n-1}'}{\Delta s_{n-1}''}=\frac{\Delta s_n'}{\Delta s_n'}=\frac{s'}{s''}$$

因

$$\Delta s_i'=\Delta t_i'\cdot v'=i\cdot\Delta t'\cdot v'$$

$$\Delta s_i''=\Delta t_i''\cdot v''=i\cdot\Delta t''\cdot v''$$

所以

$$\frac{i\cdot\Delta t'\cdot v'}{i\cdot\Delta t''\cdot v''}=\frac{\Delta s'}{\Delta s''}$$

而

$$\Delta t'=t'/n,\Delta t''=t''/n$$

所以

$$\frac{\Delta s_i'}{\Delta s_i''}=\frac{i\cdot\Delta t'\cdot v'}{i\cdot\Delta t''\cdot v''}=\frac{v'\cdot t'/n}{v''\cdot t''/n}=\frac{s'}{s''}$$

即

$$\frac{v't'}{v''t''}=\frac{s'}{s''}$$

因为是两匀速曲线运动，所以

$$\frac{v'}{v''}=C_V(\text{常数}),\frac{t'}{t''}=C_t(\text{常数}),$$

而

$$\frac{s'}{s''}=C_s(\text{常数})$$

即

$$C_V\cdot C_t=C_s\quad\frac{C_s}{C_VC_t}=1$$

即两匀速曲线运动若相似，则必有

$$C=C_s/(C_V\cdot C_t)=1$$

命名 C 为**相似指标**，将 C 转换为运动物理量，则

$$\frac{v't'}{s'}=\frac{v''t''}{s''}$$

命名$\frac{vt}{s}$为该匀速曲线运动的**相似特征数**。即两相似的匀速曲线运动现象，其相似特征数必相等，这就是相似第一定理。即相似特征数相等是两相似曲线运动相似的必要条件。

反过来，如果两匀速曲线运动的相似特征数相等，两曲线是否相似呢？即是说，如果两匀速曲线运动的相似特征数相等，那么在原型曲线运动的质点能否在相当的时刻到达相当的位置呢？以下从相似特征数相等开始分析。

由于

$$\frac{s'}{v't'}=\frac{s''}{v''t''}\text{ 则 }\frac{s'}{s''}=\frac{v't'}{v''t''}\tag{6-1}$$

式（6-1）两端同除以 n，则

$$\frac{s'/n}{s''/n}=\frac{v't'/n}{v''t''/n}$$

而 $s'/n=\Delta s_1'$，$s''/n=\Delta s_1''$，$t'/n=\Delta t_1'$，$t''/n=\Delta t_1''$

所以

$$\frac{\Delta s_1'}{\Delta s_1''}=\frac{\Delta t_1'\cdot v'}{\Delta t_1''\cdot v''}=\frac{s'}{s''}\tag{6-2}$$

即当原型曲线的质点在第一个等分时间段 t'/n 走完第一个等分距离 s'/n 时，实验曲线的质点也在第一个等分时间段里 t''/n 行完了第一个等分距离 s''/n。

对式（6-1）两端同时除以 n 并乘 2，则

$$\frac{2\cdot s'/n}{2\cdot s''/n}=\frac{2\cdot v't'/n}{2\cdot v''t''/n}$$

而

$$2 \cdot s'/n=\Delta s_2', 2 \cdot s''/n=\Delta s_2''$$

$$2 \cdot t'/n=\Delta t_2', 2 \cdot t''/n=\Delta t_2''$$

则有

$$\frac{\Delta s_2'}{\Delta s_2''}=\frac{\Delta t_2' \cdot v'}{\Delta t_2'' \cdot v''}=\frac{s'}{s''}$$

即当原型曲线的质点在第二个时间段 $2 \cdot t'/n$，行过第二个时间段的位移为 $2 \cdot s'/n$，实验曲线的质点也在第二个时间段 $2 \cdot t''/n$，行完第二个时间段的位移 $2 \cdot s''/n$。

显然

$$\frac{\Delta s_1'}{\Delta s_1''}=\frac{\Delta s_2'}{\Delta s_2''}=\frac{s'}{s''}$$

同理，对任意时间段 i，也有

$$\frac{\Delta s_1'}{\Delta s_1''}=\frac{\Delta s_2'}{\Delta s_2''}=\cdots=\frac{s_i'}{s_i''}=\cdots=\frac{s'}{s''}$$

说明若相似特征数相等，则两匀速曲线运动也是相似的（相似第二定理）。

由上述对两相似的匀速曲线运动分析可知，相似特征数是判断两匀速曲线运动的充分必要条件。此结论不仅是从对上述匀速曲线运动分析得出的，而且也适用于其他的相似现象。既然相似特征数对判断物理现象是如此重要，那么如何来求得相似特征数呢？

再来分析上面的匀速曲线运动。

对两相似的匀速曲线运动来说，其控制方程为

$$s_1'=v't' \tag{6-3}$$

$$s''=v''t'' \tag{6-4}$$

因为两运动相似，故

$$\frac{v't'}{s'}=\frac{v''t''}{s''}$$

即

$$C_s/(C_V C_t)=1$$

其中

$$C_s=s'/s'', C_V=v'/v'', C_t=t'/t''$$

那么

$$s'=C_s \cdot s'', v'=C_V \cdot v'', t'=C_t \cdot t''$$

代入式（6-3）中，有

$$C_s \cdot s''=C_V \cdot v'' \cdot C_t \cdot t''$$

$$\frac{C_s}{C_V C_t} \cdot s''=v'' \cdot t''$$

可得

$$s''=v'' \cdot t''$$

即若两现象相似，则可以从一个现象的控制方程通过相似特征数等价地推出另一个控制方程来。这启示我们，可以通过对应量的相似变换，让模型方程完全地等同于原型控制方程，从而得到相似特征数。

如上所述，通过对两匀速曲线运动相似的分析可知，相似特征数相等是两现象相似的充要

条件。另外，通过相似变换可以求得有控制方程的相似现象的特征数。

6.2.2 流动相似的概念

以上通过曲线运动相似的分析将几何相似推广到了运动相似。下面给出流动相似的完整表述。

流动相似概念是几何相似概念的推广。在两个几何相似的空间中的流动系统中，若对应点的同名物理量之间有一定的比例关系，则这两个流动系统是相似的。只要找出这个比例关系，就可通过了解一个系统的流场去认识另一个相似系统的流场。流场相似包括几何、运动和动力相似三个方面。

(1) 几何相似

几何相似指模型流动的边界形状与原型相似，即在流场中，模型与原型流动边界的对应边要成一定比例。自然或工程流动现象称为原型，为进行实验研究所设计的流动系统称为模型。若用 L_p、L_m 分别表示原型与模型相对应的某一几何特征尺度（或称特征长度），则几何相似意味着

$$\frac{L_p}{L_m}=C_l \tag{6-5}$$

式中 C_l 为长度比尺，表示原型的尺度与模型的所有对应尺度之比均为 C_l。在研究表面摩擦阻力时，还要求模型表面与原型表面的粗糙度相似，这对研究管道阻力与高坝溢流问题尤为重要。

(2) 运动相似

运动相似是指几何相似的两个流动系统中的对应流线形状也相似。由于流动边界将影响流线形状，故运动相似还意味着几何相似，反之则不然。图 6-4 所示为两个几何相似但运动不相似的系统，左边系统的绕流速度是亚音速的，而右边系统是超音速的，二者具有不同的绕流流线，故运动不相似。

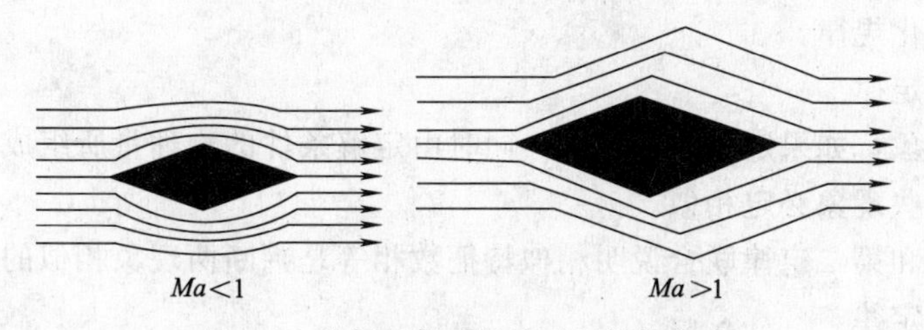

图 6-4 几何相似而运动不相似的流动

运动相似意味着两系统对应点的速度向量 $\vec{v}$、加速度向量 $\vec{a}$ 相互平行，且比值为一常数，即

$$\frac{v_p}{v_m}=C_v, \frac{\Delta t_p}{\Delta t_m}=C_t \tag{6-6}$$

式中，C_v、C_t 分别为速度比尺和时间比尺。根据速度、位移和时间间隔之间的关系可确定速度比尺、长度比尺和时间比尺之间的关系为

$$\frac{C_v C_t}{C_l}=1 \tag{6-7}$$

上式表明若两个流动系统运动相似，则选定了速度、长度和时间三个比尺中的任意两个，另一个比尺也就确定了，不能再选。

(3) 动力相似

动力相似是指两个几何相似、运动相似的流动系统中，对应点处作用的相同性质的力$\vec{F}$，其方向相同，大小成一定比例，且比例常数对两个流场中任意对应点都不变，即

$$\frac{F_p}{F_m}=C_f \tag{6-8}$$

式中，C_f为力的比尺。

流动相似中，除了满足几何相似、运动相似和动力相似外，还必须使两个流动系统的边界条件和初始条件相似。比如，若原型是固定管束绕流，模型也应是固定管束绕流。

6.3 相似三定律及其蕴涵的哲学观念

6.3.1 相似三定律

6.2节通过相似的曲线运动的分析给出了关于相似特征数的来源的示例性证明。由6.2节得到的有关相似特征数的结论也可推广到其他一切相似现象，并非局限于质点的匀速曲线运动的相似。相似特征数是判断相似现象的中心，围绕着相似特征数有三个定律，下面接着给出相似定律，并做相关讨论，对定律不作详细的证明。

(1) 相似第一定律

彼此相似的现象必定具有数值相同的同名相似特征数。

我们知道，任何一种物理现象的定量描述从数学的观点来看都是一个定解问题，两物理现象相似，其实质就是从描述一个现象的定解问题出发做相似变换后能够给出描述另一现象的定解问题。从6.2节可以体会到，相似现象的相似特征数在数值上必须相同。从物理上来看，定解问题相似对应着：①这两个现象必为同类现象，必须服从自然界中同一基本规律；②这两个现象必须发生在几何相似的空间，并且具有相似的初、边值条件；③描述这两个现象的物性参量应具有相似的变化规律。

(2) 相似第二定律

凡同一种类现象，如果定解条件相似，同时由定解条件的物理量所组成的相似特征数在数值上相等，那么这些现象必定相似。

相似第一定律和第二定律联合说明相似特征数相等是判断两现象相似的充分必要条件。

(3) 相似第三定律

描述某现象的各种量之间的关系式可以表示成相似特征数之间的函数关系，即$F(\pi_1, \pi_2, \cdots, \pi_n)=0$，这种关系式称为特征数方程。

物理现象的定解问题的解就是给出有关物理量之间的函数关系，找出这一函数关系式有时是非常困难的，或者说是根本不可能的。相似第三定律指出，任何定解问题的积分结果都可以表示成由这一定解问题所导出的相似特征数之间的函数关系——特征数方程。而每个特征数都是由有关的物理量构成，所以它实际上就是定解问题的解。这一定律的好处还在于，当需要用实验的手段找出具体的特征数方程时，实验的变量不是一般而言的物理变量，而是由物理变量构成的独立的无量纲的相似特征数，这使得实验变量的个数大大减少，而易于实验。

在实际应用中，人们常把特征数方程写为未定特征数是已定特征数的函数关系，即

$$\pi_{未定i}=f_i(\pi_{1已定}, \pi_{2已定}, \pi_{m已定})$$

$$(i=1,\cdots,n,\cdots,m) \tag{6-9}$$

这里所说的已定特征数是指那些由定性量组成的决定现象的特征数，常叫做决定性特征数。而未定特征数，是指那些包含着被决定的量的特征数。例如对不可压缩等温流动，决定性特征数有 Ho、Re 和 Fr，而未定特征数为 Eu，特征数方程常写为

$$Eu=f(Ho,Re,Fr) \tag{6-10}$$

6.3.2 相似三定律所蕴涵的哲学观念

相似第三定律的重要意义在于肯定了任何现象的运动变化都是有规律的，而且这个规律可以用函数 F（π_1，π_2，…，π_n）$=0$ 的形式来表达。对于一些现象，即使暂时找不到理论上的明晰的函数表达关系，但也可用实验的方法来找出一个表达式来表征这种现象的规律。这个定律的哲学上的重要意义在于破除了不可知论。它肯定了任何现象都是有规律可循的，是可以被认识的，而且其函数表达形式是确定的。

如果没有相似第三定律，我们在研究一切现象时就会陷于彷徨和徘徊之中。因为在研究某一现象之前，如果我们还不能确定这种现象是否有规律，那人类的研究就会陷入进退两难的尴尬境地。正因为人类可以肯定任何一种运动变化的现象都是有规律的，人们才能放手去探究这种现象的规律。因此该定律是人类进行科学研究和探索的理论保障。

有了相似第一定律和相似第二定律，人类就实现了从有限到无限的跨越，实现了用有限来把握无限。因为人类可以把对个别典型的现象的研究得到的规律推广到同类的实体现象中去。如牛顿三定律是对有限的刚性质点运动的物理现象进行研究得到的结论，就可以推广到任意刚性质点的运动现象中去。如果没有相似第一定律和第二定律，则人类有限的研究活动就不可能把握无限的现象的运动规律。

6.4 求解相似特征数的两种方法

相似特征数相等是现象相似的充分必要条件，所以寻求物理现象的相似特征数非常重要。在 6.2 节的讨论中，其实已经给出了一种求相似特征数的方法，这种方法是当一种物理现象可以用明确的控制方程来表达时，可直接根据控制方程和相似条件来求得相似准则。但自然现象中有些问题非常复杂，无法建立控制方程，而仅能了解到影响这些现象的一些物理参数，此时，就要用量纲分析的方法来导出相似特征数。下面以实际流体的不可压缩流动为例，分别介绍这两种方法。

6.4.1 有控制方程的相似现象的相似特征数解法

对于不可压缩流体流动，其流动过程中满足的控制方程为能量方程（N-S 方程）与连续性方程，现在从这些控制方程出发，利用相似变换来导出流体流动过程中的相似特征数。N-S 方程在三个直角坐标方向上形式完全相同，故仅从纳维尔-斯托克斯方程沿 x 方向的分量与连续性方程出发进行推导即可。

6.4.1.1 相似特征数的导出

对于两个彼此相似的流动系统，设一个为实际系统，另一个为它的模型系统，前者的所有变量用（$'$）表示，后者用（$''$）表示，则控制方程可写为

实际系统：

$$\rho'\left(\frac{\partial v_x'}{\partial t'}+v_x'\frac{\partial v_x'}{\partial x'}+v_y'\frac{\partial v_x'}{\partial y'}+v_z'\frac{\partial v_x'}{\partial z'}\right)=-\frac{\partial p'}{\partial x'}+\eta'\left(\frac{\partial^2 v_x'}{\partial x'^2}+\frac{\partial^2 v_x'}{\partial y'^2}+\frac{\partial^2 v_x'}{\partial z'^2}\right)+\rho' g' \tag{6-11}$$

$$\frac{\partial v_x'}{\partial x'}+\frac{\partial v_x'}{\partial y'}+\frac{\partial v_x'}{\partial z'}=0 \tag{6-12}$$

模型系统：

$$\rho''\left(\frac{\partial v_x''}{\partial t''}+v_x''\frac{\partial v_x''}{\partial x''}+v_y''\frac{\partial v_x''}{\partial y''}+v_z''\frac{\partial v_x''}{\partial z''}\right)=-\frac{\partial p''}{\partial x''}+\eta''\left(\frac{\partial^2 v_x''}{\partial x''^2}+\frac{\partial^2 v_x''}{\partial y''^2}+\frac{\partial^2 v_x''}{\partial z''^2}\right)+\rho'' g'' \tag{6-13}$$

$$\frac{\partial v_x''}{\partial x''}+\frac{\partial v_y''}{\partial y''}+\frac{\partial v_z''}{\partial z''}=0 \tag{6-14}$$

做相似变换得：

$$\begin{gathered}\frac{x''}{x'}=\frac{y''}{y'}=\frac{z''}{z'}=\frac{l''}{l'}=C_l\\ \frac{v_x''}{v_x'}=\frac{v_y''}{v_y'}=\frac{v_z''}{v_z'}=C_v\\ \frac{t''}{t'}=C_t\quad \frac{\rho''}{\rho'}=C_\rho\quad \frac{g''}{g'}=C_g\\ \frac{\eta''}{\eta'}=C_\eta\quad \frac{p''}{p'}=C_p\end{gathered} \tag{6-15}$$

将相似变换式（6-15）代入式（6-13）和式（6-14），则得

$$\begin{aligned}&\frac{C_\rho C_v}{C_t}\rho'\frac{\partial v_x'}{\partial t'}+\frac{C_\rho C_v^2}{C_l}\rho'\left(v_x'\frac{\partial v_x'}{\partial x'}+v_y'\frac{\partial v_x'}{\partial y'}+v_z'\frac{\partial v_x'}{\partial z'}\right)\\ &=-\frac{C_p}{C_l}\frac{\partial p'}{\partial x'}+\frac{C_\eta C_v}{C_l^2}\eta'\left(\frac{\partial^2 v_x'}{\partial x'^2}+\frac{\partial^2 v_x'}{\partial y'^2}+\frac{\partial^2 v_x'}{\partial z'^2}\right)+C_\rho C_g\rho' g'\end{aligned} \tag{6-16}$$

$$\frac{C_v}{C_l}\left(\frac{\partial v_x'}{\partial x'}+\frac{\partial v_x'}{\partial y'}+\frac{\partial v_x'}{\partial z'}\right)=0 \tag{6-17}$$

为了使模型系统在相似变换后与实际系统一致，式（6-16）各项的组合数必须相等，即

$$\underset{①}{\frac{C_\rho C_v}{C_t}}=\underset{②}{\frac{C_\rho C_v^2}{C_l}}=\underset{③}{C_\rho C_g}=\underset{④}{\frac{C_p}{C_l}}=\underset{⑤}{\frac{C_\eta C_v}{C_l^2}} \tag{6-18}$$

$$\frac{C_v}{C_l}=\text{任意数} \tag{6-19}$$

式（6-17）不能给出相似常数间的任何限制，故不给出相似准数。

由式（6-18）中②与①相等得

$$\frac{C_v C_t}{C_l}=1 \tag{6-20}$$

由②与③相等得

$$\frac{C_g C_l}{C_v^2}=1 \tag{6-21}$$

由②与④相等得

$$\frac{C_p}{C_\rho C_v^2}=1 \tag{6-22}$$

由②与⑤相等得

$$\frac{C_\rho C_v C_l}{C_\eta}=1 \tag{6-23}$$

将相似变换式（6-15）代入式（6-20）～式（6-23）得

$$\frac{v't'}{l'}=\frac{v''t''}{l''}=\frac{vt}{l}=H_0\text{（均时性数）} \tag{6-24}$$

$$\frac{g'l'}{v'^2}=\frac{g''l''}{v''^2}=\frac{gl}{v^2}=Fr\text{（弗劳德数）} \tag{6-25}$$

$$\frac{p'}{\rho'v'^2}=\frac{p''}{\rho''v''^2}=\frac{p}{\rho v^2}=Eu\text{（欧拉数）} \tag{6-26}$$

$$\frac{\rho'v'l'}{\eta'}=\frac{\rho''v''l''}{\eta''}=\frac{\rho vl}{\eta}=Re\text{（雷诺数）} \tag{6-27}$$

从上述相似特征数导出的过程中可以看出，从一个方程中能导出的独立相似特征数的数目取决于该方程中所包含的结构不同的项数，独立相似特征数的个数等于方程中不同的结构项数减 1。

6.4.1.2 相似特征数的转换

式（6-18）包含 5 项，每两项之间组成等式就可以得到一个特征数，共可得到 10 种形式的特征数。但我们知道，基本特征数是 4 个，那么到底哪 4 个是正确的呢？可以证明（略），无论怎样，这些特征数中独立的相似特征数的数目是固定的，其他的特征数可以通过适当的转换得到，并且这些特征数的形式可以互相转换。常见的相似特征数形式的转换方式有如下几种。

① 相似特征数的 n 次方仍为相似特征数 如：

$$\left(\frac{gl}{v^2}\right)^{-1}=\frac{1}{Fr}$$

有人也称它为弗劳德数。

② 相似特征数的乘积仍是相似特征数 如：

$$FrRe^2=\frac{gl}{v^2}\left(\frac{\rho vl}{\eta}\right)^2=\frac{g\rho^2l^3}{\eta^2}=Ga$$

Ga 称为伽利略数，其物理意义为重力与黏性力之比值。

③ 相似特征数乘以无量纲数仍是相似特征数 如：

$$Ga\left(\frac{\rho-\rho_0}{\rho}\right)=\frac{g\rho^2l^3}{\eta^2}\left(\frac{\rho-\rho_0}{\rho}\right)=Ar$$

Ar 称为阿基米德数。它表示由于流体密度差引起的浮力与黏性力的比值。如果流体密度差决定于温度差时，因 α_v 代表流体温度的体膨胀系数，则 $\frac{\rho-\rho_0}{\rho}=\alpha_v\Delta T$，代入上式得：

$$\frac{g\rho^2l^3}{\eta^2}\alpha_v\Delta T=Gr$$

Gr 称为格拉晓夫数，它表示流体上升力与黏性力的比值。

④ 相似特征数的和与差仍是相似特征数

⑤ 相似特征数中任一物理量用其差值代替仍是相似特征数 如 $Eu=\frac{p}{\rho v^2}$ 中的压强可用压差代替，得 $\frac{\Delta p}{\rho v^2}$ 仍称欧拉数。

6.4.1.3 相似特征数的物理意义

$H_o=\frac{vt}{l}=\frac{t}{l/v}$ 叫做**均时性数**，其中 l/v 可理解为，速度为 v 的流体质点通过系统中某一定性尺寸 l 距离所需要的时间；t 可理解为整个系统流动过程进行的时间，二者的比值的量纲为

1。如两个不稳定流动的 Ho 相等，它们的速度场随时间改变的快慢就是相似的。在稳态流动时，不考虑 Ho 数，但在有周期性流动时，它是一个重要的数。

$Fr=\frac{gl}{v^2}=\frac{\rho gl}{\rho v^2}$叫做**弗劳德数**，其中分子反映了单位体积流体的重力位能；分母表示单位体积流体的动能的两倍，所以 Fr 是流体在流动过程中重力位能与动能的比值。重力位能与动能又分别与重力和惯性力成正比，故 Fr 也表示了流体在流动过程中重力与惯性力的比值。

弗劳德数常用于描述有自由表面的流动。如对于港口的潮汐流动，液体表面的波动与江河的流动等问题，弗劳德数有显著的意义。但对于管内流动可不考虑此特征数，因为这类流动的边界为固定固体壁，边界上的速度都已给出，不会改变。

$Eu=\frac{p}{\rho v^2}$叫做**欧拉数**，很显然，它表示了流体的压力与惯性力的比值。欧拉数常用于描述压力对流速分布影响较大的流动，如空泡、空化现象就必须考虑欧拉数。

$Re=\frac{\rho vl}{\eta}=\frac{\rho v^2}{\eta v/l}$叫做雷诺数，表示了流体流动过程中的惯性力与黏性力的比值。雷诺数常用于分析黏性力不可忽略的流动，又称黏性阻力相似数。在研究管道流动、飞行器阻力、浸没在不可压缩流体中各种形状物体的阻力以及边界层流动等问题时，必须考虑雷诺数。

6.4.2 无控制方程的相似现象的相似特征数解法

相似特征数是判断两现象是否相似的关键。对有控制方程的物理现象可以用相似变换的方法获得相似特征数，但在实际问题中许多现象根本写不出它的控制方程，而只能知道影响这些物理现象的影响因素，这就要用量纲分析方法，同时量纲分析法也可以用于有控制方程的物理现象的相似特征数的求解。

6.4.2.1 量纲的和谐性

物理量所属于的种类，称为这个物理量的量纲。一定的被测量的值，如果所用的单位不同，则测量值会不同，尽管测量值不同，但被测量的种类却相同。如用米或毫米为单位测量一个长度值，测量的值虽然不同，但这两个量的种类都属于长度。长度就是这个量的量纲。

在流体力学中，一般选用长度 L、质量 M、时间 T、温度 θ 为基本量纲，基本量纲是彼此独立的，不能由其他量的量纲组合来表示，由基本量纲导出的量纲称为导出量纲。流体力学的导出量纲有面积 L^2、密度 ML^{-3}、速度 LT^{-1}、力 MLT^{-2} 等。

每一个物理量都有量纲，可以是基本量纲或者是导出量纲。所有的物理量可以用一个或一组基本量纲来表示。一个物理量的量纲与这个量的特性有关，和它的大小无关。所以一个物理量只能有一个量纲，不能由其他量的量纲来代替。因此，不同量纲的物理量不能进行加减运算。任何一个正确的物理方程中，各项的量纲一定相同，这就是物理方程量纲的和谐性。量纲分析的基础，就是量纲的和谐性。

6.4.2.2 π 定理

π 定理的内容是：若物理方程

$$f(x_1,x_2,\cdots,x_p)=0 \tag{6-28}$$

共含有 p 个物理量，其中有 r 个基本量，并且保持量纲的和谐性，则这个物理方程可简化为

$$F(\pi_1,\pi_2,\cdots,\pi_{p-r})=0 \tag{6-29}$$

或

$$\pi_1=\Phi_1(\pi_2,\pi_3,\cdots,\pi_{p-r}) \tag{6-30}$$

式中，π_1，π_2，…，π_{p-r}是由方程中的物理量所构成的无量纲积。由此可知，把式（6-29）中的参数π_1，π_2，…看作新的变量，则变量的数目将比原方程所包含的减少r个。

下面举例说明π定理的应用。

【例 6-1】 用量纲分析法导出不可压黏性流体的等温流动的相似特征数。流体流动的情况由下列因素决定：流速v，线性量l，压力p，密度ρ，动力黏性系数η，重力加速度g，时间t。

解： 有关物理量之间的一般函数关系式为

$$f(v,l,p,\rho,\eta,g,t)=0 \tag{6-31}$$

从n个影响因素（本例为 7 个）中选择m个作为基本物理量，这m个基本量的量纲要相互独立，其他$n-m$个物理量的量纲均可由m个物理量的量纲导出。本例选v、l、ρ。

从m个基本物理量以外的物理量中每次轮取一个物理量，同这三个基本物理量组合成一个无量纲的量π。这样的无量纲数共有 4 个：

$$\pi_1=\frac{p}{v^{a_1}l^{b_1}\rho^{c_1}} \qquad \pi_2=\frac{\eta}{v^{a_2}l^{b_2}\rho^{c_2}}$$

$$\pi_3=\frac{g}{v^{a_3}l^{b_3}\rho^{c_3}} \qquad \pi_4=\frac{t}{v^{a_4}l^{b_4}\rho^{c_4}}$$

由 3 个基本量纲来确定上述$\pi_1\sim\pi_4$式中的a、b、c，有

$$[\pi_1]=\frac{[ML^{-1}T^{-2}]}{[LT^{-1}]^{a_1}[L]^{b_1}[ML^{-3}]^{c_1}}$$

对［L］ $\qquad -1=a_1+b-3c_1$

对［M］ $\qquad 1=c_1$

对［T］ $\qquad -2=-a_1$

将上述三式联立求得$a_1=2$、$b_1=0$、$c_1=1$，于是有

$$\pi_1=\frac{p}{\rho v^2}=Eu \tag{6-32}$$

同理由$\pi_2\sim\pi_4$式可求出：

$$\pi_2=\frac{\eta}{\rho vl}=\frac{1}{Re} \tag{6-33}$$

$$\pi_3=\frac{gl}{v^2}=Fr \tag{6-34}$$

$$\pi_4=\frac{vt}{l}=Ho \tag{6-35}$$

写出特征数方程

$$f(Ho,Re,Fr,Eu)=0 \tag{6-36}$$

由此可见，用量纲分析法所得的结果与控制方程分析法的结果是一样的。从上例的分析中可以看出，描述该流动的所有物理量有 7 个，基本量纲有 3 个，得到的独立相似特征数有 7－3＝4 个。

【例 6-2】 在冶金熔体处理或送风系统中，经常会遇到流体绕流物体的问题。试用量纲分析法确定不可压缩黏性流体绕球体流动时的阻力F的计算公式。已知，阻力F与流速v_∞、球的直径d、流体的密度ρ、黏度η有关。

解： 写出特征数方程：

$$f(F, v_\infty, d, \rho, \eta)=0$$

选取 v_∞、d、ρ 为三个基本量纲的代表，前已证明，这三个物理量在量纲上是独立的。这样有

$$[\pi_1]=\frac{F}{v_\infty^a d^b \rho^c}=\frac{[\mathrm{MLT^{-2}}]}{[\mathrm{LT^{-1}}]^a[\mathrm{L}]^b[\mathrm{ML^{-3}}]^c}$$

对［L］　$1=a+b-3c$

对［M］　$1=c$

对［T］　$-2=-a$

将上述三式联立求得 $a=2$，$b=2$，$c=1$，于是有

$$\pi_1=\frac{F}{v_\infty^2 d^2 \rho}$$

同理可求得

$$\pi_2=\frac{\eta}{v_\infty d\rho}=Re$$

因此可得出准数方程

$$\frac{F}{v_\infty^2 d^2 \rho}=f(Re)$$

或

$$F=\frac{8}{\pi}f(Re)\frac{\rho}{2}v_\infty^2\frac{\pi}{4}d^2$$

令 $\xi=\frac{8}{\pi}f(Re)$，且 $A=\frac{\pi}{4}d^2$，则上式改写为

$$F=\xi\frac{\rho}{2}v_\infty^2 A$$

这里的阻力系数 ξ 是雷诺数 Re 的函数。

6.5　相似模型研究方法

相似理论提供了模型研究的理论基础，模型研究方法的实质是在相似理论的指导下，建立与实际问题相似的模型，并对模型进行实验研究，把所得的结论推广到实际问题中去。因此，如何使模型与原型相似，以及如何进行参数测试与处理是进行工程模型研究的两个核心问题。

6.5.1　模型设计方法

(1) 模型相似条件

① 几何相似　所建立的模型是原型按一定比例缩小的模型，即模型与原型各部分的比例应为同一常数。

② 物理相似　模型与原型属于同一类物理现象，服从同样的规律，有形式相同的控制方程，并且在过程发展的任一时空点上，具有同名相似特征数，且相似特征数相等。

③ 定解条件相似　即两模型的初始条件应该相似，边界条件在过程进行的始终均应保持相似。

应该指出，在实际的模型设计中要做到完全相似是非常困难的，所以模型研究方法一般是

将次要的因素忽略，仅保证在主要因素作用下相似即可。因此要选择决定性相似特征数。

(2) 选择决定性特征数

完全的物理相似不易做到，需要按照所研究过程的特点选择决定性相似特征数，这样的选择需根据具体问题做具体分析。如研究黏性流体在强制下的流动性质及阻力的问题，起决定性作用的因素为黏性力和惯性力，故 Re 可选为决定性特征数；如这一流动中重力也起着不可忽略的作用，Fr 也是决定性特征数。

(3) 模型尺寸及实验介质的选取

模型与实际设备形状及主要部位，应按同一比例缩小才能保证几何相似。模型尺寸及实验介质的物性常常相互制约，这一制约关系取决于决定性特征数。对仅有一个决定性特征数的近似相似，模型尺寸的比例方程较为简单。例如，对决定性特征数为 Re 的流动问题，则有

$$C_v=\frac{C_\eta}{C_\rho C_l} \tag{6-37}$$

根据式 (6-37)，在已选定实验介质的情况下，即 C_ρ 与 C_η 已定，可综合考虑相似过程的实验流速和模型尺寸。

(4) 定型尺寸及定性温度

一般地，物理过程的决定性特征数（如 Re、Fr）中常含有几何尺寸量，这些几何量一般是参与该物理过程的物体或空间中具有决定性意义的几何特征量，如为流体流过物体的空间路程，也可以是管道直径等，这些几何量称为定型尺寸。定型尺寸不同，特征数值也会不同。

决定性特征数中的物性参数（如 ρ、v）一般是一定温度下的值，这一温度称为定性温度，一般常取流体的平均温度。

6.5.2 参数测试及实验结果处理

流体力学实验的目的，就是找出流动的具体规律，即建立物理参数之间的具体关系式，也称实验关联式。在不引入相似特征数的情况下，要得出实验关联式就必须将具体问题所涉及的每一物理量作为实验变量，一一进行实验测试。这样做，不仅实验工作量大，而且模型实验结果还不一定具有放大性。利用相似原理及量纲分析将有关物理量组合成无量纲数（相似特征数），可以使实验转化为以特征数作为变量，则实验中不必将相似特征数中包含的每一个物理量都作为实验测试变量。这不仅可以大幅减少实验的次数，而且通过实验获得的无量纲特征数之间的关联式还可以应用于生产实际。现以研究球形颗粒在黏性流体中所受到的阻力为例加以说明。

一个直径为 d 的光滑球形颗粒在黏性流体中以速度 v 缓慢运动，流体的密度和黏度分别为 ρ 和 μ，忽略重力的影响，求此颗粒所受到的阻力 F。

对于这样的问题，虽然具体的函数关系未知，但可以写出一般表达式

$$F=f(d,v,\rho,\mu)$$

如果不采用量纲分析法，要确定具体的函数关系式，实验如此设计：确定 ρ_1 和 μ_1，在不同 v 值下找出 F 与 d 的函数关系 [图 6-5 (a)]，然后保持 ρ_1 一定，改变 μ_1 值直到 μ_n，找出类似的关系式 [图 6-5 (b)]，再分别保持 μ_1、…、μ_n 一定，改变 ρ_1 直到 ρ_m，如图 6-5 (c) 和 6-5 (d) 所示。由此可见，需要做大量的实验才能得到这些数据图，最后求出所需的经验公式。

用量纲分析法可使问题大大简化，根据 π 定理可将此流动的方程简化为欧拉数 Eu 与雷诺数 Re 之间的关联式，即

$$\frac{F/d^2}{\rho v^2}=f\left(\frac{\rho v d}{\mu}\right)\text{或 } Eu=f(Re)$$

这样，求阻力的问题就转换为求欧拉数与雷诺数之间的关系问题。如果将小球置于风洞或水洞中进行实验，只需改变风速或水流速度 v 就可以改变雷诺数 Re，而不必将 d、μ、ρ 作为实验测试变量。可见，这样可以大为降低实验的难度及工作量，但却达到了同样的目的。实验中，根据不同速度（即不同雷诺数 Re）条件下实测的阻力 F 计算出欧拉数 Eu，就可将 Re 与 Eu 对应的数据点绘于坐标纸上，通过这些实验点可拟合出 Eu 随 Re 的变化曲线（如图 6-6 所示），最后求得具体的实验关联式。有了该实验曲线后，在应用中如果要求某一条件 d_a、v_a、μ_a、ρ_a 所对应的阻力 F_a 值，可根据这些物理参数计算出 Re_a 值，并查图 6-6 得到 Eu_a 值，从而计算出 F_a 值。

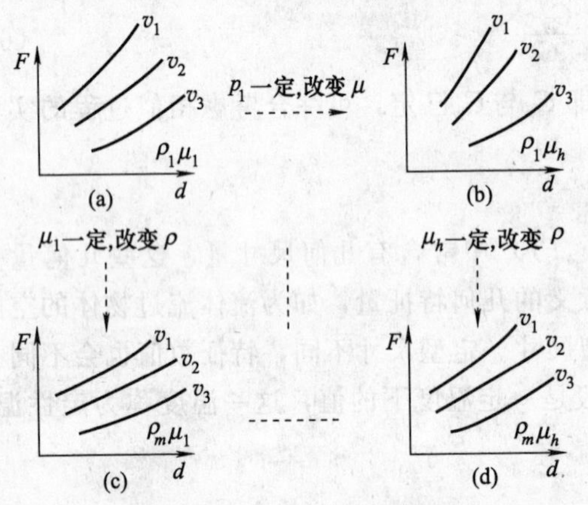

图 6-5　求 $F=f(d, v, \rho, \mu)$ 关系式实验数据图

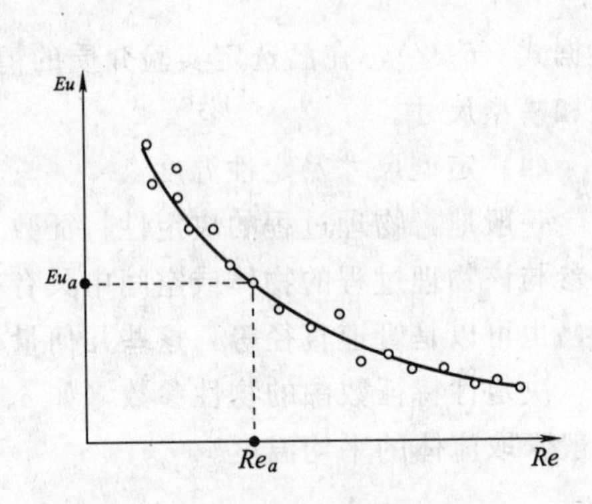

图 6-6　Eu 随 Re 变化的实测曲线

需要说明的是，实验中应尽量使作为自变量的无量纲数变化范围大一些，因为最后求得的关联式只在实验所测试的无量纲数的变化范围内才是有效的。

一般地，模型实验数据常常要整理成特征数方程式，一般的特征数方程取如下具体形式：

$$\pi_{\mu i}=C\pi_{d_1}^{n_1}\pi_{d_2}^{n_2}\cdots\pi_{d_m}^{n_m}\tag{6-38}$$

式中　$\pi_{\mu i}$——任一非决定性特征数；

π_{d_i}——决定性特征数；

C，n_1，n_2，…，n_m——待定常数。

对式（6-38）两边取对数得：

$$\lg\pi_{\mu i}=\lg C+n_1\lg\pi_{d_1}+n_2\lg\pi_{d_2}+\cdots+n_m\lg\pi_{d_m}$$

最简单的情况是只有一个决定性特征数，则

$$\lg\pi=\lg C+n\lg\pi_d$$

这是一条直线方程，画在对数坐标纸上，截距与斜率分别为 $\lg C$ 与 n 的值。

决定性特征数数目在两个以上时，用多元线性回归方法可求得各待定常数。

复习思考题

1. 试举例说明相似原理的重要意义。

2. 试分析一个相似曲线运动的例子，从中引出相似特征数的概念，并通过此例说明相似特征数在判断两相似现象中的作用。

3. 详细说明流动相似包含哪些方面的内容。

4. 几何相似是否运动一定相似？试举例说明。

5. 叙述相似三定律并论述其在科学观念上的重要意义。

6. 分别用相似变换的方法和量纲分析法确定不可压黏性流体等温流动的相似特征数。

7. 举例说明采用特征数进行实验的优越性。

习　题

1. 用理想流体的伯努利方程式，以相似转换法导出 Fr 数和 Eu 数。

2. 设运动流体作用于物体上的力 F 决定于流体的速度 v，密度 ρ，黏度 η 和物体的特征尺寸 L。试用 π 定理确定描述这一问题所需的独立相似特征数。

3. 设圆管中黏性流动的管壁切应力 τ 与管径 d，粗糙度 Δ，流体密度 ρ，黏度 η，流速 v 有关，试用量纲分析法求出它们的关系式。

4. 按 1∶30 比例做成一根与空气管道几何相似的模型管，用黏性为空气的 50 倍，而密度为 800 倍的水做模型实验。

(1) 若空气管道中流速为 6m/s，问模型管中水速应多大才能与原型相似？

(2) 若在模型中测得压降为 226.8kPa，试求原型中相应的压降为多少？

5. 用孔板测流速。管路直径为 d，流体密度为 ρ，运动黏度系数为 ν，流体经过孔板时的速度为 v，孔板前后的压力差为 Δp。试用量纲分析法导出流量 Q 的表达式。

第二篇 热量传输

第7章 传热学概论

本章导读：首先分析温度和热量概念的来源，建立起对冷热进行描述的符号体系，附带叙述由此引发的可能展开研究的新的科学体系。接着说明传热体系的温度场是传热问题的核心，因此需要利用微分方程对连续体系的温度场分布进行求解，进而建立静态热量传输的普遍性微分方程。在普遍性微分方程中有一个待求的热流密度量，对此量的不同表述方式会形成不同的热量传输微分方程，根据热量传递的三种基本形式导热、对流换热、辐射的热流密度的不同表达形式就形成了传热研究的科学布局：导热、对流换热和辐射换热。

7.1 传热学的研究目标、研究方法和核心问题

7.1.1 传热学的研究对象

自然界的所有物质包括固体、液体、气体，甚至真空都有温度，没有无温度的物质和空间。温度是一切物质和空间的本质属性，因此温度与质量、长度、时间一起，共同组成了一切有形物质的基本量纲单位。

由于温度差导致的热量传递时时存在于一切物质空间之中，与自然界、人类社会甚至思维等活动息息相关，因此，人类为了掌握自身的命运，就必须把传热现象作为一个非常重要的现象来研究。

在动力、化工、制冷、建筑、机械制造、新能源和宇航等工程中都涉及热传递的理论、工程计算和测试等技术，因此对传热学的研究是必不可少的。至于材料科学与工程研究，特别是金属材料的研究和热加工（如铸造、锻压、焊接、热处理）就更是离不开对热传递的研究，因为其中绝大多数过程都要以热传递作为主要的加工手段，因此就更需要对热传递的规律、工程运算和测试进行更为深入彻底的研究。对金属材料热加工来说，其核心的手段就是“玩火”。

与流体力学以及其他工程学科的目标类似，科学家和工程学家研究传热现象的目的是要能够定量地控制热量的传递过程以满足工程或其他方面的需要，为此必须找到能够描述热传递规律的定量表达式，通过这些关系式，可以预见并控制温度在所研究区域的分布和变化，达到服务人类的目标。

在绪论中我们已经提及，此处需要再次强调的是，热力学和传热学虽然都以热物理现象的客观规律为研究对象，但热力学的重点在研究热力学平衡状态下不同形式的能量之间相互转换的规律；而传热学则是研究由于存在温度差而引起的热量传递的规律及相关的温度分布状况。

总之，传热学的研究目标就是要能够定量地描述，定量地控制热的传递过程。

7.1.2 研究传热的方法

为了定量地描述传热现象，必须建立热的定量化体系。热本质上是人体对冷热现象的感觉，是表皮的触觉现象，而非视觉形象，为了能把这种触觉定量化，就必须将其转化为可视的量才能加以度量测定，这种转换过程就是温度的建立过程。一旦这种度量冷热的符号建立起来，人们就要用它去研究传热过程。下面我们来分析一个一般的热传递的经验过程，看看它有什么特点。

从我们的直接经验来看，热量的传递过程是一个连续的过程，而不是一个瞬态或跳跃的过程。如图 7-1 所示，在低温物体 B 旁边放置一块高温物体 A，则高温物体的温度随时间降低，低温物体的温度会随时间升高，而且越靠近物体 A 处，温度升得越快，即热量由坐标 x_1 向坐标 x_2 处逐渐传递，是一个连续渐变的过程，绝不会出现两种情况：①B 物体整体上温度在一瞬间均升到某一平衡温度，在 B 物体上没有温度渐变的过程；或②在 x_2 处温度升得比 x_1 处快，或者在 B 中的某一处如 x_3 处温度升得比 x_1 处还快（整体 B 材料是均一的，x_3 只代表 B 上

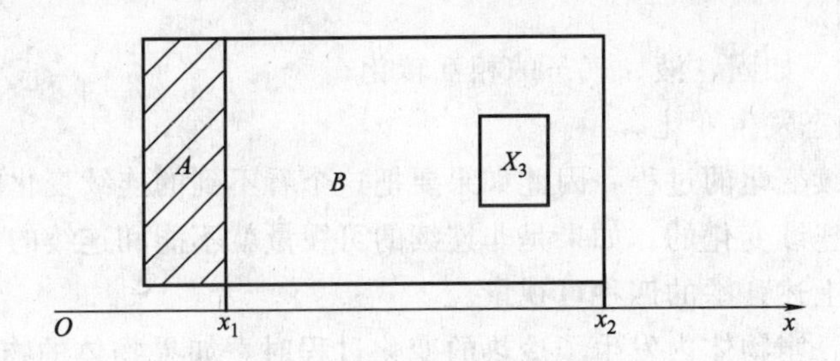

图 7-1 热量传递是连续过程

的位置）。可见，由温差导致的传热是一个连续变化的过程，而且所有的传热过程都表现出这种连续变化的规律，这种规律在传热区域表现为温度分布的连续变化过程，也就是温度场。因此研究传热现象的核心问题就转化为求取温度场，所谓温度场就是传热区域中的所有空间位置上的温度随时间连续变化的过程，转化为数学语言就是（或抽象化为函数表达式）

$$T=T(x,y,z,t) \tag{7-1}$$

式中，x，y，z 代表空间坐标，t 代表时间。

与理论流体力学相似，为了求取温度场的显式函数表达式，应诉诸于微分方程的方法。一旦求出微分方程得到温度场的显式函数表达式，就应把用函数表达式得到的温度数据以图像的方法显示出来，因此还应采用一定的方法来表达温度场。

综合上述研究内容，形成如图 7-2 所示的热传递现象的研究布局。

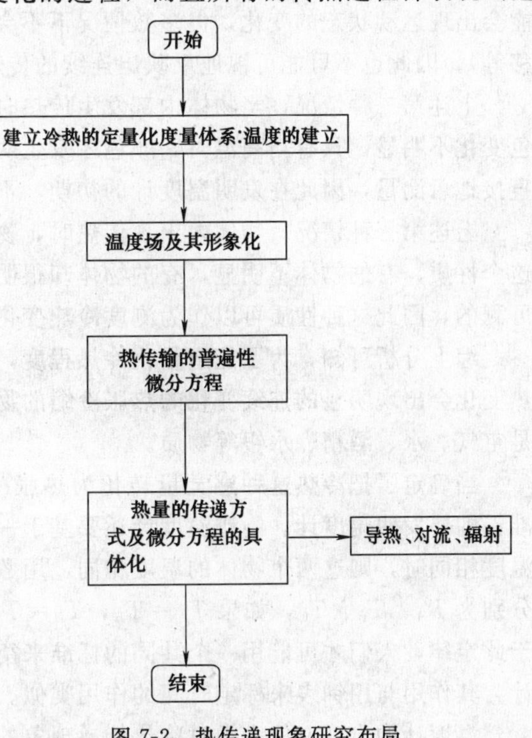

图 7-2 热传递现象研究布局

7.2 温度的来源及相关科学问题

7.2.1 对冷热程度的度量——温度的建立

7.2.1.1 建立温度的基本思想

传热或者说冷热的变化是人的感觉，准确地说是人的触觉，是看不到但摸得见的东西。为了能够定量的控制冷热的变化（即控制传热过程），就应当把冷热这种触觉上的量转化成可视的量，即当物体或传热区域的冷热发生变化时，有一个与冷热变化紧密相关的量也在同时发生着变化，而且这个量是可视的，才可能将冷热这个不可视的量用度量的方法确定下来。

现在来分析如何将可视量与传热过程联系起来。以有形物质的冷热变化为分析对象，当物体的冷热发生变化时，该物体相应的可被视觉感到的变化有：

① 形状发生变化；

② 颜色发生变化；

③ 物态发生变化，如固、液、气态的相互转化；

④ 物体的运动状态发生变化。

因为传热是个连续变化的过程，因此如果要把这个看不到的连续变化的过程显示出来，则相应的视觉也应当是连续变化的，如果是非连续的可视量就不能和连续的传热过程对应起来。

我们来一一分析上述列举的四种可视量。

上述第三种情况，当物体内发生了冷热的变化过程时，如果物体的物态发生变化（固-液-气），但这个过程对时间来说是不连续的，不能反映传热这个连续过程。

上述第四种情况，当出现传热过程时，物体运动状态发生变化。对一般物体来说，有时可能会出现运动状态的变化，但多数情况下不会出现明显的运动状态的变化（如物体整体发生位移等），因此也不可能可视地反映出连续的传热过程。

上述第二种情况，当物体内部发生传热时，物体颜色发生变化。一般物体在常温状态下颜色变化不明显，只有当高温时，颜色才发生明显的连续的变化，而且由于颜色这种可视量也非直接地可测量，因此在发明温度计的初期，不会把颜色作为度量冷热变化的量。

上述第一种情况，物体内出现传热时，物体的形状发生变化如热胀冷缩，大部分物体都有这个性质，有的物体不明显，有的物体却很明显，而且形变呈连续变化，而形状的变化是直接可测的，因此这种性质可以作为测度冷热变化的量，这种对冷热程度的度量称为温度。

综上分析可知，为了能定量化冷热程度，即将冷热转化为可视并可测的量，应当选择随冷热变化会出现明显的连续变化的热胀冷缩的物质作为度量介质，在发明温度计的初期，选择的是空气、水、酒精、水银等物质。

当确定了把冷热这种感觉量转化为热胀冷缩的视觉量的方法后，就要寻找度量温度的标准，即要发明温度计。制作温度计还要基于一个原理，即当两个物体的温度都和第三个物体的温度相同时，则这两个物体的温度相同，用数学方法表述就是，设 A、B、C 三个物体的温度分别为 T_A、T_B、T_C，如果 $T_A=T_B$，$T_B=T_C$，则 $T_A=T_C$，这就是**热力学第零定律**。只有基于此定律，人们才可能用一个共同的标准来衡量所有物体的冷热程度，这个共同的标准即温度计，其作用与用钟表来标定时间的作用类似。

温度计的出现，使人类对冷热传递现象的研究进入了科学的时代（定量化时代）。而温度计从发明到正式使用是经过了人们近 150 年的努力才完成的。

7.2.1.2 温度计发展简史

热学是从对热现象的定量研究开始的。定量研究的第一个标志是测量物体的温度。在 1600 年前后，伽利略根据空气受热膨胀的原理，制出了第一个温度计，但没有刻度，只能给予温度定性的指示。

齐曼托学社将一年中最冷和最热的时候作为两个固定点，制定了一个大致的计量系统。他们发现，水的熔点是一个常数，这启发研究者将此作为固定点。惠更斯在 1665 年提出以化冰或沸水的温度作为计量温度的参考点。

1702 年，法国物理学家阿蒙顿（1663—1705 年）改进了伽利略的空气温度计，测温物质仍为空气，但整个装置完全封闭，不受外部大气压的影响。他选择水的沸点为固定点。

华伦海（荷兰，1686—1736 年）发现每一件物体都有自己的沸点，且随大气压的变化而变化。1714 年，华伦海用水银代替酒精作为测温物质，制作了温度计。水银的使用大大扩展了测温范围，因为酒精的沸点太低，不能测量高温，而水银的沸点远远高于水；此外，水银的热胀冷缩变化率比较稳定，可用作精密测温。另外，华伦海还确定了华氏温标，以水结冰的温度为 32℉，水沸腾的温度为 212℉。

1742 年，瑞典天文学家摄尔修斯（1701—1744 年）提出了百分刻度法，用水银作测温物质，将水的沸点定为 0℃，冰的熔点为 100℃。8 年后，他的同事建议把刻度倒过来，形成了今天广为采用的摄氏温标。

更为详细的温度计发展史请参看相关文献 [9]。

7.2.1.3 物质的加热和冷却方式

对物体或一定区域进行主动加热或冷却一直是人类的一项非常重要的活动。自从人类能够定量地描述和控制传热过程以后，随着科学技术特别是电技术的进步，更是出现了许多新型加热和冷却技术。将这些技术概略地总结为图 7-3。

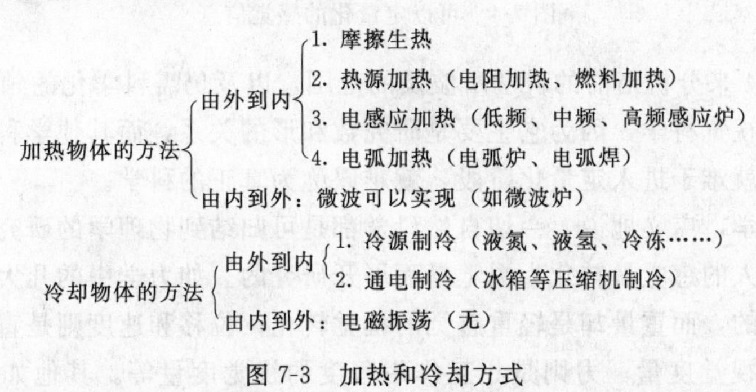

图 7-3 加热和冷却方式

在加热方法中，除微波加热外，其余的加热技术都是把被加热物体从外向内加热，只有微波加热可以对物体内外同时开始加热，如微波炉加热馒头时，馒头内部温度可以比外部温度高。

在冷却方法中，现有的冷却方式都是从被冷却物体外部开始冷却，逐步向内部深入。迄今为止，还未见到可以从物体内部开始冷却，然后向外部扩散的，如果能做到这一点则对热加工技术如铸造是非常有意义的。

7.2.2 自然科学定量化原则——视觉的科学

由传热导致的物质的冷热的变化本来是身体的一种触觉，为了能定量地描述和控制冷热的变化，必须把这种看不见的物理现象转化为可见的可测的量。如 7.2.1 所述，研究者根据物质的热胀冷缩的性质把人对冷热的感觉转化为了可测的温度。与温度引入的方法类似，迄今为止定量化的科学系统其实都是本着相同的原则，都应首先把要研究的物理现象转化为视觉的可测量，才有可能将其构建成为定量化的科学。

人和外界直接进行信息交流的通道共有 5 种，眼睛、耳朵、鼻子、舌头、身体的接触，这 5 种感觉从数字的意义上来说是线性不相关的，“相互垂直的”。其中，眼睛可以感知外界物体和空间的颜色、形状、大小和动静等状态；耳朵可以感知外界声音的粗细、缓急、柔和或刚烈等状况；鼻子可以感知物体的气味；舌头可以感知物体的酸甜苦辣等味道；身体的触觉可以感知外界物体的冷暖、滑涩及自身的疼痒等。人的意识可以处理由上述信息通道传递信息，经过处理形成反应。将上述内容列为图表的形式，如图 7-4 所示。

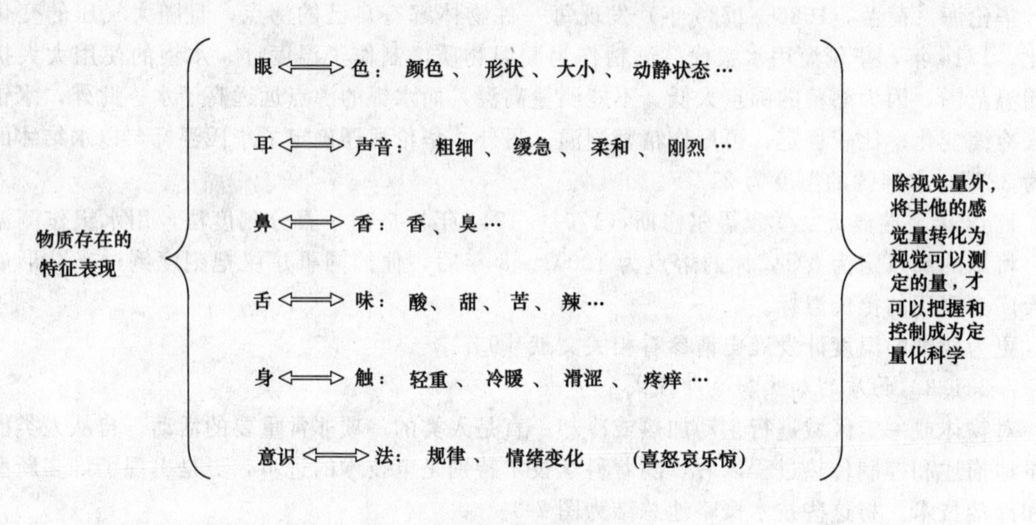

图 7-4　可以定量化的感觉信息

以下对照图 7-4 来分析当前的科学所波及的范围，以及仍需科学化的领域。

数学是典型的视觉科学，因为它主要是研究数和形的关系，而其他学科如果不以数学作为基本的分析工具，就难于进入定量化阶段，就难以称为真正的科学。

再来看自然科学，广义地说，一切自然科学都是可归结到物理学的研究，而物理学中的几个大的分支都是把人的感觉量转化为视觉量而展开研究的。如力学中的几大基本量，质量是通过重量来表现自身的，而重量却是轻重感觉的视觉转化；位移和速度则是直接的视觉量；时间则是运动相对性的视觉度量；力则是相互作用程度的视觉度量等。其他如电磁学、光学、声学、热学等均要把相应的量都转化为可视可测的量才可能成为定量的科学。

那么还有哪些信息未被量化，还可以成为科学可以拓展的研究领域呢？

鼻子感觉的信息，舌头感觉到的信息如酸甜苦辣等还未被定量化为可测的视觉量，因此烹饪至今仍是一门技艺而未成为科学。身体的触觉种类十分丰富，其中轻重、冷暖已定量化为质量、重量及温度，因此发展出了力学和热学，而滑涩、疼痒等生理感受未被定量化，因此医学是一门尚需发展的科学。特别值得一提的是情绪的变化如喜怒忧恐惊，人的贪欲和淡泊等生理心理状态，都是没有定量化的领域，因此生理学、心理学离成为真正的科学尚有距离。

通过上述分析，我们可以明了，人类需要发展的科学领域总体范围有多大，现在已发展起来的科学和仍未发展起来的科学有哪些。

7.3 温度场及其形象化

7.3.1 温度场

由 7.1.2 节分析知，传热学研究的核心问题是求解温度场，温度场的数学表达式为：

$$T=T(x,y,z,t)$$

式中，x，y，z 为空间直角坐标；t 为时间坐标。

像重力场、速度场一样，物体中存在着随时间和空间变化的温度分布，被称为温度场。它是各个瞬间物体中各点温度分布的总称。

物体中各点的温度随时间改变的温度场，称为非稳态温度场（或非定常温度场）。工件在加热或冷却过程中都具有非稳态温度场。物体中各点的温度不随时间变动的温度场，称为稳态温度场（或定常温度场），温度场的表达式简化为

$$T=f(x,y,z) \tag{7-2}$$

根据经验，当不同物体之间或同一物体的不同部分之间存在温度差时，就会发生热量的传输，物体间温差越大，热量传输越容易，因此温度分布对是否发生热量传输具有决定性的作用，因为温差是热量传输的推动力。

如果求出了温度场分布的显式函数表达式，就可以求出所求解区域的任一位置任一时刻的温度值来，但一个个独立的温度数值不利于进行宏观的传热分析，也不符合人类的观察习惯，因此要把温度场形象化表示，形象化的方法主要是通过等温面和温度梯度来表现。

7.3.2 温度场的形象化方法

7.3.2.1 等温面

物体中同一瞬间相同温度各点连成的面称为等温面。在任何一个二维截面上等温面表现为

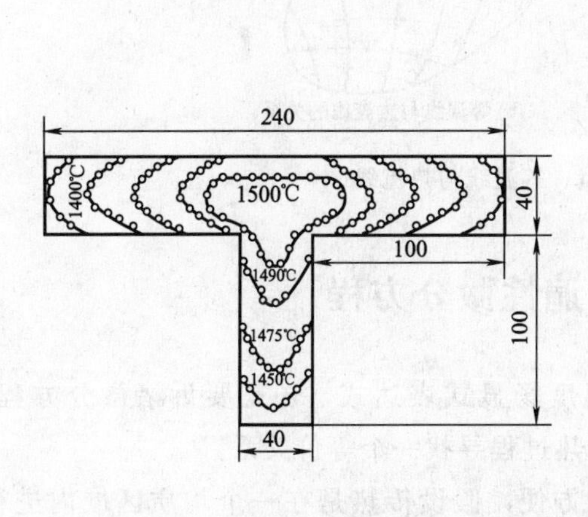

图 7-5 铸件温度场（T 形铸件浇注后 10.7min 时实测）

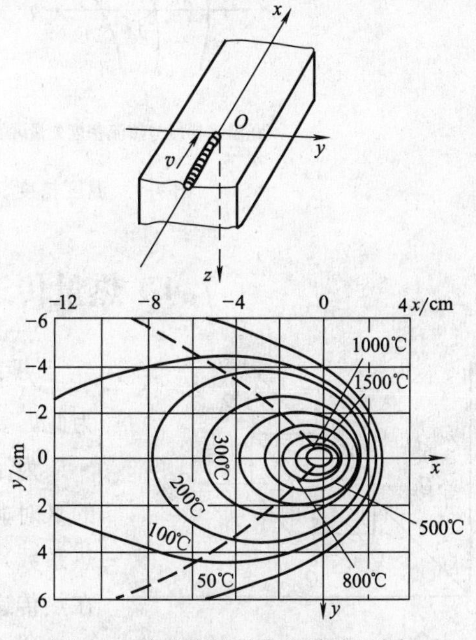

图 7-6 移动热源形成的瞬时温度场

等温线。温度场习惯上用等温面图或等温线图来表示。图 7-5 是用等温线表示铸件温度场的实例。图 7-6 则为厚板焊接时移动热源在 x-y 平面内形成的瞬时温度场，此刻热源在原点 O。

7.3.2.2　温度梯度

在热源向其周围环境传递热量时，距热源越近的区域，热量传递越集中，表现为该区域的温度变化剧烈；距热源越远的区域，热量传递越舒缓，表现为该区域的温度变化平和；为了表现这种温度变化的剧烈程度，引入温度梯度的概念。把温度场中任意一点沿等温面法线方向的温度增加率称为该点的温度梯度。温度梯度是矢量，指向温度变化最剧烈的方向，而在等温面的法线方向上，单位长度的温度变化率最大。用数学表达式表现温度梯度即为

$$\mathrm{grad}T=\lim_{\Delta n\to 0}\frac{\Delta T}{\Delta n}\boldsymbol{n}=\frac{\partial T}{\partial n}\boldsymbol{n} \tag{7-3}$$

式中　$\boldsymbol{n}$——表示法向单位矢量；

$\partial T/\partial n$——表示温度在 $\boldsymbol{n}$ 方向上的导数。

温度梯度在空间三个坐标轴上的分量等于其相应的偏导数，即有

$$\mathrm{grad}T=\frac{\partial T}{\partial x}\boldsymbol{i}+\frac{\partial T}{\partial y}\boldsymbol{j}+\frac{\partial T}{\partial z}\boldsymbol{k} \tag{7-4}$$

式中，$\boldsymbol{i}$，$\boldsymbol{j}$，$\boldsymbol{k}$ 分别表示三个坐标轴上的单位矢量。

用矢量的形式表示的傅里叶定律的表达式为

$$\boldsymbol{q}=-\lambda\mathrm{grad}T=-\lambda\frac{\partial T}{\partial n}\boldsymbol{n} \tag{7-5}$$

图 7-7（a）表示了温度梯度与热流密度矢量 $\boldsymbol{q}$ 的关系，图 7-7（b）表示了等温线与热流线间的关系。热流线是表示热流方向的线，恒与等温线垂直相交。

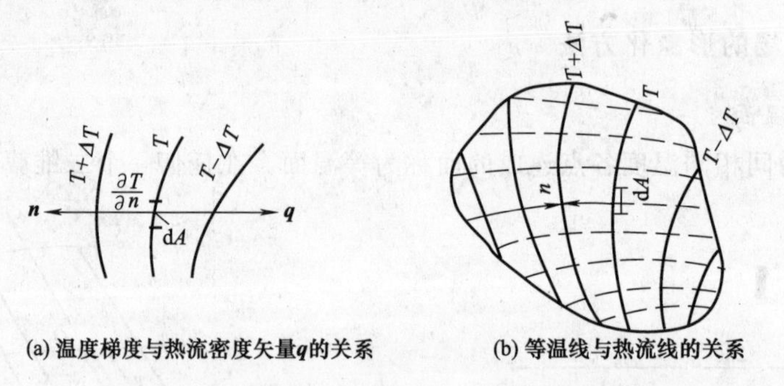

(a) 温度梯度与热流密度矢量 $\boldsymbol{q}$ 的关系　　(b) 等温线与热流线的关系

图 7-7　温度梯度、热流矢量、等温线与热流线

7.4　热量传递的普遍性微分方程

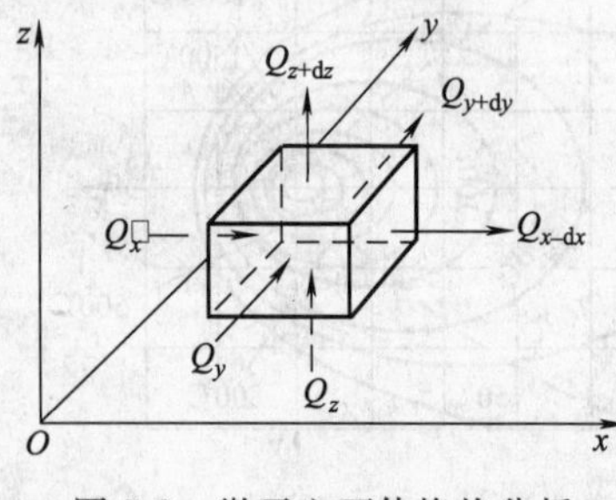

图 7-8　微元六面体换热分析

为了求解温度场显式表达式，还是要诉诸微分方程。为此，要根据传热过程寻找一个等价关系。

为了分析的方便，假设传热是在一个均质区域内进行的（对非均质传热，情况是一样的，只是在界面处调整传热系数）。在该区域内取一个微元六面体（图 7-8）。显然，在热传递过程中，在总体区域上应遵循能量守恒定律，对微元体来说也是如此，即满足：

（导入微元体的总热流量）+（微元体内热源生成的热量）=（微元体内能的增量）+（导出微元体的总热流量）

设 $Q_{入}$ 为在 Δt 时间内进入微元体的总热量，$Q_{出}$ 为 Δt 时间内从微元体输出的总热量，Q 为单位体积微元体单位时间内自生热能（如金属凝固时发出的潜热），ΔQ 为 Δt 时间内微元体内积累的热量，则

$$Q_{入}-Q_{出}+Q\mathrm{d}x\mathrm{d}y\mathrm{d}z\mathrm{d}t=\Delta Q$$

令 ΔQ_x、ΔQ_y、ΔQ_z 分别为 x、y、z 三个方向上 $\mathrm{d}t$ 时间内热量导入导出微元体的差值，令 q_x、q_y、q_z 分别表示在 x、y、z 方向上导入微元体的热流密度（单位时间单位面积的热流量），$q_{x+\mathrm{d}x}$、$q_{y+\mathrm{d}y}$、$q_{z+\mathrm{d}z}$ 表示从 x、y、z 三个方向导出微元体的热流密度。

在 x 方向上，在 $\mathrm{d}t$ 时间内，导入微元体的总热量为 $q_x\mathrm{d}y\mathrm{d}z\mathrm{d}t$，从 $x+\mathrm{d}x$ 面上导出微元体的总热量为 $q_{x+\mathrm{d}x}\mathrm{d}y\mathrm{d}z\mathrm{d}t$，那么

$$\Delta Q_x=q_x\mathrm{d}y\mathrm{d}z\mathrm{d}t-q_{x+\mathrm{d}x}\mathrm{d}y\mathrm{d}z\mathrm{d}t \tag{7-6}$$

因为传热是连续变化的函数，那么

$$q_{x+\mathrm{d}x}=q_x+\frac{\partial q_x}{\partial x}\mathrm{d}x+\frac{1}{2!}\frac{\partial^2 q_x}{\partial x^2}(\mathrm{d}x)^2+\cdots$$

忽略二阶项，则 $q_{x+\mathrm{d}x}=q_x+\dfrac{\partial q_x}{\partial x}\mathrm{d}x$，代入式（7-5）有

$$\Delta Q_x=-\frac{\partial q_x}{\partial x}\mathrm{d}x\mathrm{d}y\mathrm{d}z\mathrm{d}t$$

同理

$$\Delta Q_y=-\frac{\partial q_y}{\partial y}\mathrm{d}x\mathrm{d}y\mathrm{d}z\mathrm{d}t$$

$$\Delta Q_z=-\frac{\partial q_z}{\partial z}\mathrm{d}x\mathrm{d}y\mathrm{d}z\mathrm{d}t$$

微元体内热源的生成热 $=Q\mathrm{d}x\mathrm{d}y\mathrm{d}z\mathrm{d}t$

微元体在 $\mathrm{d}t$ 时间内温度由 T 升到 $T+\mathrm{d}T$，积聚的能量为

$$\Delta Q=\rho\mathrm{d}x\mathrm{d}y\mathrm{d}zc\,\partial T$$

由能量守恒 $Q\mathrm{d}x\mathrm{d}y\mathrm{d}z\mathrm{d}t+\Delta Q_x+\Delta Q_y+\Delta Q_z=\Delta Q$，有

$$Q\mathrm{d}x\mathrm{d}y\mathrm{d}z\mathrm{d}t-\frac{\partial q_x}{\partial x}\mathrm{d}x\mathrm{d}y\mathrm{d}z\mathrm{d}t-\frac{\partial q_y}{\partial y}\mathrm{d}x\mathrm{d}y\mathrm{d}z\mathrm{d}t-\frac{\partial q_z}{\partial z}\mathrm{d}x\mathrm{d}y\mathrm{d}z\mathrm{d}t=\rho c\,\partial T\mathrm{d}x\mathrm{d}y\mathrm{d}z$$

两边同除以 $\rho c\mathrm{d}x\mathrm{d}y\mathrm{d}z\mathrm{d}t$，则

$$\frac{Q}{\rho c}-\frac{1}{c\rho}\left(\frac{\partial q_x}{\partial x}+\frac{\partial q_y}{\partial y}+\frac{\partial q_z}{\partial z}\right)=\frac{\partial T}{\partial t} \tag{7-7}$$

式（7-7）为传热的普遍性微分方程。但此微分方程不可用，因 q_x、q_y、q_z 不是直接可测的量，必须将 q_x、q_y、q_z 转化为温度的表现形式。

式（7-7）为热传递的一般性微分方程，凡是在一定区域发生了传热就应当符合此方程。人们在研究传热的过程中发现，热量传递有三种基本形式：导热、对流和辐射。

传热方式不同，则 q 的表达形式也会有差异。因此，为取得式（7-7）的最终表达形式，就要研究三种不同热传递方式的热流密度表达形式，这是后续三章要详细讨论的内容。下面首先对三种热传递方式进行简介。

7.5 热传递方式

热量传递有三种基本方式：导热、对流和辐射。如图 7-9（a）所示，将两个容器和一个物体（阴影部分）紧密地靠在一起，在两头的容器中分别装满 100℃水和 25℃水，并设法使这两个容器中的水温保持恒定，则在中间阴影部分的物体内部发生的传热过程即为导热，其热流密度遵从傅里叶导热定律。如图 7-9（b）所示，将装满 100℃水和 25℃水的两个容器放置在真空中，容器壁非绝热壁，则两个容器之间发生的热传递过程为辐射换热，其热流密度遵从斯蒂芬-波尔兹曼定律。如图 7-9（c）所示，容器温度为 25℃，让 100℃的水流过容器，此时在二者之间发生的传热过程为对流换热，其热流密度遵从牛顿冷却公式。

以下详细阐述这三种热传递方式的含义。

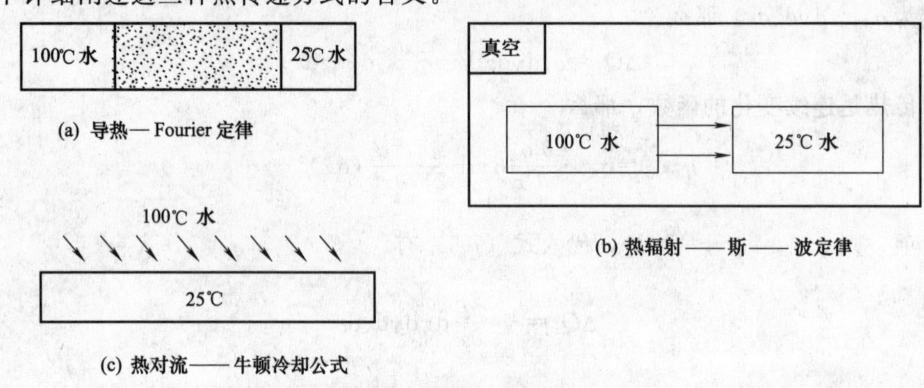

图 7-9　热传递的三种方式

7.5.1　导热

7.5.1.1　导热的含义

物体各部分之间不发生相对位移时，依靠分子、原子及自由电子等微观粒子的热运动进行的热量传递称为热传导，简称**导热**。例如，窑炉的炉衬温度高于炉墙外壳，炉衬内侧向炉墙外壳的热量传递；铸件凝固冷却时，铸件内部的温度高于外界，铸件内部向其外侧以及砂型中的热量传递；焊接时焊件上热源附近高温区向周围低温区的热量传递等均属导热。

从微观角度来看，气体、液体、导电固体和非导电固体的导热机理是不同的。

气体中的导热是气体分子不规则热运动时相互碰撞的结果。众所周知，气体的温度越高，其分子的平均动能越大。不同能量水平的分子相互碰撞的结果，使热量从高温处向低温处传递。

导电固体中有相当多的自由电子，它们在晶格之间像气体分子那样运动。自由电子的运动在导电固体的导热中起着主要作用。

在非导电固体中，导热是通过晶格结构的振动，即原子、分子在其平衡位置附近的振动来实现的。晶格结构振动的传递在文献中常称为格波（又称声子）。

至于液体中的导热机理，还存在着不同的观点；有一种观点认为液体定性上类似于气体，只是情况更复杂，因为液体分子间的距离比较近，分子间的作用力对碰撞过程的影响远比气体大；另一种观点则认为液体的导热机理类似于非导电固体，主要靠格波的作用。

本书的讨论仅限于导热现象的宏观规律。

7.5.1.2 傅里叶导热定律

实验表明，导热遵从傅里叶定律。

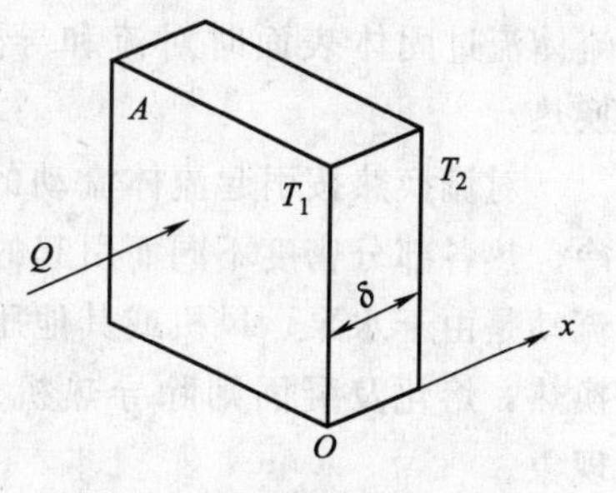

图 7-10 通过平板的一维导热

如图 7-10 所示，设有一个无限大平板，维持其两侧大平面的温度不变，此时发生在 x 方向上的平板内的导热为一维导热。设板的厚度方向为 x 方向，取板间的任意一个厚度为 $\mathrm{d}x$ 的微薄层，则单位时间内通过该层的热量，与该处的温度变化率及平板的截面积 A 成正比，即

$$\phi=-\lambda A\frac{\mathrm{d}T}{\mathrm{d}x} \tag{7-8}$$

式中 λ——比例系数，称为热导率；负号表示热量传递的方向与温度升高的方向相反。

此即傅里叶导热定律（Fourier 定律）。

单位时间内通过某一给定面积的热量称为热流量，记为 Φ，单位为 W。单位时间内通过单位面积的热量称为热流密度（又称比热流），记为 q，单位为 $\mathrm{W/m^2}$。傅里叶定律按热流密度形式表示则为

$$q=\frac{\phi}{A}=-\lambda\frac{\mathrm{d}T}{\mathrm{d}x} \tag{7-9}$$

式（7-8）和式（7-9）是一维稳态导热时傅里叶定律的数学表达式。

式（7-9）也可以改写为

$$q=-\frac{\lambda}{c\rho}\frac{\partial(c\rho T)}{\partial y}=-a\frac{\partial(c\rho T)}{\partial y}$$

其中

$$a=\frac{\lambda}{c\rho} \tag{7-10}$$

式中 ρ——物体的密度，$\mathrm{kg/m^3}$；

a——热扩散率，$\mathrm{m^2/s}$；

c——物体的比热容，J/(kg・℃)。

由式（7-10）可知，热扩散率 a 与热导率 λ 成正比，与物体的密度 ρ 和比热容 c 成反比。a 也是重要的物性参数，它表征了物体内热量传输的能力。由热扩散率的定义可知：当 λ 越大，或 ρc（它是单位体积的物体升高 1℃所需的热量）越小时，表示导出的热量相对较高或吸收的热量相对较少，于是热量的传输就越快，物体内部温度趋于一致的能力就越大，所以，热扩散率是非稳态导热的重要物性参数。

在热加工工艺过程中，可以应用不同材料热扩散率的不同来控制工件的质量。如金属的热扩散率比型砂大几十倍，铸件在金属型中要比在砂型中冷却得快，从而可获得表面质量不同的铸件。焊接时，由于铝和铜的导热性能好，因此需采用比焊接低碳钢更大的线能量才能保证质量。

7.5.2 对流换热

当流体内部各部分之间发生相对位移，冷热流体相互掺混时发生的热传递，这是**单纯的对流**。当运动着的流体与温度不相同的固体壁面直接接触时相互之间发生的热传递，这是**对流换热**。

对流仅能发生在流体中，而且必然伴随着导热。工程上常遇到的不是单纯对流方式，而是

流体流过固体表面时对流和导热联合起作用的方式，二者是有区别的。本书主要讨论对流换热。

对流换热按引起流体流动的不同原因可分为自然对流与强制对流。自然对流是由于流体冷、热各部分密度不同而引起的，如暖气片表面附近热空气向上流动的对流形式。如果流体的流动是由于水泵、风机或其他压差所造成的，则称为强制对流。另外，沸腾及凝结也属于对流换热，熔化及凝固则除导热机理外也常伴有对流换热，并且它们都是带有相变的对流换热现象。

对流换热的基本传热方程式为牛顿冷却公式

$$q=\alpha(T_w-T_f)$$

式中　α——换热系数；

T_w——固体壁面温度；

T_f——流体温度。

7.5.3　热辐射

物体通过电磁波传递能量的方式称为辐射。物体会因各种原因发出辐射能，其中因热的原因发出辐射能的现象称为**热辐射**。自然界中各个物体都不停地向空间发出热辐射，同时又不断地吸收其他物体发出的热辐射。发出与吸收过程的综合效果造成了物体间以辐射方式进行的热量传递。当物体与周围环境处于热平衡时，辐射换热量等于零。但这是动态平衡，发出与吸收辐射的过程仍在不停地进行。

热辐射与导热及对流相比较有以下特点。

① 热辐射可以在真空中传播。当两个物体被真空隔开时，例如地球与太阳之间，导热与对流都不会发生，而只能进行辐射换热。

② 辐射换热不仅产生能量的转移，而且还伴随着能量形式的转化。即发射时热能转换为辐射能，而被吸收时又将辐射能转换为热能。

辐射换热的热流密度符合斯蒂芬-波尔兹曼定律

$$q=\sigma T^4$$

式中　σ——辐射常数；

T——物体温度。

在工程问题中，常同时存在两种或者三种热量传递方式。例如一块高温钢板在厂房中的冷却散热，既有辐射换热方式，同时也有对流换热（自然对流换热）方式，两种方式散热的热流量叠加等于总的散热热流量。再如厚大焊件的冷却过程，则同时存在着导热、对流换热及辐射换热三种热量传递方式。在类似这些情况下，就要考虑各种热传递方式的综合作用。

复习思考题

1. 真空环境有温度吗？按照物理学观点，温度是分子运动的剧烈程度的宏观表现，物体内部分子无规则运动越激烈，温度就越高。真空中无物质分子运动，比如太空为真空环境，其中主要是电磁波在传播，可以说真空没有温度吗？

2. 有没有没有温度的物质和空间？

3. 论述温度和传热在材料热加工（铸造、锻压、焊接、热处理等）中的地位和作用。

4. 传热学的研究目标是什么？与热力学的研究目标有什么不同？

5. 传热过程是一个连续的过程，还是一个跳跃的过程？试建立温度场的数学表达式。应当如何来求解出温度场的显式函数表达式？

6. 传热学研究的核心问题是什么？试围绕核心问题规划传热学的研究布局。

7. 温度这个量是如何建立起来的？系统论述加热和冷却物体的各种方式。你还能创造出什么方法？

8. 试从定量化的角度论述自然科学的研究范围。

9. 如果可以求解出温度场，如何将其形象化？试绘图说明。

10. 推导热量传递的普遍性微分方程。

11. 热传递有哪几种方式？其传热的通量密度分别遵循什么规律？

习　题

1. 在用氧乙炔气割炬切割钢板过程中，钢板经历的热量传递过程是稳态的还是非稳态的？

2. 当铸件在砂型中冷却凝固时，由于铸件收缩导致铸件表面与砂型间产生气隙的空气是停滞的，试问通过气隙有哪几种基本热量传递方式？

3. 在你所了解的导热现象中，试列举一维、多维温度场的实例。

4. 假设在两小时内，通过 152mm×152mm ×13mm（厚度）试验板传导的热量为 837J，试验板两个子面的温度分别为 19℃和 26℃，求试验板的热导率。

第8章 导热

本章导读：沿着上一章的思想线索，本章首先建立导热微分方程——傅里叶导热微分方程，然后对其可解性进行评述。由于该方程没有完整的解析解，所以有两个方向去展开其应用研究，一个是计算机数值解法，这是近年来应用最成功的方法。另一个是传统的工程方法，即将微分方程进行各种形式的简化，由此形成了诸多工程上的变形形式，本节分别列举了一维稳态导热、一维非稳态导热、二维及三维非稳态导热的计算方法，并评价了它们的工程应用局限性，与数值解法形成鲜明对照。最后给出了数值方法求解导热问题的原理。

8.1 导热微分方程

传热学研究的核心问题是求得温度场。在7.3节已经得到了传热的普遍性微分方程式(7-6)，本章讨论在导热这种传热方式下，普遍性微分方程的表现形式，及其工程应用。

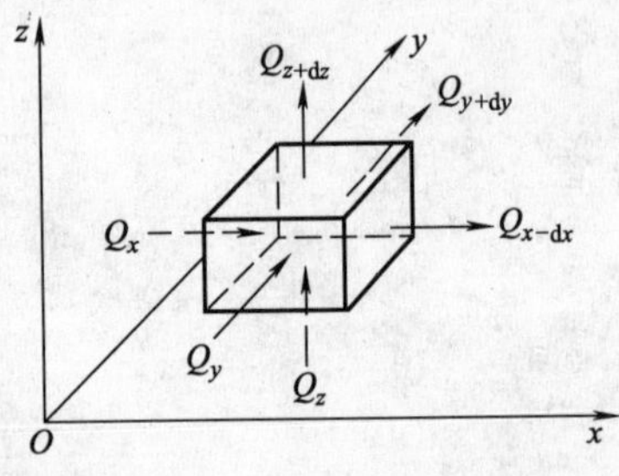

图8-1 六面体微元控制体导热分析

8.1.1 导热微分方程式及其定解条件

8.1.1.1 傅里叶导热微分方程

取如图8-1所示的六面体微元控制体。对于导热来说，将传热的普遍性微分方程式（7-6）中的q代换为导热热流密度即可。已知导热热流密度q符合傅里叶导热定律，在x、y、z三个方向上有

$$q_x=-\lambda\frac{\partial T}{\partial x},q_y=-\lambda\frac{\partial T}{\partial y},q_z=-\lambda\frac{\partial T}{\partial z}$$

将上述三式代入式（7-6）

$$\frac{Q}{\rho c}-\frac{1}{c\rho}\left(\frac{\partial q_x}{\partial x}+\frac{\partial q_y}{\partial y}+\frac{\partial q_z}{\partial z}\right)=\frac{\partial T}{\partial t}$$

有

$$-\frac{1}{\rho c}\left[\frac{\partial}{\partial x}\left(-\lambda\frac{\partial T}{\partial x}\right)+\frac{\partial}{\partial y}\left(-\lambda\frac{\partial T}{\partial y}\right)+\frac{\partial}{\partial z}\left(-\lambda\frac{\partial T}{\partial z}\right)\right]+\frac{Q}{\rho c}=\frac{\partial T}{\partial t}$$

整理得

$$\frac{1}{\rho c}\left[\frac{\partial}{\partial x}\left(\lambda\frac{\partial T}{\partial x}\right)+\frac{\partial}{\partial y}\left(\lambda\frac{\partial T}{\partial y}\right)+\frac{\partial}{\partial z}\left(\lambda\frac{\partial T}{\partial z}\right)\right]+\frac{Q}{\rho c}=\frac{\partial T}{\partial t}\tag{8-1}$$

式（8-1）为直角坐标系中，非稳态、有内热源的变热导率的导热微分方程式。若热导率λ为常数，则

$$\frac{\partial T}{\partial t}=\frac{\lambda}{\rho c}\left(\frac{\partial^2 T}{\partial x^2}+\frac{\partial^2 T}{\partial y^2}+\frac{\partial^2 T}{\partial z^2}\right)+\frac{Q}{\rho c}\tag{8-2}$$

式（8-2）对稳态、非稳态及有无内热源的问题均适用。稳态问题以及无内热源的问题都是上述微分方程式的特例。例如，在稳态、无内热源条件下，导热微分方程式就简化成为

$$\frac{\partial^2 T}{\partial x^2}+\frac{\partial^2 T}{\partial y^2}+\frac{\partial^2 T}{\partial z^2}=0 \tag{8-3}$$

运用数学上的坐标转换，式（8-2）可以转换成圆柱坐标或球坐标表达式。参照图 3-3、图 3-4 所示的坐标系统，转换的结果分别是：

圆柱坐标

$$\frac{\partial T}{\partial t}=a\left(\frac{\partial^2 T}{\partial r^2}+\frac{1}{r}\frac{\partial T}{\partial r}+\frac{1}{r^2}\frac{\partial^2 T}{\partial \theta^2}+\frac{\partial^2 T}{\partial z^2}\right)+\frac{Q}{\rho c} \tag{8-4}$$

球坐标

$$\frac{\partial T}{\partial t}=\alpha\left[\frac{1}{r^2}\frac{\partial}{\partial r}\left(r^2\frac{\partial T}{\partial r}\right)+\frac{1}{r^2\sin\theta}\frac{\partial}{\partial \theta}\left(\sin\theta\frac{\partial T}{\partial \theta}\right)+\frac{1}{r^2\sin^2\theta}\frac{\partial^2 T}{\partial \varphi^2}\right]+\frac{Q}{\rho c} \tag{8-5}$$

无内热源的稳态导热微分方程式，当采用圆柱坐标和球坐标时，表达形式分别是：

圆柱坐标

$$\frac{\partial^2 T}{\partial r^2}+\frac{1}{r}\frac{\partial T}{\partial r}+\frac{1}{r^2}\frac{\partial^2 T}{\partial \theta^2}+\frac{\partial^2 T}{\partial z^2}=0 \tag{8-6}$$

球坐标

$$\frac{1}{r^2}\frac{\partial}{\partial r}\left(r^2\frac{\partial T}{\partial r}\right)+\frac{1}{r^2\sin\theta}\frac{\partial}{\partial \theta}\left(\sin\theta\frac{\partial T}{\partial \theta}\right)+\frac{1}{r^2\sin^2\theta}\frac{\partial^2 T}{\partial \varphi^2}=0 \tag{8-7}$$

数学上将式（8-3）、式（8-6）、式（8-7）的表达形式简化为

$$\nabla^2 T=0 \tag{8-8}$$

式中　∇^2——拉普拉斯算子。

式（8-8）亦称为拉普拉斯方程。许多实际问题往往是以上一般的导热微分方程所描述问题的特例。例如，无内热源的一维稳态导热问题，导热微分方程可简化为

$$\frac{\mathrm{d}^2 T}{\mathrm{d}x^2}=0 \tag{8-9}$$

导热微分方程式是描写导热过程共性的数学表达式，对于任何导热过程，不论是稳态的或是非稳态的，一维的或多维的，导热微分方程都是适用的。因此可以说，导热微分方程式是求解一切导热问题的基础。

8.1.1.2　*初始条件及边界条件*

得到导热微分方式后，理论上，对该微分方程式求解，可以得到关于温度场的通解，这个通解是一族函数曲面，只有针对具体问题附加必要的条件，才能得到特定的温度场分布函数，即定解。

对非稳态导热问题来说，求解对象的几何形状（几何条件）及材料（物理条件）是已知的，需要给定的定解条件主要是初始条件和边界条件：

① 给出初始时刻求解域的温度分布，即初始条件；

② 给出求解域边界上的温度或换热情况，即边界条件。

对导热问题来说，常见的边界条件主要为以下三类。

① 给定边界上的温度分布，称为**第一类边界条件**。如规定边界温度为常数，即 $T_{边界}$＝常数对于非稳态导热，该类边界条件数学表达式为：

$$t>0\text{时}，T_W=f_1(t)$$

② 给定边界上的热流密度值，称为**第二类边界条件**。如规定边界上热流密度为定值，即 $q_{边界}$＝常数。对于非稳态导热，这类边界条件的数学表达式为：

$$t>0\text{时}, -\lambda\left(\frac{\partial T}{\partial n}\right)_W = f_2(t)$$

式中 $\left(\frac{\partial T}{\partial n}\right)_W$——边界上的温度梯度。

③ 给定边界上物体与周围流体间的表面换热系数 α 及周围流体的温度 T_f，称为**第三类边界条件**。其数学表达式为：

$$-\lambda\left[\frac{\partial T}{\partial n}\right]_W = \alpha(T_W - T_f)$$

在非稳态导热时，式中 α 及 T_f 均可为时间 t 的函数。

8.1.2 对导热微分方程的评述

与理论流体力学的微分方程组类似，傅里叶导热微分方程也得不到解析解，为了应用的目的，人们主要从两个方向去求解方程。一个方向是对方程作降维处理，如本书后面给出的一维稳态导热，一维非稳态导热，二维及三维稳态导热等变形形式。另一个方向是采用数值方法求解方程。近年来，随着计算机技术的进步，用数值方法求解热传递问题获得了巨大的成功。傅里叶方程的特定条件下的解析解受到求解区域形状、定解条件的限制而使其应用受限。而数值解却不受形状和定解条件的限制，基本适用于所有情况下的求解，而且也可以保证精度，因此，逐渐成为求解传热问题的主流方法。本章 8.4 节将对此方法予以介绍。

8.2 导热微分方程的简化及其在工程中的应用

8.2.1 一维稳态导热

工程实践中存在着大量的稳态导热问题，有些问题在一定条件下可以简化成一维稳态导热，即温度仅沿一个空间坐标方向变化。对于一维稳态导热过程，如大平板、长圆筒、球壁等几何形态规则物体的导热问题，采用直接积分法即可获得其分析解。本节将分别讨论它们的具体解法。

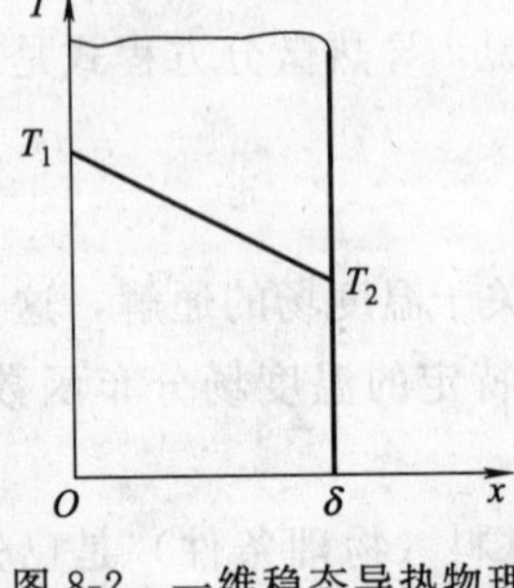

图 8-2 一维稳态导热物理模型：单层平壁导热

8.2.1.1 单层平壁的导热

如图 8-2 的无限大平板，只在 x 方向存在导热，其他方向的导热可以忽略不计。在平板两端保持恒定温度 T_1 和 T_2 不变，平板壁厚为 δ，当达到稳定状态时，大平板温度分布保持不变，为一维稳态导热。假设热导率为常数，则式（8-2）可以简化为

$$\frac{d^2 T}{dx^2} = 0 \tag{8-10a}$$

边界条件为

$$\text{当 } x=0\text{时}, T=T_1 \tag{8-10b}$$

$$\text{当 } x=\delta\text{时}, T=T_2 \tag{8-10c}$$

式（8-10a）、式（8-10b）、式（8-10c）为一维导热问题的数学模型。以下对其求解。

对微分方程式（8-10a）连续积分两次，得

$$T = c_1 x + c_2 \tag{8-10d}$$

式中，c_1 和 c_2 为积分常数，由边界条件式（8-10b）、式（8-10c）确定。于是解得温度分布为

$$T=\frac{T_2-T_1}{\delta}x+T_1 \tag{8-10e}$$

由于δ、T_1和T_2都是定值，所以温度呈线性分布，换句话说，温度分布线的斜率是常量，即

$$\frac{\mathrm{d}T}{\mathrm{d}x}=\frac{T_2-T_1}{\delta} \tag{8-10f}$$

根据傅里叶导热定律，$q=-\frac{\mathrm{d}T}{\mathrm{d}x}$代入式（8-10f），整理得

$$q=\frac{\lambda(T_1-T_2)}{\delta}=\frac{\lambda}{\delta}\Delta T \tag{8-11}$$

式（8-11）即平壁导热的计算公式。例如，对于一块给定材料和厚度的平壁，已知其热流密度时，平壁两侧表面之间的温差就可从下式求出，即

$$\Delta T=\frac{q\delta}{\lambda} \tag{8-12}$$

当热导率是温度的线性函数，即$\lambda=\lambda_0(1+bt)$时，只要取计算区域平均温度下的$\bar{\lambda}$值代入$\lambda=$常数时的计算公式，就可获得正确的结果。

【例 8-1】 一窑炉的耐火硅砖炉墙，厚为$\delta=250\text{mm}$。已知内壁面温度$t_1=1500℃$，外壁面温度$t_2=400℃$，试求每平方米炉墙的热损失。

解：从附录C查得，对硅砖$\bar{\lambda}=0.93+0.0007\bar{t}$于是

$$\bar{\lambda}=0.93+0.0007\times\left(\frac{1500+400}{2}\right)\text{W/(m·℃)}=1.60\text{W/(m·℃)}$$

代入式（8-11）得每平方米炉墙的热损失为：

$$q=\frac{\bar{\lambda}(T_1-T_2)}{\delta}=\frac{1.60\times(1773-673)}{0.25}\text{W/m}^2=7040\text{W/m}^2$$

8.2.1.2 *多层平壁的导热*

首先引出热阻的概念，然后讨论多层平壁的导热计算。

热量传递是自然界中的一种能量转移过程，它与自然界中其他转移过程，如电量的转移、动量的转移、质量的转移有类似之处。各种转移过程的共同规律可归结为

$$\text{过程的转移量}=\frac{\text{过程的动力}}{\text{过程的阻力}}$$

在电学中，上述规律表现为欧姆定律

$$I=\frac{U}{R}$$

在导热中，相应的表达式可由式（8-11）得

$$q=\frac{\Delta T}{\delta/\lambda} \tag{8-13}$$

式中，热流密度q为导热过程的转移量；温差ΔT为导热过程的动力；分母δ/λ则为导热过程的阻力。热转移过程的阻力称为热阻，记为R_t，它与电传输过程中的电阻R相当。热阻R_t是针对每单位面积而论的，有时需要讨论整个表面积A的热阻，这时总面积的热阻有以下定义式：

$$R_{t,z}=\frac{\Delta T}{\Phi}$$

【例 8-2】 已知灰铸铁、空气及湿型砂的热导率分别为 50.3W/(m·℃)、0.0321W/(m·℃)及 1.13W/(m·℃)，试比较 1mm 厚灰铸铁、空气及湿型砂的热阻。

解：导热热阻 $R_t=\delta/\lambda$，故有

灰铸铁 $$R_t=\frac{0.001}{50.3}=1.98\times10^{-5}\,\mathrm{m^2\cdot ℃/W}$$

空气 $$R_t=\frac{0.001}{0.0321}=3.12\times10^{-2}\,\mathrm{m^2\cdot ℃/W}$$

湿砂型 $$R_t=\frac{0.001}{1.13}=8.85\times10^{-4}\,\mathrm{m^2\cdot ℃/W}$$

由此可见，1mm 的空气隙的热阻相当于灰铸铁热阻的 1500 余倍，因此在铸铁冷却分析中，气隙的作用是不可忽略的因素。湿型砂的热阻比灰铸铁的热阻要大 45 倍左右，在粗略的分析中，灰铸铁的热阻相对来说是次要的。

热阻概念的建立给复杂热转移过程的分析带来很大方便。例如，可以借用比较熟悉的串、并联电路电阻的计算公式来计算热转移过程的合成热阻（或称总热阻）。串联电阻叠加得到总电阻的原则可以应用到串联导热热阻的计算上，从而可方便地推导出复合壁的导热公式。

在由两种材料组成的复合导热系统中，如热导率分别为 λ_c 和 λ_s 的两种不同材料组成一种简单的复合平板，热量的传递有可能变得复杂起来，这与两种材料界面处的接触情况有很大关系。为了研究的方便，这里提出理想接触和非理想接触的概念。若界面附近的热传递满足如下条件，就是理想接触。

$$T_c\big|_{x^-}=T_s\big|_{x^+}\quad -\lambda_c\frac{\mathrm{d}T}{\mathrm{d}x}\Big|_{x^-}=-\lambda_s\frac{\mathrm{d}T}{\mathrm{d}x}\Big|_{x^+}$$

上式的意义为：两种材料接触界面上某点 x，不仅两边的温度相等，而且流过的热量也应相等。

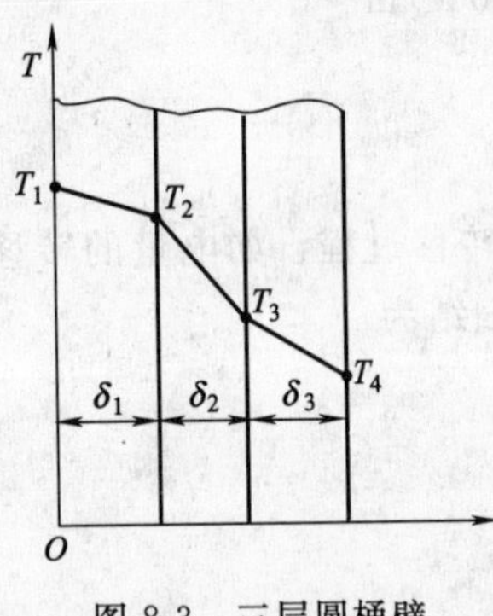

图 8-3 三层圆桶壁

在理想接触情况下，可以应用热阻的概念来推导通过多层平壁的导热计算公式。所谓多层壁，就是由不同材料叠加在一起组成的复合壁。例如，采用耐火砖层、隔热砖层和金属护板叠合而成的炉窑墙，这是一个三层壁，如图 8-3 所示。假定层与层之间接触良好，为理想接触状态，通过层间分界面不会产生温度降。已知各层的厚度分别为 δ_1、δ_2 和 δ_3，各层材料的热导率分别为 λ_1、λ_2 和 λ_3，已知两个外侧表面的温度分别为 T_1 和 T_4，中间温度 T_2 和 T_3 是未知的。现在要求通过三层壁的热流密度 q。

应用热阻表达式（8-13）可写出各层的热阻如下：

$$\left.\begin{aligned}\frac{T_1-T_2}{q}&=\frac{\delta_1}{\lambda_1}\\ \frac{T_2-T_3}{q}&=\frac{\delta_2}{\lambda_2}\\ \frac{T_3-T_4}{q}&=\frac{\delta_3}{\lambda_3}\end{aligned}\right\}\tag{8-14}$$

把（8-14）中三式叠加，得到多层壁的总热阻：

$$\frac{T_1-T_4}{q}=\frac{\delta_1}{\lambda_1}+\frac{\delta_2}{\lambda_2}+\frac{\delta_3}{\lambda_3}$$

由此导得热流密度的计算公式：

$$q=\frac{T_1-T_4}{\frac{\delta_1}{\lambda_1}+\frac{\delta_2}{\lambda_2}+\frac{\delta_3}{\lambda_3}} \tag{8-15}$$

依此类推，n 层多层壁的计算公式是：

$$q=\frac{T_1-T_{n+1}}{\sum_{i=1}^{n}\frac{\delta_i}{\lambda_i}}$$

解得热流密度后，层间分界面上未知温度 T_2 和 T_3，就可以利用式（8-14）求出。例如

$$T_2=T_1-q\frac{\delta_1}{\lambda_1} \tag{8-16}$$

$$T_3=T_2-q\frac{\delta_2}{\lambda_2} \tag{8-17}$$

【例 8-3】 窑炉炉墙由厚 115mm 的耐火黏土砖和厚 125mm 的 B 级硅藻土砖再加上外敷石棉板叠成。耐火黏土砖的 $\bar{\lambda}=0.88+0.00058\bar{t}$，B 级硅藻土砖的 $\bar{\lambda}=0.0477+0.0002\bar{t}$。已知炉墙内表面温度为 495℃和硅藻土砖与石棉板间的温度为 207℃，试求：每平方米炉墙每秒的热损失 q，及耐火黏土砖与硅藻土砖分界面上的温度。

解： 采用图 8-3 的符号，$\delta_1=115\text{mm}$，$\delta_2=125\text{mm}$。各层的热导率可按估计的平均温度值算出（第一次估计的平均温度不一定正确，待算得分界面温度后，如发现不对，可修改估计温度，经几次试算，逐步逼近，可得合理估计温度值。这里列出的是几次试算后的结果）：

$$\lambda_1=1.16\text{W/(m}\cdot\text{℃)}$$

$$\lambda_2=0.116\text{W/(m}\cdot\text{℃)}$$

代入式（8-15）得每平方米炉墙每秒的热量损失为：

$$q=\frac{T_1-T_3}{\frac{\delta_1}{\lambda_1}+\frac{\delta_2}{\lambda_2}}=\frac{768-580}{\frac{0.115}{1.16}+\frac{0.125}{0.116}}\text{W/m}^2=244\text{W/m}^2$$

将此 q 值代入式（8-16）得耐火黏土砖与硅藻土砖层分界面温度：

$$T_2=T_1-q\frac{\delta_1}{\lambda_1}=768-244\times\frac{0.115}{1.16}=744\text{K}$$

热阻这个概念不限于导热，对于对流换热、辐射换热以及复合换热等方式也是适用的。

8.2.1.3 圆筒壁和球壁的导热

（1）圆筒壁的导热

圆筒壁在工程上应用很广，如管道、轧机辊子等都是实例。先分析单层圆筒壁的导热。如图 8-4 所示，已知内、外半径分别为 r_1、r_2 的圆筒壁的内、外表面温度分别维持均匀恒定的温度 T_1 和 T_2。假设热导率 λ 等于常数。如果圆筒壁的长度很长，沿轴向的导热可以略去不计，温度仅沿半径方向发生变化，若采用圆柱坐标（r，θ）时，就成为一维导热问题。

导热微分方程式（8-6）简化为

$$\frac{\mathrm{d}}{\mathrm{d}r}\left(r\frac{\mathrm{d}T}{\mathrm{d}r}\right)=0 \tag{8-18a}$$

边界条件表达式为

当 $r=r_1$ 时，$T=T_1$ (8-18b)

当 $r=r_2$ 时，$T=T_2$ (8-18c)

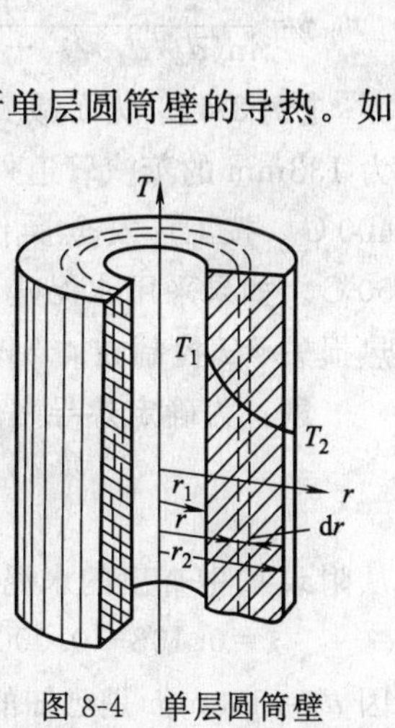

图 8-4 单层圆筒壁

对式（8-18a）积分两次，得到通解为

$$T=c_1\ln r+c_2$$

积分常数 c_1 和 c_2 由边界条件确定。将边界条件式（8-18b）和式（8-18c）分别代入式（8-18a），解得

$$c_1=\frac{T_2-T_1}{\ln(r_2/r_1)}$$

$$c_2=T_1-\frac{T_2-T_1}{\ln(r_2/r_1)}\ln(r_1)$$

代入式（8-18a）得温度分布为

$$T=T_1+\frac{T_2-T_1}{\ln(r_2/r_1)}\ln(r/r_1) \tag{8-19}$$

从式（8-19）不难看出，与平壁中的线性温度分布不同，圆筒壁中的温度分布是对数曲线形式。

解得温度分布后，原则上将 $\mathrm{d}T/\mathrm{d}r$ 代入傅里叶定律即可求得通过圆筒壁的热流量。但要注意在圆筒壁导热中不同 r 处的热流密度 q 在稳态下不是常量，所以有必要采用傅里叶定律的热流量表达式（7-8）

$$\phi=-\lambda A\frac{\mathrm{d}T}{\mathrm{d}r}=-\lambda 2\pi rl\frac{\mathrm{d}T}{\mathrm{d}r} \tag{8-20}$$

对式（8-19）求导数可得

$$\frac{\mathrm{d}T}{\mathrm{d}r}=\frac{1}{r}\frac{T_1-T_2}{\ln(r_2/r_1)}$$

代入式（8-20），即得热流量计算公式

$$\phi=\frac{2\pi\lambda l(T_1-T_2)}{\ln(r_2/r_1)}\text{或}\phi=\frac{2\pi\lambda l(T_1-T_2)}{\ln(d_2/d_1)} \tag{8-21}$$

对于圆筒壁，其总面积热阻有下列表达式：

$$R_{t,z}=\frac{\Delta T}{\phi}=\frac{\ln(d_2/d_1)}{2\pi\lambda l} \tag{8-22}$$

与分析多层平壁一样，运用串联热阻叠加原则，可得如图 8-5 所示的通过多层圆筒壁的热流量为

$$\phi=\frac{2\pi l(T_1-T_4)}{\ln(d_2/d_1)/\lambda_1+\ln(d_3/d_2)/\lambda_2+\ln(d_4/d_3)/\lambda_3} \tag{8-23}$$

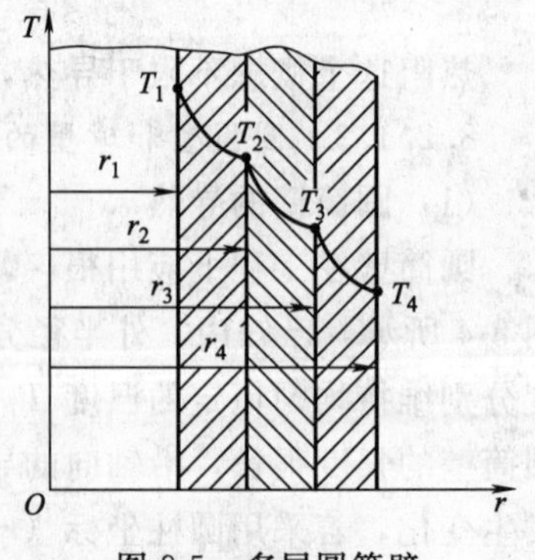

图 8-5　多层圆筒壁

【例 8-4】 为了减少热损失和保证安全工作条件，在外径为 133mm 的蒸汽管道外覆盖隔热层。蒸汽管道外表面温度为 400℃，按工厂安全操作规定，隔热材料外侧温度不得超过 50℃。如果采用水泥硅石制品作隔热材料，并把每米长管道的热损失 ϕ/l 控制在 465W/m 以内，试求隔热层厚度。

解：为确定热导率值，先算出隔热材料的平均温度：

$$\bar{t}=\frac{400+50}{2}℃=225℃$$

从附录 C 中查出的水泥硅石制品 λ 的表达式，得

$$\bar{\lambda}=0.103+0.000198\bar{t}=(0.103+0.000198\times225)\mathrm{W/(m\cdot ℃)}=0.148\mathrm{W/(m\cdot ℃)}$$

因 $d_1=133\mathrm{mm}$ 是已知的，要确定隔热层厚度 δ，需先确定 d_2。为求 d_2，将式（8-21）改写成

$$\ln\frac{d_2}{d_1}=\frac{2\pi\lambda}{\frac{\phi}{l}}(T_1-T_2)$$

$$\ln d_2=\frac{2\pi\lambda}{\frac{\phi}{l}}(T_1-T_2)+\ln d_1$$

于是

$$\ln d_2=\frac{2\pi\times0.148}{465}(673-323)+\ln 0.133=-1.317$$

$$d_2=0.268$$

隔热层的厚度为

$$\delta=\frac{d_2-d_1}{2}=\frac{0.268-0.133}{2}\text{m}=0.0675\text{m}=67.5\text{mm}$$

(2) 球壁的导热

球壁的导热如图 8-6 所示。已知球壁的内、外半径分别为 r_1、r_2，内、外表面分别维持恒定的均匀温度 T_1 和 T_2。设热导率 λ 为常量。现在要求出通过球壁导热的热流量 q 的计算公式。

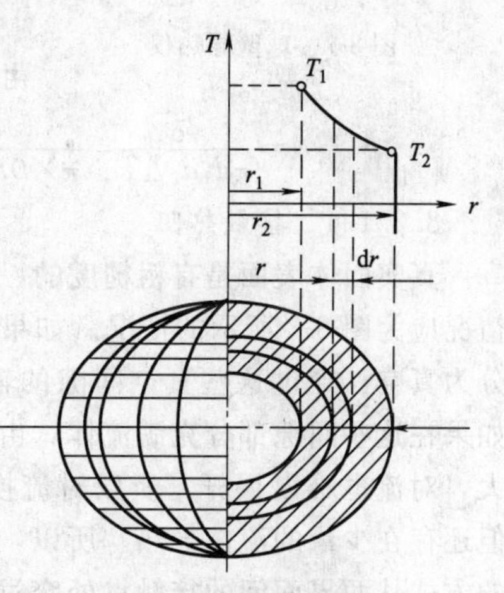

图 8-6 球壁的导热

在上述情况下，温度只沿径向变化，在球坐标中为一维导热问题。微分方程式 (8-7) 简化为

$$\frac{\mathrm{d}^2T}{\mathrm{d}r^2}+\frac{2}{r}\frac{\mathrm{d}T}{\mathrm{d}r}=0 \tag{8-24}$$

边界条件为

当 $r=r_1$ 时，$T=T_1$

当 $r=r_2$ 时，$T=T_2$

对式 (8-24) 两次积分得

$$T=c_2-\frac{c_1}{r}$$

积分常数 c_1 和 c_2 由边界条件确定

$$c_1=\frac{T_1-T_2}{\frac{1}{r_2}-\frac{1}{r_1}}$$

$$c_2=T_1-\frac{T_1-T_2}{\frac{1}{r_1}-\frac{1}{r_2}}\frac{1}{r_1}$$

代入上式得到球壁的温度分布表达式为

$$T=T_1-\frac{T_1-T_2}{\frac{1}{r_1}-\frac{1}{r_2}}\left(\frac{1}{r_1}-\frac{1}{r}\right) \tag{8-25}$$

式 (8-25) 表明，在 λ 为常量时，球壁内的温度按双曲线规律变化。由于热流密度随 r 变化而总热流量 ϕ 不变，因此求取导热量也有必要应用热流量表示的傅里叶定律式 (7-8)，即

$$\phi=-\lambda A\frac{\mathrm{d}T}{\mathrm{d}r}=-\lambda(4\pi r^2)\frac{\mathrm{d}T}{\mathrm{d}r} \tag{8-26}$$

对式 (8-25) 求导数，并代入式 (8-26)，得到通过球壁热流量的计算公式：

$$\phi=\frac{4\pi\lambda(T_1-T_2)}{\dfrac{1}{r_1}-\dfrac{1}{r_2}}=\frac{2\pi\lambda\Delta T}{\dfrac{1}{d_1}-\dfrac{1}{d_2}}=\pi\lambda\frac{d_1d_2}{\delta}\Delta T \tag{8-27}$$

式中　δ——球壁的厚度。

【例 8-5】 测定颗粒状材料常用的球壁导热仪示于图 8-7。它被用来测定砂子的热导率。

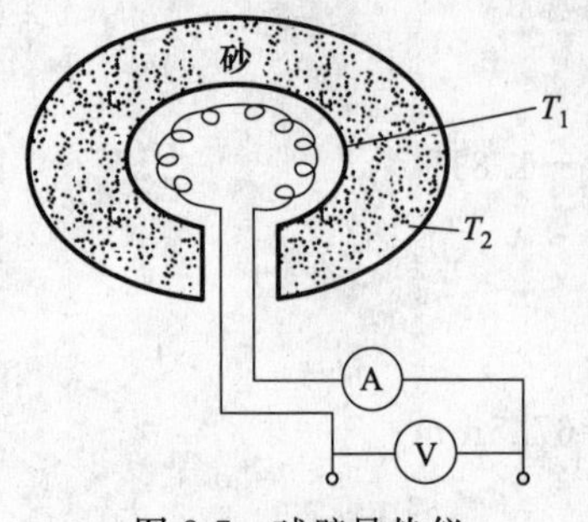

图 8-7　球壁导热仪

两同心球壳由薄纯铜板制成，其导热热阻可忽略不计。内外层球壳之间填满砂子，内层球壳中装有电热丝，通电后所产生的热量通过内层球壁、被测材料层及外球壁向外散出，在工况稳定后读取数据。在实验中测得 t_1 和 t_2 分别为 85.5℃及 45.7℃，通过电热丝的电流 I 为 251mA，电压 U 为 52V。已知内、外球壳直径 d_1、d_2 分别为 80mm 和 160mm，试求砂子的热导率。

解：　　$\phi=IU=0.251\times52\text{W}=13.1\text{W}$

由式 (8-27)

$$\lambda=\frac{\phi\delta}{\pi d_1d_2\Delta T}=\frac{13.1\times0.04}{\pi\times0.08\times0.16\times(85.5-45.7)}=0.327\text{W}/(\text{m}\cdot℃)$$

8.2.1.4　接触热阻

真实固体表面是有粗糙度的，因此两个看似很平的固体表面相贴合时，其接触界面的真实情况应为图 8-8 所示的情况。如果接触界面之间的间隙部分为真空，穿过这些真空间隙的辐射换热量是非常小的。如果在这些间隙部分充满流体，由于间隙薄而界面温差不大，对流也难以展开，所以对流换热量也可以忽略不计，但还存在少量的流体导热。所以，大部分的热量会以导热的方式从两界面间的接触点处穿过，从而形成图中所示的热流线收缩的情况，与完全理想的界面接触（没有间隙，理想接触）相比，会在界面处产生一定的热阻，这就是接触热阻。

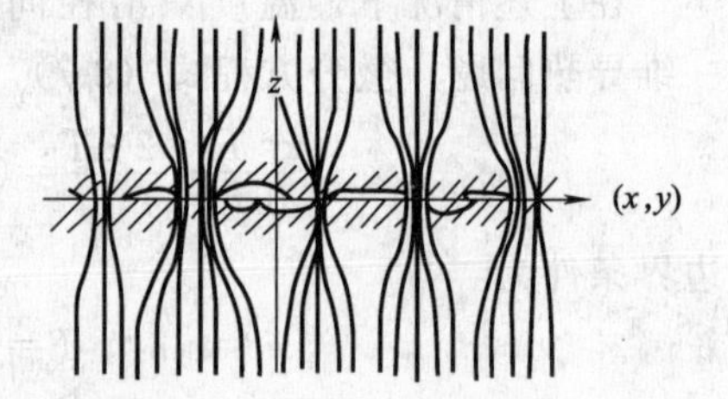

图 8-8　接触界面热流线示意图

综上，接触热阻 R_t 应由下列几个热阻并联组成：①由于导热接触面积减小引起热流线收缩而产生的热阻 R_s；②流体的导热热阻 R_f；③穿过界面间隙的辐射热阻 R_τ。于是有

$$\frac{1}{R_t}=\frac{1}{R_s}+\frac{1}{R_f}+\frac{1}{R_\tau} \tag{8-28}$$

关于界面接触热阻，可以用图 8-9 作进一步的讨论。如图 8-9 (a)，假设两个互相接触的温度不同的固体棒只存在图中所示的一维导热，热流方向如图所示，而且达到了稳定状态。设两固体棒的接触界面处存在热阻，则会形成图 8-9 (b) 的温度分布，即在接触面处出现一个温度降 ΔT_c，界面接触热阻为

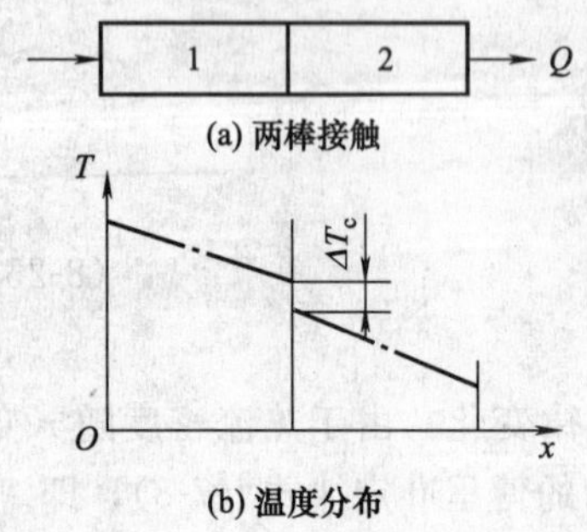

图 8-9　接触热阻示意图

$$R_t=\frac{\Delta T_c}{q} \tag{8-29}$$

式中　q——热流密度，W/(m·℃)。

接触热阻主要依靠实验测定。表 9-1 给出一些实测数据，反映了接触面粗糙度、界面间隙是否为真空及有无填片等不同条件的影响，可供参考。为了减少接触热阻，可在接触界面上加一片薄铜皮或其他延展性好、热

表 8-1　几种不同条件下的接触热阻

接触件材料及界面加工状况	间隙中的介质及有无填片	表面粗糙度/μm	温度/℃	压力/$\times10^{-5}$Pa	接触热阻$(m^2\cdot℃)/W$
铝/铝 界面磨光	空气 无填片	2.54	150	12～25	0.88×10^{-4}
铝/铝 界面磨光	空气 无填片	0.25	150	12～25	0.18×10^{-4}
铝/铝 界面磨光	空气 有 0.025mm 厚的黄铜填片	2.54	150	12～200	1.23×10^{-4}
铜/铜 界面磨光	空气 无填片	1.27	20	12～200	0.07×10^{-4}
铜/铜 界面铣平	空气 无填片	3.81	20	10～50	0.18×10^{-4}
铜/铜 界面磨光	空气 无填片	0.25	20	7～70	0.88×10^{-4}

导率高的材料，或涂一层硅油。这些简单易行的措施都能收到显著的效果。

8.2.2　一维非稳态导热

8.2.2.1　第一类边界条件下的一维非稳态导热

(1) 第一类边界条件下一维非稳态导热的物理模型

图 8-10 为一半无限大物体，其端面位于 x 轴原点处，沿 y 轴正负方向及 x 轴正方向的尺度均为无限大，初始温度为室温 T_0。将端面温度瞬间加热到 T_W，并保持此温度不变。随着时间的推移，温度会逐渐向 x 正方向推移，形成图 8-10 (b) 所示的温度分布及变化趋势：开始时，半无限大物体内外温度均为 T_0；将表面瞬间加热到 T_W后，经过时间 t_1，物体内温度分布如图中 t_1 曲线；经过时间 t_2，物体内温度分布如图中曲线 t_2；如此，温度影响范围逐渐向 x 正方向推移。这是典型的边界条件为第一类边界条件下的一维非稳态导热物理模型。

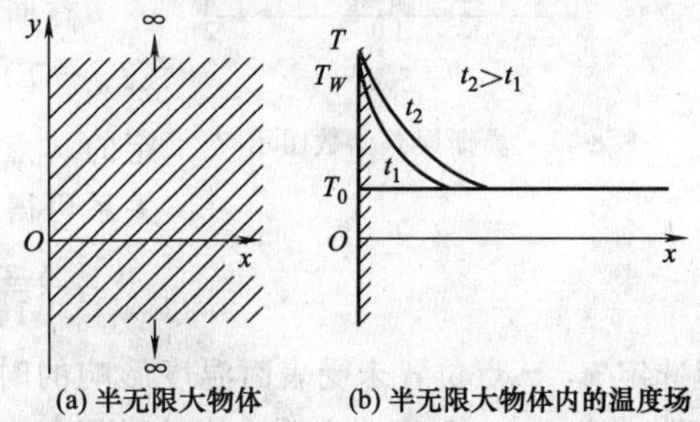

图 8-10　表面温度跃升后的温度变化示意图

如铸造中砂型的受热升温，只要在工程上有意义的时间内，砂型外侧未被升温波及，就可以用半无限大物体进行分析。

(2) 第一类边界条件下的一维非稳态导热的数学模型及求解

以下建立一维非稳态导热的数学模型并求解。

由式 (8-2)，根据图 8-10，因为导热方向仅为 x 方向，且为非稳态，所以常物性一维非稳态导热的微分方程为

$$\frac{\partial T}{\partial t}=a\frac{\partial^2 T}{\partial x^2} \tag{8-30a}$$

初始条件：$t=0$ 时，$T=T_0=$定值　(8-30b)

边界条件：$t>0$，$x=0$ 处，$T=T_W=$定值　(8-30c)

式 (8-30a)、(8-30b)、(8-30c) 为一维非稳态导热的数学模型。式 (8-30a) 的通解为

$$T=C+D\mathrm{erf}\left(\frac{x}{2\sqrt{\alpha t}}\right) \tag{8-31}$$

其中，C 和 D 为积分常数。将式 (8-30b)、(8-30c) 代入式 (8-31)，得

$$C = T_W$$
$$D = T_0 - T_W$$

所以

$$T = T_W + (T_0 - T_W)\mathrm{erf}\left(\frac{x}{2\sqrt{\alpha t}}\right) \tag{8-32}$$

令 $N = x/(2\sqrt{at})$，则

$$T = T_W + (T_0 - T_W)\mathrm{erf}\ (N) \tag{8-33}$$

或

$$\frac{T_W - T}{T_W - T_0} = \mathrm{erf}\left[\frac{x}{2\sqrt{at}}\right] = \mathrm{erf}(N) \tag{8-34}$$

式中，$N = x/(2\sqrt{at})$，$\mathrm{erf}(N)$ 为高斯误差函数，数值可由附录 A 查出。式（8-34）可用来计算某时刻 t、特定点 x 处的温度；反过来，也可计算 x 处达到某一温度 T 所需的时间。

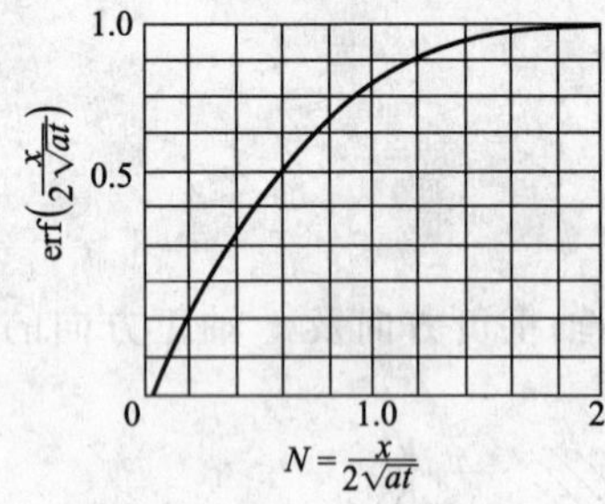

图 8-11　高斯误差函数图示

按式（8-33）绘出的不同时刻半无限大物体内的温度场如图 8-10（b）所示，随着时间的推移，表面温度对物体内部的影响不断深入。

高斯误差函数的性质示于图 8-11，可见，当 $N=2.0$ 时，$(T_W - T)/(T_W - T_0) \approx 1$，即 $T = T_0$。换句话说，由 $N=2$ 确定的 x 点处的温度尚未发生变化。从 $N = x/2\sqrt{at} = 2.0$ 的关系可得

$$t = \frac{x^2}{16a} = 0.0625\frac{x^2}{a} \tag{8-35}$$

即选定 x，x 点位置未受表面温度影响的时间 t 可由式（8-35）确定。这段时间 t 称为 x 点的惰性时间。式（8-35）表明：惰性时间与表面温度 T_W 无关，它与深度 x 的平方成正比，而与热扩散率 a 成反比。热扩散率越小，惰性时间越大。

（3）表面的瞬时热流密度

如图 8-10 所示，物体表面处的温度梯度随时间 t 而变化，对式（8-33）求导，可以求得物体表面的瞬时热流密度 q_W，为

$$q_W = -\lambda \frac{\partial T}{\partial x}\bigg|_{x=0} = \lambda(T_W - T_0)\frac{1}{\sqrt{\pi a t}} \tag{8-36}$$

如果在 $0 \sim t$ 时间内 T_W 保持不变，则式（8-36）中除 t 以外都是常量。将 q_W 在 $0 \sim t$ 范围内积分就得到 t 时间内消耗于加热每平方米半无限大物体的热量 Q_W（亦称累计热量，单位为 $\mathrm{J/m^2}$）为

$$Q_W = \int_0^t q_W \mathrm{d}t = \lambda(T_W - T_0)\frac{1}{\sqrt{\pi a}}\int_0^t \frac{\mathrm{d}t}{\sqrt{t}} = 2\lambda(T_W - T_0)\sqrt{\frac{t}{\pi a}} \tag{8-37}$$

可见，Q_W 与时间 t 的平方根成正比，即随时间增加而递增，但增加的势头逐渐减小，这与温度梯度逐渐减小相对应。

在式（8-37）中，材质不同的影响体现在 $\lambda/\sqrt{a}$ 上。物性的这种组合可表示成

$$\frac{\lambda}{\sqrt{a}} = \sqrt{\lambda c \rho} = b \tag{8-38}$$

式中，b 称为蓄热系数，完全取决于材料的热物性。它综合地反映了材料的蓄热能力，也是一个热物性参数。表 8-2 列出了铸铁和铸型蓄热系数 b 的参考值。

表 8-2　铸铁和铸型的热物性

热物性 材料	热导率 λ /[W/(m·℃)]	比热容 c /[J/(kg·℃)]	密度 ρ /(kg/m³)	热扩散率 a /(m²/s)	蓄热系数 b /[J/(m²·℃·s^{1/2})]
铸铁	46.5	753.6	7000	8.82×10^{-6}	15600
砂型	0.314	963.0	1350	2.41×10^{-6}	2030
金属型	61.64	544.3	7100	1.58×10^{-6}	15500

瞬时热流密度 q_W 和 t 时间内每平方米物体的蓄热量 Q_W 用蓄热系数 b 表示时有下列形式：

$$q_W=\frac{b}{\sqrt{\pi t}}(T_W-T_0) \tag{8-39a}$$

$$Q_W=\frac{2b}{\sqrt{\pi}}(T_W-T_0)\sqrt{t} \tag{8-39b}$$

蓄热系数 b 是个综合衡量材料蓄热和导热能力的物理量。因为常数 $1/\sqrt{\pi}=0.56$，故从式（8-39）可知，$0.56b$ 就等于温度每升高 1 度，每单位时间内的瞬时热流密度值；而从式（8-39b）可知，$1.12b$ 就等于温度每升高 1 度、每单位时间物体的蓄热量。蓄热系数的物理意义从日常生活经验中也很容易理解。例如冬天用手握铁棍和木棍，尽管它们温度都相同，但总是感觉铁棍比较凉，这是因为铁的蓄热系数比木材的大 30 倍左右，铁从手取走的热量远大于木材的缘故。

型砂的热导率较小，当平面砂型壁较厚时，可按半无限大平壁处理。本节得到的公式应用于铸造工艺，可以计算砂型中特定点在 t 时刻达到的温度，以及铸件传入砂型的瞬时热流密度和 0～t 时间内传入砂型的累计热量。瞬时热流密度 q_W 和累计热量 Q_W 都与蓄热系数成正比，所以选用不同造型材料。即改变蓄热系数，就成为控制凝固过程和铸件质量的重要手段。

【例 8-6】 一大型平壁状铸铁件在砂型中凝固冷却。设砂型内侧表面温度维持 1200℃不变，砂型初始温度为 20℃，热扩散率 $a=2.41\times10^{-7}\,\mathrm{m^2/s}$，试求浇注后 1.5h 砂型中离内侧表面 50mm 处的温度。

解：

$$N=\frac{x}{2\sqrt{at}}=\frac{50\times10^{-3}}{2\sqrt{2.41\times10^{-7}\times1.5\times3600}}=0.694$$

从附录 A 中差得　　$\mathrm{erf}(0.694)=0.6736$

代入式（8-33），得

$$T=T_W+(T_0-T_W)\mathrm{erf(N)}=[1473+(293-1473)\times0.6736]\mathrm{K}=678\mathrm{K}$$

8.2.2.2　第三类边界条件下的一维非稳态导热

(1) 第三类边界条件下一维非稳态导热的物理模型

如图 8-12 所示的无限大平板，只在 x 方向上存在热传递，且板厚为 2δ，在其他两个方向上的尺度均为无限大，不存在热传导。设把该无限大平板（初始温度为 T_0）置于温度为 T_f 的介质中冷却，平板与介质的表面传热系数 α 为常数，则平板两侧具有相同的第三类边界条件。可以推断，开始时即 $t=0$ 时，平板温度内外温度一致，为 T_0，随着时间的推移，如 $t=t_1$、$t=t_2$、$t=t_3$ 时，平板内外的温度会呈现出图 8-12 所示的发展态势。这就是第三类边界条件下的一维非稳态导热的物理模型。

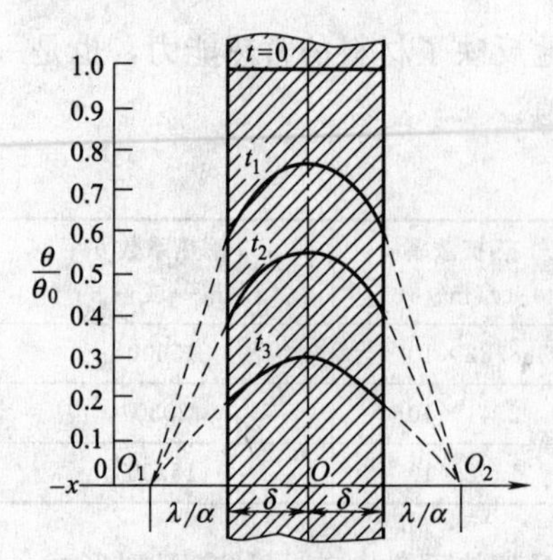

图 8-12　无限大平板在冷却过程中的温度分布

(2) 第三类边界条件下的一维非稳态导热的数学模型及求解

根据上述物理模型，由式 (8-2)，可得微分方程

$$\frac{\partial T}{\partial t}=a\ \frac{\partial^2 T}{\partial x^2} \tag{8-40a}$$

初始条件：　　　$T(x,0)=T_0$　　　(8-40b)

边界条件：

$$\frac{\partial T(0,t)}{\partial x}=0\ (\text{平板中心,绝热条件}) \tag{8-40c}$$

$$\frac{\partial T(\delta,t)}{\partial x}+\frac{\alpha}{\lambda}[T(\delta,t)-T_f]=0\ (\text{平板边界,第三类边界条件}) \tag{8-40d}$$

为了求解方便，将边界条件齐次化，令 $\theta=T-T_f$，则式 (8-40) 变化为

$$\frac{\partial \theta}{\partial t}=a\ \frac{\partial^2 \theta}{\partial x^2} \tag{8-41a}$$

初始条件　　　$t=0$时，$\theta=\theta_0$　　　(8-41b)

边界条件　　　$t>0$时，$x=\delta$ 处，$-\dfrac{\partial \theta}{\partial x}=\dfrac{\alpha}{\lambda}\theta$

$$x=0\text{处},\ \frac{\partial \theta}{\partial x}=0 \tag{8-41c}$$

式 (8-41a)、(8-41b)、(8-41c) 即为第三类边界条件下一维非稳态导热的数学模型。

该问题可采用分离变量法求解，并已整理成便于应用的线算图，称为诺谟图。图中的坐标及参变量都是无量纲的综合量，称为相似特征数。相似特征数意味着：在物理现象中，物理量不是单个地起作用，而是以相似特征数这种组合量发挥其作用的。

下面以第三类边界条件下的一维非稳态导热问题为例，阐明微分方程及其定解条件下的解必然可以表达成几个特征数之间的关系式。

为了把式 (8-41a) 无量纲化，选取平板的半厚 δ 为长度的基准量，变量 x 与 δ 之比为无量纲长度 $X=x/\delta$。按类似的方法将方程式中其他变量 θ 和 t 无量纲化，选取 $\theta_0=T_0-T_f$ 和 $t_0=t_{总}-0$ ($t_{总}$ 表示冷却总时间) 为基准量，可得无量纲温度和无量纲时间为

$$\Theta=\frac{\theta}{\theta_0}\qquad T=\frac{t}{t_0}$$

采用这些无量纲变量，微分方程式 (8-41a)～式 (8-41c) 可转换成为无量纲化形式：

$$\frac{\partial \Theta}{\partial T}=\frac{at_0}{\delta^2}\frac{\partial^2 \Theta}{\partial X^2} \tag{8-41d}$$

$$T=0\text{时}\qquad \Theta=1 \tag{8-41e}$$

$$T>0\text{时}\quad X=1\text{处}\quad -\left[\frac{\partial \Theta}{\partial X}\right]_{x=1}=\frac{a\delta}{\lambda}\Theta\,\Big|_{x=1} \tag{8-41f}$$

式 (8-41d) 中无量纲的物理量组合 at/δ^2 称为傅里叶特征数，记为 Fo；$a\delta/\lambda$ 称为毕奥特征数，记为 Bi。式 (8-41d) 的解，原则上具有下列形式

$$\Theta=f_1(Fo,X,T) \tag{8-41g}$$

在选定的点，X 为定值，即 $X=C$，方程式 (8-41g) 简化为

$$\Theta_{x=c}=f_2(Fo,T) \tag{8-41h}$$

从方程式（8-41f）可得

$$\Theta_{x=c}=f_3(Bi,T) \tag{8-41i}$$

从式（8-41i）可推知 $T=f_4$（Bi，$\Theta_{x=1}$），代入式（8-41h）可得

$$\Theta_{x=1}=f_5(Fo,Bi) \tag{8-41j}$$

式（8-41j）就是壁表面过余温度 θ 的解。同理可得壁中心过余温度 θ_m 的解原则上具有下列形式：

$$\frac{\theta_m}{\theta_0}=\Theta_{x=0}=f_6(Fo,Bi) \tag{8-42}$$

式（8-42）及式（8-41j）就是板内特定点温度场的解的准则关系式。图 8-13 为中心过余温度的理论解按式（8-42）表示的诺谟图。已知 Fo 和 Bi 准则，从图上可以得到 θ_m/θ_0 值。

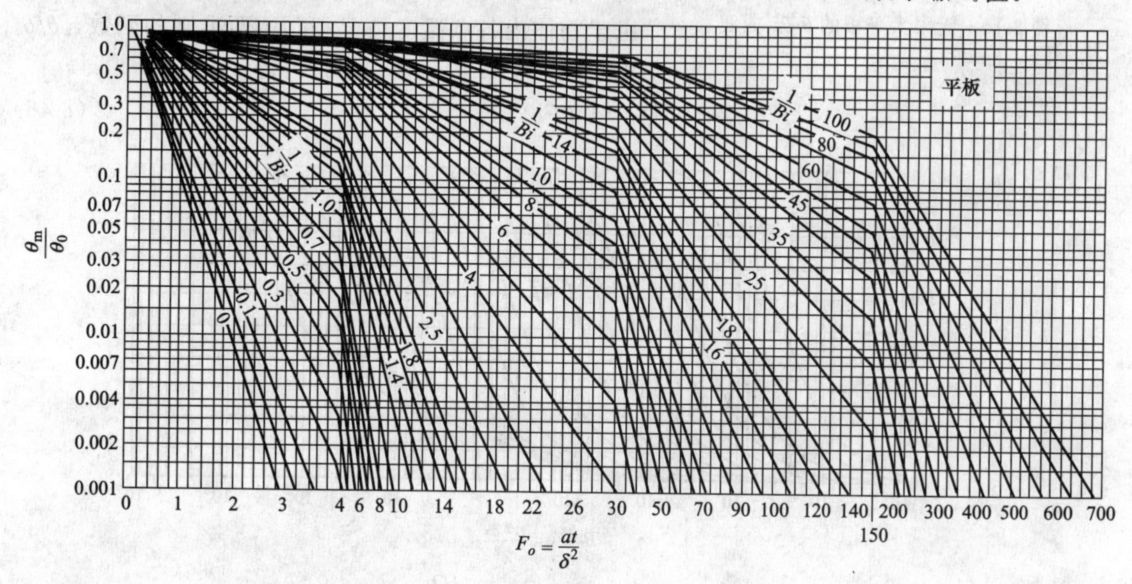

图 8-13　无限大平板中心温度的诺谟图

应当指出，将方程组的解归结为准则关系式是认识上的一个飞跃。它更深刻地反映了物理现象的本质，使变量大幅度减少。如对特定点的过余温度 θ，在方程组（8-41a）～(8-41c）中有四个变量 t、a、λ 和 α，而在准则关系中，变量就成为 Fo 和 Bi 两个。这大大有利于表达求解的结果，也有利于对影响因素的分析。相似特征数反映了与现象有关的物理量间的内在联系，物理量不是单个地而是组成无量纲的物理量组合在一起起作用的。

毕奥准则 Bi 可表示成为 $(\delta/\lambda)/(1/\alpha)$，分子是厚度为 δ 的平壁内的导热热阻，分母则是壁面外的对流换热热阻，所以 Bi 准则具有对比热阻的物理意义。傅里叶准则 Fo 可表示成 $t/(\delta^2\cdot a^{-1})$，分子是时间，分母也具有时间的量纲，它反映了热扰动透过平壁的时间。所以 Fo 准则具有对比时间的物理意义。Fo 值越大，热扰动就不能越快地传播到物体的内部。

已知中心过余温度 θ_m，任意点 x 的过余温度 θ 可从下列准则关系式中推算

$$\frac{\theta}{\theta_m}=-\frac{\theta}{\theta_0}\times\frac{\theta_0}{\theta_m}=f_7(Bi,X) \tag{8-43}$$

图 8-14 就是利用式（8-43）形式绘出的诺谟图。图上的纵坐标 θ/θ_m，横坐标为 $1/Bi$，X 为参变量。

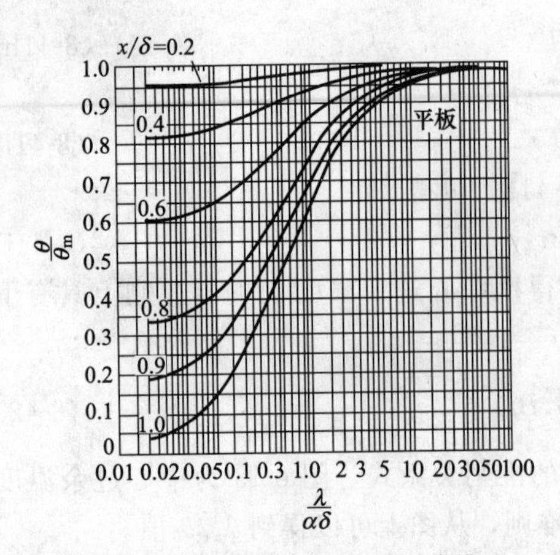

图 8-14　无限大平板的 θ/θ_m 曲线

在 0～t 时间内传给物体的累计热量可以根据固体内能的变化来计算。令温度等于环境温度 T_f 的物体内能为内能的起算点，则无限大平壁每平方米截面的初始内能 Q_0 为

$$Q_0=V\rho c(T_0-T_f)=2\delta\times1\times1\times\rho c(T_0-T_f)=2\delta\rho c\theta_0 \tag{8-44}$$

式中，V 为每平方米截面平板的体积。平板的内能正比于过余温度，已知 0～t 时间内平板的积分平均过余温度 $\bar{\theta}$，即可推算出累计热量 Q：

$$Q=2\delta\rho c\,\bar{\theta}=2\delta\rho c\theta_0\frac{\bar{\theta}}{\theta_0}=Q_0\frac{\bar{\theta}}{\theta_0} \tag{8-45}$$

由于物体内各点温度是 Fo 和 Bi 两准则的函数，$\bar{\theta}/\theta_0$ 也是 Fo 和 Bi 的函数。于是可得

$$\frac{Q}{Q_0}=f_8(Fo,Bi) \tag{8-46}$$

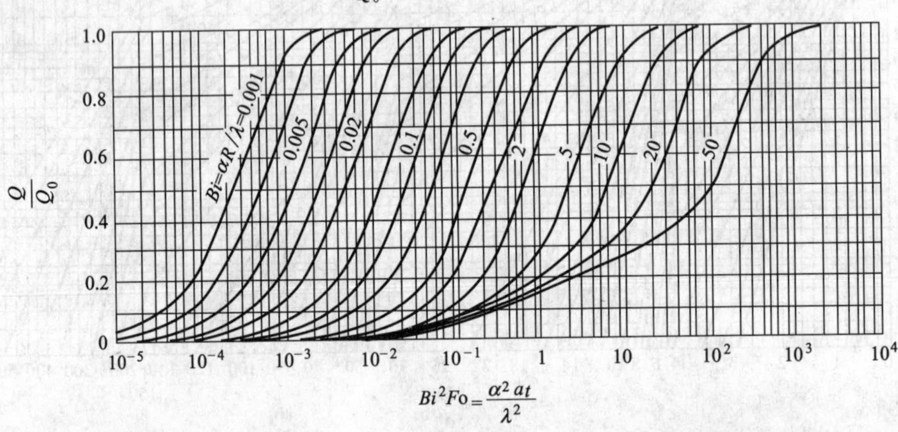

图 8-15　无限大平板（厚 2δ）中累计热量 $\frac{Q}{Q_0}$ 与时间 t 的诺谟图

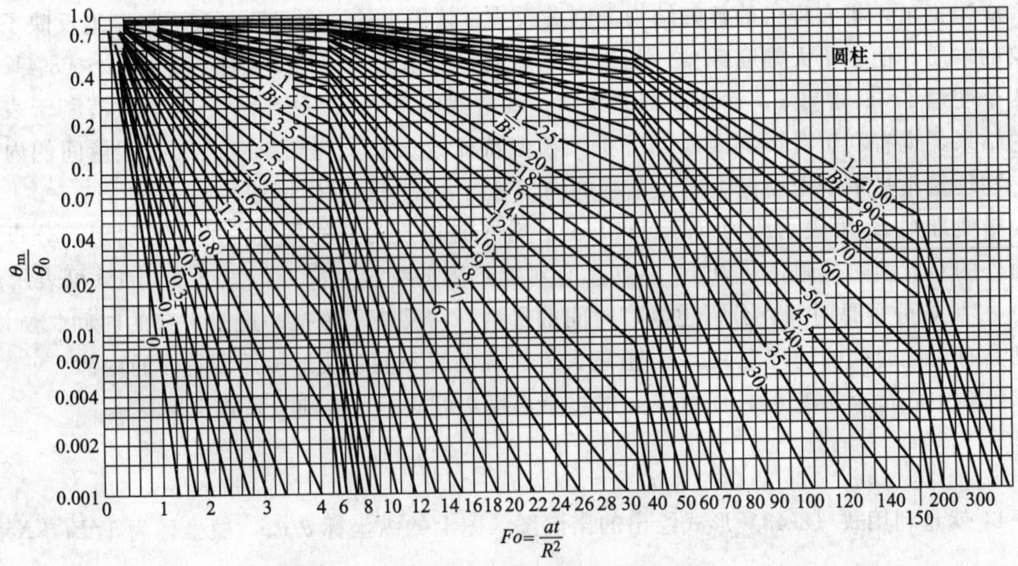

图 8-16　无限长圆柱中心温度的诺谟图

图 8-15 为无量纲累计热量 Q/Q_0 与 t 的诺谟图。为了读图的方便，横坐标取 Bi^2Fo 的组合。图 8-16～图 8-18 分别为无限长圆柱的诺谟图。球体的诺谟图可参考其他文献。

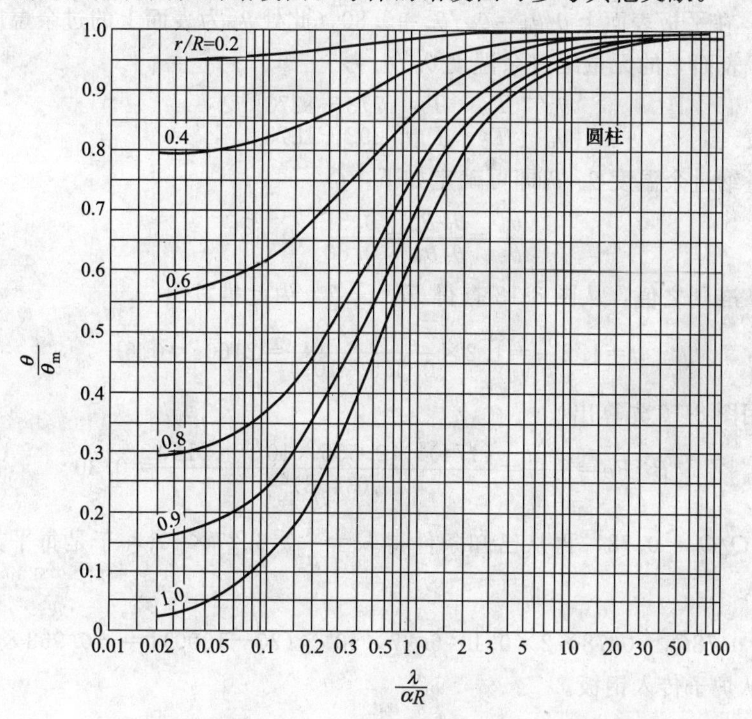

图 8-17 无限长圆柱的 $\frac{\theta}{\theta_m}$ 曲线

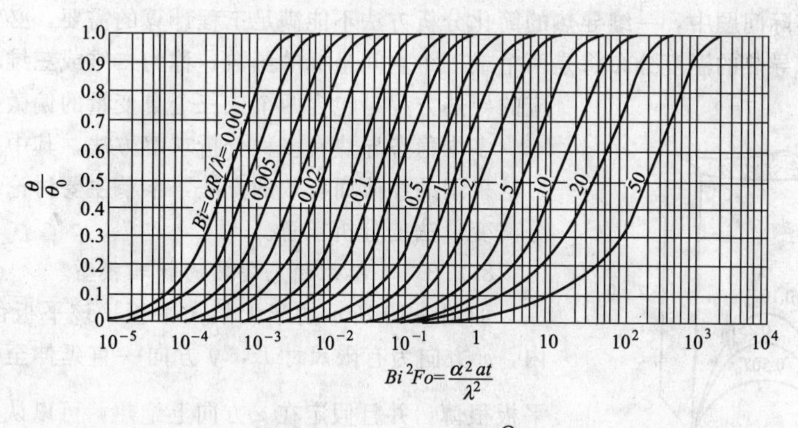

图 8-18 长圆柱（半径 R）中累计热量 $\frac{Q}{Q_0}$ 与时间 t 的诺谟图

【例 8-7】 一块厚 200mm 的钢板初始温度为 20℃，被放入 1000℃高温的加热炉内，两侧受热。已知钢板的 $\lambda=34.8\text{W/m}\cdot℃$，$a=0.555\times10^{-5}\text{m}^2/\text{s}$，加热过程中的平均表面传热系数 $\alpha=174\text{W/(m}^2\cdot℃)$。试求：(1) 钢板受热表面达到 500℃温度所需的时间；(2) 此段时间内每平方米截面传入钢板的累计热量。

解：(1) 在此问题中，钢板半厚 $\delta=100\text{mm}$，于是在表面上

$$\frac{x}{\delta}=1$$

先算出 Bi 数

$$Bi=\frac{a\delta}{\lambda}=\frac{174\times0.1}{34.8}=0.5$$

从图 8-14 查得：在平板表面上 $\theta/\theta_m=\theta_W/\theta_m=0.80$（此处 θ_W 为表面上的过余温度）。另一方面，根据已知条件，表面上的无量纲过余温度 θ_W/θ_m 为

$$\frac{\theta_W}{\theta_0}=\frac{T_W-T_f}{T_0-T_f}=\frac{773-1273}{293-1273}=0.51$$

平板中心的无量纲过余温度 θ_m/θ_0 即可确定如下

$$\frac{\theta_m}{\theta_0}=\frac{\theta_W}{\theta_0}\frac{\theta_m}{\theta_W}=\frac{0.51}{0.80}=0.637$$

已知 θ_m/θ_0 及 Bi 准则之值，从图 8-13 查得 $Fo=1.2$。由此推算出

$$t=1.2\frac{\delta^2}{a}=1.2\times\frac{0.1^2}{0.555\times10^{-5}}=2160\text{s}=0.6\text{h}$$

（2）为应用图 8-16 先算出

$$Bi^2Fo=\frac{a^2at}{\lambda^2}=\frac{(174)^2\times0.555\times10^{-5}\times2160}{(34.8)^2}=0.30$$

从图 9-16 查得 $Q/Q_0=0.78$，再从已知条件得 $\rho c=\frac{\lambda}{a}=6.27\times10^6$，于是每平方米截面的累积热量为

$$Q=0.78Q_0=0.78\times2\times0.1\times6.27\times10^6\times(20-1000)\text{J}=-0.968\times10^8\text{J}$$

负号表示热量从炉子传入钢板。

8.2.3　二维稳态导热

在许多实际问题中，一维导热的简化分析方法不能满足工程计算的需要，必须引入多维稳态导热。稳态导热的温度分布将是两个或三个空间坐标的函数，称为二维或三维稳态导热。相应的导热方程是包含两个或三个自变量的偏微分方程。

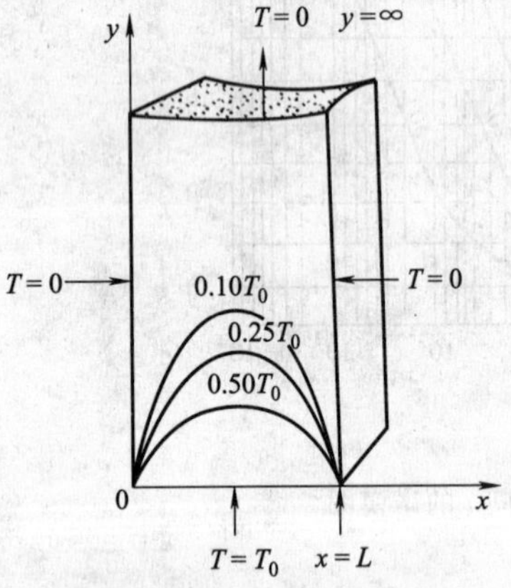

多维稳态导热有多种分析求解方法，其中分离变量法是广泛采用的经典而有效的方法，本节主要讨论二维稳态导热分离变量法的分析求解。

图 8-19　半无限大平板内的温度分布

8.2.3.1　二维稳态导热的物理模型

如图 8-19 所示的半无限大平板，该平板位于 xoy 平面内，x 方向为有限尺寸 L，y 方向一直延伸至 $y=\infty$。假设平板很薄，并且假定在 z 方向上绝热，可以认为 $\frac{\partial T}{\partial z}=0$。假定平板两边的温度保持 $T=0$ 不变，平板底部给定 $T=T_0$ 不变。这是典型二维导热问题。以下给出它的数学模型及求解过程。

8.2.3.2　二维稳态导热的数学模型及求解

半无限大平板二维稳态导热满足方程：

$$\frac{\partial^2T}{\partial x^2}+\frac{\partial^2T}{\partial y^2}=0 \tag{8-47}$$

边界条件为：

1）当 $x=0$ 时，$T=0$　　(8-48a)

2）当 $x=L$ 时，$T=0$ (8-48b)

3）当 $y=\infty$ 时，$T=0$ (8-48c)

4）当 $y=0$ 时，$T=T_0$（均匀） (8-48d)

应用分离变量法求解，首先给出下列形式的乘积解：

$$T(x,y)=X(x)Y(y)$$

式中，X 仅是 x 的函数；Y 仅是 y 的函数。把上式代入式（8-47），则

$$Y\frac{d^2X}{dx^2}+X\frac{d^2Y}{dy^2}=0 \tag{8-48e}$$

将上式变量分离得

$$-\left(\frac{1}{X}\right)\left(\frac{d^2X}{dx^2}\right)=\left(\frac{1}{Y}\right)\left(\frac{d^2Y}{dy^2}\right) \tag{8-48f}$$

由于 Y 仅是 y 的函数，故上式右端与 x 无关，因此，其左端亦与 x 无关，则必等于一常数。同样，其左端与 y 无关，这就需要等式右端亦与 y 无关。因此，两端等于任一常数（设为 λ^2），这个常数 λ^2 称为分离常数。于是

$$\frac{d^2X}{dx^2}+\lambda^2X=0 \tag{8-48g}$$

$$\frac{d^2Y}{dy^2}-\lambda^2Y=0 \tag{8-48h}$$

上两式为常系数齐次线性方程。令 $X=e^{ax}$ 和 $Y=e^{by}$，分别代入式（8-48g）和式（8-48h），可求得这类方程的解。对于式（8-48g），$a=\pm i\lambda$，其通解为

$$X=C_1e^{i\lambda x}+C_2e^{-i\lambda x}$$

利用恒等式，$e^{\pm i\lambda x}=\cos\lambda x+i\sin\lambda x$，则通解可写成更为通用的形式为

$$X=C_1\cos\lambda x+C_2\sin\lambda x \tag{8-49}$$

对于式 8-48h，$b=\pm\lambda$，其通解为

$$Y=C_3e^{\lambda y}+C_4e^{-\lambda y} \tag{8-50}$$

按最初的假定，此拉普拉斯方程式的通解为式（8-49）和式（8-50）的乘积。

现在来考虑式（8-48a）～式（8-48d）中 x 及 y 的边界条件。对于式（8-49），为满足边界条件式（8-48a），当 $x=0$ 时，X 必须为 0，因此 $C_1=0$。同样，当满足边界条件式（8-48b），当 $x=L$ 时 X 必须为 0。因此，

$$\sin(\lambda L)=0 \tag{8-51a}$$

上式要求 $\lambda L=0$、π、2π、3π 等。

根据已讨论的 x 的两个边界条件，可得

$$X=C_2\sin\frac{n\pi x}{L} \tag{8-51b}$$

对于任何 λ_n 值，显然式（8-51a）均能满足式（8-48g）；$\sin\lambda L=0$ 值之和也应满足式（8-48g）。因此，可写成

$$X=\sum_{n=0}^{\infty}C_n\sin\frac{n\pi x}{L}$$

在利用式（8-48c）的 y 的边界条件时，则要求式（8-50）中的 $C_3=0$。于是：

$$Y=C_4e^{-\lambda y}=C_4e^{-(n\pi/L)y}$$

故乘积解为

$$T = XY = \sum_{n=0}^{\infty} A_n \mathrm{e}^{-(n\pi/L)y} \sin \frac{n\pi x}{L} \tag{8-52}$$

式中，A_n表示所涉及的全部常数。

根据最后一个 y 的边界条件（8-48d），可将（8-52）写成

$$T_0 = \sum_{n=0}^{\infty} A_n \sin \frac{n\pi x}{L} \tag{8-53}$$

为了确定所有的 A_n值，可在上式两边同乘以 $\sin(m\pi x/L)$（m 为 n 的一个特定积分值），然后在 $x=0$ 和 $x=L$ 之间积分：

$$T_0\int_{x/L=0}^{L} \sin\left[m\pi\left(\frac{x}{L}\right)\right]\mathrm{d}\left(\frac{x}{L}\right)=\int_{x/L=0}^{L}\sum_{n=0}^{\infty}A_n\sin\left[n\pi\left(\frac{x}{L}\right)\right]\sin\left[m\pi\left(\frac{x}{L}\right)\right]\mathrm{d}\left(\frac{x}{L}\right)$$

由定积分表可知，上式右边的所有积分，除 $m=n$ 外，对所有 n 值均为 0；当 $n=m$ 时其值均为 $A_n/2$。左边的积分值为 $2/n\pi$，$n=1$，3，5，…

故 $A_n=\dfrac{4T_0}{n\pi}$，n 为奇数。

最终解为

$$\frac{T}{T_0} = \sum_{n=0}^{\infty} \frac{4}{n\pi} \mathrm{e}^{-(n\pi/L)y} \sin \frac{n\pi x}{L} \tag{8-54}$$

与式（8-54）相应的等温线绘于图 8-19 中。对于同样的半无限大平板，如果边界条件不同，则平板内的温度分布也不相同。

上述的分离变量法，还可以推广应用到三维导热的情况。其方法也是假设 $T=X(x)Y(y)Z(z)$，并将它代入适当的微分方程式中。当这三个变量进行分离后，可得到三个二次常微分方程，在给定的边界条件下对其积分，即可得到其分析解。实际上，往往由于几何形状和边界条件的复杂性，采用分离变量法求解很困难。

8.2.4 二维及三维非稳态导热

在实际中往往会遇到不少二维和三维的非稳态导热问题，比如有限长度的圆柱体、平行六面体。这些物体可以看成是由平板与圆柱垂直相交构成，或由几块平板垂直相交构成。图 8-20 示出平板与圆柱垂直相交构成的有限长度的圆柱。图 8-21 示出两个平板垂直相交构成的无限长矩形截面的棱形体。图 8-22 示出三个平板垂直相交构成的平行六面体。对于第三类边界条件和$T_W=$常数的第一类边界条件下的导热，已经在数学上证明：多维问题的解等于各个坐标上一维解的乘积。也就是说，当以过余温度准则的形式表达时，多维问题的解等于各坐标一维解的乘积。以中心过余温度准则为例。

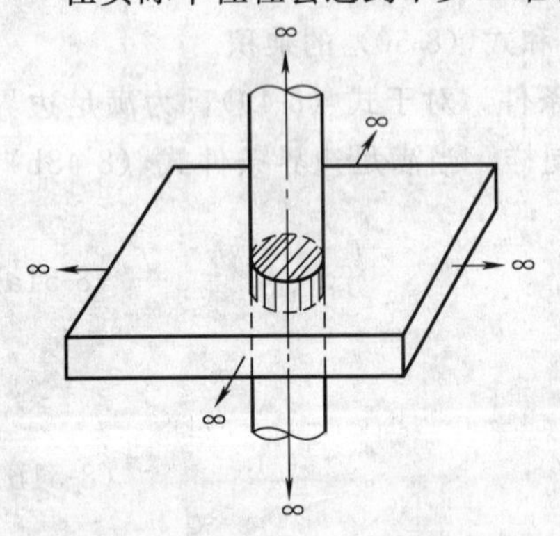

图 8-20 无限长圆柱与无限大平板正交形成的有限长圆柱

二维

$$\frac{\theta_m}{\theta_0}=\left(\frac{\theta_m}{\theta_0}\right)_x\left(\frac{\theta_m}{\theta_0}\right)_y \tag{8-55}$$

三维

$$\frac{\theta_m}{\theta_0}=\left(\frac{\theta_m}{\theta_0}\right)_x\left(\frac{\theta_m}{\theta_0}\right)_y\left(\frac{\theta_m}{\theta_0}\right)_z \tag{8-56}$$

式中，角码 x、y、z 表示不同坐标。这样使得无限大平壁和无限长圆柱体的解推广应用于二维和三维物体，具有很大的实用意义。

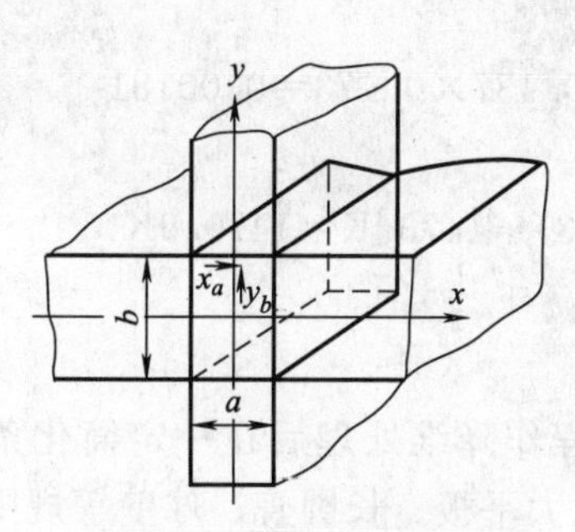

图 8-21 两块无限大平板正交形成无限长棱形体

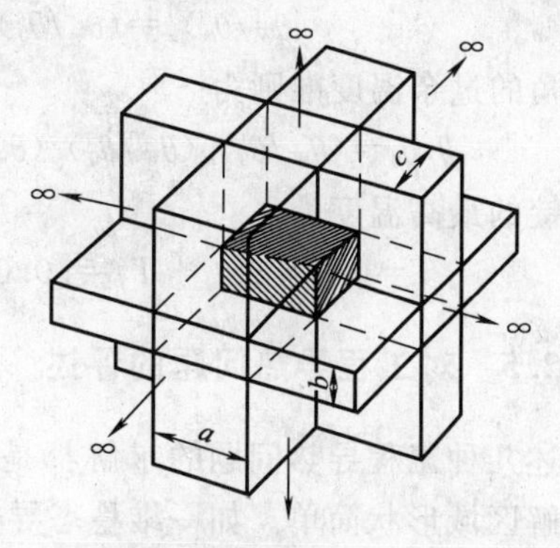

图 8-22 三块无限大平板正交形成的平行六面体

【例 8-8】 三边尺寸为 $2\delta_1=0.5\text{m}$，$2\delta_2=0.73\text{m}$，$\delta_3=1\text{m}$ 的钢锭（形状参见图 8-22），初温 $t_0=20℃$，推入炉温为 1200℃的加热炉内加热，求 4h 后钢锭的最低温度与最高温度。已知钢锭的 $\lambda=40.5\text{W}/(\text{m}^2\cdot℃)$，热扩散率 $a=0.722\times10^{-5}\text{m}^2/\text{s}$，边界上的表面传热系数 $\alpha=348\text{W}/(\text{m}^2\cdot℃)$

解：问题的解可由三块相应的无限大平板的解得出。最低温度位于钢锭的中心，即三块无限大平板中心截面的交点上，而最高温度则位于钢锭的顶角上。即三块平板表面的公共交点上。

取钢锭中心为原点，板 1、2、3 的法线方向为坐标轴 x、y、z，则有

$$(Bi)_x=\frac{a\delta_1}{\lambda}=\frac{348\times0.25}{40.5}=2.14$$

$$(Fo)_x=\frac{at}{{\delta_1}^2}=\frac{0.722\times10^{-5}\times4\times3600}{0.25^2}=1.66$$

$$(Bi)_y=\frac{a\delta_2}{\lambda}=\frac{348\times0.35}{40.5}=3.00$$

$$(Fo)_y=\frac{at}{{\delta_2}^2}=\frac{0.722\times10^{-5}\times4\times3600}{0.35^2}=0.85$$

$$(Bi)_z=\frac{a\delta_3}{\lambda}=\frac{348\times0.5}{40.5}=4.29$$

$$(Fo)_z=\frac{at}{{\delta_3}^2}=\frac{0.722\times10^{-5}\times4\times3600}{0.5^2}=0.416$$

令 θ_W 表示表面过余温度，根据以上准则值查图 8-16、图 8-17，得

$$(\theta_m/\theta_0)_x=0.17\ (\theta_m/\theta_0)_y=0.38\ (\theta_m/\theta_0)_z=0.63$$

$$(\theta_W/\theta_0)_x=0.45\ (\theta_W/\theta_0)_y=0.36\ (\theta_W/\theta_0)_z=0.275$$

钢锭中心的过余温度准则为

$$\theta_m/\theta_0=(\theta_m/\theta_0)_x(\theta_m/\theta_0)_y(\theta_m/\theta_0)_z=0.17\times0.38\times0.63=0.0406$$

于是钢锭的最低温度为

$$T_m=0.0406\theta_0+T_f=[0.0406\times(293-1473)+1473]\text{K}=1425.1\text{K}$$

为求钢锭的最高温度，先求三块平板表面的过余温度准则如下

$$(\theta_W/\theta_0)_x=(\theta_m/\theta_0)_x(\theta_W/\theta_m)_x=0.17\times0.45=0.0765$$

$$(\theta_W/\theta_0)_y=(\theta_m/\theta_0)_y(\theta_W/\theta_m)_y=0.38\times0.36=0.137$$

$$(\theta_W/\theta_0)_z=(\theta_m/\theta_0)_z(\theta_W/\theta_m)_z=0.63\times0.275=0.173$$

钢锭顶角的过余温度准则为

$$\theta/\theta_0=(\theta_W/\theta_0)_x(\theta_W/\theta_0)_y(\theta_W/\theta_0)_z=0.0765\times0.137\times0.173=0.00181$$

于是钢锭的最高温度为

$$T=0.00181\theta_0+T_f=[0.00181\times(293-1473)+1473]\mathrm{K}=1470.9\mathrm{K}$$

8.2.5 对工程导热问题的评述

上述几种工程导热问题的求解都是对傅里叶微分方程作降维处理后在一定简化条件下求解，求解区域形状简单。如一维稳态导热问题主要是针对大平板、长圆管、球壁等规则形状的物体求解。一维非稳态问题也是针对半无限大平板和无限大平板求解，而且当取第三类边界条件时，对无限大平板的求解就已经变得非常烦琐了，如果求解区域的形状不规则，如对于一维非稳态问题的第三类边界条件，如果求解区域的边界为有斜度的平板，边界条件就难于齐次化，则问题极难求解。又如对于二维稳态问题，如果求解区域不是半无限大的平板，边界形状如果存在斜线、曲线，则无法求解。

实际上，当遇到下述情况时，解析法几乎是无能为力的：

① 物体几何形状不规则；

② 材料多样化，且热物性参数随温度变化；

③ 存在潜热释放；

④ 物体与外界环境之间的界面呈一定形状而非平面时的热交换；

⑤ 物体与环境界面处存在热阻。

而实际工程问题中遇到的形状千变万化，条件纷繁复杂，要想全面彻底地解决这些条件下的热传递问题，只有借助于数值方法。

8.3 数值计算方法

数值计算法的基本思想是，把本来求解物体内温度随空间、时间连续分布的问题，转化为在时间领域与空间领域有限个离散点上温度值的问题。用这些离散点上的温度值去逼近连续的温度分布。它的理论基础不如分析解那样坚实、严密。但是，它在应用方面，在实际问题前面却显出很大的适应性。上面说到的一些比较复杂的情况，如复杂几何形状、变化的热物理性等问题，用数值求解方法都能较好地解决。因此，数值解受到人们的普遍欢迎。特别是在电子计算机得到广泛应用的今天，数值计算在精度与速度方面都大大提高。到目前为止，一般稍微复杂的导热问题几乎都依靠数值法求解。

导热问题数值求解方法主要有三种：有限差分法，有限元法和边界元法。有限差分法和有限元在一般教材中均有讲述，有兴趣的读者可以参考。本教材介绍目前在铸造领域温度场计算中普遍采用的直接差分法，也叫单元热平衡法。

8.3.1 一维导热问题的直接差分法数值计算

8.3.1.1 基本原理

直接差分法也称单元热平衡方法、体积单元法。其基本思想是不用导热微分方程，而是直接通过能量守恒定律，根据相邻单元间的能量交换关系导出差分方程。

如图 8-23 所示方形棒体，设热流只在图示的热流方向传递，在其他方向均无导热发生，无内热源，为一维导热。沿热流方向将棒体划分为 N 个长度均为 Δx 的矩形单元，各单元垂直于热流方向的截面积为 1。在棒的两端所划分的单元为半个单元。计算时，以单元中心点的温度近似地代替整个单元的平均温度。

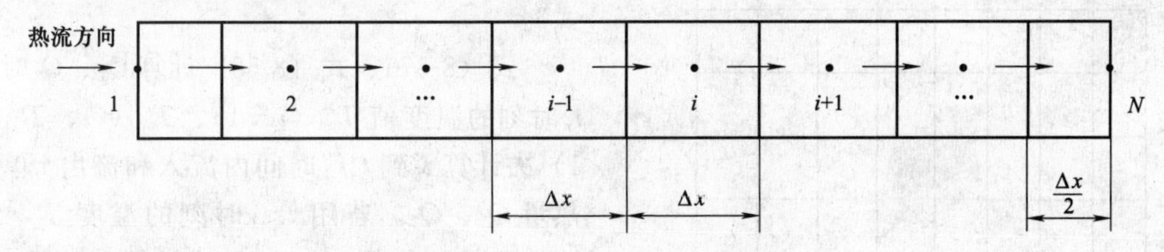

图 8-23 一维均质物体的剖分

现在来分析 i 单元的热量平衡关系，在 t_n 到 t_{n+1} 时间内，由 $i-1$ 单元流入 i 单元的热量为：

$$Q_1=-k\frac{T^n(i)-T^n(i-1)}{\Delta x}\cdot\Delta t \tag{8-57}$$

由 i 单元流入 $i+1$ 单元的热量为：

$$Q_2=-k\frac{T^n(i+1)-T^n(i)}{\Delta x}\cdot\Delta t \tag{8-58}$$

而在该时间内，单元的内能增量为：

$$Q_{蓄}=\Delta x\rho C_p\left[T^{n+1}(i)-T^n(i)\right] \tag{8-59}$$

根据能量守恒定律

$$Q_1-Q_2=Q_{蓄}$$

则

$$-k\frac{T^n(i)-T^n(i-1)}{\Delta x}\cdot\Delta t+k\frac{T^n(i+1)-T^n(i)}{\Delta x}\cdot\Delta t=\Delta x\rho C_p\left[T^{n+1}(i)-T^n(i)\right]$$

或

$$T^{n+1}(i)=\frac{1}{M}\left[T^n(i-1)+(M-2)T^n(i)+T^n(i+1)\right] \tag{8-60}$$

其中 $M=\Delta x^2/\alpha\cdot\Delta t$，式（8-60）即显式差分格式。

有了差分格式（8-60），就可以结合初始条件［给定初始温度 $T(i)$，$i=1$，2，3，…，N］和边界条件［给定边界温度 $T^n(1)$，$T^n(N)$，$n=0$，1，2，…，n 代表时间步长数］计算区域内部各节点随时间 t 变化的温度值 $T^n(i)$ （$i=2$，3，…，$N-1$；$n=1$，2，3，…）。步骤如下。

如图 8-24，图中横坐标上的 1，2，…，N 点分别表示图 8-23 中各单元的中心点。纵坐标表示时间步长数，如 $n=0$ 表示计算开始时各单元的温度值，$n=1$ 表示计算完第一个时间步长 Δt 后的温度值，以此类推。由初始条件和边界条件可知，图 8-24 中第 0 排上的温度值为已知，其中 $T^0(1)$ 与 $T^0(N)$ 由边界条件提供，$T^0(2)\sim T^0(N-1)$ 由初始条件提供。用式（8-60）可算出第一排上的温度值 $T^1(1)$ （$i=2$，3，…，$N-1$）；再利用边界条件，得到 $T^1(1)$ 与 $T^1(N)$，由此得到第一排上的全部节点的温度。再由式（8-60）和边界条件算得 $T^2(i)$ （$i=1$，2，3，…，N）；依次算得 $T^n(i)$ （$n=3$，4，…）。

式（8-60）的一个明显特点是，$n+1$ 排上的任一内节点 i 的温度 $T^{n+1}(i)$ 只依赖 n 排上 i

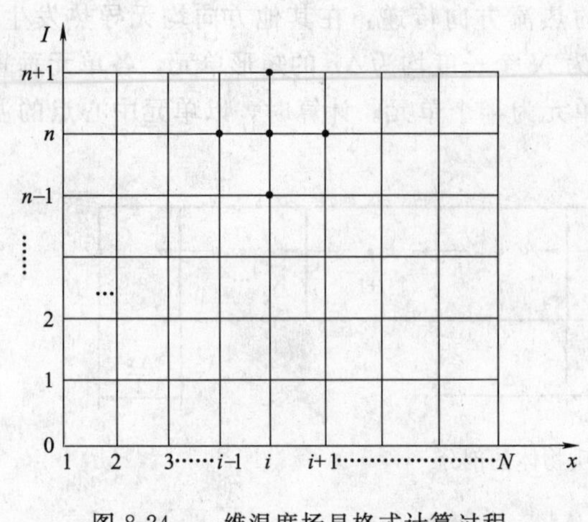

图 8-24　一维温度场显格式计算过程

节点及与 i 节点相邻的节点 $i-1$、$i+1$ 的温度值 $T^n(i-1)$、$T^n(i)$、$T^n(i+1)$，或者说，$T^{n+1}(i)$ 可由 $T^n(i-1)$、$T^n(i)$、$T^n(i+1)$ 明显地表示出来。这样的差分格式称为“显示差分格式”。

式（8-57）、式（8-58）计算 Q_1、Q_2时用了 t_n时刻的温度值 $T^n(i-1)$、$T^n(i)$、$T^n(i+1)$ 去计算 t_n到 t_{n+1}时间内流入和流出 i 单元的热量 Q_1、Q_2。若用 t_{n+1} 时刻的温度 $T^{n+1}(i-1)$、$T^{n+1}(i)$、$T^{n+1}(i+1)$ 去计算 Q_1、Q_2，有

$$Q_1=-k\frac{T^{n+1}(i)-T^{n+1}(i-1)}{\Delta x}\cdot\Delta t \tag{8-61}$$

$$Q_2=-k\frac{T^{n+1}(i+1)-T^{n+1}(i)}{\Delta x}\cdot\Delta t \tag{8-62}$$

再结合式（8-59）便得到另一种差分格式

$$-\frac{1}{M}T^{n+1}(i-1)+\left(1+\frac{2}{M}\right)T^{n+1}(i)-\frac{1}{M}T^{n+1}(i+1)=T^n(i) \tag{8-63}$$

式（8-63）只是表示的时间水平不同，实际上与式（8-60）形式完全一致。式（8-63）即完全隐式差分格式。

单元热平衡法物理概念清楚，直观，能够适用于各种复杂的情况，如形状复杂，材料种类繁多的情况等；特别是对不均匀网络和非标准单元也能建立差分方程。这是单元热平衡法较之有限差分法得到更为广泛应用的主要原因。

8.3.1.2　*差分格式稳定性分析*

衡量一个计算方法的好坏与否主要考虑三个方面的问题：①解的精确度；②求解方法的难易，以及计算工作量的大小；③不同格式的稳定性条件。

在这三者中，对差分格式成败起着颠覆性影响的是稳定性条件。因为，工作量的大小可以用计算机的容量与速度来弥补；微分转变为差分是舍弃 Δx、Δt 的高阶无穷小项，只要满足稳定性条件，同时 Δx、Δt 趋于零，则舍弃的裁断误差必然趋近于零，差分方程的解也一定收敛于精确解，在实际问题中 Δx、Δt 不可能无限小，所以差分方程的解总是近似的，只要计算误差在允许的范围内，仍然不失其实用意义；而不能保证稳定的差分格式，却无任何实际意义。

关于稳定性的概念可作如下的表述：如果初始条件和边界条件有微小的变化，最后的解是否也只有微小的变化，由此来判断解的稳定与否。若解的最后变化是微小的，则称解是稳定的，否则是不稳定的。

保证解的稳定性在实际计算中是十分重要的。它的重要性突出表现在两方面：一是实际给定的初始条件与边界条件很多是实际测量的数据，而这种数据总包含着一定的测量误差，如果这种实测数据的分散性，会导致解的不稳定，则整个求解过程就没有意义了。另一方面，在计算机作数值计算时，不可避免的有舍入误差，如果这种舍入误差在计算过程中不断被放大也会导致解的不稳定，则计算给出的数值结果也是毫无意义的。

前面建立起来的两种差分格式的稳定性条件，数学上已进行了严格的证明，这里只给出结论。

显式差分格式（8-60）的稳定性条件为：

$$M=\frac{\Delta x^2}{\alpha\Delta t}\geqslant 2 \tag{8-64}$$

完全隐式差分格式（8-63）是无条件稳定。

关于差分格式的稳定性还可以从物理上得到一定的解释。现在来分析显式差分格式的稳定性。由式（8-60）

$$T^{n+1}(i)=\frac{1}{M}T^n(i-1)+\left(1-\frac{2}{M}\right)T^n(i)+\frac{1}{M}T^n(i+1)$$

可看到：

① i 节点在 t_{n+1} 时刻的温度 $T^{n+1}(i)$ 只受 t_n 时刻 $i+1$、i、$i-1$ 三个节点温度 $T^n(i-1)$、$T^n(i)$、$T^n(i+1)$ 的影响，如图 8-24。

② $T^n(i-1)$、$T^n(i)$、$T^n(i+1)$ 三者的系数之和为 1。

由以上两点说明，$T^{n+1}(i)$ 是 $T^n(i-1)$、$T^n(i)$、$T^n(i+1)$ 三者的加权平均，其中 $1/M$ 是一种权系数。由此可知，要使显式差分格式的计算结果符合物理意义，$T^n(i-1)$、$T^n(i)$、$T^n(i+1)$ 三者的系数均应不小于零。由式（8-60）可见，$T^n(i-1)$、$T^n(i+1)$ 的系数显然大于零，而要求 $T^n(i)$ 的系数不小于零，必然的结果是，$M\geqslant 2$。

如果 $M<2$，由式（8-60）可知，当 t_n 时刻 i 节点温度 $T^n(i)$ 越大，则 t_{n+1} 时刻 i 节点的温度值 $T^n(i+1)$ 越小，进而 t_{n+2} 时刻 $T^n(i+1)$ 的值更大。如此下去，在 i 节点出现温度的不稳定振荡，且出现温度小于绝对零度的值，这显然是违反热力学原理的。

如果 $M\geqslant 2$，则当 $n>0$ 时，全部内节点的温度 $T^{n+1}(i)$ 的值总是处于 $T^n(i-1)$、$T^n(i)$、$T^n(i+1)$ 三个值的最大值与最小值之间的某个中间数值。这一事实显然是不违背热力学原理的。

关于完全隐式差分方程无条件稳定的问题，可作如下解释。

按照热力学的观点来看，一个无源区域内进行的导热过程，在已知区域内初始温度分布及整个区域边界温度分布的情况下，区域内任意一个点 i，在任何时刻的温度都不应该大于初始温度分布，或边界温度分布中的最大值，也不应该小于初始温度或边界温度分布中的最小值。换句话说，一个过程的极值温度只能在初始条件和边界条件之中。用完全隐格式进行温度场计算，正是符合上述这种物理图案的。将完全隐式差分方程稍加整理，可得

$$T^n(i)=T^{n+1}(i)+\frac{1}{M}\left[2T^{n+1}(i)-T^{n+1}(i+1)-T^{n+1}(i-1)\right] \tag{8-65}$$

假定时刻 t_{n+1}，在区域内某一节点 i 处取得区域内最大温度值，即 $T^{n+1}(i)$ 为某一时刻区域内的最高温度

$$T^{n+1}(i)>T^{n+1}(i+1);T^{n+1}(i)>T^{n+1}(i-1)$$

式（8-63）等式右边括号内三项的代数和必然大于零，从而，必然有 $T^n(i)>T^{n+1}(i)$。也就是说，在 t_n 时刻，区域内的最大温度必须大于 t_{n+1} 时刻区域内的温度最大值。依此类推，必然将最大温度值或推到初始条件，或推到边界条件。倘若假定时刻 t_{n+1} 在区域内某点 i 处取得区域内最小温度值，即式（8-63）括号内三项代数之和小于零，则 $T^n(i)<T^{n+1}(i)$。按照上面的分析方法可知，整个过程的温度最小值，必然出现在边界条件或初始条件上。总之，式（8-63）这个计算公式不管 M 取任何值，它的运算逻辑都是符合热力学原理的。即完全隐式差分格式是无条件稳定的。

另外，从导热微分方程的扩散型的特点来看，区域内的任何一处的扰动将瞬时遍及整个区

域。比较显式差分格式与完全隐式差分格式可以看到，在显格式运算过程中，t_{n+1}时刻一个节点的温度，只受t_n时刻三个节点温度的影响，反之，t_n时刻一个节点的温度只影响t_{n+1}时刻三个节点，也就是温度扰动是以扰动速度连续传播的。而在完全隐式运算过程中，t_{n+1}时刻区域内任何一点温度的求解，有赖于t_n时刻区域内的全部节点上的温度。反之，t_n时刻一个节点的温度，影响到t_{n+1}时刻区域内的全部节点，也就是温度扰动是以无限大速度传播的。可见隐格式比较符合原有导热问题的数学模型，这也可以作为为什么隐式差分格式符合无条件稳定的一种解释。

从稳定性的角度衡量显式和完全隐式两种差分格式的好坏，不难看出后者较前者优越。而在进行具体的铸件凝固数值计算时不但要考虑到稳定性条件；同时还要考虑到计算精度；计算方法的烦易程度，即计算工作量的问题。一般数学理论认为，完全隐格式解法的精度应较显式解法高，但在实践中常常发现在取相同的时间步长与作相同的剖分时，只要满足其稳定性条件，显式解法与完全隐式解法的精度相差不大，有时甚至前者还稍高于后者，这可能是由于完全隐式需求解一个大的方程组，在解方程组的过程中，累积误差会直接影响到计算精度。虽然从稳定性角度出发，完全隐格式时间步长 Δt 可取得很大，但在解决实际问题中，Δt 过大很难保证其计算精度。从差分方程建立的烦易和温度场计算工作量以及对计算机内存和速度的要求等方面去衡量，显式差分格式优越。尤其是二维、三维温度场计算，对差分格式的烦易和计算工作量以及对计算机要求等问题的考虑显得更加重要。因此在后面章节里主要介绍显式差分格式。

8.3.2 二维非稳态导热差分方程的建立

无内热源二维导热差分方程为：

$$\frac{\partial T}{\partial t}=\alpha\left(\frac{\partial^2 T}{\partial x^2}+\frac{\partial^2 T}{\partial y^2}\right) \tag{8-66}$$

首先对二维传热系统进行网格剖分，为了讨论问题的方便，这里采用一般较简单的网格剖分方法（图 8-25)，各网格都是大小相等的矩形，边长为 Δx、Δy。在进行差分计算时，以单位中心点的温度近似地代表整个单元的平衡温度。用直接差分法导出计算格式。

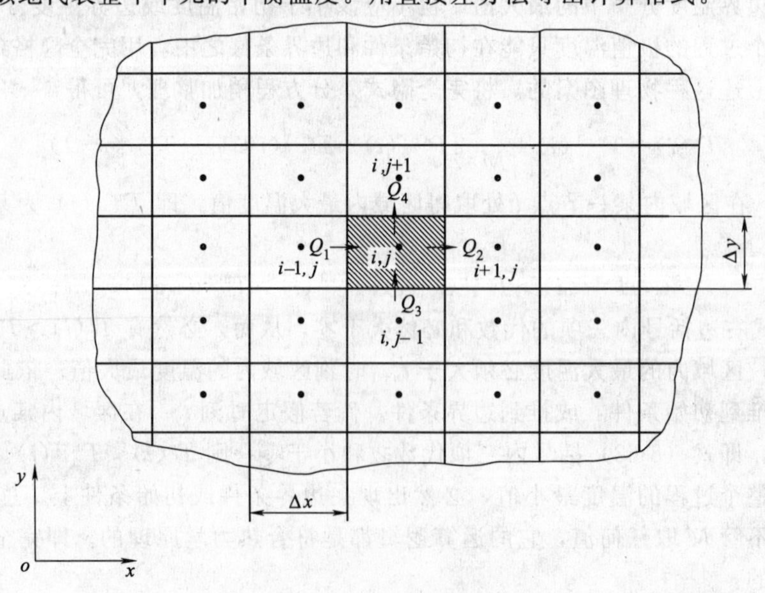

图 8-25　二维系统网格点分布

如图 8-24 所示，设在 t_n 到 t_{n+1} 时间内，由相邻四个单元向（i，j）单元传入（或传出）的热量分别为 Q_1、Q_2、Q_3、Q_4。那么

$$Q_1=-k\frac{T^n(i,j)-T^n(i-1,j)}{\Delta x}\cdot\Delta t\Delta y$$

$$Q_2=-k\frac{T^n(i+1,j)-T^n(i,j)}{\Delta x}\cdot\Delta t\Delta y$$

$$Q_3=-k\frac{T^n(i,j)-T^n(i,j-1)}{\Delta y}\cdot\Delta t\Delta x$$

$$Q_4=-k\frac{T^n(i,j+1)-T^n(i,j)}{\Delta y}\cdot\Delta t\Delta x$$

（i，j）单元在该时间内的内能增量为：

$$Q_{蓄}=\Delta x\Delta y\rho C_p[T^{n+1}(i,j)-T^n(i,j)]$$

根据能量守恒定律

$$Q_{蓄}=Q_1+Q_3-Q_2-Q_4$$

可得二维非稳态导热显式差分方程

$$T^{n+1}(i,j)=\frac{1}{M_1}[T^n(i-1,j)+T^n(i+1,j)]+\frac{1}{M_2}[T^n(i,j-1)+T^n(i,j+1)]+\left(1-\frac{2}{M_1}-\frac{2}{M_2}\right)T^n(i,j) \tag{8-67}$$

式中，$M_1=\frac{\Delta x^2}{\alpha\Delta t}$，$M_2=\frac{\Delta y^2}{\alpha\Delta t}$。

为保证计算稳定，必满足稳定性条件

$$\frac{2}{M_1}+\frac{2}{M_2}\leqslant 1 \tag{8-68}$$

只要满足稳定性条件，就可以利用式（8-67）和给定的初始条件、边界条件对二维非稳态导热问题进行数值计算，计算过程见图 8-26 所示。图中 xoy 面上的任一点（i，j）表示图 8-24 所示的网格系统中单元的中心。

由初始条件和边界条件可得图 8-26 中第 0 层 T^0（i，j）（$i=1$，2，…，N；$j=1$，2，…，M）的值。其中 T^0（1，j），T^0（N，j），T^0（i，M），T^0（i，1）（$i=1$，2，…，N；$j=1$，2，…，M）由边界条件提供，T^0（i，j）（$i=2$，3，…，$N-1$；$j=2$，3，…，$M-1$）由初始条件提供。用式（8-67）可算出第一层上内节点的温度值 T^1（i，j）（$i=2$，3，…，$N-1$；$j=2$，3，…，$M-1$）；再利用边界条件 T^1（1，j），T^1（N，j），T^1（i，1），T^1（i，M）（$i=1$，2，…，N；$j=1$，2，…，M），可得到第一层上全部节点的温度。再由式（8-67）与边界条件算得 T^2（i，j）（$i=1$，2，…，N；$j=1$，

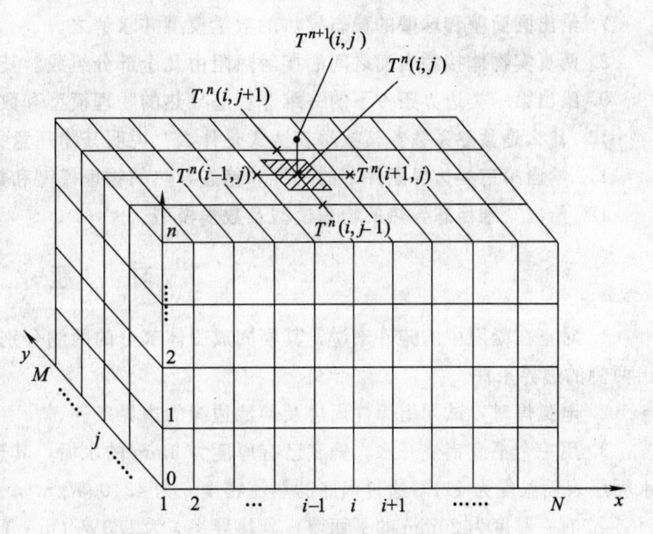

图 8-26 二维非稳态温度场显示格式计算过程

2，…，M)；余类推，算得 $T^{n}(i,\ j)$ ($n=3$，4，…) 的值。

这种显式差分格式的突出优点是，每个节点方程都可独立求解，整个计算过程十分简单，只要满足稳定性条件，就能获得一定的精度，计算工作量小，占用计算机内存量小，故它已成为目前应用于铸件凝固数值计算中最常用的方法之一。

图 8-27 和图 8-28 所示为电子计算机数学模拟的 T 形铸件的二维温度场计算结果。

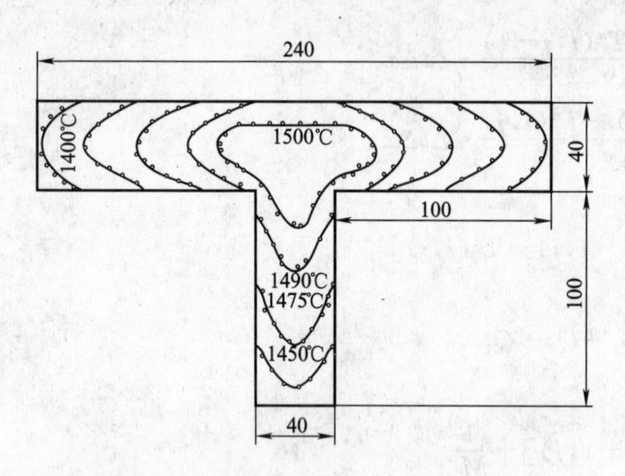

图 8-27　T 形铸件浇注后 10.7min 时的等温线

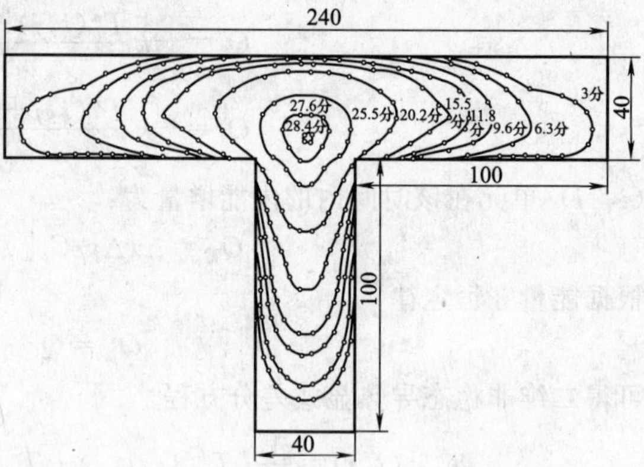

图 8-28　凝固前沿（1480℃）移动情况

复习思考题

1. 试推导非稳态、有内热源、变热导率的傅里叶导热微分方程式。若无内热源，且热导率为常数时，则该微分方程形式是怎样的？

2. 试举例说明什么是傅里叶导热微分方程的初始条件和边界条件？常见的导热问题的三类边界条件是什么？

3. 能否得到完整的傅里叶导热微分方程的解析解？试说明如何求得傅里叶方程的解。

4. 试给出一维稳态导热的物理模型和数学模型，并求解之。

5. 推导多层平壁导热的热流密度的数学表达式。

6. 什么是两种材料之间的理想接触？其数学表达式是什么？

7. 给出圆筒壁和球壁的稳态导热的数学模型并求解之。

8. 两真实物体接触表面之间的接触热阻由几个部分组成？其表达式如何？

9. 给出第一类边界条件下的一维非稳态导热的物理模型和数学模型，并求解之。

10. 什么是蓄热系数？其数学表达式是什么？说明其物理意义。

11. 给出第三类边界条件下的一维非稳态导热的物理模型和数学模型。

12. 给出二维稳态导热的物理模型及数学模型。

习　题

1. 对正在凝固中的铸件来说，其凝固成固体部分的两侧分别为砂型（假设无气隙）及固液分界面，试列出两侧的边界条件。

2. 电弧焊时，试列出焊件周边及熔池边缘的边界条件。

3. 用一个平底锅烧开水，锅底已有厚度为 3mm 的水垢，其热导率 λ 为 1W/(m·℃)。已知与水相接触的水垢层表面温度为 111℃通过锅底的热流密度 q 为 42400W/m^{2}，试求金属锅底的最高温度。

4. 有一厚度为 20mm 的平面墙，其热导率 λ 为 1.3W/(m·℃)。为使墙的每平方米热损失不超过 1500W，在外侧表面覆盖了一层 λ 为 0.1W/(m·℃) 的隔热材料，已知复合壁两侧表面温度分布为 750℃和 55℃。试确定隔热层的厚度。

5. 用345mm厚的普通黏土砖和115mm厚的轻质黏土砖（ρ=600kg/m^3）砌成平面炉墙，其内表面温度为1250℃，外表面温度为150℃，试求界面的温度和热流量Φ。

6. 冲天炉热风管道的内、外直径分别为160mm和170mm，管外覆盖厚度为80mm的石棉隔热层，管壁和石棉的热导率分别为λ_1=58.2W/(m·℃)，λ_2=0.116W/(m·℃)。已知管道内表面温度为240℃，石棉层表面温度为40℃，求每米长管道的热损失。

7. 一个加热炉的耐火墙采用镁砖砌成，其厚度δ=370mm。已知镁砖内外侧表面温度分别为1650℃和300℃，求通过每平方米炉墙的热损失。

8. 外径为100mm的蒸汽管道，覆盖隔热层采用密度为20kg/m^{3}的超细玻璃棉毡。已知蒸汽管外壁温度为400℃，要求隔热层外表面温度不超过50℃，而每米长管道散热量小于163W，试确定所需隔热层的厚度。

9. 采用如图8-7所示的球壁导热仪来确定一种紧密压实型砂的热导率。被测材料的内、外直径分别为d_1=75mm，d_2=150mm。达到稳态后读得t_1=52.8℃，t_2=47.3℃、加热器电流J=0.123A，电压U=15V，试计算型砂的热导率。

10. 在如图8-5所示的三层平壁的稳态导热中，已测得t_1、t_2、t_3及t_4分别为600℃、500℃、200℃及100℃。试求各层热阻的比例。

11. 一个大型铸件在耐火水泥坑中砂型铸造。铸件与坑壁间为砂型，其壁厚为0.5m。已知铸件表面与砂型接触面的温度T_W=800℃，砂型的热扩散率a=0.69×10^{-6}m^2/s，砂型初始温度T_W=20℃，试求砂型受热120h后的外侧壁面温度。

12. 液态纯铝和纯铜分别在熔点（铝熔点为660℃，铜熔点为1083℃）浇注入同样造型材料构成的两个砂型中，砂型的密实度也相同。试问两个砂型的蓄热系数哪个大？为什么？

13. 试求高0.3m、宽0.6m且很长的矩形截面铜住体放入加热炉内1h后的中心温度。已知：铜柱体初始温度为20℃，炉温为1020℃，表面传热系数α=2326W/(m^2·℃)，λ=34.9W/(m·℃)，c=0.198kJ/(kg·℃)，ρ=8900kg/m^3。

14. 一直径为500mm高为800mm的钢锭，初温为30℃。被推入1200℃的加热炉内。设各表面同时受热。各面上表面传热系数均为α=180W/(m^2·℃)。已知钢锭的λ=40W/(m·℃)，a=8×10^{-6}m^2/s。试确定3h后在中央高度截面上半径为0.13m处的温度。

15. 一含碳量W_c≈0.5%的曲轴，加热到600℃后置于20℃的空气中回火。曲轴的质量为7.84kg，表面积为870cm^2，比热容为418.7J/(kg·℃)，密度为7800kg/m^3，热导率为42.0W/(m·℃)，冷却过程的平均表面传热系数取为29.1W/(m^2·℃)，问曲轴中心冷却到30℃所经历的时间。

第9章 对流换热

本章导读：遵循第六章的思路，本章应当首先得到对流换热的热流密度，然后建立相应的微分方程。在建立热流密度时，由于该种换热形式的复杂的影响因素，使利用对流换热定义式测出的换热系数没有可用性，所以必须用相似原理的方法得到各种相似条件下的换热系数，同时还要建立整套的对流换热的数学模型，才能真正解决该现象的计算问题。因此，本章建立对流换热的热流密度定义式后，立即建立对流换热物理现象的数学模型，包含4个微分方程，即N-S方程、连续性方程、换热微分方程、能量微分方程。接着利用相似原理的方法找出6个相似特征数，通过针对稳定流动常物性参数的对流换热现象全面讨论后，得到强制对流换热和自然对流换热的特征数方程式，从而解决了换热系数的求解问题。至此，已经可以从理论上解决对流换热问题。

9.1 对流换热现象分析

9.1.1 对流换热热流密度的表达式

如果热传递区域出现了对流换热的情况，显然，热传递微分方程中的热流密度 q 不能使用傅里叶定律中的 q，必须寻求新的 q 表达式。

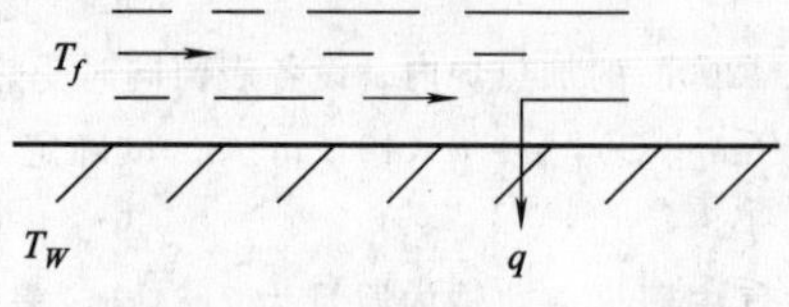

图 9-1　对流换热

当出现了如图 9-1 所示的对流换热情况时，假设流体温度 T_f 与固体壁温度 T_W 是不同的，则必然要在流体与固体之间发生热传递，那么如何来表达两者之间的热流密度呢？显然，该热流密度由二者之间的温差引起，与导热情况不同的是，流体的流动对这种换热影响应该很大（如流动速度和流动是否稳定均对换热有影响）。另外，固壁表面粗糙度不同，在固壁表面形成的流体边界层会有很大差别，则热传递情况也会不同。而且流体内部也存在热交换，对换热也有影响。与热传导不同的是，热传导仅与材料有关，只要材料固定，则不管该材料在什么情况下，导热都将由温度差导致的温度梯度决定，因此测定热导率 λ 时，可用 λ 的定义式（本质是傅里叶定律）直接测定。而对流换热则是与总体的对流换热全过程相关，并非只与材料性质有关。

因为温差是流体与固壁间换热的直接动因，所以在构造对流换热的表达式时，首先应考虑 q 与直接动因 T_f、T_W 之间的函数关系。q 与 T_W、T_f 间可能的数量组合有：

$$q=f(T_W-T_f) \tag{9-1}$$

$$q=f(\Delta T/\Delta x) \tag{9-2}$$

$$q=f(T_W\cdot T_f) \tag{9-3}$$

$$q=f(T_W/T_f) \tag{9-4}$$

$$q=f(T_W+T_f) \tag{9-5}$$

很明显，式（9-3）～式（9-5）没有物理意义，不可取。只有前两个式子具有物理意义，因为都表现了温度差是换热的直接动因。但如果取式（9-2），则表达式会与傅里叶导热定律相混淆，因此取式（9-1）的形式。根据刚才的分析，对流换热时，影响因素非常复杂，为了把复杂的影响因素进行形式上的简单化，把所有的影响因素都综合归结到一个系数 α 中去，于是构造出 $q=\alpha(T_W-T_f)$ 的对流换热时热流密度的表达式，这就是牛顿冷却公式：

$$q=\alpha(T_W-T_f) \tag{9-6}$$

式中　α——表面传热系数，$W/(m^2 \cdot ℃)$；

T_W 及 T_f——分别表示固体表面温度及流体温度。

对于面积为 A 的接触面，对流换热的热流量为

$$\Phi=\alpha A(T_W-T_f) \tag{9-7}$$

约定 Φ 与 q 总取正值，因此当 $T_W>T_f$ 时，$\Delta T=T_W-T_f$。则

$$q=\alpha\Delta T$$

$$\Phi=\alpha A\Delta T$$

现在可以表达对流换热的热流密度了，但其中的 α 只是数量形式，必须加以确定。有几种方法可以得到 α 值。

第一种方法，实测原型法。针对具体的对流换热，据式 $q=\alpha(T_W-T_f)$，测出 q、T_W、T_f 值，然后求出 α 值。但这样测出的结果只适用于当下的对流换热现象，不具有通用性。而进行工程设计时，必须事先知道可靠的 α 值，但实测法是首先做出原型，才能测定可靠的 α 值，显然这种方法得不到可用于设计的 α 值。

作为比较，我们知道，在确定热导率 λ 时，只要材料一定，就可以设计一个导热实验模型，测出各种温度下的 λ 值，形成函数曲线，此 λ 值就可以适用于一切情况。

第二种方法，相似原理方法。既然对流换热情况复杂，千变万化，各种情况下的 α 值都会不同。为了工程设计的需要，可以构造一个与原型系统相似的模型系统，只要测出了模型系统的 α 值，即可将此值应用于原型系统的 α 值计算中去。有两种方法可用：一种是采用相似原理的方法；另一种是采用量纲分析的方法。如果采用量纲分析法，就必须找到所有的影响 α 值的因素，但影响对流换热的因素很多，难于有把握地确定全部的影响因素，因此，我们首先尝试能否建立对流换热模型的全部控制方程，然后用相似原理去求得 α 值。

由上分析可知，牛顿冷却公式只是表面传热系数 α 的定义式，它没有揭示出表面传热系数与影响它的物理量之间的内在联系。本章的任务就是要应用相似原理求出表面传热系数 α 的表达式，即将为数众多的影响因素归结成为数不多的几个无量纲特征数，再通过实验确定 α 的准则关系式。然后介绍材料加工中常见的几种场合下对流换热的实验准则式。

9.1.2　影响对流换热的主要因素

对流换热是流动着的流体与固体表面间的热量交换。因此，影响流体流动及流体导热的因素都是影响对流换热的因素，这些因素包括：流动的动力；被流体冲刷的换热面的几何形状和布置；流体的流动状态及流体的物理性质，即黏度 η、比热容 c、密度 ρ 及热导率 λ 等。

首先，流体动力不同，则对流换热情况不同。如第七章所述，按照流动的不同起因，对流换热可分为强制对流换热和自然对流换热两大类。浮升力是自然对流的动力，它必须包括在自然对流的动量微分方程之中。在强制对流的动量微分方程中，则可忽略浮升力项。

其次，被流体冲刷的换热面的几何形状和布置的不同导致换热情况的差异。如图 9-2（a）

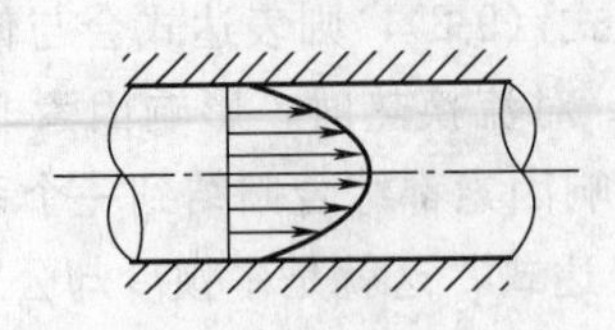
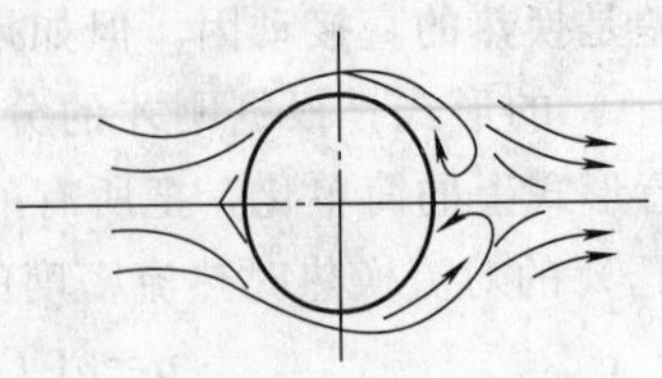

(a) 管内强制对流与流体外掠圆管的强制对流

(b) 水平壁热面朝上散热的流动与热面朝下的流动

图 9-2 几何因素的影响

所示，管内强制对流的流动与流体外掠圆管的强制对流的流动，二者的对流换热情况是截然不同的。前一种是管内流动，属于所谓内部流动的范围；后一种是外掠物体的流动，属于所谓外部流动的范围。在自然对流情况下，不仅几何形状，而且几何布置对流动也有决定性影响。例如，图 9-2（b）所示的水平壁，热面朝上散热的流动与热面朝下的流动就截然不同，它们的换热规律也是不一样的。

再次，流动状态如层流和湍流对换热影响是不同的。显然，湍流时的换热要比层流时强烈。

最后，流体的物理性质也是影响对流换热的因素，包括不同温度及不同种类流体的物性的影响。

9.2 对流换热数学模型的建立

9.2.1 对流换热中的物理现象

为了用相似原理求得 α 值，需要建立对流换热过程的控制方程，即对流换热的数学模型，图 9-1 是对流换热的物理模型。其中包含的物理现象有：

① 流体流动；

② 流体与固体壁间的对流换热；

③ 流体在流动过程中流体内部的换热；

其中现象①的控制方程为 N-S 方程和连续性方程。现象②、③还没有控制方程，需要建立。

9.2.2 换热微分方程

由流体与固壁间的对流换热得到的微分方程称为换热微分方程。

当黏性流体在固体表面上流动时，存在边界层，如图 5-1 所示。贴壁处这一极薄的流体层相对于壁面是不流动的，壁面与流体间的热量传递必须穿过这个流体层，而穿过不流动流体的热量传递方式只能是导热。因此，对流换热的热量就等于穿过边界层的导热量。将傅里叶定律应用于边界层可得

$$\Phi=-\lambda A\left.\frac{\partial T}{\partial y}\right|_{y=0} \tag{9-8}$$

式中 $\left.\frac{\partial T}{\partial y}\right|_{y=0}$——贴壁处流体的法向温度变化率；

A——换热面积；

将牛顿冷却公式（9-6）与式（9-8）联立求解，得到以下换热微分方程

$$\alpha=-\frac{\lambda}{\Delta T}\left.\frac{\partial T}{\partial y}\right|_{y=0} \tag{9-9}$$

由上式可见，表面传热系数 α 与流体的温度场有联系，是对流换热微分方程组一个组成部分。式（9-9）也表明，表面传热系数 α 的求解有赖于流体温度场的求解。

9.2.3 能量微分方程

流体在流动的同时，流体内部存在着换热，这称为流动和传热的耦合问题。以下推导这种现象的微分方程。

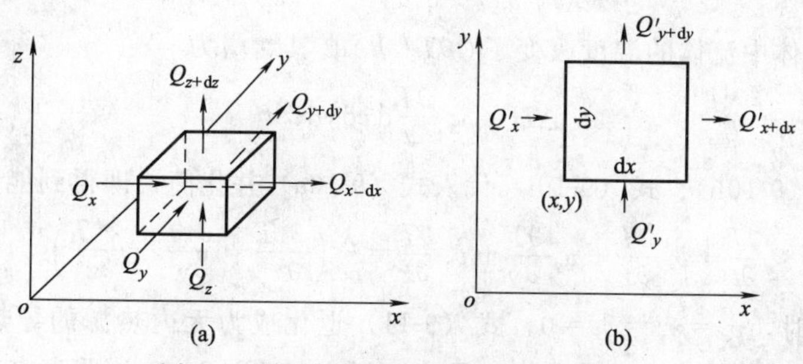

图 9-3 微元体对流换热的热量平衡状态

采用欧拉法，在流场空间内取一微元六面体，它在 xoy 平面上的投影如图 9-3（b）所示。在流体经过坐标为 x 的平面的一瞬间，同时存在着两个传热过程，一个是 x—方向的相邻微元体和 x 微元体的导热；另一个传热过程是流体穿越 yoz 面进入该微元体，从而把热量直接带入微元体的过程。在 y 方向和 z 方向也存在类似情况。因此，对流动耦合换热问题来说，微元体的能量守恒关系式为：

$$\begin{pmatrix}\text{由导热进入微}\\ \text{元体的热量 } Q_1\end{pmatrix}+\begin{pmatrix}\text{由对流进入微}\\ \text{元体的热量 } Q_2\end{pmatrix}=\begin{pmatrix}\text{微元体中流体}\\ \text{的焓增 } \Delta H\end{pmatrix} \tag{9-10a}$$

假定流体为常物性，对于非稳定的无内热源的流动耦合传热问题，在 $\mathrm{d}t$ 时间内，由导热进入微元体的热量为

$$Q_1=\lambda\left[\frac{\partial^2 T}{\partial x^2}+\frac{\partial^2 T}{\partial y^2}+\frac{\partial^2 T}{\partial z^2}\right]\mathrm{d}x\mathrm{d}y\mathrm{d}z\mathrm{d}t \tag{9-10b}$$

参看图 9-2，对因对流进入微元体的热量进行分析。设流体在 x、y、z 方向的速度分量分别为 v_x、v_y、v_z。先观察 x 方向上对流的热量流入及流出的情况。在 $\mathrm{d}t$ 时间内，由 x 处的截面进入微元体的热量为

$$Q'_x = \rho c T v_x \mathrm{d}y\mathrm{d}z\mathrm{d}t \tag{9-10c}$$

同时间内由 $x+\mathrm{d}x$ 截面流出微元体的热量为

$$Q'_{x+\mathrm{d}x} = \rho c\left[T + \frac{\partial T}{\partial x}\mathrm{d}x\right]\left[v_x + \frac{\partial v_x}{\partial x}\mathrm{d}x\right]\mathrm{d}y\mathrm{d}z\mathrm{d}t \tag{9-10d}$$

式（9-10c）减去式（9-10d）可得 $\mathrm{d}t$ 时间内的 x 方向进入微元体的热量。略去高次项，其结果为

$$Q'_x - Q'_{x+\mathrm{d}x} = -\rho c\left[v_x \frac{\mathrm{d}T}{\mathrm{d}x} + T\frac{\partial v_x}{\partial x}\right]\mathrm{d}x\mathrm{d}y\mathrm{d}z\mathrm{d}t \tag{9-10e}$$

同理，在 y 和 z 方向上也可得到相应的关系式

$$Q'_y - Q'_{y+\mathrm{d}y} = -\rho c\left[v_y \frac{\mathrm{d}T}{\mathrm{d}y} + T\frac{\partial v_y}{\partial y}\right]\mathrm{d}x\mathrm{d}y\mathrm{d}z\mathrm{d}t \tag{9-10f}$$

$$Q'_z - Q'_{z+\mathrm{d}z} = -\rho c\left[v_z \frac{\mathrm{d}T}{\mathrm{d}z} + T\frac{\partial v_z}{\partial z}\right]\mathrm{d}x\mathrm{d}y\mathrm{d}z\mathrm{d}t \tag{9-10g}$$

在 $\mathrm{d}t$ 时间内，由对流进入微元体的总热量 Q_2 即为式（8-10e）～式(8-10g）三式之和，即

$$Q_2 = -\rho c\left[\left(v_x\frac{\partial T}{\partial x} + v_y\frac{\partial T}{\partial y} + v_z\frac{\partial T}{\partial z}\right) + T\left(\frac{\partial v_x}{\partial x} + \frac{\partial v_y}{\partial y} + \frac{\partial v_z}{\partial z}\right)\right]\mathrm{d}x\mathrm{d}y\mathrm{d}z\mathrm{d}t$$

流体在稳态、常物性条件下，上式中括号中的第二项为零，于是有

$$Q_2 = -\rho c\left(v_x\frac{\partial T}{\partial x} + v_y\frac{\partial T}{\partial y} + v_z\frac{\partial T}{\partial z}\right)\mathrm{d}x\mathrm{d}y\mathrm{d}z\mathrm{d}t \tag{9-10h}$$

在 $\mathrm{d}t$ 时间内，微元体中流体的温度改变了($\partial T/\partial t$) $\mathrm{d}t$ 其焓增为

$$\Delta H = \rho c\frac{\partial T}{\partial t}\mathrm{d}x\mathrm{d}y\mathrm{d}z\mathrm{d}t \tag{9-10i}$$

将式（9-10b)、式（9-10h)、式（9-10i）代入式（9-10a）并化简，即得到能量微分方程

$$\frac{\partial T}{\partial t} + v_x\frac{\partial T}{\partial x} + v_y\frac{\partial T}{\partial y} + v_z\frac{\partial T}{\partial z} = \frac{\lambda}{\rho c}\left(\frac{\partial^2 T}{\partial x^2} + \frac{\partial^2 T}{\partial y^2} + \frac{\partial^2 T}{\partial z^2}\right) \tag{9-11}$$

当流体不流动时，$v_x = v_y = v_z = 0$，式（9-11）退化成为无内热源的导热微分方程。能量微分方程中包括对流项 $v_x(\partial T/\partial x)$、$v_y(\partial T/\partial y)$ 和 $v_z(\partial T/\partial z)$，说明存在对流时，有一部分热量是因对流产生的。对流换热是对流与导热两种基本热量传递方式的联合作用。流动着的流体，除导热之外，还能依靠流体的宏观位移来传递热量。

由于 $T=(x、y、z、t)$，数学上式（9-11）的左边就是 T 对 t 的全导数 DT/Dt。因此，式（9-11）可表示为数学上更简练的形式为

$$\frac{DT}{Dt} = a\nabla^2 T$$

对稳态问题，能量微分方程简化为

$$v_x\frac{\partial T}{\partial x} + v_y\frac{\partial T}{\partial y} + v_z\frac{\partial T}{\partial z} = a\Delta^2 T$$

9.2.4 对流换热微分方程组讨论

至此，已经完全建立起了对流换热现象的数学模型，是包括 6 个方程的联立方程组：①换热微分方程［式（9-9)]；②能量微分方程［式（9-11)]；③x、y、z 三个方向的动量微分方程；④连续性微分方程。

观察这组方程可以发现，如果要求解这组方程，其中只有一个量—对流换热系数 α 是需要

确定的，其余的物理量均为合理存在的量，就是说，在其余的物理量里，在求解方程时应知量均可确定，而要求的未知量也正是需要求解的量，只有 α 是应知的量，但至今仍未确定。结合本章开始的分析，需要用相似原理通过这组对流换热微分方程组来求得。

9.3 用相似原理求解对流换热系数

9.3.1 对流换热过程的相似特征数

相似理论是目前求得各种情况下表面传热系数 α 的常用方法。首先对物理过程的微分方程进行相似转换，然后以实验为基础，确定出物理过程的特征数方程式，得出物理方程的解析式，即微分方程在一定边界条件下的解。

9.3.1.1 由能量微分方程得到的相似特征数

流体的能量微分方程为

$$\frac{\partial T}{\partial t}+v_x\frac{\partial T}{\partial x}+v_y\frac{\partial T}{\partial y}+v_z\frac{\partial T}{\partial z}=a\left(\frac{\partial^2 T}{\partial x^2}+\frac{\partial^2 T}{\partial y^2}+\frac{\partial^2 T}{\partial z^2}\right) \tag{9-12a}$$

设有两个对流换热的相似现象，分别用“′”和“″”表示，则可对上述方程进行相似转换如下：

$$\frac{\partial T'}{\partial t'}+v'_x\frac{\partial T'}{\partial x'}+v'_y\frac{\partial T'}{\partial y'}+v'_z\frac{\partial T'}{\partial z'}=a'\left(\frac{\partial^2 T'}{\partial x'^2}+\frac{\partial^2 T'}{\partial y'^2}+\frac{\partial^2 T'}{\partial z'^2}\right) \tag{9-12b}$$

$$\frac{\partial T''}{\partial t''}+v''_x\frac{\partial T''}{\partial x''}+v''_y\frac{\partial T''}{\partial y''}+v''_z\frac{\partial T''}{\partial z''}=a''\left(\frac{\partial^2 T''}{\partial x''^2}+\frac{\partial^2 T''}{\partial y''^2}+\frac{\partial^2 T''}{\partial z''^2}\right) \tag{9-12c}$$

写出两现象的速度、空间、温度、热扩散率等的相似常数关系式

$$\left.\begin{aligned}&\frac{v''_x}{v'_x}=\frac{v''_y}{v'_y}=\frac{v''_z}{v'_z}=C_v\\&\frac{x''}{x'}=\frac{y''}{y'}=\frac{z''}{z'}=C_l\\&\frac{T''}{T'}=C_T,\frac{t''}{t'}=C_t,\frac{a''}{a'}=C_a\end{aligned}\right\} \tag{9-12d}$$

将式（9-12d）代入式（9-12c）得

$$\frac{C_T}{C_t}\frac{\partial T'}{\partial t'}+\frac{C_vC_T}{C_l}\left[v'_x\frac{\partial T'}{\partial x'}+v'_y\frac{\partial T'}{\partial y'}+v'_z\frac{\partial T'}{\partial z'}\right]=\frac{C_aC_T}{C_l^2}a'\left(\frac{\partial^2 T}{\partial x'^2}+\frac{\partial^2 T}{\partial y'^2}+\frac{\partial^2 T}{\partial z'^2}\right) \tag{9-12e}$$

比较式（9-12e）和式（9-12b），可得出如下关系：

$$\underset{\text{Ⅰ}}{\frac{C_T}{C_t}}=\underset{\text{Ⅱ}}{\frac{C_vC_T}{C_l}}=\underset{\text{Ⅲ}}{\frac{C_aC_T}{C_l^2}}=1$$

由Ⅰ与Ⅲ组合，得：

$$\frac{C_aC_t}{C_l^2}=1$$

由Ⅱ与Ⅲ组合，得：

$$\frac{C_vC_l}{C_a}=1$$

将式（9-12d）再代入上两式，得：

$$\frac{a't'}{l'^2}=\frac{a''t''}{l''^2}\qquad 或\frac{at}{l}=Fo \tag{9-13}$$

$$\frac{v'l'}{a'}=\frac{v''l''}{a''} \quad 或\frac{vl}{a}=Pe \tag{9-14}$$

式（9-13）右端 Fo 称为傅里叶数。式（9-14）右端称为贝克莱数。

由能量微分方程得到两个相似特征数：傅里叶数 Fo 和贝克莱数 Pe

9.3.1.2 由对流换热微分方程得到的相似特征数

对流换热微分方程为

$$-\lambda\left.\frac{\partial T}{\partial n}\right|_{n=0}=\alpha(T_f-T_W) \tag{9-15a}$$

作相似转换

$$-\lambda'\frac{\partial T'}{\partial n'}=\alpha'(T_f{}'-T'_W) \tag{9-15b}$$

$$-\lambda''\frac{\partial T''}{\partial n''}=\alpha''(T''_f-T''_W)$$

与能量微分方程的推导过程类似，可得

$$-\frac{C_\lambda C_T}{C_l}\lambda'\frac{\partial T'}{\partial n'}=C_\alpha C_T\alpha'(T'_f-T'_W) \tag{9-15c}$$

比较式（9-15b）与式（9-15c)，得

$$\frac{C_\lambda C_T}{C_l}=C_\alpha C_T$$

即

$$\frac{C_\alpha C_l}{C_\lambda}=1$$

故

$$\frac{\alpha'l'}{\lambda'}=\frac{\alpha''l''}{\lambda''}或\frac{\alpha l}{\lambda}=Nu \tag{9-16}$$

式（9-16）右端 Nu 称为努塞尔数。

由对流换热微分方程得到的相似特征数为努塞尔数 Nu，该特征数中包含着要确定的量：表面传热系数 α。

9.3.1.3 由N-S方程和连续性方程得到的相似特征数

第六章已经由N-S方程和连续性方程得到了四个相似特征数：均时性数 Ho、弗劳德数 Fr、欧拉数 Eu、雷诺数 Re。

9.3.2 对流换热的特征数方程式

9.3.2.1 对流换热的特征数方程式

由上，对流换热现象中共包含7个相似特征数。根据相似第三定律，描述对流换热现象的一般性特征数方程式为

$$f(Nu,Fo,Pe,Ho,Fr,Eu,Re)=0 \tag{9-17}$$

因 Nu 中包含着待定的对流换热系数 α，是被决定特征数，因此把式（9-17）变形为

$$Nu=f(Fo,Pe,Ho,Fr,Eu,Re) \tag{9-18}$$

式（9-18）即为对流换热的一般特征数方程式。

以下假定在稳定流动条件下，在对每个特征数的含义进行分析的基础上，按照强制对流和自然对流的情况对式（9-18）进行简化。

① Nu 由边界换热微分方程而来，可变换为

$$Nu=\frac{\alpha l}{\lambda}=\frac{l/\lambda}{1/\alpha}=\frac{\text{导热热阻}}{\text{对流热阻}}$$

反映了对流换热在边界上的特征。Nu 数大，说明导热热阻 l/λ 大而对流热阻 $1/\alpha$ 小，即对流用强烈。Nu 数中含有表面传换热系数 α，是被决定特征数。

② Ho 均时性数，在稳定流动时，不考虑这个数。

③ Fo 傅里叶数，来自导热微分方程，与时间因素有关。因 $a=\lambda/\rho c_p$，将 Fo 作如下变换得

$$Fo=\frac{\Delta T\lambda/l^2}{\Delta T\rho c_p/t}=\frac{\text{单位体积物体的导热速率}}{\text{单位体积物体的蓄热速率}}$$

所以 Fo 是表示温度场随时间变化的不稳定导热的特征数。其分子是导入的热量，分母是热焓的变化。Fo 越大，温度场越容易趋于稳定。它可理解为相对稳定度，是不稳定导热中的一个重要特征数，在稳定导热时可略去。

④ Eu 欧拉数，$Eu=\frac{p}{\rho v^2}$，它表示了流体的压力与惯性力的比值。欧拉数常用于描述压力对流速分布影响较大的流动，如空泡、空化现象就必须考虑欧拉数。在我们设定的稳定流动条件下，该数也可以忽略。

⑤ Pe 来自导热微分方程式，它是表明温度场在空间分布的特征数。也可将其变换为

$$Pe=\frac{vl}{\alpha}=\frac{vl}{\nu}\frac{\nu}{\alpha}=RePr$$

其中的 Re 为雷诺数，Pr 为普朗特数，将在下面讨论。Pe 同时也可变化为

$$Pe=\frac{vl}{\alpha}=\frac{vc_p\rho}{\lambda/l}=\frac{\text{流体带入的热量}}{\text{流体的导热量}}$$

Pe 越大，说明进入系统的热量大，导出的热量少，则温度场处于非稳定状态。因为 $Pe=RePr$，Pe 大，表示 Re 大，流体的湍流程度大；或者 Pr 大，意味着 a 小，导温能力弱。Pe 数在稳定流情况下是不能忽略的。

⑥ Fr 弗劳德数，$Fr=\frac{gl}{\nu^2}=\frac{\rho gl}{\rho v^2}$，$Fr$ 表示了流体在流动过程中重力与惯性力的比值。该数也不能忽略。

⑦ Re 雷诺数，$Re=\frac{\rho\nu l}{\eta}=\frac{\rho\nu^2}{\eta\nu/l}$，表示了流体流动过程中的惯性力与黏性力的比值。该数也不能忽略。

⑧ Pr 普朗特数，是流体物性的无量纲组合，又称物性特征数。它也可以变换为

$$Pr=\frac{\nu}{a}=\frac{\frac{\eta}{\rho}}{\frac{\lambda}{c_p\rho}}=\frac{c_p\mu}{\lambda}$$

Pr 表示流体动量传输能力与热量传输能力比。从边界层概念出发，可以认识动力边界层与热边界层的相对厚度指标（详见俞佐平《传热学》，pp110-111）。

综上，在稳定流动条件下，将式（9-18）中可以忽略的量去掉，可以简化为

$$Nu=f(Pe,Fr,Re) \tag{9-19}$$

在式（9-19）中，Pe 是热量比，是抽象量，不适于实验直接测定，因此转化为与对流换

热相应的直接可测的量较为合适，因 $Pe=RePr$，Re 和 Pr 均可直接测定或获得。

Re 可以表征强迫流动的强弱，因此需要保留。因为要分析强迫流动和自然对流，因此还需要引入一个表征自然对流的特征数，由第六章，表征自然对流的特征数是格拉晓夫数 Gr，因此应当把 Fr 数与 Gr 联系起来。

由 6.4.1.2 节，Fr 与伽利略数有如下关系

$$Ga=FrRe^2$$

又

$$Gr=Ga\alpha_v\Delta T$$

所以

$$Gr=FrRe^2\alpha_v\Delta T$$

则

$$Fr=f(Gr,Re) \tag{9-20}$$

结合式（9-19）、式（9-20），有

$$Nu=f(Re,Gr,Pr) \tag{9-21}$$

湍流强制对流换热时，表示自然对沉浮升力影响的数 Gr 可以忽略，特征数方程简化为

$$Nu=f(Re,Pr) \tag{9-22}$$

自然对流时又可忽略 Re 数，而有

$$Nu=f(Gr,Pr) \tag{9-23}$$

在具体应用时，多表示为幂函数形式

$$Nu=CRe^nPr^m \tag{9-24a}$$

$$Nu=C(GrPr)^n \tag{9-24b}$$

式中，C、n、m 通过实验求得。指数的求得是分步完成的。以式（9-24a）为例，先固定 Re，通过实验找到不同 Pr 数与 Nu 数间的相对应关系，将其标绘在双对数坐标纸上，得到一条 Nu 与 Pr 的关系线，求出 m 值。然后以 Nu/Pr^m 对 Re 再作实验，将实验点标绘在双对数坐标纸上，整理求出 C 及 n。图 9-4 是第二步实验后的实验点及关系曲线，图中横坐标为 Re 数，纵坐标为 $Nu/Pr^{0.4}$（即 $m=0.4$）。由该图求出 $C=0.023$，$n=0.8$，所以特征数方程为

$$Nu=0.023Re^{0.8}Pr^{0.4}$$

9.3.2.2 定性温度和特征尺度

在确定对流换热特征数方程中的系数时，需要进行实验，对流换热时，流动中的流体的温度是不均匀的，到底采用什么样的温度作为测定标准会影响到特征数关系式的具体形式，把这个决定特征数中物性的温度称为定性温度。定性温度常采用流体的平均温度 T_f，流体主流与壁面的平均温度 $T_m=(T_f+T_W)/2$ 等多种。应当注意，对于特征数或特征数关系式，只有明确了它所规定的定性温度才是掌握了它，因为它是在选定的那个定性温度下得到的结果。

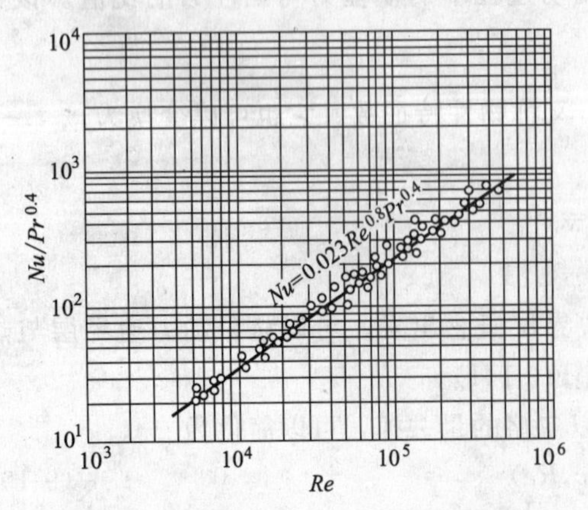

图 9-4 Re 数与 $Nu/Pr^{0.4}$ 的关系曲线

特征数中包含的几何尺度称为特征尺度。在对流换热中一般选用起决定性作用的几何尺度为特征尺度，比如外掠平板换热时取流动方向的长

度为特征尺度，管内流动换热时取管内径为特征尺度等。以上这些选择都是很自然的；不过，有时也会遇到难于选定某个尺度而人为地规定一种尺度为特征尺度的情况。

9.3.3 对流换热量纲分析

也可以用量纲分析的方法得到强制对流换热和自然对流换热的特征数方程式。

9.3.3.1 强制对流换热特征数方程式

以管内流动的强制对流换热为例进行讨论。流体的平均速度为 v，流体与管壁之间存在温度差。因为涉及换热，因此把温度量纲 T 纳入到基本量纲中去，为了计算方便，把热量量纲 Q 看作一个独立量纲。影响对流换热的变量包括：系统几何形状、流体流动特性、热物理性质及换热系数 h 等。这些影响因素及相应的量纲表达式列出在下表中。

变　量	管道直径	流体密度	流体黏度	流体热容	流体热导率	速率	传热系数
符号	D	ρ	η	c_p	k	v	h
量纲	L	M/L^3	M/Lt	Q/MT	Q/tLT	L/t	Q/tL^2T

基本量纲数为 4 个，所以待求量纲为 3 个。根据 π 定理，选择 D、k、η、v 为基本变量，得

$$\pi_1=\frac{\rho}{D^a k^b \eta^c v^d}$$

$$\pi_2=\frac{c_p}{D^e k^f \eta^g v^h}$$

$$\pi_3=\frac{h}{D^i k^j \eta^k v^l}$$

用量纲法求解上述参数得

$$\pi_1=\frac{Dv\rho}{\eta}=Re$$

$$\pi_2=\frac{\eta c_p}{k}=Pr(\text{普郎特数})$$

$$\pi_3=\frac{hD}{k}=Nu$$

其中 Pr 数为分子动量扩散系数与分子热扩散系数的比为

$$Pr\equiv\frac{\nu}{\alpha}=\frac{\mu c_p}{k}$$

由 π 定理，有

$$Nu=f_1(Re,Pr) \tag{9-25}$$

得到与式（9-22）相同的结果。

如果在上述分析中，将 ρ、η、c_p和 v 选为基本变量，得到的无量纲数分别为 Re、Pr 以及 $h/\rho v c_p$，第三个数为 Stanton 数，即

$$St=\frac{h}{\rho v c_p}$$

该参数也可由比值 $Nu/(RePr)$ 得到。因此，描述管内强制对流的另一关系式为

$$St=f_2(Re,Pr) \tag{9-26}$$

9.3.3.2 自然对流换热特征数方程式

在一竖直壁与邻近某一流体的自然对流传热中，影响因素与强制对流有所差别。在自然对流中，速度是由其他因素引起的，因此不作为变量。因为自然对流是由于密度差造成的浮力引起，而密度差又是因热量交换导致的，因此，首先通过分析密度差和浮力来观察是否存在新的影响因素。

因热量交换导致的密度差为

$$\rho=\rho_0(1-\beta\Delta T) \tag{9-27}$$

式中 ρ_0——流体主体密度；

ρ——流体受热层密度；

ΔT——受热流体与流体主体之间的温度差；

β——热膨胀系数。

单位体积的浮力 $F_{浮}$ 为

$$F_{浮}=(\rho_0-\rho)g$$

将式（9-27）代入上式，则

$$F_{浮}=\beta g\rho_0\Delta T \tag{9-28}$$

式（9-28）说明 β、g、ΔT 是自然对流条件下的变量。以下给出变量及其列表。

变量	有效长度	流体密度	流体黏度	流体热容	流体热导率	流体膨胀系数	重力加速度	温度差	传热系数
符号	L	ρ	η	c_p	k	β	g	ΔT	h
量纲	L	M/L³	M/Lt	Q/MT	Q/tLT	1/T	L/t²	T	Q/tL²T

基本量纲数为 4 个，所以待求量纲为 4 个。根据 π 定理，选择 L、η、k、ρ 为基本变量，得

$$\pi_1=\frac{c_p}{L^a\eta^b k^c\beta^d g^e}$$

$$\pi_2=\frac{\rho}{L^f\eta^g k^h\beta^i g^j}$$

$$\pi_3=\frac{\Delta T}{L^k\eta^l k^m\beta^n g^o}$$

$$\pi_4=\frac{h}{L^p\eta^q k^r\beta^s g^t}$$

用量纲法求解上述参数得

$$\pi_1=\frac{\eta c_p}{k}=Pr \qquad \pi_2=\frac{L^3 g\rho^2}{\eta^2}$$

$$\pi_3=\beta\Delta T \qquad \pi_4=\frac{hL}{k}=Nu$$

其中

$$\pi_2\pi_3=\frac{\beta g\rho^2 L^3\Delta T}{\mu^2}=Gr(\text{格拉晓夫数}) \tag{9-29}$$

那么，对自然对流来说，有

$$Nu=f_3(Gr,Pr) \tag{9-30}$$

式（9-30）与式（9-25）相似，其中式（9-30）中的 Gr 与式（9-25）中的 Re 相对等。但

自然对流中无 St 数，因为该数中含有表征强制对流的速度 v 项。

由以上分析可知，用量纲分析法得到的强制对流和自然对流特征数方程式较之用相似原理变换得到的特征数方程式更为自然。

9.4 工程中对流换热系数计算举例

依据 9.3 所述的求取对流换热系数的原理，可以通过实验来确定各种对流换热形式的换热系数的特征数方程式。本节介绍若干种强制对流换热和自然对流换热的实例，并给出相应的计算对流换热系数的特征数方程式。

9.4.1 强制对流换热系数的计算

有三种典型的强制对流换热情况：外掠平板、横掠圆柱和管内流动。这里对它们的流动和换热规律的特点进行分析，并给出求解对流换热系数的特征数方程。

9.4.1.1 外掠平板

流体沿平板流过时，其流动特征如图 9-5 所示。从起始接触点至流程长度为 x_c 的范围内，边界层为层流。当流程长度进一步增加，边界层经历一段过渡后转变为湍流。层流至湍流的转变由临界雷诺数 $Re_{Cr}=v_\infty x_c/v$ 确定。Re_{Cr} 随来流的扰动，壁面粗糙度的不同而异。在一般有换热的问题中取 $Re_{Cr}=5\times10^5$。与边界层流态相对应，层流区和湍流区有各自的换热规律。

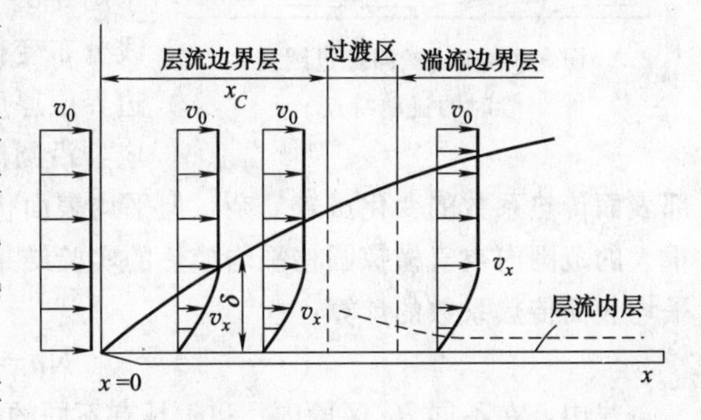

图 9-5 外掠平板的流动特征

在层流区，表面换热系数有随 x 递减的性质，而在向湍流过渡中，表面传热系数跃升，最后进入湍流区的表面换热系数状态。通过实验得到：平板在常壁温边界条件下，平均表面换热系数的准则关系式如下：

层流区（$Re<5\times10^5$）：
$$Nu=0.664Re^{0.5}Pr^{1/3} \tag{9-31}$$

最终达到湍流区（$5\times10^5\leqslant Re<10^7$）时，全长合计的平均表面传热系数 α，可按以下准则式先计算出 Nu，再算出 α：

$$Nu=(0.037Re^{0.8}-871)Pr^{1/3} \tag{9-32}$$

式中，定性温度取边界平均温度 T_m，$T_m=(T_W+T_\infty)/2$；T_m 为板面温度；T_∞ 为来流温度。特征尺度取板全长 l。Re 数中的速度取来流速度 v_∞。

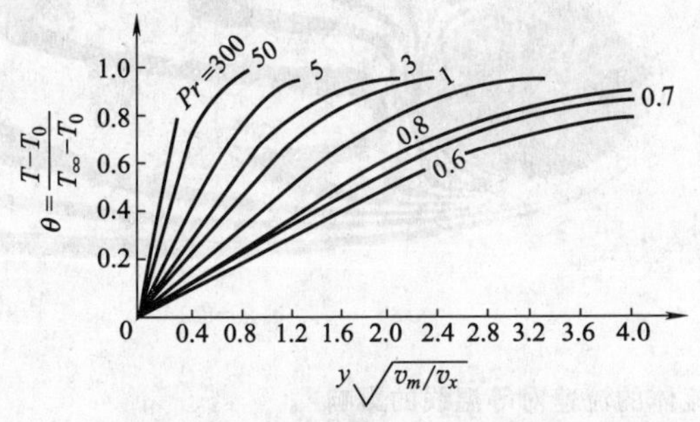

图 9-6 在不同 Pr 下平板上层流界面层内的无量纲温度分布图

图 9-6 给出了在不同 Pr 下平板上层流界面层内的无量纲温度分布图。由图可以看出，不同的 Pr 值，其温度分布不同。对于气体，Pr 数为 0.7～1.0，几乎不随温度变化。其温度边界层厚度 δ_T 与速度边界层厚度 δ 相近，即 $\delta_T\approx\delta$；对于一般液体，Pr 数为 2～50，其 $\delta_T<\delta$；而对于液态金属，由于导热能力强，Pr 数很小，其 $\delta_T\gg\delta$。

【例 9-1】 24℃的空气以 60m/s 的速度外掠一块平板，平板保持 216℃的板面温度，板长 0.4m，试求平均表面传热系数（不计辐射换热）。

解：为计算 Re_G 先算出定性温度：

$$t_m=(t_w+t_\infty)/2=(216+24)℃/2=120℃$$

查附录 F 得　　$v=25.45\times10^{-6}\,\text{m}^2/\text{s};\lambda=3.34\times10^{-2}\,\text{W}/(\text{m}\cdot℃);Pr=0.086$

由此算出　　$$Re=\frac{v_\infty l}{v}=\frac{60\times0.4}{25.45\times10^{-6}}=9.43\times10^5>5\times10^5$$

平板后部已达湍流区，全长平均表面传热系数按式（9-32）计算后再进一步推出，即

$$Nu=(0.037Re^{0.8}-871)Pr^{1/3}=[0.037\times(9.43\times10^5)^{0.8}-871]\times(0.686)^{1/3}=1196$$

$$\bar{a}=Nu\frac{\lambda}{l}=1196\times\frac{3.34\times10^{-2}}{0.4}\text{W}/(\text{m}^2\cdot℃)=99.9\text{W}/(\text{m}^2\cdot℃)$$

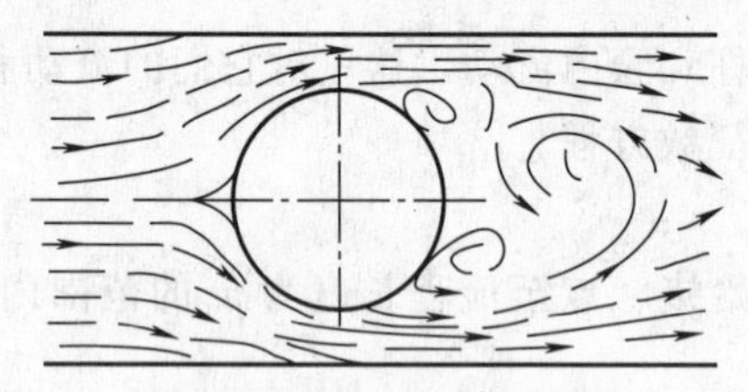

图 9-7　流体横向掠过圆柱管时的流动特点

9.4.1.2　横掠圆柱（圆管）

流体横掠圆柱时的流动特征示于图 9-7。边界层的形态出现在前半周的大部分范围，然后发生绕流脱体，在后半周出现回流和旋涡。与流动相对应，其温度分布示于图 9-8。由图可见，随着 Re 数的提高，前半周的等温线分布变得紧密，热边界层厚度变小，逐渐变得与流动边界层厚度相当。后半周则呈现出复杂的情况。与其相应，沿圆周局部换热强度的变化示于图 9-9（a），不过局部表面传热系数的变化虽较复杂，但平均表面传热系数都有明显的渐变规律性。在 Re 数变化很大的范围内空气横掠圆柱平均换热的实验结果示于图 9-7（b）。推荐用以下通用准则式进行平均表面传热系数的计算：

$$Nu=cRe^n \tag{9-33}$$

式中，在不同 Re 区段内 c 和 n 具有不同的数值，见表 9-1。此外，定性温度采用边界层平均温度 $T_m=(T_W+T_f)/2$，特征尺度取圆柱外径 d，Re 数中的流速按来流流速计算。

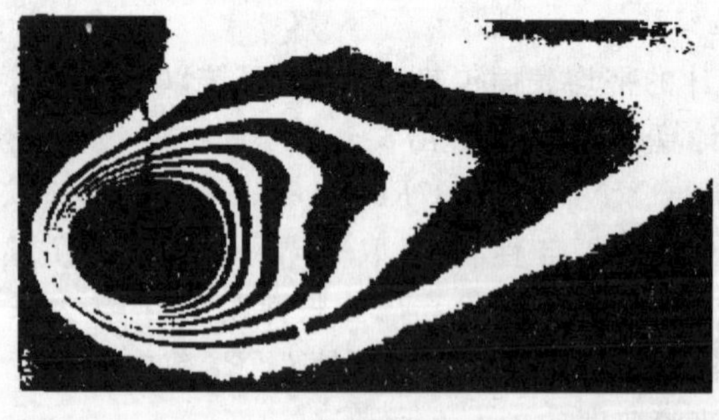

(a) Re=23

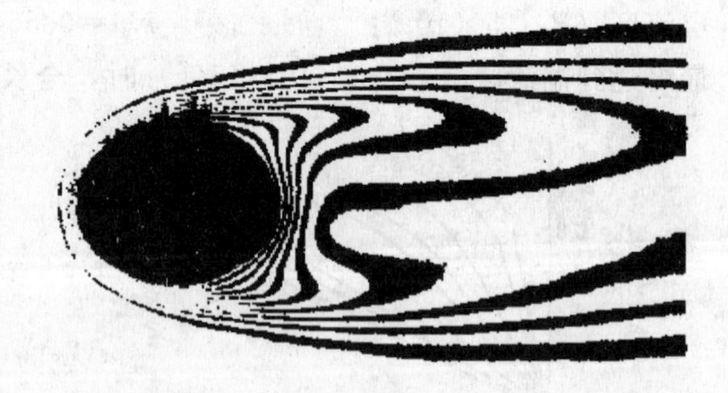

(b) Re=120

图 9-8　空气横掠加热圆柱时流体的流速对等温线的影响

表 9-1　c 和 n 的值

Re	c	n	Re	c	n
4～40	0.809	0.385	4000～40000	0.171	0.618
40～4000	0.606	0.466	40000～250000	0.0239	0.805

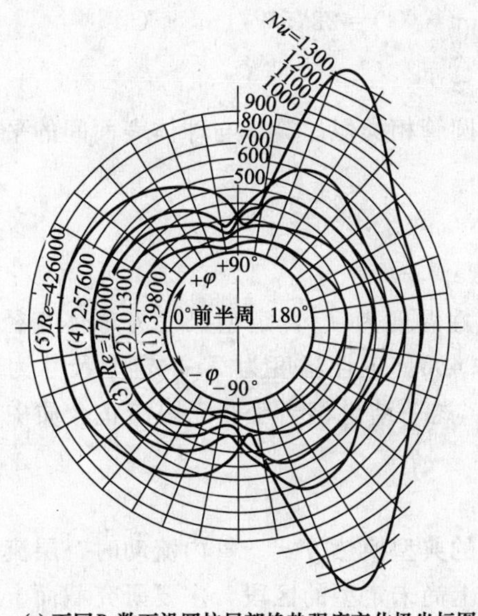

(a) 不同Re数下沿圆柱局部换热强度变化极坐标图

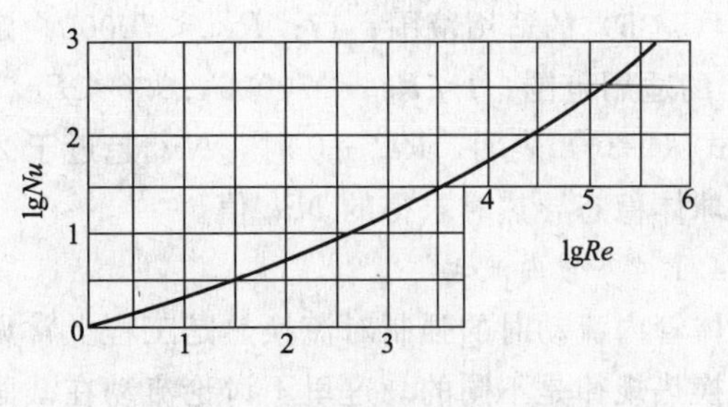

(b) 空气横掠圆柱平均换热的实验数据

图 9-9　空气横掠圆柱时的局部及平均表面传热系数

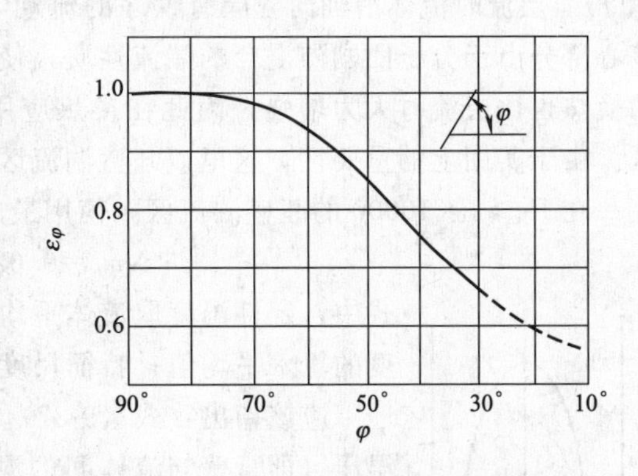

图 9-10　圆柱面的冲击角修正系数

式（9-33）也适用于烟气及其他双原子气体。有文献指出，若将上式中的常数 c 改为 $c'Pr^{1/3}$，则与液体的实验结果相符，故可采用 $Nu=c'Re^nPr^{1/3}$ 的形式推广应用于液体及非双原子气体。

流体流动方向与圆柱轴线的夹角称为冲击角 ϕ。以上讨论的是冲击角为 90°的正面冲击情况。斜向冲击时，换热有所削弱。在实际计算中，可引用一个小于 1 的经验冲击角修正系数 ε_φ 来考虑这种影响（图 9-10）。

$$\alpha_\varphi=\varepsilon_\varphi\alpha_{90^\circ} \tag{9-34}$$

式中，α_φ 和 α_{90° 分别为 ϕ 角和 90°角时的表面传热系数。

【例 9-2】 空气正面横掠外径 $d=20\text{mm}$ 的圆管。空气流速为 1m/s。已知空气温度 $t_t=20℃$，管壁温度 $t_W=80℃$，试求平均表面传热系数。

解： 定性温度　　$t_m=(t_t+t_W)/2=(20+80)/2=50℃$

从附录 F 查得　　$\lambda_m=2.83\times10^{-2}\,\text{W}/(\text{m}\cdot℃)$

$$v_m=17.95\times10^{-6}\,\text{m}^2/\text{s}$$

由此算出 Re 数

$$Re=\frac{vd}{v_m}=\frac{1\times0.02}{17.95\times10^{-6}}=1110$$

由表 9-1 查得 c、n 值，按式（9-33）算得：

$$Nu=0.606Re^{0.466}=0.606\times(1110)^{0.466}=15.9$$

平均表面传热系数为

$$\bar{a}=Nu\frac{\lambda_m}{d}=15.9\times\frac{2.83\times10^{-2}}{0.02}\text{W/(m}^2\cdot℃)=22.5\text{W/(m}^2\cdot℃)$$

9.4.1.3　绕流球体

流体绕流球体时，边界层的发展及分离与绕流圆管相类似。流体与球体表面间的平均表面传热系数可按下列特征数方程计算：

对于空气
$$Nu_m=0.37Re_m^{0.6} \tag{9-35}$$

对于液体
$$Nu_m=2.0+0.6Re_m^{\frac{1}{2}}Pr_m^{\frac{1}{3}} \tag{9-36}$$

式（9-35）的适用范围；$17<Re_m<70000$。定性温度为 T_m，定型尺寸为球体直径 d。式（9-36）的适用范围：$1<Re_m<70000$；$0.6<Pr_m<400$。定性温度为 T_m，定型尺寸为球体直径 d。式（9-36）表明，$Re_m\to0$ 时，Nu_m趋近于 2。这一结果相当于在无限滞止介质中，温度均匀的球体稳态导热时求得的 Nu_m值。

9.4.1.4　管内流动

流体管内流动时的强制对流换热是工程上常见的典型换热方式。管内流动时，层流和湍流的对流换热规律是不同的。这里不讨论流动在截面上尚未定型的区段，主要研究截面上流动已定型的充分发展段。以临界雷诺数 $Re=2320$ 为界，$Re<2320$ 为层流；$Re>1\times10^4$ 则为旺盛湍流；介于二者之间的为层流向湍流转变的过渡区段。流态的不同反映在截面的速度分布上（图 4-17）。层流时流体沿轴向分层有秩序的流动，而湍流时则除贴壁薄层具有层流性质外，截面核心部分由于分子团剧烈混合的湍流性质，使核心部分的流速几乎一致。与此相对应，湍流时的换热也比层流时大为增强，因此在换热应用中，总希望使管内流动尽可能工作在旺盛湍流区。由于实用上的重要性，这里以旺盛湍流区的换热为讨论的重点。

在 $Re>1\times10000$ 的旺盛湍流区，使用最广的实验准则式为

$$Nu_f=0.023Re_f^{0.8}Pr_f^{0.4} \tag{9-37}$$

式中，定性温度取流体平均温度 T_f。习惯上 T_f取管道进出口两截面平均温度的算术平均值；特征尺度取管内径。

应该指出：式（9-37）在实际中得到广泛应用，但用此公式计算时，对温压（即管壁与流体间的温度差）及流体动力黏度 η_f上都有限制，它适用于温压不太大及 η_f不大于水的动力黏度两倍以内的范围。所谓温压不太大，具体来说，即指对气体而言，温压不超过 50℃，对水不超过 30℃，对油类不超过 10℃。超过限制就会产生较大误差。

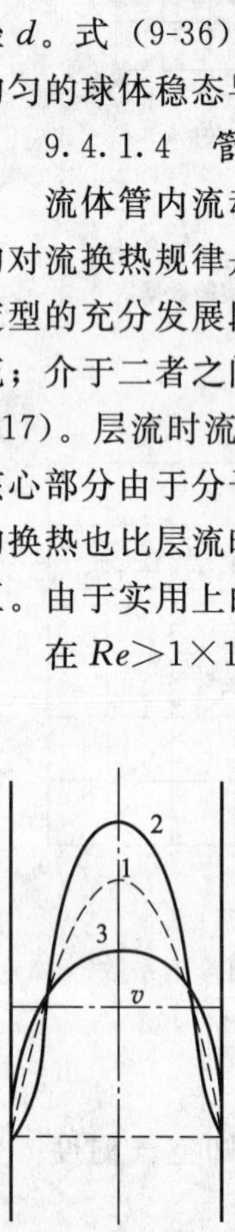

图 9-11　换热时管内速度分布畸变

下面的分析有助于理解上式产生较大误差的原因。在有换热的条件下，截面上的速度分布与等温流动的分布有所不同。图 9-11 示出了换热时速度分布畸变的景象。图中曲线 1 为等温流动的速度分布。有换热时，以液体为例作分析。液体被冷却时，因液体的黏度随温度的降低而升高，近壁处的黏度较管心处为高，所以近壁处速度分布低于等温曲线，变成曲线 2。同理，液体被加热时，速度分布变成曲线 3，近壁处流速增大会增强换热，反之会削弱换热。这说明了不均匀物性场对换热的影响。而式（9-37）却忽略了这种影响，因此在计算时温压及黏性系数上必然会有所限制。超出以上限制时，必须考虑不均匀物性的影响，推荐从下列实验准则式中任选一个进行计算：

$$Nu_f=0.027Re_f^{0.8}Pr_f^{\frac{1}{3}}\left(\frac{\eta_f}{\eta_w}\right)^{0.14} \tag{9-38}$$

$$Nu_f = 0.021 Re_f^{0.8} Pr_f^{0.43} \left(\frac{Pr_f}{Pr_w}\right)^{0.25} \tag{9-39}$$

两式中，除 η_w 或 Pr_w 取壁温 T_w 为定性温度外，其余物性仍采用流体平均温度为定性温度；管内径 d 为特征尺度。

几点讨论如下。

① 非圆形截面槽道　此时，采用当量直径 d_e 为特征尺度。非圆形截面槽道内强制对流的准则关系式可以套用圆管的准则关系式（9-37）、式（9-38）或式（9-39）。当量直径按下式计算：

$$d_e = \frac{4f}{P_w} \tag{9-40}$$

式中　f——槽道的截面积，m^2；

p_w——润湿周长，即槽道壁与流体接触面的长度，m。

例如，对于两个同心套管构成的环形槽道，内管外径为 d_1，而外管内径为 d_2 时，则

$$d_e = \frac{\pi(d_2^2 - d_1^2)}{\pi(d_2 + d_1)} = d_2 - d_1 \tag{9-41}$$

② 入口段修正　流体进入管口总要经历一个流动尚未定型的阶段，如图 9-10 所示。同样，温度分布及换热也要经历一个未定型区段。图 9-12 中的实线和虚线分别描述了局部表面传热系数 α_x 和平均表面传热系数 α 沿管长的变化情况，α_∞ 为充分发展段的表面传热系数。一般来说，入口效应修正系数必须根据具体情况确定，并不存在通用的修正系数。对于通常工业设备中常见的尖角入口，推荐以下入口段修正系数，即

$$\varepsilon_1 = 1 + \left(\frac{d}{x}\right)^{0.7} \tag{9-42}$$

一般认为，管的长径比 $x/d > 60$ 时，入口段修正可忽略不计。

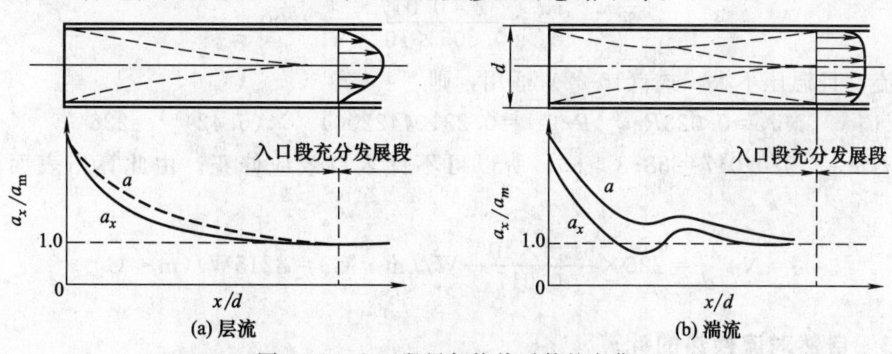

图 9-12　入口段局部换热系数的变化

③ 弯管修正系数　流体流过弯曲管道或螺旋管时，会引起二次环流而强化换热。图 9-13 定性表示了截面上的二次环流。处理上可以用一个大于 1 的弯管修正系数 ε_R 来反映这种强化作用，即

对于气体　$$\varepsilon_R = 1 + 1.77\frac{d}{R} \tag{9-43}$$

对于液体　$$\varepsilon_R = 1 + 10.3\left(\frac{d}{R}\right)^3 \tag{9-44}$$

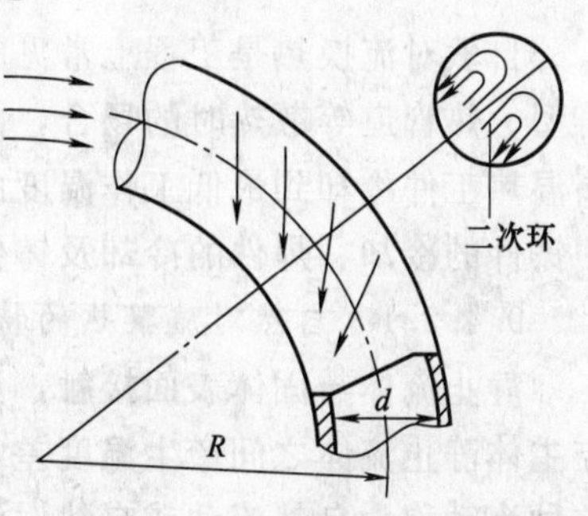

图 9-13　螺旋管中的二次环流

式中　R——弯曲管道的曲率半径，m；

d——管内径，m。

最后，对管内层流换热作简要说明。管内层流时，附加的自然对流有时难于避免，使实验准则式更复杂。

对于自然对流受到抑制时，即 $Gr/Re^2<0.1$ 条件下，管内层流换热的计算在 $Re_f Pr_f \frac{d}{l} \geqslant 10$ 的范围内，推荐下列准则关系式

$$Nu_f = 1.86\left(Re_f Pr_f \frac{d}{l}\right)^{1/3}\left(\frac{\eta_f}{\eta_w}\right)^{0.14} \tag{9-45}$$

式中，除 η_w 取 T_w 为定性温度外，其余物性均取流体平均温度 T_f 为定性温度；取管内径或当量内径为特征尺度。

通常，管壁处给出两种常用的边界条件：恒定壁面热流通量和恒定壁面温度。利用对流换热的能量方程可以证明，对于完全发展的层流，在恒定壁面热流通量的条件下圆管内热交换的 Nu 数为

$$Nu = \alpha D/\lambda = 4.36 \tag{9-46}$$

在恒定壁面温度的条件下，圆管内热交换的 Nu 数也是常量：$Nu=3.66$。

具有自然对流影响的层流计算式及过渡区的计算式均可参阅传热手册。

【例 9-3】 在一个换热器中用水来冷却管壁。管内径 $d=17\text{mm}$，长度 $l=1.5\text{m}$。已知冷却水流速 $v=2\text{m/s}$，冷却水的平均温度（进出口截面上平均温度的算术平均值）$t_f=30℃$，壁温 $t_w=35℃$，试计算表面传热系数 α。

解： 为选用合适的计算式，先计算 Re 数。按定型温度 $t_f=30℃$，从附录 D 查得

$$v_f = 0.805\times10^{-6}\,\text{m}^2/\text{s} \quad \lambda_f = 61.8\times10^{-2}\,\text{W/(m}\cdot℃)$$

$$Pr_f = 5.42$$

$$Re_f = \frac{vd}{v_f} = \frac{2\times0.017}{0.805\times10^{-6}} = 42200$$

属湍流，且温压不大，式（10-22）适用，则

$$Nu_f = 0.023 Re_f^{0.8} Pr_f^{0.4} = 0.23\times(42200)^{0.8}\times(5.42)^{0.4} = 226$$

因为 $l/d=1.5/0.017=88.3>60$，所以可不计入口效应修正。由此算出表面传热系数 α，即

$$\alpha = Nu\frac{\lambda_f}{d} = 226\times\frac{61.8\times10^{-2}}{0.017}\,\text{W/(m}\cdot℃) = 8215\,\text{W/(m}\cdot℃)$$

9.4.2 自然对流换热的计算

自然对流换热是工程上常见的一种对流换热形式，它不仅存在于各种热设备（如加热炉）、铸型、热管道等散热时的场合，而且存在于大量的热加工工艺过程中工件散热的场合。例如，高温热工件冷却到最低工作温度的时间取决于自然对流散热及辐射散热。又如，连续铸造工艺中铸件的冷却、焊件的冷却及铸件和焊接熔池的凝固过程也都伴有自然对流换热。

9.4.2.1 自然对流换热的特点

静止流体与固体表面接触，如果其间有温度差，则靠近固体表面的流体将因受热（冷却）与主体静止流体之间产生温度差，从而造成密度差，在浮力作用下产生流体上下的相对运动，这种流动称为自然流动或自然对流。在自然对流下的热量传输过程即为自然对流换热。

在自然对流换热中，Gr 特征数起决定性作用，它代表浮力与黏性力之比，并且包括温度

差 ΔT。在自然对流中，靠近固体表面流体的流动层就是自然对流边界层。由于其贴近固体表面处流速为零，而边界层以外静止流体的流速也为零，因而在边界层内存在一流速极大值，图 9-14 为边界层的速度场及温度场。

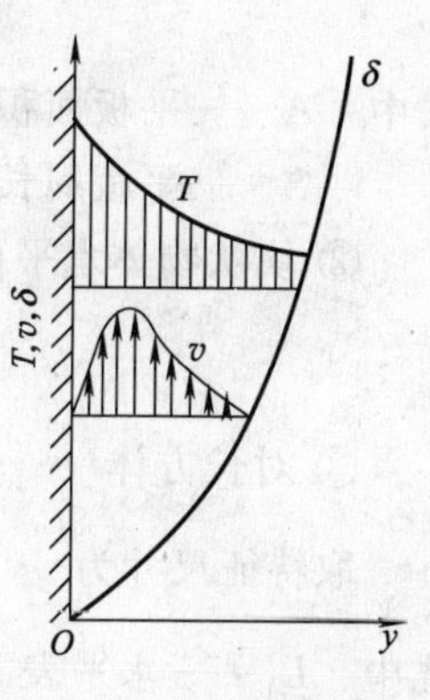

图 9-14　自然对流边界层的速度场及温度场

格拉肖夫准则 Gr 的物理意义在于

$$Gr=\frac{g\alpha v\Delta T l^3}{\nu^2}=\frac{(l\rho g\alpha v\Delta T)(\rho v^2)}{(\eta v/l)^2}=\frac{\text{浮力}\times\text{惯性力}}{\text{阻力}}$$

Gr 值越大，引起对流的浮力相对于阻力越大，自然对流也越强烈。

由于自然对流时流速较低．所以边界层较厚且沿高度方向逐渐加厚。开始时为层流，发展到一定程度后变为湍流，由层流到湍流的转变临界点由 Gr 数来确定。根据观测结果，临界 Gr 数为 $10^8\sim10^9$。在自然对流换热过程中，随着边界层位置的变化，局部表面传热系数也在变化。

9.4.2.2　自然对流换热的计算

自然对流换热的特征数方程式一般如式（9-30b），即

$$Nu=c(GrPr)^n$$

式中，c 和 n 值与流动性质及表面朝向有关，见表 9-2。

表 9-2　自然对流中的 c 和 n 的值

表面状况	流动示意图	特征尺寸	流态及 c 和 n 的值			
			$GrPr$ 范围	流态	c	n
垂直平板或垂直圆柱		板或柱高度 H	$10^4\sim10^9$ $10^9\sim10^{13}$	层流 湍流	0.59 0.10	1/4 1/3
水平圆柱		外径 d	$10^4\sim10^9$ $10^9\sim10^{12}$	层流 湍流	0.53 0.13	1/4 1/3
水平板热面向上或水平板冷面向下		矩形板取两边长的平均值 L；圆板取 $0.9d$	$2\times10^4\sim8\times10^6$ $8\times10^6\sim10^{11}$	层流 湍流	0.54 0.15	1/4 1/3
水平板热面向下或水平板冷面向上		矩形板取两边长的平均值 L；圆板取 $0.9d$	$10^5\sim10^{11}$	层流	0.58	1/5

上述特征数方程及有关的图表，只适用于表面温度 T_w 为常数的情况。对于其他形体的自然对流换热可作如下处理后再应用上述公式及图表。

① 非对称平板　取特征尺寸

$$L=A/S$$

式中　A——平板面积；

S——平板周长。

② 块状物体水平面，侧面同时发生自然对流换热时

$$C=0.60\ ;n=\frac{1}{4}$$

③ 对长方体

取特征尺寸为
$$L=\frac{1}{L_h}+\frac{1}{L_v}$$

式中　L_h——水平表面尺寸；

L_v——垂直表面尺寸。

④ 在 101.3kPa（标准大气压），中等温度水平，即 $t_{cp}=50$℃的空气与表面的自然对流可由表 9-3 中的简化公式求表面传热系数。当压力发生变化时应乘以压力修正系数如下（其中 p 为实际压力，Pa）：

$$层流\left(\frac{p}{1.013\times10^6}\right)^{1/2}\ ;湍流\left(\frac{p}{1.013\times10^6}\right)^{2/3}$$

表 9-3　自然对流简化对流表面传热系数公式

表面及其朝向	层流 $10^4<GrPr<10^9$	湍流 $GrPr>10^9$
垂直平板或垂直圆柱	$\alpha=1.49\left(\frac{\Delta T}{H}\right)^{1/4}$	$\alpha=1.13(\Delta T)^{1/3}$
水平圆柱	$\alpha=1.33\left(\frac{\Delta T}{d}\right)^{1/4}$	$\alpha=1.47(\Delta T)^{1/3}$
水平板热面朝上或冷面朝下	$\alpha=1.36\left(\frac{\Delta T}{L}\right)^{1/4}$	$\alpha=1.70(\Delta T)^{1/3}$
水平板热面朝下或冷面朝上	$\alpha=0.59\left(\frac{\Delta T}{L}\right)^{1/5}$	

【例 9-4】 长 10m，外径为 0.3m 的包扎蒸汽管，外表面温度为 55℃，求在 25℃的空气中水平与垂直两种方式安装时单位管长的散热量。

解：定性温度
$$t_{cp}=\frac{t_w+t_f}{2}=\frac{55+25}{2}℃=40℃$$

定性温度下空气的物性参数：

$$\lambda=2.76\times10^{-2}\,W/(m\cdot℃),v=16.69\times10^{6}\,m^2/s,Pr=0.699$$

(1) 水平安装时，特征尺寸为管子外径，即 $d=0.3$m，则

$$GrPr=\frac{9.81\times(55-25)\times0.3^2}{(273+40)\times(16.69\times10^{-6})^2}\times0.699=6.169\times10^7<10^9 层流$$

查表 9-2 得 $C=0.53$；$n=\frac{1}{4}$

算得
$$Nu=0.53\times(6.169\times10^7)^{1/4}=46.97$$

$$\alpha=Nu\frac{\lambda}{d}=46.97\times\frac{2.76\times10^{-2}}{0.3}=4.32W/(m^2\cdot℃)$$

$$\frac{\phi}{L}=\alpha(t_w-t_f)\pi d=4.32\times(55-25)\times3.14\times0.3W/m=122.1W/m$$

(2) 垂直安装时，定性尺寸为管子长度，即 $L=10\text{m}$，则

$$GrPr=\frac{9.81\times(55-25)\times10^3}{(273+40)\times(16.69\times10^{-6})^2}\times0.699=2.285\times10^{12}>10^9\quad 湍流$$

查表 9-2 得　$C=0.1$；$n=1/3$

算得

$$Nu=0.1\times(2.285\times10^{12})^{1/3}=1317$$

$$\alpha=Nu\frac{\lambda}{L}=1317\times\frac{2.76\times10^{-2}}{10}=3.64\text{W}/(\text{m}^2\cdot℃)$$

$$\frac{\phi}{L}=\alpha(t_w-t_f)\pi d=3.64\times(55-25)\times3.14\times0.3\text{W/m}=102.9\text{W/m}$$

(3) 以简化公式计算

① 水平安装时为层流，查表 10-3 得

$$\alpha=1.33\left(\frac{\Delta T}{d}\right)^{\frac{1}{4}}=1.33\times\left(\frac{55-25}{0.3}\right)^{1/4}=4.21\text{W}/(\text{m}^2\cdot℃)$$

② 垂直安装时为湍流，查表 10-3 得

$$\alpha=1.13(\Delta T)^{1/3}=1.13\times(55-25)^{1/3}=3.51\text{W}/(\text{m}^2\cdot℃)$$

计算误差均未超过±5%。

复习思考题

1. 举例说明什么是对流换热，抽象出其物理模型，说明其换热特点。

2. 构造对流换热的数学表达式，并说明这样构造的原因。

3. 能不能直接从牛顿冷却公式出发，用实测的方法求得对流换热系数？为什么？

4. 如何求得正确的对流换热系数？说明原因。

5. 全面分析影响对流换热系数的因素有哪些。

6. 给出对流换热的物理模型并建立其相应的数学模型。

7. 试用相似变换的方法求得对流换热物理现象的全部特征数。并给出强制对流换热和自然对流换热的特征数方程式。

8. 什么是相似模型实验中的定性温度和定性尺度？举例说明。请给出外掠平板、横掠圆柱、绕流球体和管内流动四种对流换热现象的定性温度和定性尺度。

习　题

1. 某窑炉侧墙高 3m，总长 12m，炉墙外壁温 $t_w=170℃$。已知周围空气温度 $t_f=30℃$。试求此侧墙的自然对流散热量（热流量）。

2. 一根 $L/d=10$ 的金属柱体，从加热炉中取出置于静止的空气中冷却。试问：从加速冷却的目的出发，柱体应水平放置还是竖直放置（设两种情况下辐射散热均相同）？试估算开始冷却的瞬间在两种放置情况下的自然对流表面传热系数之比值。两种情况下的流动均为层流。

3. 一热工件的热面朝上向空气散热。工件长 500mm，宽 200mm，工件表面温度 220℃，室温 20℃。试求工件热面自然对流的表面传热系数。

4. 在上题中若工件的热面朝下向空气散热，试求工件热面自然对流的表面传热系数。

5. 有一热风炉 $D=7\text{m}$（外径），$H=42\text{m}$（高度），当其外表面温度为 200℃时，若与周围环境温度之差为 40℃，求自然对流的散热量。

6. 空气以 10m/s 的流速外掠表面温度为 128℃的平板。流速方向上平板长度为 300mm，宽度为 100mm。已知空气温度为 52℃，试求对流换热量（热流量）。

7. 在外掠平板换热问题中，试计算 25℃的空气及水达到临界雷诺数各自所需的板长。取流速 $v=1\text{m/s}$

计算。

8. 在稳态工作条件下，20℃的空气以 10m/s 流速横掠外径为 50mm、管长为 3m 的圆管后，温度增至 40℃。已知横管内匀布电热器消耗的功率为 1560W，试求横管外侧壁温。

9. 发电机的冷却介质从空气改为氢气后可以提高冷却效果。试对氢气与空气的冷却效果进行比较。比较的条件是：都是管内湍流对流换热，通道几何尺寸、流速相同，定性温度均为 50℃，均处于常压下，不考虑温压修正，50℃的氢气物性：$\rho=0.0755\text{kg/m}^3$，$\lambda=19.42\times10^{-2}\,\text{W/(m}\cdot\text{℃)}$，$\eta=9.41\times10^{-6}\,\text{Pa}\cdot\text{s}$，$c_p=14.36\text{kJ/(kg}\cdot\text{℃)}$。

10. 压力为 1.013×10^5Pa 的空气在内径为 76mm 的直管内强制流动，入口温度为 65℃，入口体积流量为 $0.022\text{m}^3/\text{s}$，管壁的平均温度为 180℃，试问将空气加热到 115℃所需管长为多少？

11. 管内强制对流湍流时的表面传热系数对流速 v 和管内径有何种依变关系？流速提高一倍，α 提高多少？管内径减为一半，α 提高多少？

12. 管内强制对流湍流时的换热，若 Re 数相同，在 $t_f=30$℃条件下水的表面传热系数比空气的高多少倍？

第10章 辐射换热

本章导读： 首先从确立辐射传热的热流密度出发建立一个辐射换热物理模型，在此过程中引出黑体的概念（这是关键），然后给出斯提芬-波尔兹曼定律，以及单色辐射力定律。再从科学史的角度叙述普朗克定律，说明其作为量子力学起点的作用。然后再从辐射角度出发论述辐射换热的计算。最后概述了传热学的发展过程，特别介绍了非傅里叶导热效应的研究状况。

10.1 准备知识

10.1.1 电磁波谱

由7.4节知，因热的原因而产生的电磁波辐射称为热辐射。不同的电磁波位于一定的波长区段内，如图10-1所示。工业上的温度一般在2000K以下，此时的热辐射波长位于0.38～100μm（1μm=10^{-6}m）之间，且大部分能量位于0.76～20μm间的红外线区段，在0.38～0.76μm的可见光区段，热辐射能量的份额不大。

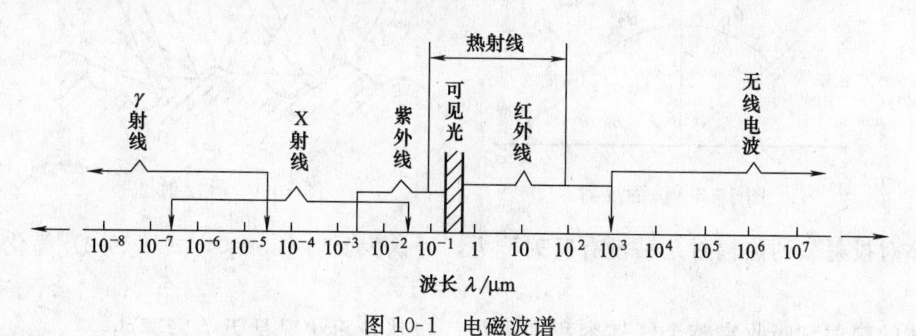

图10-1 电磁波谱

红外线又有近红外与远红外之分，大体上以4μm为界限，波长4μm以下的红外线称为近红外线，4μm以上的称为远红外线。20世纪70年代初期发展起来的远红外加热技术，就是利用远红外辐射元件发射出的以远红外线为主的电磁波对物料进行加热的。它具有效率高、能源消耗低的显著优点。

10.1.2 辐射能的吸收、反射和透射

投射到物体表面上的热辐射，与可见光一样也有吸收、反射和穿透现象。如图10-2所示，从外部投射到物体表面上的热辐射能Q中，一部分（Q_α）被物体吸收，另一部分（Q_ρ）被反射，其余部分（Q_τ）穿透过物体。按能量守恒定律有：

$$Q=Q_\alpha+Q_\rho+Q_\tau$$

或

$$\frac{Q_\alpha}{Q}+\frac{Q_\rho}{Q}+\frac{Q_\tau}{Q}=1 \tag{10-1}$$

式（10-1）左边的各能量百分比分别称为物体的吸收率、反射率和穿透率，记为α、ρ和τ。则式（10-1）可表示成

$$\alpha+\rho+\tau=1 \tag{10-2}$$

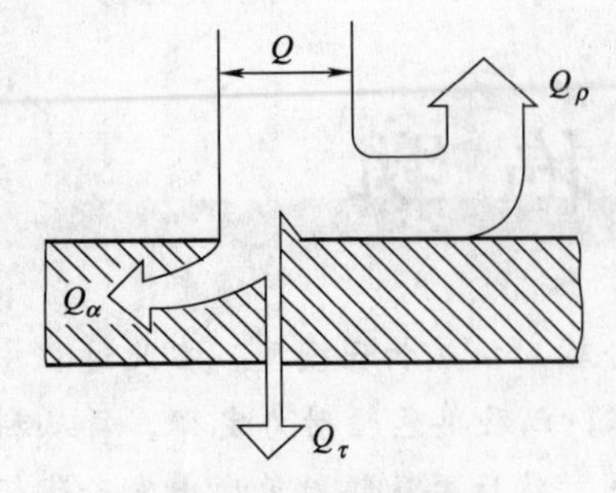

图 10-2 物体对热辐射吸收、反射和透射

对于固体和液体来说，进入固体或液体表面的辐射能，在一极薄层内即完全被吸收。对于金属导体，薄层只有 1μm 的数量级；对于大多数非导电体材料，厚度亦小于 1mm。实用工程材料的厚度大都大于这些数值，因此可以认为固体和液体不允许热辐射穿透，即 $\tau=0$。于是，对于固体，式（10-2）简化为

$$\alpha+\rho=1 \tag{10-3}$$

就固体和液体而言，吸收能力大的物体其反射本领就小；反之，吸收能力小的物体其反射本领就大。

热辐射投射到物体表面后的反射现象，也和可见光一样，有镜面反射和漫反射的区分。它取决于表面的粗糙程度。这里所指的粗糙程度是相对于热辐射的波长而言的。当表面的不平整尺寸小于投射辐射的波长时，形成如图 10-3 所示的镜面反射，此时入射角等于反射角。高度磨光的金属板是镜面反射的实例。当表面的不平整尺寸大于投射的波长时，形成漫反射。漫反射的射线是十分不规则的，如图 10-4 所示。一般工程材料的表面都形成漫反射。

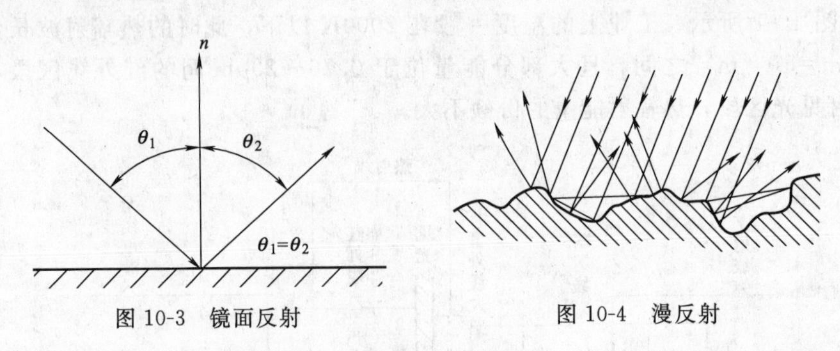

图 10-3 镜面反射　　图 10-4 漫反射

气体对投射来的热辐射几乎没有反射能力，可认为反射率 $\rho=0$，式（10-2）简化成

$$\alpha+\tau=1 \tag{10-4}$$

气体的辐射和吸收在整个气体容积中进行。与其表面状况是无关紧要的。

不同物体的吸收率、反射率和穿透率因具体条件不同而千差万别，通常把吸收率 $\alpha=1$ 的物体叫做绝对黑体，简称黑体；把反射率 $\rho=1$ 的物体叫做镜体（当反射为漫反射时称绝对白体）；把穿透率 $\tau=1$ 的物体叫做透明体。

10.1.3 人工黑体模型

人工黑体模型如图 10-5 所示，取用工程材料（它的吸收率必然小于黑体）制造一个空腔，使空腔壁面保持均匀的温度，并在空腔上开一个小孔。空腔内要经历多次的吸收和反射，而每经历一次吸收，辐射能就按照内壁吸收率的大小被减弱一次，最终能离开小孔的能量是微乎其微的。可以认为投入的辐射能完全在空腔内部被吸收。所以，就辐射特性而言，小孔具有黑体表面一样的性质。值得指出，小孔面积占空腔内壁总面积的比值越小，小孔就越接近黑体。若小孔占内壁面积小于 0.6%、当内壁吸收率为 60%时，计算表明，小孔的吸收率可大于 99.6%。应用这种原理建立的黑体模型，在黑体辐射

图 10-5 黑体模型

的实验研究及为实际物体提供辐射的比较标准等方面都是十分有用的。

为明确起见，以后凡属于黑体的一切量，都将标明下角码 b。例如，黑体的辐射力和单色辐射力将分别表示为 E_b 和 $E_{b\lambda}$。

10.1.4 黑体辐射的基尔霍夫定律

基尔霍夫定律揭示了物体的辐射力与吸收率之间的理论关系。设想一个很小的实际物体 1 被包在一个黑体大空腔中，如图 10-6 所示，空腔和物体处于热平衡状态。对于实际物体 1 的能量平衡关系：当大空腔在一定温度下时，在投来的黑体辐射 E_b 中，被物体 1 吸收的部分是 $\alpha_1 E_b$，其余部分反射回空腔内壁被完全吸收，而不再被反射回来。当达到热平衡状态时，可得 $\alpha_1 E_b = E_1$。物体 1 是任意的，推广到其他实际物体时可得

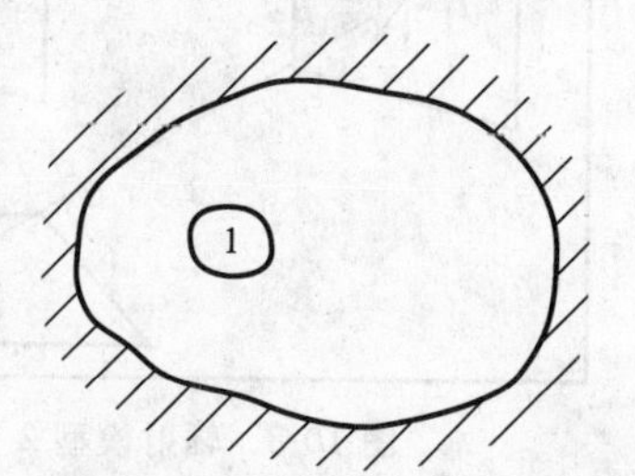

图 10-6 基尔霍夫定律示意图

$$\frac{E_1}{\alpha_1}=\frac{E_2}{\alpha_2}=\frac{E_3}{\alpha_3}=\cdots=\frac{E}{\alpha}=E_b \tag{10-5}$$

式（10-5）就是基尔霍夫定律的数学表达式。由式（10-5）可知，黑体的吸收能力最强，相应地，其辐射能力也最强。

当黑体大空腔温度变化为另一值时，物体 1 的温度也要随之改变，并再次达到与空腔壁温度相同的值。在新的热稳定条件下，仍然会出现式（10-5）的关系，表明黑体在新的温度下仍具有吸收和辐射最大能量的特性，说明黑体吸收和辐射的能力是温度的函数。

基尔霍夫定律可以表述为：任何物体的辐射能力与它对来自同温度黑体辐射的吸收率的比值，与物性无关而仅取决于温度，恒等于同温度下黑体的辐射能力。

从基尔霍夫定律可以得到如下推论：

① 在相同温度下，一切物体的辐射能力以黑体的辐射能力为最大；

② 物体的辐射力越大，其吸收率也越大，换句话说，善于辐射的物体必善于吸收；

③ 单位时间单位面积的黑体辐射能力的大小是温度的函数。

10.2 辐射问题模型及其实验研究

10.1 节介绍了热辐射的一些基本性质。但研究热辐射的核心是要定量地表达在一定温度下物体发射的热辐射强度的大小。如此才能当传热区域出现热辐射情况时，定量地描述传热区域的温度场分布。也就是说，如果热传递区域的换热方式属于辐射换热，在热传递微分方程式（7-6）中的热流密度 q 的表达式就不是傅里叶定律，必须寻求新的 q 表达式。这首先是用实验方法求得的。

10.2.1 辐射换热强度的实验研究

如图 10-7 所示的辐射问题原始模型，温度为 T_1 和 T_2 的两个物体处于真空中，$T_1 > T_2$，T_1 物体可以把 T_2 物体加热。其传热是通过电磁波进行。那么，两物体之间传热的热流密度符合什么样的规律呢？

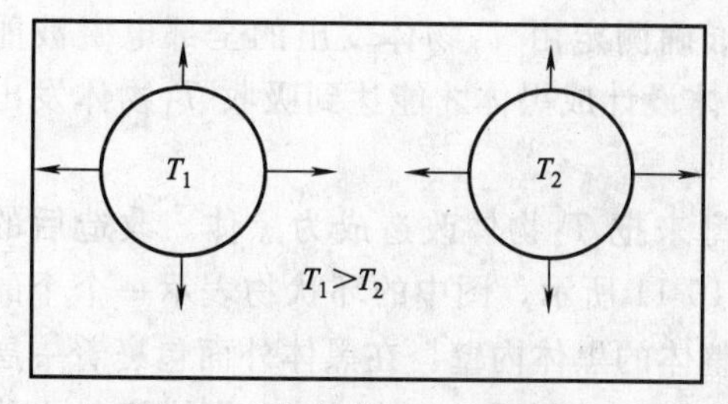

图 10-7 辐射模型 1（真空中）

物理上常用的方法就是首先测定出辐射换热的热量传递数据，然后根据这些实验数据寻找辐射换热规律。如图 10-7 所示的换热情况，既然 T_2物体在 T_1物体的辐射下温度可以上升，那么根据 T_2物体温度上升的情况就可以知道 T_1物体辐射给了 T_2物体多少能量。但仔细观察就会发现，物体辐射是向各个方向传递的，因此 T_2物体接收到的能量并非 T_1物体的在温度 T_1下辐射出的全部能量，而且 T_2物体自身也向外辐射能量，再者，两物体之间的相对位置对辐射能的发射和吸收也有影响，所以用图 10-7 的模型不能正确测定出一定温度下物体的辐射能。

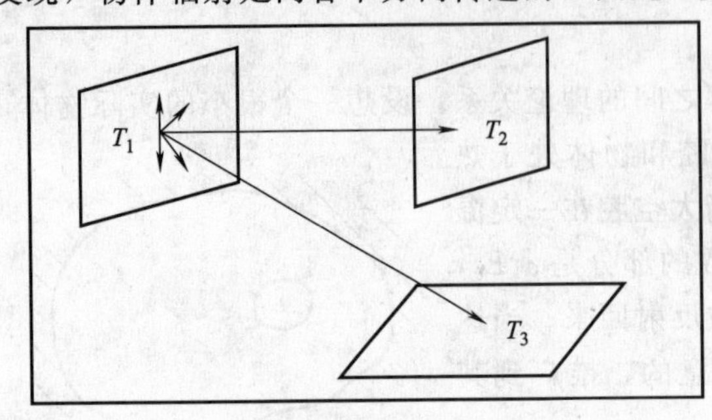

图 10-8　辐射模型 2（真空中）

$T_1>T_2=T_3$

为了全面地反映辐射问题所包含的内容，将图 10-7 的模型更进一步转化为图 10-8 的模型。图中，温度分别为 $T_1>T_2=T_3$ 的三个物体以一定的相对空间位置处于真空中进行辐射换热。其中 T_2物体正对着 T_1物体，而 T_3物体则与 T_1物体呈一定夹角。而且假定这三个物体只能单面进行辐射，另一面是绝缘的。这个模型基本包含了研究辐射换热问题的所有内容。

① T_1物体作为热源，在温度 T_1下，单位时间内放出多少能量 E?

② 单位时间内，T_2物体和 T_3物体可以吸收多少能量?

③ 如果 T_2物体和 T_3物体对 T_1物体发射来的能量并不是完全吸收，而是存在着吸收部分能量（用 α 表示吸收辐射能量的百分率，称为吸收率)、反射部分能量（用 ρ 表示反射出去的能量占辐射能量的百分率，称为反射率)、透射部分能量（用 τ 表示透射出去的能量占辐射能量的百分率，称为透射率）的情况，则要研究各种材料的吸收、反射和透射的性质。

④ 当物体的空间相对位置不同时，能量辐射和吸收的规律是什么?

显然，不能用图 10-8 的模型来研究辐射问题的定量关系，因为其中情况过于复杂，难于准确测定。因此，需要构造更为单纯的模型。如图 10-9 所示，将两块互相正对的只能单面辐射的平板置于真空中，由图可见，即使 T_2物体能完全吸收由 T_1物体辐射来的能量，也不能测定出 T_1物体辐射的全部能量，因为还有部分能量辐射到其他地方去了。因此还要进一步改进实验模型。

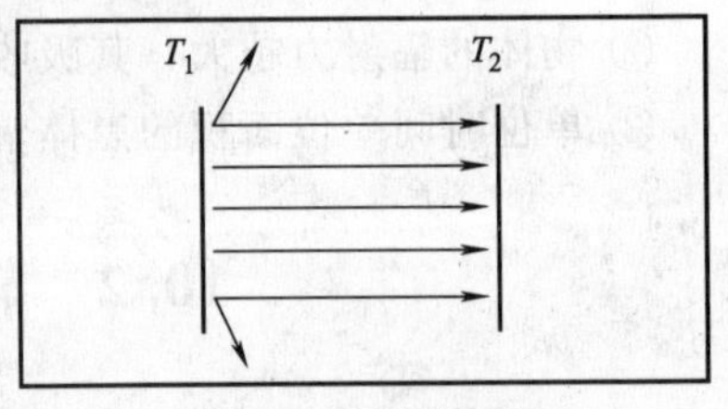

图 10-9　辐射模型 3

$T_1>T_2$

为了接收由 T_1物体辐射出来的全部能量以测定一定温度下物体的辐射能量，用 T_2物体将 T_1物体全部包围起来，并置于真空状态下，如图 10-10 所示，则由 T_1物体辐射出的全部电磁波能量就可以全部碰击到 T_2物体上了。但是，如果 T_2物体具有反射能量和透射能量的性质，则仍然不能准确测定由 T_1物体发出的全部电磁波能量。因此必须把 T_2物体设计成黑体才能达到吸收 T_1物体发出的全部能量的目的。

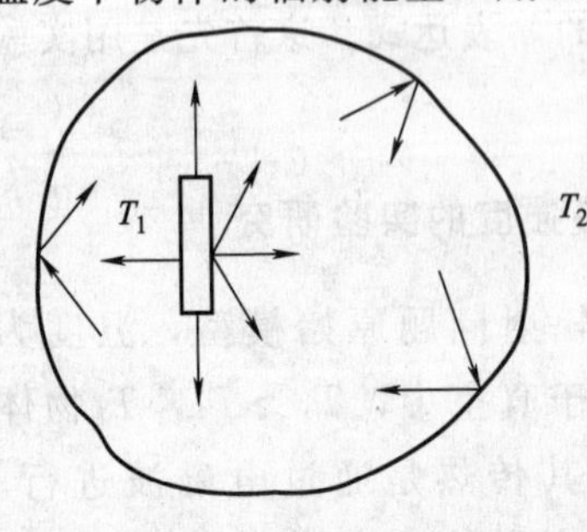

图 10-10　辐射模型 4

$T_1>T_2$

借助人工黑体模型来把 T_2物体改造成为黑体。改造后的辐射实验模型 5 如图 10-11 所示，图中的环状物表示一个个的黑体模型连接为一个整体的黑体内壁。在黑体外面包裹着一层绝热物质以保证热量不向环境散失。此时若 T_1物体辐射出能

量 E_1，则可全部为 T_2 物体所吸收，此时测定 T_2 物体可以得到一个温度上升，但这个温度上升并非 T_1 物体辐射出的全部能量所致，原因是，如果 T_1 物体可以反射 T_2 物体辐射来的能量，则 E_1 中包含着部分 T_2 物体自身辐射的能量，因此必须假设 T_1 物体也是黑体才能把反射能量消除掉。当 T_1 物体也设计为黑体时，设它在温度 T_1 辐射出的能量为 E_1，而 T_2 物体在温度 T_2 时辐射出的能量为 E_2，则导致 T_2 物体温度上升的能量为 $E=E_1-E_2$，这样也不能准确测定出 T_1 物体辐射的能量。因此，还要继续改进辐射模型。

将模型继续改进为图 10-12 所示形式。把温度为 T_1 的黑体放置于温度为 T_2 的黑体（T_2 黑体的结构形式与图 10-11 所示的辐射模型 5 中的 T_2 黑体结构形式完全一样，这里采用简化画法）的开口处，用绝缘材料隔绝 T_1 黑体与外界环境和 T_2 黑体的热交换，同时 T_2 黑体也与外界没有热交换。这样，T_1 黑体辐射出的能量就几乎全被 T_2 黑体吸收用来使其温度上升，而 T_2 黑体辐射出的能量几乎不会发射给 T_1 黑体，而是由其自身再吸收。用辐射模型 6 就可以准确测定一定温度下黑体辐射的能量值。

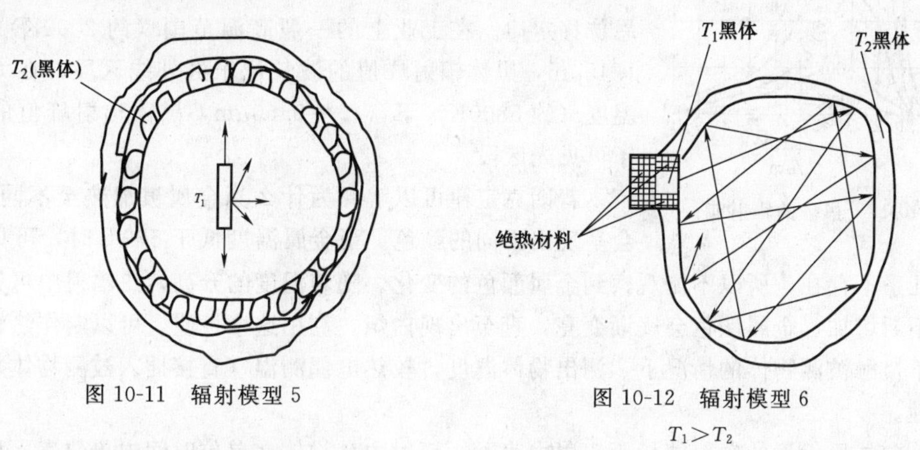

图 10-11　辐射模型 5

图 10-12　辐射模型 6

$T_1>T_2$

实验结果符合斯蒂芬-波尔兹曼定律：

$$E_b=\sigma_b T^4 \tag{10-6}$$

式（10-6）说明黑体辐射力正比于其热力学温度的四次方，又称四次方定律。式中，σ_b 为黑体辐射常数，其值为 $5.67\times10^{-8}\mathrm{W/(m^2\cdot K^4)}$。在高温计算时，$T^4$ 值太大，因此通常把式(10-6)改写成如下形式：

$$E_b=C_b\left(\frac{T}{100}\right)^4 \tag{10-7}$$

式中，C_b 称为黑体辐射系数，其值为 $5.67\mathrm{W/(m^2\cdot K^4)}$。

由上分析可知，要研究物体热辐射强度，由于实验测定的原因，必须首先研究黑体的辐射强度，上述实验分析过程也体现了黑体概念的来源。

式（10-7）反映了总的电磁波辐射能与温度的关系。而电磁波处于一个很宽的波谱范围里，每个波长的电磁波都可以发射辐射能，因此需要寻找辐射能与波长的关系。

10.2.2　黑体单色辐射换热强度规律

普朗克定律揭示了黑体辐射能量依波长的分布规律，即黑体单色辐射力 $E_{b\lambda}=f(\lambda, T)$ 的具体函数形式。根据量子理论导出的普朗克定律为

$$E_{b\lambda}=\frac{C_1\lambda^{-5}}{e^{c_2/\lambda T}-1} \tag{10-8}$$

式中　λ——波长，m；

T——黑体的热力学温度，K；

e——自然对数的底；

C_1——常数，其值为 $3.74177\times10^{-16}\mathrm{W\cdot m^{-2}}$；

C_2——常数，其值为 $1.43877\times10^{-2}\mathrm{m\cdot K}$。

图 10-13 为普朗克定律式的图示。按照普朗克定律，在热辐射有实际意义的区段内，单色辐射力先随着波长的增加而增大，达到一个峰值后则随波长的增加而减少。由图 10-13 可见，曲线的峰值随温度的升高移向较短的波长。对应于单色辐射力峰值的波长 λ_m 与热力学温度之间存在着如下关系：

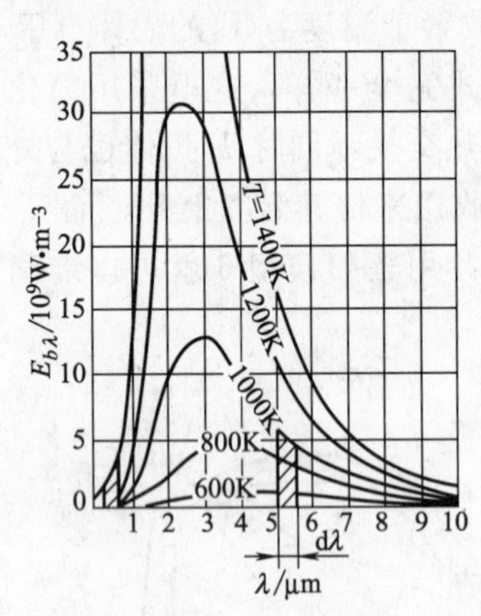

图 10-13　黑体的辐射能

$$\lambda_m T=2.8976\times10^{-3}=2.9\times10^{-3}\mathrm{m\cdot K} \tag{10-9}$$

式（10-9）表达的波长 λ_m 与热力学温度成反比的规律，称为维恩位移定律。在工业上的一般高温范围（约 2000K）内 $\lambda_m=1.45\mu\mathrm{m}$，黑体辐射峰值的波长位于红外线区段；在太阳表面温度（约 5800K）下，$\lambda_m=0.50\mu\mathrm{m}$，黑体辐射峰值的波长位于可见光区段。

普朗克定律可以解释为什么当金属被加热至不同温度时，会呈现出不同的颜色。当金属温度低于 500℃时，可见光区段的辐射几乎不存在，所以不能观察到金属颜色的变化。随着温度的升高，热辐射中可见光所占的份额不断增加，金属颜色会逐渐变亮，直至出现白炽。利用这个性质，可以制作热辐射测温仪，在不接触被测物体的情况下，测出物体温度，较热电偶测温（直接插入被测物体）有特定的优越性。

物体向外界发射的辐射能量用辐射力表示。辐射力是物体在单位时间内单位表面积向表面上半球空间所有方向发射的全部波长的总辐射能量，记为 E，单位是 $\mathrm{W/m^2}$。辐射力表征物体发射辐射能本领的大小。

在热辐射的整个波谱内，不同波长发射出的辐射能是不同的。黑体的辐射能如图 10-13 所示。图上每条曲线下的总面积表示相应温度下黑体的辐射力。对特定波长 λ 来说，从波长 λ 到 $\lambda+\mathrm{d}\lambda$ 区间发射出的能量为 $E_\lambda\mathrm{d}\lambda$，参看图中阴影的面积（图中以 $T=1000\mathrm{K}$ 为例）。

此图的纵坐标 $E_{b\lambda}$ 称为单色辐射力，它与辐射力之间存在着如下的关系：

$$E=\int_0^\infty E_\lambda\mathrm{d}\lambda \tag{10-10}$$

注意：单色辐射力与辐射力的单位相差一个长度单位，单色辐射力的单位是 $\mathrm{W/m^3}$。

10.3　黑体单色辐射的研究历史及量子力学的诞生

19 世纪，世界钢铁工业的发展产生了对测量高温的迫切需要，物理学家开始对热辐射问题进行深入的研究。

1859 年，德国物理学家基尔霍夫（Kirchhoff，1824—1887 年）根据对放在一个封闭容器中的几个物体处于热平衡时的辐射规律的研究提出了基尔霍夫定律。并把吸收率 $\alpha=1$ 的理想物体定义为“绝对黑体”。

1864 年，英国物理学家丁铎尔（J. Tyndall，1820—1893）用加热空腔充作黑体测定了单位表面积、单位时间内黑体辐射的总能量与黑体温度的关系。

1879 年，斯蒂芬（J. Stefan，1835—1893）根据丁铎尔和法国物理学家杜隆-帕蒂的实验结果总结出 $E_b=\sigma_b T^4$。该式只反映了总的辐射能与温度的关系，未能反映辐射能随波长的分布。

1881 年，美国物理学家兰利（Langley，1834—1906 年）发明了测辐射仪，用极细薄的铂丝作为惠斯通电桥的两臂，用灵敏电流计检测，可测出 1×10^{-3}℃的温度变化，大大提高了热辐射能量的测量精度。他虽然没有得到精确的分布规律，却已发现分布曲线并不对称，而且最大能量随温度升高而向短波方向移动。

图 10-14 为测定绝对黑体单色辐射强度的实验简图。图中 A 为一绝对黑体（开有小孔的空腔，腔的内壁保持恒定温度 T），从 A 的小孔上所发出的辐射，经过透镜 L_1 和平行光管 B_1，成为平行光线入射在棱镜 P 上。不同波长的射线将在棱镜内发生不同的偏向角，因而通过棱镜后取不同的方向。如果平行光管 B_2 对准某一方向，在这一方向上的、具有一定波长的射线将聚焦于热电偶 C 上，因而可以测出这一波长的射线的功率（即单位时间内入射在热电偶上的能量）。调节平行光管 B_2 的方向，即可相应地测出不同波长的功率。

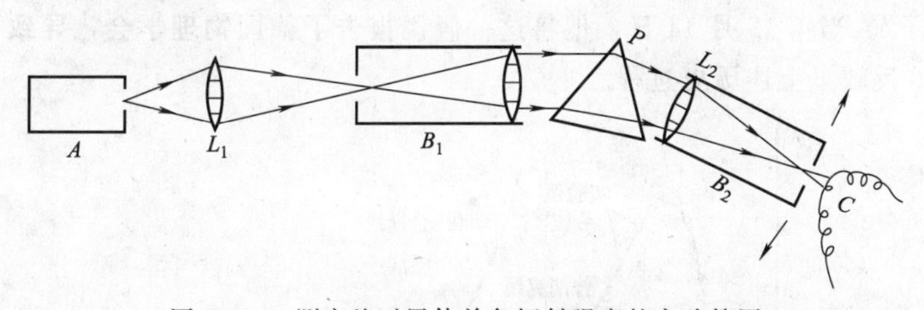

图 10-14　测定绝对黑体单色辐射强度的实验简图

1893 年，维恩（Wien，1864—1928 年）采纳并发展了波尔兹曼的把电磁学和热力学理论用于热辐射的思想，推导出了维恩位移定律：$\lambda_m T=2.8976\times10^{-3}=2.9\times10^{-3}\,\mathrm{m\cdot K}$。它是测高温、遥感、红外追踪等技术的物理基础，如果实验测出了黑体辐射的峰值波长 λ_m，就可以根据该公式算出这一黑体的温度。太阳的表面温度就是用这一方法测定的。

1895 年，维恩提出了绝对黑体模型，他指出，绝对黑体可以用一个带有小孔的辐射空腔来实现（图 10-5）。第二年，陆末（O. Lummer，1860—1925 年）和普林斯海（E. Pringsheim，1859—1917 年）实现了辐射空腔；物理学家据此准确而定量地测量得到了黑体单色辐射的实验曲线。

图 10-13 是黑体的单色发射力与 λ、T 关系的实验曲线。19 世纪末，许多物理学家在经典物理的基础上作了很大的努力，但所推出的理论公式与实验结果不相符合，其中典型的是维恩公式和瑞利-金斯公式。

维恩公式：1896 年，维恩通过半理论半经验的方法，得到一个黑体辐射的理论公式为

$$e_0(\lambda,T)=C_2\lambda^{-5}\mathrm{e}^{-C_3/\lambda T}$$

维恩公式在短波方面与实验结果符合得很好，但在长波方面理论与实验不一致。

瑞利-金斯公式：1900 年，瑞利（Rayleigh，1842—1919 年）和金斯（J. H. Jeans，1877—1946 年）根据经典物理中能量按自由度均分原则导出了黑体辐射的理论公式：

$$e_0(\lambda,T)=C_1\lambda^{-4}T$$

该公式在波长很长的情况下与实验曲线比较接近，但在短波紫外光区，e_0 将趋于无穷大，完全

不符合，此即著名的“紫外光灾难”，也就是著名的“经典物理学晴朗天空的第二朵乌云（开尔文语）”。该公式完全是根据经典物理学的连续性原理推导出来（即认为热辐射和吸收完全是连续的过程）。

图 10-15 普朗克

1900 年 10 月 7 日，德国实验物理学家鲁本斯（Rubens，1865—1922 年）夫妇与普朗克（图 10-15）会面后，告诉他维恩公式仅在短波区内符合实验结果，而在长波段的分布接近于瑞利-金斯公式。这使普朗克受到启发，他立即用“内插法”去寻求新的辐射公式，称为普朗克公式：

$$e_0=2\pi hc^2\lambda^{-5}\frac{1}{e^{\frac{hc}{k\lambda T}}-1}$$

这个公式与实验结果非常一致。但此公式是“凑”出来的，不具备明确的物理意义，为此，普朗克又继续寻求此公式的物理基础，他转向波尔兹曼，接受他对熵的概率统计的物理解释，提出了量子的概念，即能量辐射和吸收的不连续性。普朗克发现，只要假定物体的辐射能不是连续变化，而是以一定的整数倍跳跃式的变化，就可以对该公式作出合理的解释。普朗克将最小的不可再分的能量单元称作“能量子”或“量子”。当年 12 月 14 日，他将这一假说报告了德国物理学会，导致了量子力学的诞生。图 10-16 反映了上述历史过程。

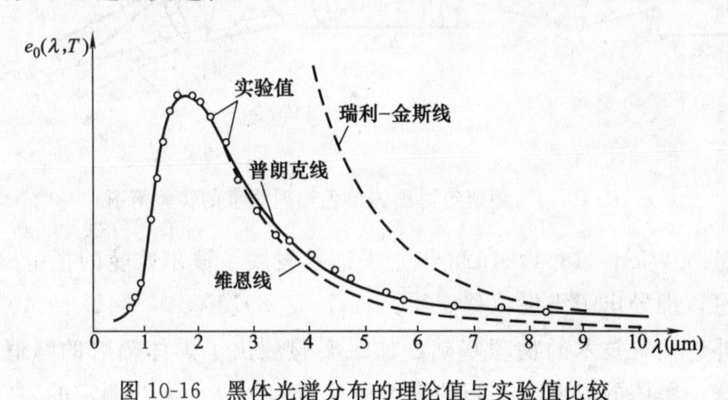

图 10-16 黑体光谱分布的理论值与实验值比较

10.4 实际物体的辐射特性及灰体辐射

10.4.1 固体和液体的辐射

上述诸定律所描述的黑体的辐射特性，是分析实际物体（固体和液体）的辐射特性的基础。实际物体的单色辐射力 E_λ 与黑体的单色辐射力 $E_{b\lambda}$ 有区别。图 10-17 表示，表面温度在绝对温度 1922K 的情况下，黑体和某实际物体的单色辐射力随波长的变化关系。由图可知，实际物体的单色辐射力 E_λ 随波长的变化很不规则，并且 E_λ 始终小于黑体的单色辐射力 $E_{b\lambda}$。

实际物体的 E_λ 与同温度、同波长下的 $E_{b\lambda}$ 之比，称为该物体的单色黑度（或单色辐射率）ε_λ，即

$$\varepsilon_\lambda=E_\lambda/E_{b\lambda}$$

或 $$E_\lambda = \varepsilon_\lambda E_{b\lambda} \tag{10-11}$$

同理，将物体的辐射力与同温度下黑体辐射力之比称为该物体的发射率或称黑度，用 ε 表示，即

$$\varepsilon = E/E_b$$

或 $$E = \varepsilon E_b \tag{10-12}$$

根据发射率（或黑度）的定义和四次方定律用于实际物体时，为工程计算方便可采用下列形式：

$$E = \varepsilon E_b = \varepsilon \sigma_b T^4 = \varepsilon C_b \left(\frac{T}{100}\right)^4 \tag{10-13}$$

但是，实际物体的辐射力并不严格与热力学温度的四次方成正比，所以采用式（10-13）而引起的误差要通过修正物体的发射率 ε 来补偿。

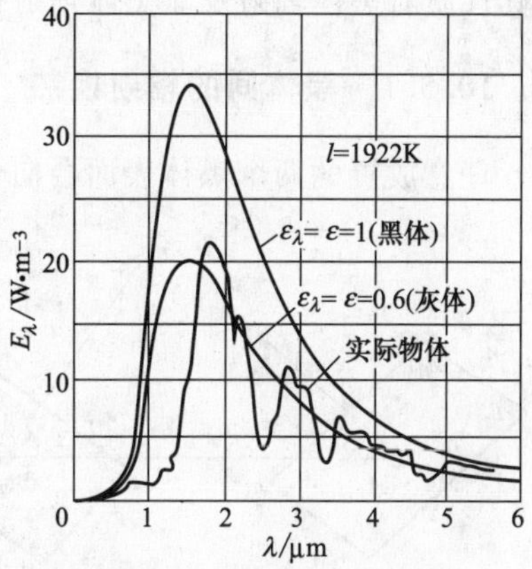

图 10-17 黑体、灰体和实际物体单色辐射力比较

大量实验测定表明，除了高度磨光的金属表面外，实际物体半球平均发射率与表面法向发射率近似相等。各种固体材料沿表面法线方向上的发射率 ε 取决于物体种类、表面温度和表面状况。不同物质的发射率差异是很明显的。金属材料的发射率随温度升高而增大，例如，严重氧化后的表面在 50℃和 500℃的温度下，其发射率分别为 0.2 和 0.3。同一金属材料，高度磨光表面的发射率比粗糙表面和受到氧化作用的表面的发射率值要低数倍。例如，在常温下无光泽的黄铜发射率为 0.22，而磨光后只有 0.05。一些常用材料的表面发射率见附录Ⅰ。

10.4.2 灰体的辐射

为了简化计算，把实际物体理想化为“灰体”，灰体的特点是单色黑度 ε_λ 和单色吸收率 α_λ 均与波长无关。在工业高温条件下，多数工程材料的热辐射主要处于红外线范围内。在该范围内 α_λ 随 λ 的变化不大，因此允许把工程材料作为灰体来处理。

根据基尔霍夫定律，对于灰体来说，有

$$\frac{E}{\alpha} = E_b$$

将此式与式（10-13）对比可知：灰体的吸收率 α 在数值上等于灰体在同温度下的发射率，即

$$\alpha = \varepsilon \tag{10-14}$$

这个由基尔霍夫定律引申出来的推论，对计算灰体间的辐射换热有极其重要的意义。根据这一推论，在计算灰体间的辐射换热时，吸收率和发射率可以互相对换。

10.5 黑体间的辐射换热及角系数

在 10.2.1 节提出了研究辐射问题的四项内容，这四项内容主要集中了两个方面的问题，一个是辐射强度的问题，另一个是当物体的几何条件不同且它们之间的空间位置不同时，辐射的规律是什么？前面各节解决了辐射的性质及辐射强度的定量关系问题；本节研究受空间位置影响的黑体辐射的问题。

黑体表面间的辐射换热的强度符合斯蒂芬-波尔兹曼定律，而当辐射体之间存在空间位置的变化时，则要引入角系数来反映这种变化。由于角系数纯属几何因子，讨论中导出的角系数

及其性质对黑体辐射及非黑体辐射都是实用的。这一点在下面的讨论中会得以展示。

10.5.1 黑体间的辐射换热

任意放置的两个黑体表面会向位于其上方的半球空间进行辐射。两黑体间由于存在几何条件的差异（形状、尺寸及物体的相对位置），使一物体表面发射的能量不能全部投射到另一物体的表面上。如图 10-18 所示，两个任意放置的黑体表面，设表面面积分别为 A_1 和 A_2，分别维持恒温 T_1 和 T_2，表面之间的介质对热辐射是透明的。设表面 1 在温度 T_1 辐射出的总能量为 Φ_1，表面 2 在温度 T_2 辐射出的总能量为 Φ_2。每个表面发射出的能量只有一部分可以到达另一个表面，其余部分则落入空间去了。把表面 1 发射出的辐射能落到表面 2 上的百分数称为表面 1 对表面 2 的角系数，记为 X_{12}。同理，也可以定义表面 2 对表面 1 的角系数 X_{21}。落在黑体表面上的能量被全部吸收，所以两个表面间的换热量为

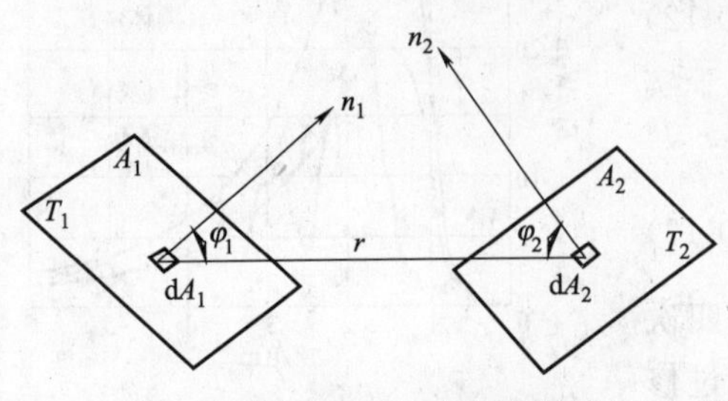

图 10-18　任意放置的两个黑体表面间的几何关系

$$\Phi_{12}=E_{b1}A_1X_{12}-E_{b2}A_2X_{21}$$

则角系数 $X_{12}=\dfrac{\Phi_{12}}{\Phi_1}$。同理，$X_{21}=\dfrac{\Phi_{21}}{\Phi_2}$。当 $T_1=T_2$ 时，$\Phi_{12}=0$，$E_{b1}=E_{b2}$。由此可以得出

$$A_1X_{12}=A_2X_{21} \tag{10-15}$$

式（10-15）说明两个表面在辐射换热时，角系数具有相对性。上式的关系不受温度条件的约束，因角系数纯属几何因子，仅取决于几何特性（形状、尺寸及物体的相对位置），所以式(10-15）在存在换热的条件下也成立。于是两个黑体间辐射换热的计算公式为

$$\Phi_{12}=A_1X_{12}(E_{b1}-E_{b2})=A_2X_{21}(E_{b1}-E_{b2}) \tag{10-16}$$

式中黑体辐射力由斯蒂芬-波尔兹曼定律确定，角系数 X_{12} 和 X_{21} 的定义及确定方法将在下面讨论。

10.5.2 角系数

确定角系数有多种方法，如积分法、几何法（如图解法）及代数法等。本节将讨论角系数的定义，并介绍比较直观的代数法。

参看图 10-18，考察微元面 dA_1 对 dA_2 角系数。r 为两物体中心的连线，可以证明角系数 X_{d_1,d_2} 为

$$X_{d_1,d_2}=\frac{\cos\varphi_1\cos\varphi_2}{\pi r^2}dA_2$$

dA_2 是面积 A_2 的微元面积，对整个 A_2 面积积分，可得 dA_1 对 A_2 表面的角系数 $X_{d_1,2}$

$$X_{d_1,2}=\int_{A_2}\frac{\cos\varphi_1\cos\varphi_2}{\pi r^2}dA_2$$

同理可得微元面 dA_2 对 A_1 表面的角系数 $X_{d_2,1}$

$$X_{d_2,1}=\int_{A_1}\frac{\cos\varphi_1\cos\varphi_2}{\pi r^2}dA_1$$

整个表面 A_1 和 A_2 之间的角系数 X_{12} 和 X_{21} 显然可由下列积分定义

$$X_{12}=\frac{1}{A_1}\int_{A_1} X_{d_{1,2}}\,\mathrm{d}A_1 \tag{10-17}$$

$$X_{21}=\frac{1}{A_2}\int_{A_2} X_{d_{2,1}}\,\mathrm{d}A_2 \tag{10-18}$$

给定表面 A_1 和 A_2 之间的几何特性，角系数 X_{12} 和 X_{21} 可从上述定义式求得。

前面已经提到角系数的相对性这个重要性质。角系数还有完整性的性质。图 10-19 所示为由几个表面组成的封闭腔，根据能量守恒原理，从任何一个表面发射出的辐射能必须全部落到其他表面上：$\Phi_1=\Phi_{11}+\Phi_{12}+\Phi_{13}+\cdots+\Phi_{1n}$。因此，任何一个表面对其他各表面的角系数之间存在着下列关系（以表面 1 为例）：

$$X_{11}+X_{12}+X_{13}+\cdots+X_{1n}=\sum_{i=1}^{n}X_{1i}=1 \tag{10-19}$$

式中表面 1 若为凸表面时，$X_{11}=0$。式（10-19）表达的关系称为角系数的完整性。注意：角系数与换热量的比是等价的，即 $X_{1n}=\frac{\Phi_{1n}}{\Phi_1}$。

这里结合图 10-20 所示的几何系统来阐述确定角系数的代数法。假定图示由三个非凹表面组成的系统在垂直于纸面方向上是很长的，因此可认为是个封闭系统（也就是说系统两端开口处逸出的辐射可以略去不计）。设三个表面的面积分别为 A_1、A_2 和 A_3。

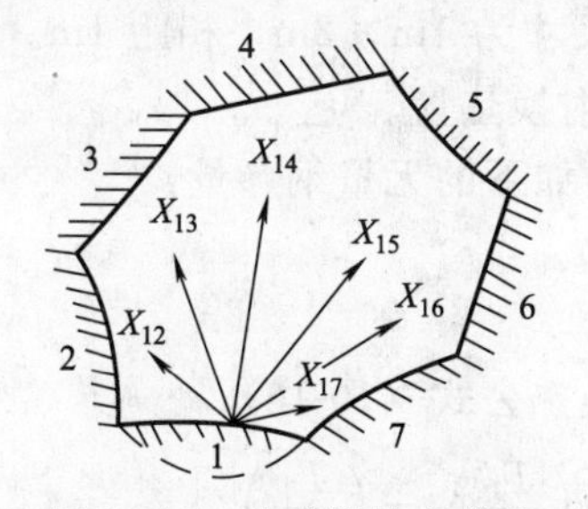

图 10-19　角系数的完整性

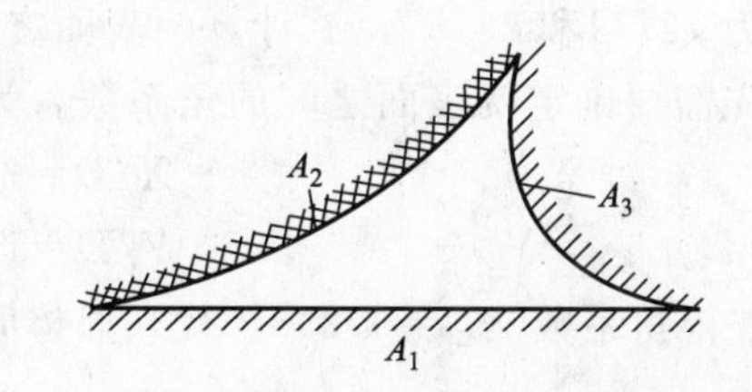

图 10-20　三个非凹表面组成的封闭辐射系统

根据角系数的完整性和相对性可以写出：

$$X_{12}+X_{13}=1$$
$$X_{21}+X_{23}=1$$
$$X_{31}+X_{32}=1$$
$$A_1X_{12}=A_2X_{21}$$
$$A_1X_{13}=A_3X_{31}$$
$$A_2X_{23}=A_3X_{32}$$

这是一个 6 元一次联立方程组，据此可以解出 6 个未知的角系数。例如，角系数 X_{12} 为

$$X_{12}=\frac{A_1+A_2-A_3}{2A_1} \tag{10-20}$$

其他 5 个角系数也可以仿照 X_{12} 的模式求出。因为在垂直于纸面方向上三个表面的长度是相同的。所以式（10-20）中的面积完全可用图上表面线段的长度替代。设线段长度分别为 L_1、L_2 和 L_3 则式（10-20）可改写为

$$X_{12}=\frac{L_1+L_2-L_3}{2L_1} \tag{10-21}$$

【例 10-1】 试用代数法确定图 10-21 所示的表面 A_1 和 A_2 之间的角系数，假定垂直于纸面方向上表面的长度是无限延伸的。

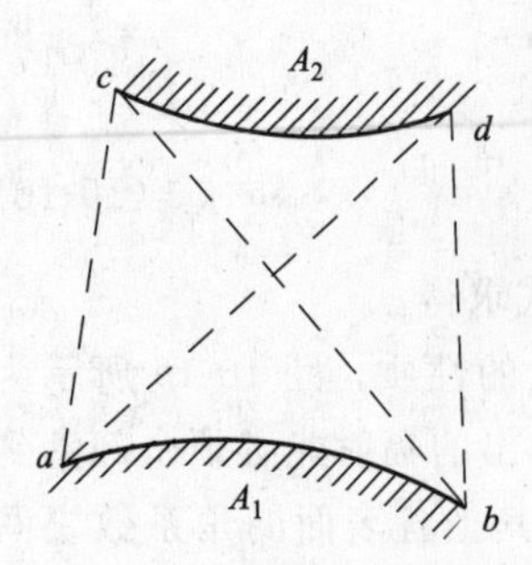

图 10-21 ［例题 10-1］附图

解： 作辅助线 ac 和 bd，它们代表两个假想面，与 A_1 和 A_2 一起组成一个封闭腔。在此系统里，根据角系数的完整性，表 A_1 对 A_2 的角系数可表示为

$$X_{ab,cd}=1-X_{ab,ac}-X_{ab,bd}$$

同时，也可以把图形 abc 和 abd 看成两个各由三个表面组成的封闭腔。将式（10-21）应用于这两个封闭腔可得

$$X_{ab,ac}=\frac{ab+ac-bc}{2ab}$$

$$X_{ab,bd}=\frac{ab+bd-ad}{2ab}$$

于是得到 A_1 和 A_2 的角系数为

$$X_{12}=X_{ab,cd}=\frac{(bc+ad)-(ac+bd)}{2ab}$$

由于分子中各线段均是各点间的直线长度，此种代数法又称拉线法。

一些常见的典型几何系统的角系数，都有现成公式或线算图可查用。图 10-22 为相互垂直的两长方形表面间的角系数线算图。图 10-23 和图 10-24 分别为平行的长方形和平行的圆形表面间的角系数的线算图。更详尽的资料可参阅有关手册。

【例 10-2】 有两个相互平行的黑体矩形表面，其尺寸为 1m×2m，相距 1m。若两个表面的温度分别为 727℃和 227℃，试计算两表面之间的辐射换热量。

解： 首先需要确定两表面之间的角系数。为此算出如下的无量纲参量：

$$X/D=2/1=2.0$$
$$Y/D=1/1=1.0$$

由图 10-23 查得角系数 $X_{12}=0.258$。代入黑体间辐射换热公式（10-16）

$$\Phi_{12}=A_1X_{12}(E_{b1}-E_{b2})=A_1X_{12}C_b\left[\left(\frac{T_1}{100}\right)^4-\left(\frac{T_2}{100}\right)^4\right]$$

$$=2\times0.258\times5.67\times\left[\left(\frac{1000}{100}\right)^4-\left(\frac{500}{100}\right)^4\right]=30.3\text{kW}$$

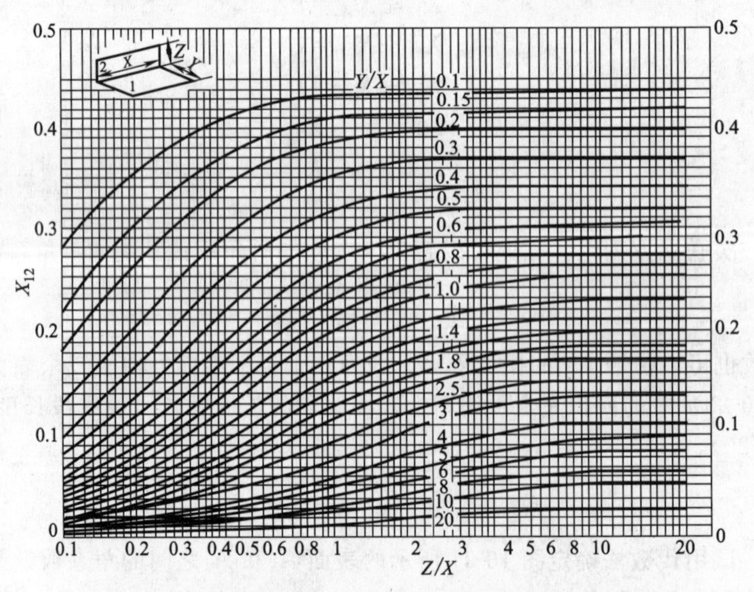

图 10-22 相互垂直的两长方形表面间的角系数线算图

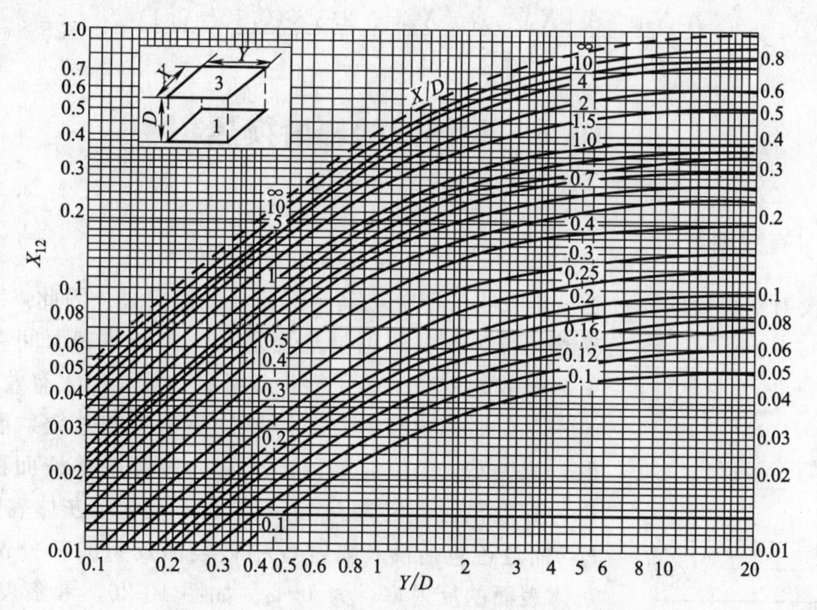

图 10-23　平行的长方形表面间的角系数线算图

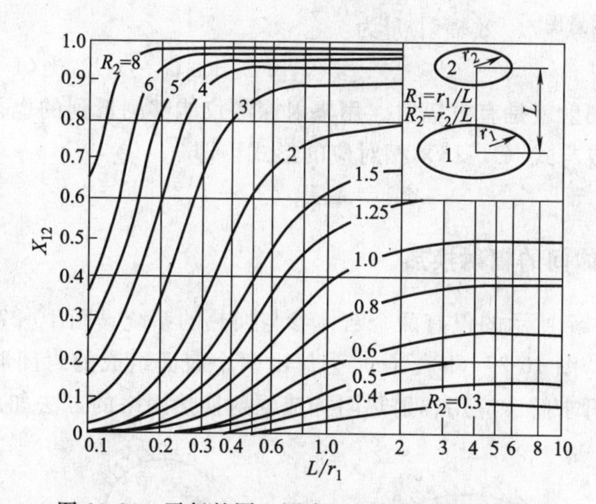

图 10-24　平行的同心圆表面间的角系数线算图

【例 10-3】　试确定图 10-25 所示的表面 1 对表面 2 的角系数 X_{12}。

解： 由图 10-25 可见，表面 A_2 对表面 A 及表面 A_2 对联合面（$1+A$）都是相互垂直的矩形，因此角系数 X_{2A} 及 $X_{2,(1+A)}$ 都可由图 10-22 查出：

$$X_{2A}=0.10$$

$$X_{2,(1+A)}=0.15$$

表面 A_2 的辐射能落到联合面（$1+A$）上的百分数等于表面 A_2 的辐射能落到表面 A_1 和表面 A 的百分数的和。在此情况下，角系数 $X_{2,(1+A)}$ 是可以分解的，即

$$X_{2,(1+A)}=X_{21}+X_{2A}$$

于是

$$X_{21}=X_{2,(1+A)}-X_{2A}$$

根据角系数的相对性，角系数 X_{12} 为

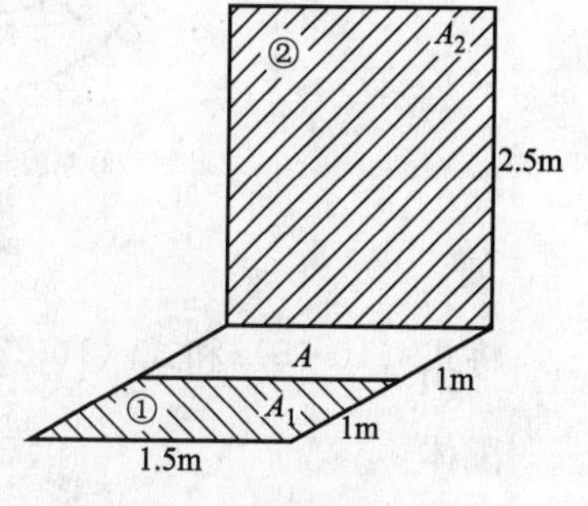

图 10-25　［例题 10-3］附图

$$X_{12}=\frac{A_2X_{21}}{A_1}=\frac{A_2[X_{2,(1+A)}-X_{2A}]}{A_1}=\frac{2.5\times(0.15-0.1)}{1}=0.125$$

10.6 灰体间的辐射换热

10.6.1 有效辐射

灰体对投射到表面的辐射能只能吸收一部分，其余部分则反射出去。因此，灰体间的辐射换热比黑体间的辐射换热要复杂，在灰体表面间存在着多次反射、吸收的现象。为了简化分析和计算，引入有效辐射的概念。

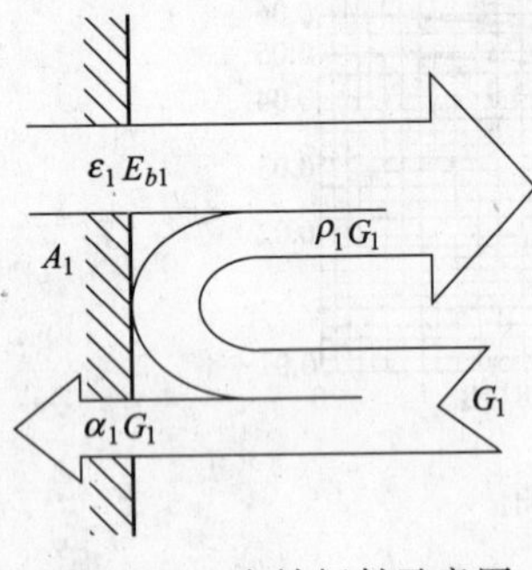

图 10-26 有效辐射示意图

单位时间内投射到灰体单位面积上的总辐射能称为投入辐射，记为 G；单位时间内离开灰体表面的单位面积的总辐射能称为有效辐射，记为 J。有效辐射不仅包括灰体表面本身的辐射 E，而且还包括投入辐射 G 中被表面反射的部分 ρG。这里 ρ 为灰体表面的反射率，为 $1-\alpha$。如图 10-26，考察表面温度均匀、表面辐射特性为常数的表面 A_1。根据有效辐射的定义，A_1 的有效辐射 J_1 为

$$J_1=E_1+\rho_1G_1=\varepsilon_1E_{b1}+(1-\alpha_1)G_1 \tag{10-22}$$

外界能感受到的表面辐射就是有效辐射。用辐射探测仪能够测量到的也是有效辐射。两个灰体间的辐射换热可表示成与式（10-16）相对应的形式，即

$$\Phi_{12}=A_1X_{12}(J_1-J_2) \tag{10-23}$$

10.6.2 两个灰体间的辐射换热

现在讨论如图 10-27 所示的仅有两个灰体参与换热的系统。图 10-27（a）为空腔与其内包物体组成的换热系统。图 10-27（b）、（c）为仅由两个表面组成的封闭腔。这些换热系统可采用辐射换热网络来进行求解。应用辐射热阻构成辐射换热网络的方法如下：

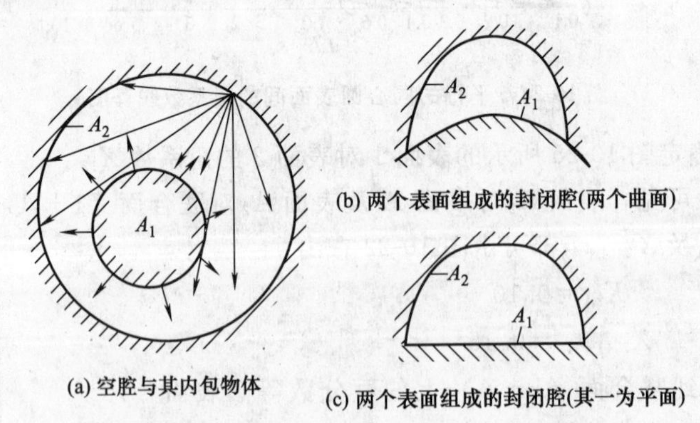

图 10-27 两个物体组成的辐射换热系统

将式（10-16）和式（10-23）改写成

黑体
$$\Phi_{12}=\frac{E_{b1}-E_{b2}}{\dfrac{1}{A_1X_{12}}} \tag{10-24}$$

灰体
$$\Phi_{12}=\frac{J_1-J_2}{\dfrac{1}{A_1X_{12}}} \tag{10-25}$$

与电学中的欧姆定律类比，Φ_{12}相当于电流，$E_{b1}-E_{b2}$或J_1-J_2相当于电压，$1/A_1X_{12}$是辐射换热的热阻，相当于电路电阻，该热阻仅取决于空间参量，与表面辐射特性无关，所以又称为辐射空间热阻。两个黑体间的辐射换热的网络示于图 10-28。

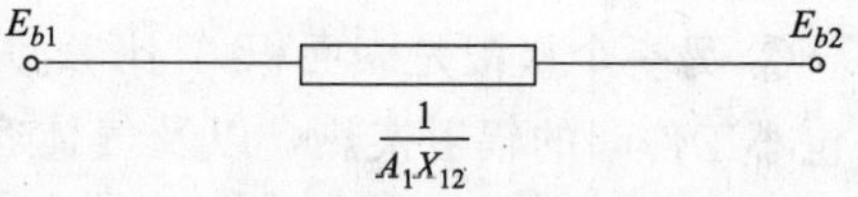

图 10-28　两黑体表面间的辐射换热网络

对于灰体，由于发射率小于 1，除辐射空间热阻外还有表面热阻。参看图 10-29，表面A_1单位时间单位面积失去的热量为

$$\frac{\Phi_1}{A_1}=J_1-G_1$$

利用此式与式（10-22）消去G_1，并注意到对灰体$\alpha_1=\varepsilon_1$，可得

$$\Phi_1=\frac{\varepsilon_1A_1}{1-\varepsilon_1}(E_{b1}-J_1)=\frac{E_{b1}-J_1}{(1-\varepsilon_1)/\varepsilon_1A_1} \tag{10-26}$$

式（10-26）与欧姆定律作类比，网络电路的电位差相当于$E_{b1}-J_1$，网络电路的电阻相当于$(1-\varepsilon_1)/\varepsilon_1A_1$。$(1-\varepsilon_1)/\varepsilon_1A_1$称为表面辐射热阻，简称表面热阻。图 10-29 为表面A_1的表面热阻网络。可以看出，表面发射率越大，越接近于黑体，则表面热阻越小。对于黑体，表面热阻为零，网络图中E_{b1}和J_1节点重合。图 10-30 示出两个灰体间的辐射换热的网络图。依此类推，三个灰体间的辐射换热网络可以表示成如 10-31 所示。辐射换热表示成网络后．就可以方便地应用电路分析原理进行求解。

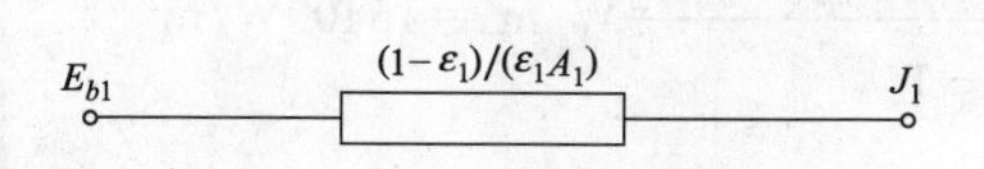

图 10-29　表面热阻网络

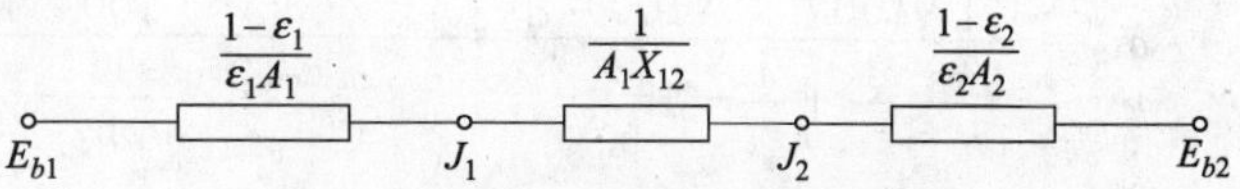

图 10-30　两个灰体间的辐射换热网络

仅由两个灰体参与的辐射换热网络已示于图 10-30。对此网络，应用串联电路总电阻叠加之和的原理，可直接写出辐射换热量的计算式

$$\Phi_{12}=\frac{E_{b1}-E_{b2}}{\dfrac{1-\varepsilon_1}{\varepsilon_1A_1}+\dfrac{1}{A_1X_{12}}+\dfrac{1-\varepsilon_2}{\varepsilon_2A_2}} \tag{10-27}$$

式中分母就是网络中三个环节分热阻的和。

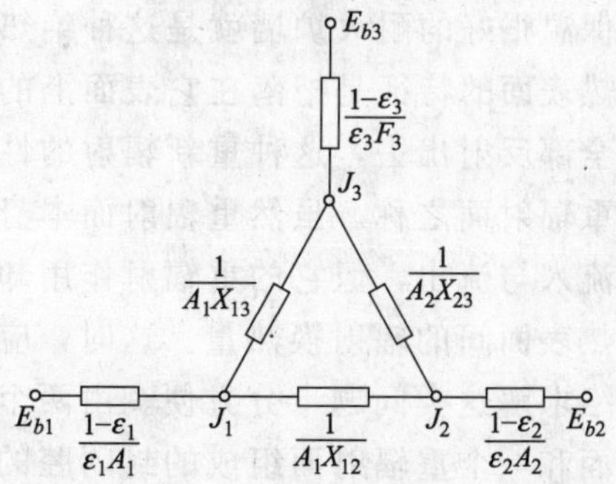

图 10-31　三个灰体间的辐射换热网络

对图 10-27 所示的三种换热场合，由于表面A_1对表面A_2的角系数$X_{12}=1$，即有效辐射J_1可全部到达表面A_2，辐射换热量计算式（10-27）可简化为

$$\Phi_{1,2}=\frac{A_1(E_{b1}-E_{b2})}{\dfrac{1}{\varepsilon_1}+\dfrac{A_1}{A_2}(\dfrac{1}{\varepsilon_2}-1)}=\varepsilon_sA_1C_b\left[\left(\frac{T_1}{100}\right)^4-\left(\frac{T_2}{100}\right)^4\right] \tag{10-28}$$

式中，ε_s称为此换热场合的系统发射率（或称系统黑度）。

在下述特殊情况下，式（10-28）还可以进一步简化：

① 表面积 A_1 和 A_2 相差很小。$A_1/A_2 \to 1$ 的系统是个重要的特例。比如无限大的平行平板间的辐射换热，又如，铸件凝固过程中由于收缩形成的气隙之间的辐射换热等，均属这种情况。这时，辐射换热量 Φ_{12} 简化成为

$$\Phi_{12}=\frac{A_1(E_{b1}-E_{b2})}{\frac{1}{\varepsilon_1}+\frac{1}{\varepsilon_2}-1}=\frac{A_1C_b\left[\left(\frac{T_1}{100}\right)^4-\left(\frac{T_2}{100}\right)^4\right]}{\frac{1}{\varepsilon_1}+\frac{1}{\varepsilon_2}-1} \tag{10-29}$$

② 另一个极限是表面积 A_2 比 A_1 大得多，即 $A_1/A_2 \to 0$ 的辐射换热系统。如大炉腔内壁与内包小工件间的辐射换热，以及气体容器（或管道）内测温热电偶结点与容器壁间的辐射换热，都属于这种情况。这时，式（10-28）简化成为

$$\Phi_{12}=\varepsilon_1A_1(E_{b1}-E_{b2})=\varepsilon_1A_1C_b\left[\left(\frac{T_1}{100}\right)^4-\left(\frac{T_2}{100}\right)^4\right] \tag{10-30}$$

对于这个特例，系统发射率仅取决于小物体的发射率，$\varepsilon_s=\varepsilon_1$，而不受包壳发射率的影响。

【例 10-4】 在金属铸型中铸造镍铬合金板铸件。由于铸件凝固收缩和铸型受热膨胀，铸件与铸型间形成厚 1mm 的空气隙。已知气隙两侧铸型和铸件的温度分别为 300℃ 和 600℃，铸型和铸件的表面发射率分别为 0.8 和 0.67。试求通过气隙的热流密度。

解： 由于气隙尺寸很小，对流难于发展而可以忽略，热量通过气隙依靠辐射换热和导热两种方式。

辐射换热可按式（10-29）计算

$$q_{12}=\frac{C_b\left[\left(\frac{T_1}{100}\right)^4-\left(\frac{T_2}{100}\right)^4\right]}{\frac{1}{\varepsilon_1}+\frac{1}{\varepsilon_2}-1}=\frac{5.67\times\left[\left(\frac{600+273}{100}\right)^4-\left(\frac{300+273}{100}\right)^4\right]}{\frac{1}{0.67}+\frac{1}{0.8}-1}\mathrm{W/m^2}=15400\mathrm{W/m^2}$$

导热可按式（8-11）计算，从附录 F 查得空气 450℃时，$\lambda=0.0548\mathrm{W/(m\cdot ℃)}$

$$q=\frac{\lambda}{\delta}\Delta T=\frac{0.0548}{0.001}\times(600-300)\mathrm{W/m^2}=16400\mathrm{W/m^2}$$

通过气隙的热流密度 $=(15400+16400)\mathrm{W/m^2}=31800\mathrm{W/m^2}$。

10.6.3 具有重辐射面的封闭腔的辐射换热

在工程实践中，常会遇到除了参与辐射换热的表面外还具有绝热表面的封闭腔。例如，炉窑内部保温很好的耐火炉墙就是这种绝热表面。绝热表面的特征是把落在它表面上的辐射热量全部反射出去，这种重新辐射的性质使它有重辐射面之称。虽然重辐射面本身无热量的流入与流出，但它的重辐射作用却影响到换热表面间的辐射换热量。这时，应用辐射网络求解这类问题十分方便。由两个灰体辐射面和一个重辐射面组成的封闭腔的辐射网络如图 10-32 所示。可以注意到，图中结点 J_3 没有连接表面热阻网络单元，它是个悬浮节点，因为它不是一个辐射热量的来源。图 10-23 的网络系统是一个简单的串并联等效电路。

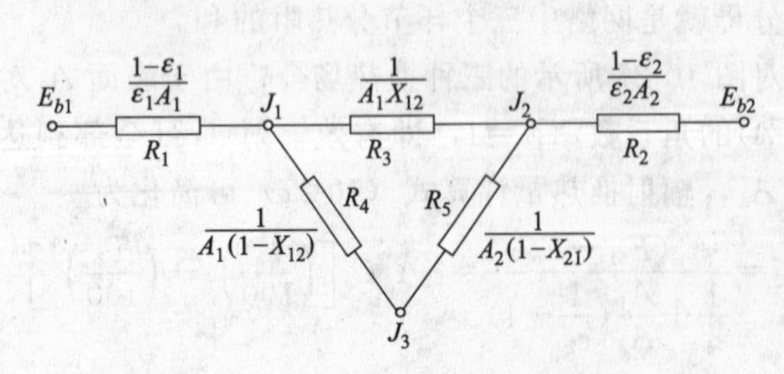

图 10-32 一个重辐射面和两个灰体表面构成的封闭腔和辐射网络

10.7 气体辐射

在工业上常见的温度范围内，空气、氢、氧、氮等结构对称的双原子气体，无发射和吸收辐射的能力可认为是透明体。但是，二氧化碳、水蒸气、二氧化硫、甲烷和一氧化碳等气体都具有辐射的本领。随着燃料的不同，燃烧产物（高温炉窑中的热源）中辐射气体的成分是不同的。煤和天然气的燃烧产物中常有一定浓度的二氧化碳和水蒸气。高炉煤气主要成分是一氧化碳、二氧化碳和氮。

10.7.1 气体辐射的特点

气体辐射与固体比较有如下特点。

10.7.1.1 气体辐射对波长有选择性

通常固体表面辐射和吸收的光谱是连续的，而气体则是间断的。一种气体只在某些波长范围内有辐射能力，相应地也只在同样波长范围内具有吸收能力。一般把这种有辐射能力的波段称为光带。对于光带以外的辐射射线，气体可以看作是透明体。表10-1列出了二氧化碳和水蒸气的光带范围。从表中可以看出，二者有部分光带是重叠的。

表10-1 二氧化碳和水蒸气的辐射及吸收光带

光带	H_2O		CO_2	
	波长 $\lambda_1 \sim \lambda_2/\mu m$	$\Delta\lambda/\mu m$	波长 $\lambda_1 \sim \lambda_2/\mu m$	$\Delta\lambda/\mu m$
第一光带	2.74～3.27	1.03	2.36～3.02	0.66
第二光带	4.80～8.50	3.70	4.01～4.80	0.79
第三光带	12.00～25.00	13.00	12.5～16.5	4.00

10.7.1.2 气体的辐射和吸收在整个容积中进行

固体和液体的辐射和吸收都具有在表面上进行的特点，而气体则不同。就吸收而言，投射到气体层界面上的辐射能在穿过气体的行程中被吸收而逐步削弱，其情景与光在雾层中被吸收减弱相似。与光的削弱规律相同，气体的穿透率按指数规律衰减，符合布格尔定律，即

$$\tau_g = e^{-kL}$$

式中 L——射线行程长度；

k——辐射减弱系数。就辐射而言，气体层界面所感觉到的辐射是到达界面的整个容积气体的辐射能之总和。这都说明，气体对指定界面某点的辐射力与射线行程的长度有关，射线行程取决于气体容积的形状和大小。任意几何形状气体对整个包壁辐射的平均射线行程可按下式作近似计算：

$$L = 3.6\frac{V}{A}$$

式中 V——气体容积，m^3；

A——包壁面积，m^2。

10.7.1.3 气体的反射率为零

各种气体对辐射的反射能力都很小，可以认为气体的反射率 $\rho=0$，所以吸收率 α 和透射率 τ 之和为

$$\alpha + \tau = 1$$

10.7.2 气体的发射率

工程上重要的是确定气体的辐射力 E_g。按定义，气体发射率（又称气体黑度）显然就是辐射力 E_g 与同温度下黑体辐射力 E_b 之比，即

$$\varepsilon_g=\frac{E_g}{E_b} \tag{10-31}$$

气体发射率 ε_g 主要取决于气体的种类、气体温度和辐射行程中的气体分子数目。辐射行程中的气体分子数则与气体分压力 p 和射程 L 有关，即与 pL 乘积成正比。于是对一种气体可写出主要因子关系式为

$$\varepsilon_g=f(T_g,pL) \tag{10-32}$$

实验测定结果表明，ε_g 除主要取决于式（10-32）中的 T_g 及 pL 体两个因子外，气体分压力还有较弱的单独影响。图 10-33 是不计气体分压力单独影响时实验测定的水蒸气发射率的线图。图中气体发射率 $\varepsilon^*_{H_2O}$ 为纵坐标，T_g 为横坐标，$p_{H_2O}L$ 为参变量。图 10-34 所示的修正系数 C_{H_2O} 则用来考虑气体分压力的单独影响。于是水蒸气的发射率 ε_{H_2O}。可按下式计算：

$$\varepsilon_{H_2O}=C_{H_2O}\varepsilon^*_{H_2O} \tag{10-33}$$

同样，二氧化碳的 $\varepsilon^*_{CO_2}$ 示于图 10-35。

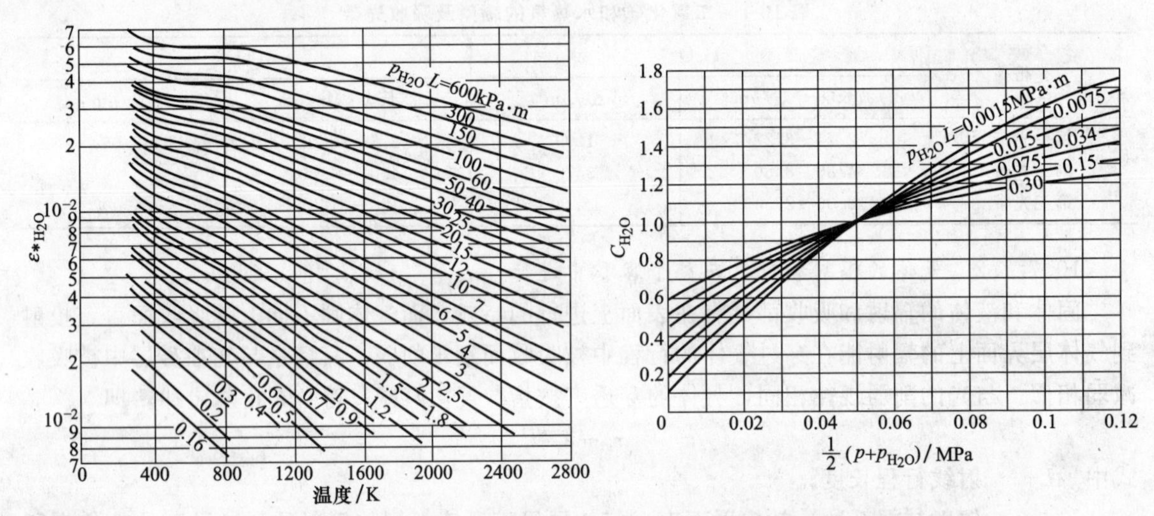

图 10-33 总压力为 100kPa 时 H_2O 的发射率 $\varepsilon^*_{H_2O}$

图 10-34 修正系数 C_{H_2O}

当气体中同时存在水蒸气和二氧化碳两种成分时，气体发射率按下式计算：

$$\varepsilon_g=C_{H_2O}\varepsilon^*_{H_2O}+\varepsilon^*_{CO_2}-\Delta\varepsilon \tag{10-34}$$

式中，$\Delta\varepsilon$ 是由于水蒸气和二氧化碳光带部分重叠引入的修正量，它由图 10-36 查得。

10.7.3 辐射换热

在气体发射率和吸收率确定之后，气体与黑体包壳之间的辐射换热计算十分简单。这时，只要把气体本身的辐射 $\varepsilon_g E_{bg}$（气体温度 T_g）减去气体所吸收的辐射 $\alpha_g E_{bw}$（包壳温度为 T_w），即可得到气体与黑体包壳间的辐射换热量（热流密度），即

$$q=\varepsilon_g E_{bg}-\alpha_g E_{bw}=5.67\left[\varepsilon_g\left(\frac{T_g}{100}\right)^4-\alpha_g\left(\frac{T_w}{100}\right)^4\right] \tag{10-35}$$

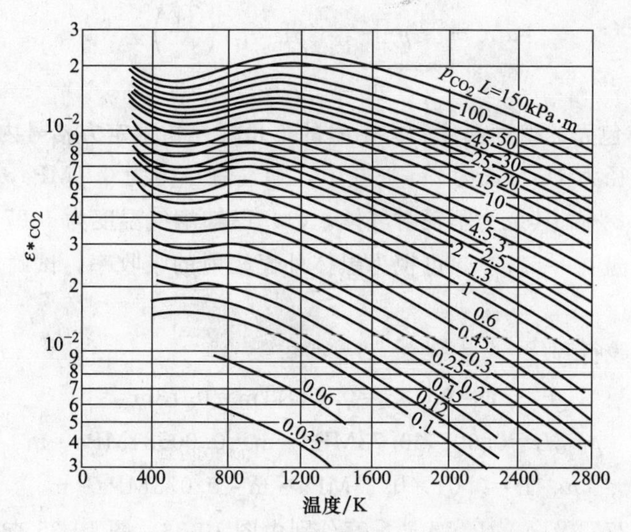

图 10-35　总压力为 100kPa 时 CO_2 的发射率 $\varepsilon^*_{CO_2}$

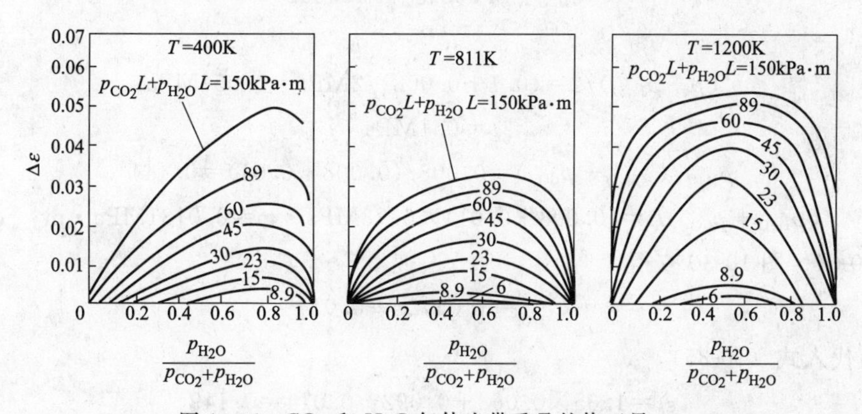

图 10-36　CO_2 和 H_2O 气体光带重叠的修正量 $\Delta\varepsilon$

如果包壁是发射率为 ε_w 的灰体，包壳除第一次吸收气体辐射外，还有反射出去的辐射热量经部分吸收后反复多次返回的辐射热量。同理，气体除第一次吸收包壳本身辐射 $\varepsilon_w \alpha_g E_{bw}$ 外，也还吸收多次反复返回的辐射热量。总之，辐射换热量大于只计及第一次的吸收热量为

$$q=\varepsilon_w(\varepsilon_g E_{bg}-\alpha_g E_{bw}) \tag{10-36}$$

对于 $\varepsilon_w>0.7$ 的包壳，有文献认为 ε_w 与 1 间的中间值 $\varepsilon'_w=(\varepsilon_w+1)/2$ 可满足工程计算要求。于是对灰体外壳

$$q=5.67\varepsilon'_w\left[\varepsilon_g\left(\frac{T_g}{100}\right)^4-\alpha_g\left(\frac{T_w}{100}\right)^4\right] \tag{10-37}$$

注意：因为气体辐射有选择性，不能把它作为灰体，所以式（10-36）及式（10-37）中的气体吸收率 α_g 不等于气体发射率 ε_g。水蒸气和二氧化碳共存的混合气体对黑体外壳辐射的吸收率可表示为

$$\alpha_g=C_{H_2O}\alpha^*_{H_2O}+\alpha^*_{CO_2}-\Delta\alpha \tag{10-38}$$

式中，C_{H_2O} 与式（10-35）中的相同，而 $\alpha^*_{H_2O}$、$\alpha^*_{CO_2}$ 和 $\Delta\alpha$ 的确定采用下列经验处理方案：

$$\alpha^*_{H_2O}=[\varepsilon^*_{H_2O}]_{T_w,\,p_{H_2O}L(T_w/T_g)}\left(\frac{T_R}{T_w}\right)^{0.45} \tag{10-39}$$

$$\alpha_{CO_2}^{*}=[\varepsilon_{CO_2}^{*}]_{T_w,p_{H_2O}L(T_w/T_g)}\left(\frac{T_R}{T_w}\right)^{0.45} \tag{10-40}$$

$$\Delta\alpha=[\Delta\varepsilon]_{T_w} \tag{10-41}$$

式中，T_w为气体包壳的壁面温度，方括号的下角标是指确定方括号内的量时所用的参量。

【例 10-5】 在直径为 1m、长为 2m 炉膛中，烟气总压力为 0.1MPa，二氧化碳占（体积）10%，水蒸气体积占 8%，其余为不辐射气体。(1) 已知烟气温度为 1027℃，试确定烟气的发射率；(2) 若炉膛壁温 $t_w=527$℃，可视为黑体外壳辐射的吸收率，试确定烟气对外壳辐射的吸收率（$L=0.73d$）。

解：(1) 平行射线行程

$$L=0.73d=0.73\times1\text{m}=0.73\text{m}$$

于是

$$p_{H_2O}L=0.008\times0.73\text{MPa}\cdot\text{m}=0.00584\text{MPa}\cdot\text{m}$$

$$p_{CO_2}L=0.01\times0.73\text{MPa}\cdot\text{m}=0.073\text{MPa}\cdot\text{m}$$

根据烟气温度 $t_g=1027$℃及 $p_{H_2O}L$、$p_{CO_2}L$ 值分别由图 10-33、图 10-35 查得

$$\varepsilon_{H_2O}^{*}=0.068,\varepsilon_{CO_2}^{*}=0.092$$

计算参量

$$(p+p_{H_2O})/2=(0.1+0.008)/2\text{MPa}=0.054\text{MPa}$$

$$p=0.1\text{MPa}$$

$$p_{H_2O}/(p_{H_2O}+p_{CO_2})=0.008/(0.008+0.01)=0.444$$

$$(p_{H_2O}+p_{CO_2})L=(0.008+0.01)\times0.73\text{MPa}\cdot\text{m}=0.0131\text{MPa}\cdot\text{m}$$

分别从图 10-34、图 10-36 查得

$$C_{H_2O}=1.05,\Delta\varepsilon=0.014$$

把以上各值代入式（10-35）

$$\varepsilon_g=1.05\times0.068+0.092-0.014=0.149$$

(2) 计算如下参数

$$p_{H_2O}L\frac{T_w}{T_g}=0.00584\times\frac{800}{1300}\text{MPa}\cdot\text{m}=0.0036\text{MPa}\cdot\text{m}$$

$$p_{CO_2}L\frac{T_w}{T_g}=0.0073\times\frac{800}{1300}\text{MPa}\cdot\text{m}=0.0045\text{MPa}\cdot\text{m}$$

据这些参量和 $T_w=527$℃，从图 10-33、图 10-35 分别查得

$$\varepsilon_{H_2O}^{*}=0.088\quad\varepsilon_{CO_2}=0.082$$

于是

$$\alpha_{H_2O}^{*}=0.088\times\left(\frac{800}{1300}\right)^{0.45}0.109$$

$$\alpha_{CO_2}^{*}=0.082\times\left(\frac{1300}{800}\right)^{0.65}=0.112$$

再根据

$$p_{H_2O}/(p_{H_2O}+p_{CO_2})=0.008/(0.008+0.01)=0.444$$

$$(p_{H_2O}+p_{CO_2})L=(0.008+0.01)\times0.73\text{MPa}\cdot\text{m}=0.0131\text{MPa}\cdot\text{m}$$

在图 10-36 上查得 $\Delta\varepsilon=0.008$。于是，根据式（10-38）～式（10-41），气体的吸收率为

$$\alpha_g=1.05\times0.11+1\times0.112-0.008=0.219$$

10.8 对流与辐射共同存在时的热量传输

工程上实际的热量传输过程常包括两种或两种以上的传输方式，称为综合换热。辐射性气体在运动过程中与表面之间的换热就属于辐射和对流的综合换热，这种换热过程在冶金炉中很重要。该综合换热过程的总热阻相当于对流与辐射热阻的并联，总换热量等于对流与辐射换热量之和，即

$$\Phi=\Phi_c+\Phi_R$$

式中 Φ——综合换热量；

Φ_c——对流换热量；

Φ_R——辐射换热量。

Φ_c与Φ_R的计算方法在前面已论及，即

$$\Phi_c=\alpha_c(T_1-T_2)A$$

$$\Phi_R=\frac{C_b}{\frac{1}{a_1}+\frac{1}{\varepsilon_2-1}}\left[\frac{\varepsilon_1}{\alpha_1}\left(\frac{T_1}{100}\right)^4-\left(\frac{T_2}{100}\right)^4\right]A$$

式中 T_1——高温体的温度；

T_2——低温体的温度。

但是为了方便起见，将辐射换热写成对流换热的形式：

$$\Phi_R=\alpha_R(t_1-t_2)A$$

式中 α_R——辐射传热系数，下标 R 只与对流的下标 c 相互区别。

显然

$$\alpha_R=\frac{C_b}{\frac{1}{a_1}+\frac{1}{\varepsilon_2}-1}\cdot\frac{\left[\frac{\varepsilon_1}{\alpha_1}\left(\frac{T_1}{100}\right)^4-\left(\frac{T_2}{100}\right)^4\right]}{t_1-t_2}$$

交换后的总换热量计算式变为

$$\Phi=(\alpha_c+\alpha_R)(T_1-T_2)A=k(T_1-T_2)A \tag{10-42}$$

式中 k——传热系数。

由上述换算可以看出，这种计算方法从工作量上讲并未减少，因为α_R的计算要用到上面公式。但是，在综合换热计算，特别是在包括导热时却显得十分方便。

10.9 传热学的发展概说及非傅里叶导热效应

10.9.1 传热学的发展历史概说

导热已有大约 200 多年的历史，从傅里叶研究导热开始，经过漫长的年代，直到 19 世纪末应用数学有了突破，偏微分方程可以求解，才促进了导热学的发展，20 世纪初达到成熟。但成熟并不是衰退，导热学仍在进一步发展，对许多老的问题有了新的看法，或用新的方法来重新估价、计算和研究其机理。

早期导热学主要是研究绝热问题。导热学由成长到成熟大约经过 100 年的时间。

对流传热从牛顿的研究开始，也有 200 年历史，但由于对流的偏微分方程比导热问题复杂，因而进展较慢。直到 1904 年普朗特提出边界层理论，对流才得到发展。而边界层理论，

这个传热学中非常重要的理论在开始时也受到许多怀疑、反对和抵制，直到20世纪30年代才普遍受到重视，到50年代边界层理论达到顶峰，对流传热学也日趋成熟。从应用方面来看，20世纪40年代，50年代航空事业的突飞猛进，黏性流体力学的发展和计算机的应用更进一步推进了边界层理论和对流学的发展。对流学从成长到成熟大约用了50年。

辐射学已有100多年历史，从斯蒂芬-波尔兹曼研究辐射常数开始，1900年普朗克提出黑体辐射理论，20世纪20年代量子力学的突破进展，30年代工程上许多热辐射的应用，如锅炉，燃烧室的设计计算，但一直进展不大，原因是60年代以前分子光谱学和固体物理还没有达到应用成熟的阶段。直到60年代，有了这些学科作后盾，又有了计算机，辐射学才得到突飞猛进的发展，辐射学从30年代末开始成长到70年代成熟，约花了30年时间。

10.9.2 非傅里叶导热效应的研究

从上述的历史发展可以看出：①随着科学技术的发展，一个学科成长到成熟的时间越来越短，如导热100年，对流50年、辐射30年，科学技术的发展越来越快，科学具有非常重要的连续性和时间性；②三个推进因素：任何技术学科的发展必须有它的基本推进因素，第一，必须要有应用的推动；第二，必须有成熟的基础理论可资应用；第三，要有适当的实验和计算设备作工具。

随着科学技术发展，传热学大致有四个主要的发展方向：①数值计算传热学：计算机的作用非常大，可解以前不能解的问题，因此出现了数值计算传热学，而且有它自己的理论；②物理化学传热学把物理化学的新发现应用于实践，比如燃烧学，它是化学作用、流体力学、传热传质学的综合，还有多相学等；③几何形状复杂系统的传热学，如多孔性物体的流动和传热问题。

目前，在传热学发展领域，出现了一个值得注意的方面，即时间极短、瞬时热流密度极高、温度变化率极大情况下的导热问题。人们在研究该问题时发现，傅里叶导热定律这种传统的理论不能适用于这些超常规、超急速的热传导。这种在超常规条件下出现的不遵循傅里叶热传导定律的效应被称为非傅里叶导热效应。非傅里叶导热效应的研究起始于20世纪40年代，当时人们在液氮低温冷却过程中首次发现了热扰动引起的传热量以有限速度传播这一现象，随后用实验进一步证实了这种现象的存在并测得液氮中热量的传播速度的具体数值。后来，由于短脉冲激光加热等各项高新技术的发展，人们在许多快速瞬态热传导中也发现了非傅里叶导热效应的存在并开始大范围地研究金属快速凝固、金属薄膜、半导体材料、超导薄膜、多孔材料以及生物体等在低温、常温等条件下热传导过程中的非傅里叶导热效应。

经典导热理论中的傅里叶定律是根据大量的稳态热传导实验得到的定律。下面以无限大平板稳态导热来作具体分析：当一维无限大平板达到稳态导热状态时，此时平板内任意一点的温度不再发生任何改变；进、出无限大平板的热量的代数和为零。假设把大平板分割成无数个垂直于平板的微元厚 dx 的薄板。由于每一个微元厚薄板的热量传递都处于稳态导热，此时任意一个微元厚薄板的热量传递情形是：传入薄板的热流量与传出薄板的热流量相等；任意一个薄板两侧的热流量的传入与传出是一个动态平衡过程。就整个大平板而言，传入平板的热量与传出平板的热量也相等，热量的传递也是一个动态平衡过程。

平板内的热量传递的实际过程如上分析，但目前的传热理论却认为传递的过程是瞬时完成的。进入平板的热量瞬时离开了该平板，也就是说平板内的热量传播速度是无限大的。

因此，由稳态热传导实验得到的傅里叶定律实际上隐含了这样一个假设：热量在介质中的传播速度为无限大。在这个假设下，导热过程中，只要瞬时热源一作用，瞬时热源在瞬间发出的热量就会同时传遍整个介质，从而引起介质内温度的重新分布，热量传播与温度分布是同步变化的，二者之间没有时间差。但从热力学的观点来看，温度场的重新建立滞后于热扰动改变的时间，称为热弛豫时间。傅里叶定律的热量传播速度为无限大的假设，从热力学的观点看就是一个热弛豫时间为零的准平衡过程的假设。然而，导热是依靠组成物质的微观粒子的热运动进行热量传递的传热过程。对固体非金属，导热是由于粒子在平衡位置上的振动所形成的弹性波的作用；对固体金属，导热的发生除弹性波的作用外，还有自由电子的迁移作用；对液体，导热是弹性波的传播与分子扩散联合作用的结果。实际的情形是：无论是弹性波的传播还是自由电子的迁移或分子的扩散，其速度都是有限的，在此作用下的热量的传播速度也必然是有限的。瞬时热源在瞬间发出的热量不可能瞬间传遍整个介质，介质内温度场的建立必滞后于热量的传播；反过来，某一时刻介质内的温度分布变化引起的热量传递，必滞后于温度发生变化的时刻。热量的传播与温度分布不是同步变化的，相互之间都有一个时间迟延。

因此，建立在热量在介质中的传播速度为无限大或热传导过程是热弛豫时间为零的准平衡过程假设条件之上的傅里叶定律，显然不能全面地、真实地概括各种导热情形，必须针对实际情形作具体的分析。对于稳态导热，热量的传播速度可视为无限大，或者说热弛豫时间可认为是零，这种情况下，傅里叶定律精确的成立；对于瞬态程度不高，即热扰动改变缓慢的弱瞬态热传导过程，由于多数材料的热弛豫时间值较小，从一个稳定的温度分布可以很快过渡到一个新的温度分布，也就是温度场的重新建立相对于热扰动的变化要快得多，热量的传播速度相对于温度的变化可视为无限大，这种情况下，使用傅里叶定律是一种高精度的近似。稳态热传导和瞬态程度不高的弱瞬态热传导，傅里叶定律的正确性是毋庸置疑的。一个多世纪以来，传热领域中出现的大多是属于稳态热传导或弱瞬态热传导过程，因此，傅里叶定律在工程中得到广泛并成功的应用。

科学技术的发展带来了许多热扰动改变速度快、幅度大的超常规、超急速的强瞬态热传导过程，这种情况下，介质内温度场的重新建立总是跟不上热扰动的变化，热弛豫时间与热扰动的持续时间可以比拟，热量传播速度的有限性不能再被忽略，维系傅里叶导热定律存在的热量传播速度无限大或热弛豫时间为零的准平衡过程的假设不再成立，经典的傅里叶导热定律不再适用于这些超常规、超急速的强瞬态热传导，对这些因热量传播速度有限性引起的偏离傅里叶导热定律的非傅里叶导热效应，必须寻求适用于它的新的导热规律。

半个多世纪里，各国学者在对非傅里叶导热效应的研究中不断取得进展，目前，非傅里叶导热效应的研究已成为当今国内外研究的热点前沿领域之一。

如今，传热学已经发展成为一门充满活力的基础学科。它在生产发展的推动下成长，同时，它的建立和发展反过来又促进生产的进步发展。当前，能源技术、环境技术、材料科学、微电子技术、空间技术等新兴科学技术的发展，向传热学提出了新的课题和新的挑战。

复习思考题

1. 什么是热辐射？

2. 给出电磁波谱随波长的分布图，说明热辐射波长在哪个波长范围内。

3. 什么是近红外线？什么是远红外线？

4. 一般物体对投射到其表面上的热辐射有什么样的反应？写出其能量分配的表达式。

5. 对一般物体而言，其吸收率、反射率、和穿透率符合什么样的关系？对固体、液体和气体来说，又符合什么样的关系？

6. 什么是黑体？试设计一个人工黑体模型。

7. 叙述黑体辐射的基尔霍夫定律。

8. 热辐射研究主要包括哪两个方面的问题？试设计一个模型来加以说明。

9. 试设计一个测定热辐射热流密度的实验模型，并由此说明为什么要引入黑体这个概念。

10. 黑体辐射强度符合什么定律？

11. 黑体单色辐射力符合什么定律？给出该定律的数学表达式并图示之。

12. 在黑体单色辐射力与波长的关系图中，是如何体现出维恩位移定律的？

13. 用普朗克定律解释为什么当金属被加热至不同温度时，会呈现不同的颜色？

14. 试述量子力学诞生的思想历程。

15. 与黑体相比较，实际物体的辐射有什么特点？绘出黑体、灰体和实际物体单色辐射力的比较示意图。

16. 当任意两个黑体存在一定的空间位置关系时，要引入什么参数来表达二者之间的能量交换关系？

17. 如何确定角系数？

18. 灰体的有效辐射包括哪几个部分？写出其数学表达式。

19. 什么是重复射面？

20. 相对于固体而言，气体辐射有什么特点？

21. 当对流和辐射同时存在时，如何处理其能量传输？

习　题

1. 100W 灯泡中的钨丝温度为 2800K，发射率为 0.30。(1) 若 96%的热量依靠辐射方式散出，试计算钨丝所需最小表面积；(2) 计算钨丝单色辐射力最大时的波长。

2. 一个人工黑体腔上的辐射小孔为直径 20mm 的圆，辐射力 $E_b=3.7\times10^{-5}\,W/m^2$。一个辐射热流计置于该黑体小孔正前方 0.5m 处，该热流计吸收热量的面积为 $1.6\times10^{-5}\,m^2$。问该热流计所得到的黑体投入辐射是多少？

3. 一电炉的电功率为 1kw，炉丝温度为 847℃，直径为 1mm。电炉的效率（辐射功率与电功率之比）为 0.96，炉丝发射率为 0.95，试确定炉丝应多长？

4. 试确定图 10-37 中两种几何结构的角系数 X_{12}。

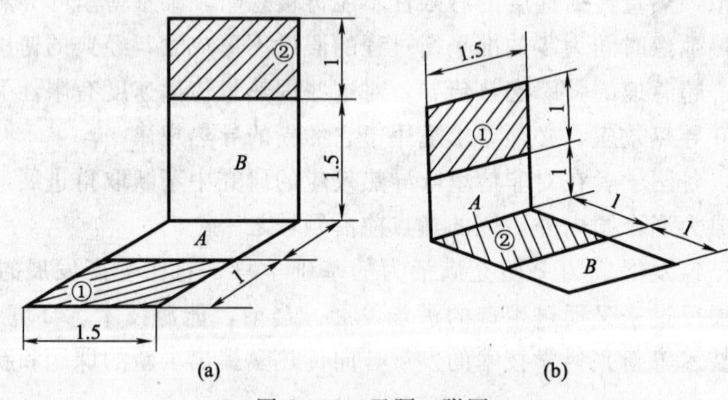

图 10-37　习题 4 附图

5. 两块平行放置的大平板的表面发射率均为 0.8，温度分别为 $t_1=527℃$ 和 $t_2=27℃$，板的间距远小于板的宽与高。试计算：

(1) 板 1 的本身辐射；

(2) 对板 1 的投入辐射；

(3) 板 1 的反射辐射；

(4) 板 1 的有效辐射；

(5) 板 2 的有效辐射；

(6) 板 1 与板 2 间的辐射换热量。

6. 设保温瓶的瓶胆可以看作直径为 10cm、高为 26cm 的圆柱体，夹层抽真空，夹层两内表面发射率都为 0.05。试计算沸水刚注入瓶胆后，初始时刻水温的平均下降速率。夹层两壁壁温可近似地取为 100℃及 20℃。

7. 两块宽度为 W、长度为 L 的矩形平板，面对面平行放置组成一个电炉设计中常见的辐射系统，板间间隔为 S，长度 L 比 W 及 S 都大很多，试求板对板的角系数。

8. 一电炉内腔如图 10-38 所示。已知顶面 1 的温度 $t_1=30$℃，侧面 2（有阴影线的面）的温度 $t_2=250$℃，其余表面都是重辐射面。试求：

(1) 1 和 2 两个面均为黑体时的辐射换热量；

(2) 1 和 2 两个面为灰体，$\varepsilon_1=0.2$，$\varepsilon_2=0.8$ 时的辐射换热量。

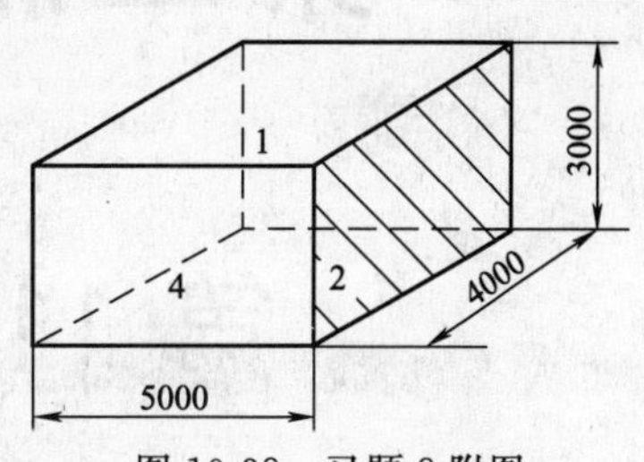

图 10-38　习题 8 附图

9. 直径为 0.4m 的球壳内充满 N_2、CO_2 和水蒸气（H_2O）组成的混合气体，其温度 $t_g=527$℃。组成气体的分压力分别为 $P_{N_2}=1.013\times10^5$ Pa，$P_{CO_2}=0.608\times10^5$ Pa，$P_{H_2O}=0.441\times10^5$ Pa，试求混合气体的发射率 ε_g。

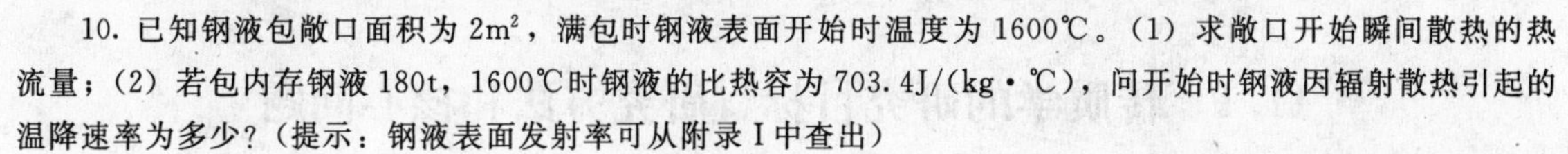

10. 已知钢液包敞口面积为 2m²，满包时钢液表面开始时温度为 1600℃。(1) 求敞口开始瞬间散热的热流量；(2) 若包内存钢液 180t，1600℃时钢液的比热容为 703.4J/(kg·℃)，问开始时钢液因辐射散热引起的温降速率为多少？（提示：钢液表面发射率可从附录 I 中查出）

第三篇　质量传输

第11章　传质学概论

本章导读：和传热过程的论述方式类似，首先在分析传质现象的基础上建立质量传输微分方程，然后寻求质量传输密度，最后建立完整的质量传输微分方程。其下的各章和导热及对流传热类似，首先是分子传质即静态传质，然后是对流传质。

11.1　传质学的研究目标、研究方法和核心问题

11.1.1　为什么要研究传质学？传质学的研究目标

在金属熔炼过程中，升温熔化以及搅拌等各种加强金属熔体流动的操作，其目的是推动各种合金元素在金属液中的传输扩散，以及促进各种冶金反应的进行。冶金过程主要受到扩散和反应两个过程的主导，因此研究冶金过程中的合金元素的扩散规律并加以利用，对冶金熔炼的过程控制具有非常重要的意义。

在铸件凝固过程中，降温的过程是促使金属由液态向固态转化的过程，这个过程也是各种合金元素再分配的过程。可以说，温降导致的直接结果是合金元素在合金液体和固溶体之间的传输和再分配，合金元素的再分配对相的形成至关重要，因此，必须研究清楚凝固过程的合金元素的传输规律才能正确地分析合金的凝固过程。

其他的材料热加工过程，如锻压、热处理等过程和冶金、铸造一样几乎都与质量传输过程息息相关。本书之前研究的动量传输和热量传输在很多情况下都能推动物质的质量传输。因此定量地研究质量传输的规律是材料科学与工程发展中必备的一环。

在含有两种组分以上的体系中，如果存在某种组分的浓度梯度，则该种组分就存在由高浓度向低浓度转移的趋势。物质由高浓度向低浓度方向转移的过程称为质量传输过程，简称传质。从表观现象来看，浓度差是质量传递的推动力；本质上，浓度高的组分其化学位大，而浓度低的组分化学位小，化学位有从高向低转化的趋势，所以物质会由高浓度向低浓度传输（上坡扩散例外，但仍然是从高化学位向低化学位转移）。

从化学位（即组分的偏摩尔自由能）角度可以解释质量传输的方向，但却不能定量地描述物质具体的迁移过程和不同时刻的分布状况，因此研究传输现象的定量规律就成为传质学的研究目标。

11.1.2　传质学的研究方法和核心问题

一般说来，存在两种方式的传质，第一种，在一杯盛有静止的清水的玻璃杯中滴入一滴墨水，然后不加任何干扰，任墨水自由扩散，墨水会以分子运动的方式在清水中扩散，直至均

匀。类似的现象在固、液、气态物质中均有可能发生。第二种，在一杯盛有静止的清水的玻璃杯中滴入一滴墨水，然后用玻璃棒搅动墨水令其扩散，此时墨水会在清水中迅速扩散至均匀。类似的现象只在液、气态物质中可能发生。

在第一种情形下，扩散是依照分子自身的运动进行的，所以称为**分子体质**（又称分子扩散）。在第二种情形下，除了分子自身运动的扩散外，主要是由于液体流动而使墨水分子和水分子相互掺混，这种传质过程称为**对流传质**。

不管是两种传质情形中的哪一种，都表现为一种物质和另一种物质相互掺混融合的过程，或者是两种或多种物质分子互相混合的过程。那么如何来定量地表现这种混合过程呢？

11.1.2 对分子扩散的分析

让我们来观察墨水在清水中静态扩散的过程。

假设在 $t_0=0$ 时刻，将一滴墨水滴入了清水中，墨水占据的体积为球形体积，这滴墨水的体积为 V_0，在 V_0 内全部是墨水分子。经过 $\mathrm{d}t$ 时间到达 $t_1=t_0+\mathrm{d}t$ 时刻，墨水分子发生扩散，设此时墨水分子扩散所波及的范围为 $\mathrm{d}V_1$，在 $\mathrm{d}V_1$ 之外仍然全部为水分子。此时，在原来的 V_0 体积内，已经混入了一些水分子，在 $\mathrm{d}V_1$ 体积内也混入了部分墨水分子，并且在 $\mathrm{d}V_1$ 体积内墨水分子的分布是不均匀的，靠近 V_0 的部分墨水分子较多，远离 V_0 的部分墨水分子较少。但因 $\mathrm{d}V_1$ 体积极小，为微元体积，因此可以认为在 $\mathrm{d}V_1$ 内分子分布是均匀的。类似地，到 $t_2=t_0+2\mathrm{d}t$ 时刻，也会发生同样的分子掺混扩散的过程，可以推断，$\mathrm{d}V_2$ 微元体中的墨水分子数量要比 $\mathrm{d}V_1$ 中的墨水分子数量要少。上述过程将一直持续下去，直至完全均匀化。

在图 11-1 所示的分子扩散的过程中，扩散实质上表现为每一扩散层内墨水分子数量的变化，这种数量可以用单位体积内的分子数来表达，即浓度。以其中的一个扩散层如 $\mathrm{d}V_1$ 为例，设在 $\mathrm{d}V_1$ 内墨水分子的摩尔数为 $\mathrm{d}n_{A1}$，水分子的摩尔数为 $\mathrm{d}n_{B1}$，则墨水分子和水分子在 $\mathrm{d}V_1$ 内的浓度可表示为

$$C_{A1}=\frac{\mathrm{d}n_{A1}}{\mathrm{d}V_1} \tag{11-1}$$

$$C_{B1}=\frac{\mathrm{d}n_{B1}}{\mathrm{d}V_1} \tag{11-2}$$

式中，C_{A1}、C_{B1} 为摩尔量浓度，单位 mol/m³。

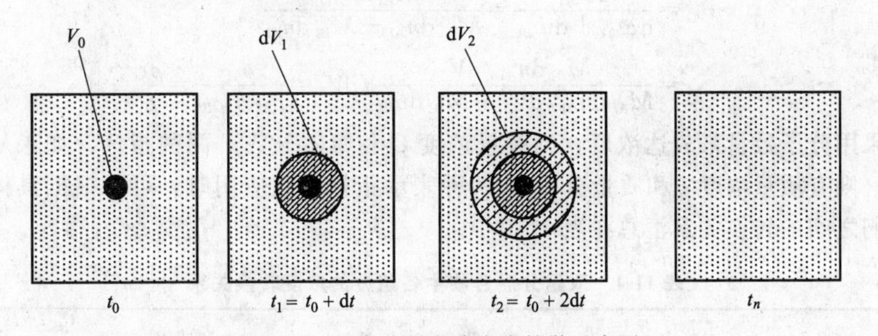

图 11-1　墨水分子在清水中扩散示意图

如果用质量来表达浓度的话，设 ρ_{A1} 为墨水的质量浓度（kg/m³），M_A 为墨水分子的摩尔质量，ρ_{B1} 为墨水的质量浓度（kg/m³），M_B 为墨水分子的摩尔质量，则

$$\rho_{A1}=\frac{M_A\mathrm{d}n_{A1}}{\mathrm{d}V_1} \tag{11-3}$$

$$\rho_{B1}=\frac{M_B\,\mathrm{d}n_{B1}}{\mathrm{d}V_1} \tag{11-4}$$

显然有

$$\rho_{A1}=C_{A1}M_A \tag{11-5}$$

$$\rho_{B1}=C_{B1}M_B \tag{11-6}$$

也就是说，分子扩散的过程实质上表现为在扩散域的空间内的量浓度（或质量浓度）连续的变化过程。

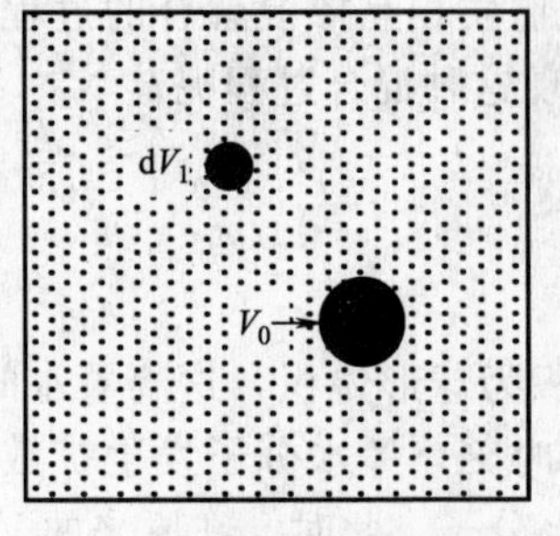

图 11-2　墨水分子的非连续性扩散示意图

很明显，在墨水分子的扩散过程中，总是表现为从墨滴中心向水周围的递进的扩散过程，绝不会出现图 11-2 所示的 V_0 墨水滴中的一滴墨水不经任何路径或轨迹突然出现在 $\mathrm{d}V_1$ 位置的现象，即不连续的扩散现象。因此扩散过程是一个连续的过程，一个可以用微积分方法来描述的过程。

在图 11.1 所示的体积 $\mathrm{d}V_1$ 内，A、B 两种分子的总的数量为 $\mathrm{d}n_A+\mathrm{d}n_B$，设在 $\mathrm{d}V_1$ 内总的物质的量浓度为 C_1，则

$$C_1=\frac{\mathrm{d}n_A+\mathrm{d}n_B}{\mathrm{d}V_1}=C_{A1}+C_{B1} \tag{11-7}$$

如果用 ρ 表示 $\mathrm{d}V_1$ 内物质的总的质量浓度，那么

$$\rho_1=\frac{M_A\,\mathrm{d}n_A+M_B\,\mathrm{d}n_B}{\mathrm{d}V_1}=\rho_{A1}+\rho_{B1}=C_1M_1 \tag{11-8}$$

其中 M_1 为混合物的平均摩尔质量。

在由两种或多种物质组成的体系中，也常用摩尔分数和质量分数来表示浓度。设墨水分子的摩尔分数为 x_A，质量分数为 w_A，那么

$$x_A=\frac{\mathrm{d}n_{A1}}{\mathrm{d}n_{A1}+\mathrm{d}n_{B1}} \tag{11-9}$$

而由式（11-1）和式（11-2），$\mathrm{d}n_{A1}=C_{A1}\,\mathrm{d}V_1$，$\mathrm{d}n_{B1}=C_{B1}\,\mathrm{d}V_1$，则

$$x_{A1}=\frac{C_{A1}\,\mathrm{d}V_1}{C_{A1}\,\mathrm{d}V_1+C_{B1}\,\mathrm{d}V_1}=\frac{C_{A1}}{C_{A1}+C_{B1}}=\frac{C_{A1}}{C_1} \tag{11-10}$$

$$w_{A1}=\frac{\mathrm{d}w_{A1}}{\mathrm{d}w_{A1}+\mathrm{d}w_{B1}}=\frac{M_{A1}\,\mathrm{d}n_{A1}}{M_{A1}\,\mathrm{d}n_{A1}+M_{B1}\,\mathrm{d}n_{B1}}$$

$$=\frac{M_{A1}\,\mathrm{d}n_{A1}/\mathrm{d}V_1}{M_{A1}\,\mathrm{d}n_{A1}/\mathrm{d}V_1+M_{B1}\,\mathrm{d}n_{B1}}/\mathrm{d}V_1=\frac{\rho_{A1}}{\rho_{A1}+\rho_{B1}}=\frac{\rho_{A1}}{\rho_1} \tag{11-11}$$

总之，如果用分子数量来表达浓度，则有量浓度 C 和摩尔分数 x 两种指标。如果从质量方面表达浓度，则有质量浓度 ρ 和质量分数 w 两种表示指标。在应用时，可以根据具体情况进行选择。它们之间的转换关系汇总在表 11-1 中。

表 11-1　双组分混合物中各组分的浓度转换关系

	浓度	
	质量基准	摩尔基准
定义式	$\rho=\rho_A+\rho_B$，混合物的质量浓度，kg/m^3 ρ_A，ρ_B，组分 A 和组分 B 的质量浓度 $\omega_A=\frac{\rho_A}{\rho}$，组分 A 的质量分数	$c=c_A+c_B$，混合物物质的量浓度，mol/m^3 c_A，c_B，组分 A 和组分 B 的物质的量浓度 $x_A=\frac{c_A}{c}$，组分 A 的摩尔分数

续表

	浓　度	
	质量基准	摩尔基准
关系式	$M=\rho/c$,混合物的平均摩尔质量 $\omega_A+\omega_B=1$ $\omega_A=\dfrac{x_AM_A}{x_AM_A+x_BM_B}$ $\dfrac{\omega_A}{M_A}+\dfrac{\omega_B}{M_B}=\dfrac{1}{M}$	$x_A+x_B=1$ $x_A=\dfrac{\omega_A/M_A}{\dfrac{\omega_A}{M_A}+\dfrac{\omega_B}{M_B}}$ $x_AM_A+x_BM_B=M$

11.1.2.2　对对流扩散的分析

如上述的玻璃棒搅动滴有墨水的清水杯的实验，当玻璃棒搅动水时，墨水和清水一起转动，由于水和墨水的密度不同，因此二者相对于静止的绝对坐标系的速度也不相同。如果把玻璃杯内包含的空间域看作一个场，对这个场进行微元体划分，则墨水和水进出这些微元体的情况不同。与对流换热的情形类似，当墨水对流扩散从图 11-3 所示的 x 处界面进入微元体时，同时存在着两种形式的质量传输：①由于存在浓度差（或浓度梯度）而进入微元体；②由于存在墨水分子的运动，而使墨水分子直接进入微元体。在此情况下，混合流体的速度直接影响到质量传输界面上的质量通量密度，因此需要对非均一单相（或多相流）的速度作出规定。

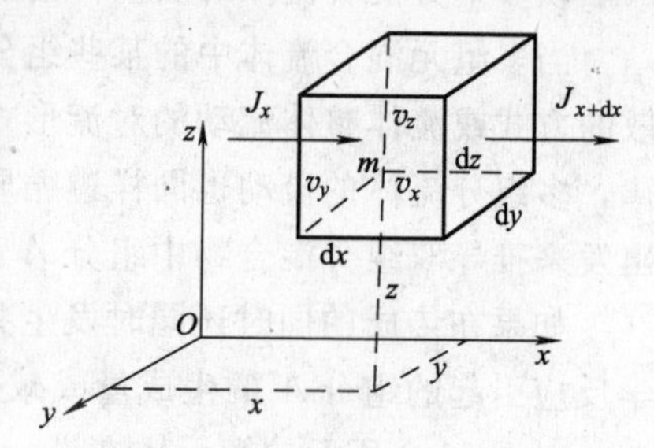

图 11-3　六面体微元控制体

① 设混合流体中含有 A、B 两种相的分子，相对于绝对坐标系来说，A 分子的速度为 v_A，B 分子的速度为 v_B；A 分子的质量浓度为 ρ_A，B 分子的质量浓度为 ρ_B；A 分子的量浓度为 C_A，B 分子的质量浓度为 C_B；规定混合流体的量浓度表示的平均速度 v_m 为

$$v_m=\frac{1}{c}(c_Av_A+c_Bv_B) \tag{11-12}$$

相当于把所有的 A 分子的速度和 B 分子的速度作加权平均。这个速度称为混合流体的摩尔平均速度。

如果要从质量的角度去表达混合流体的平均速度，也采用加权平均的形式：

$$v=\frac{1}{\rho}(\rho_Av_A+\rho_Bv_B) \tag{11-13}$$

② 从相对运动的角度分析，在单位时间内，凡是超过平均速度的分子均可越过传输界面，而小于平均速度的分子却不能进入微元体，因此，可以用相对速度来判断通量，相对速度定义为 v_A-v 和 v_B-v，表示组分 A 和组分 B 相对于质量平均速度的扩散速度。相对速度也可以定义为 v_A-v_m 和 v_B-v_m，表示组分 A 和组分 B 相对于摩尔平均速度的扩散速度。

关于双组分混合物中各组分速度的关系可总结为表 11-2。

表 11-2　双组分混合物中各组分的速度表达式

定义式	v_A,相对于静止坐标的组分 A 的扩散速度 v_A-v,相对于质量平均速度的组分 A 的扩散速度 v_A-v_m,相对于摩尔平均速度的组分 A 的扩散速度 v,质量平均速度$=\dfrac{1}{\rho}(\rho_Av_A+\rho_Bv_B)=\omega_Av_A+\omega_Bv_B$ v_m,摩尔平均速度$=\dfrac{1}{c}(c_Av_A+c_Bv_B)=x_Av_A+x_Bv_B$

11.1.2.3 研究方法和核心问题

综合上述对质量传输的两种方式的分析，质量传输表现为在传输区域内物质浓度的随空间和时间的连续的变化过程，也就是浓度场，可以表示为

$$C=C(x,y,z,t) \tag{11-14}$$

或

$$\rho=\rho(x,y,z,t) \tag{11-15}$$

因此，对质量传输研究的核心问题就是求解浓度场的显式函数表示式，采用的方法仍然是微分方程。为此，要根据传质过程寻找相应的等价关系。

11.1.3 建立质量传输微分方程时出现的问题

以多组分混合流体的质量传输过程为例研究质量传输微分方程的建立过程。

当多组元混合流体中的某些组分存在密度（或浓度）梯度时，这些组分的物质将以分子扩散的方式或流体整体流动的对流形式进行质量传递。单组分流体的连续性方程遵循质量守恒定律，多组分流体的流动也同样遵循质量守恒定律。以下用欧拉方法（场方法）从质量守恒原理出发来推导双组分混合物中组分 A 和 B 的质量传输微分方程。

如果在传质的同时还同时发生关于组分 A 的化学反应，则组分 A 的质量守恒还包括由化学反应引起的组分 A 的生成量或减少量。

对图 11-3 所示的微元体来说，组分 A 的质量守恒原理可表达为式（11-16）：

[流入控制体的组分 A 的质量速率] − [流出控制体的组分 A 的质量速率] + [控制体内由化学反应引起组分 A 的生成速率] = [控制体内组分 A 的质量累积速率]　　(11-16)

设 J_x 为从 x 面处流入微元体的质量密度，J_{x+dx} 为从 $x+dx$ 面处流出微元体的质量密度，则 x 方向的质量净流率为

$$J_x\mathrm{d}y\mathrm{d}z-J_{x+\mathrm{d}x}\mathrm{d}y\mathrm{d}z=J_x-\left(J_x+\frac{\partial J_x}{\partial x}\mathrm{d}x\right)\mathrm{d}y\mathrm{d}z=-\frac{\partial J_x}{\partial x}\mathrm{d}x\mathrm{d}y\mathrm{d}z$$

同理，在 y、z 方向的质量净流率为

$$-\frac{\partial J_y}{\partial y}\mathrm{d}x\mathrm{d}y\mathrm{d}z,-\frac{\partial J_z}{\partial z}\mathrm{d}x\mathrm{d}y\mathrm{d}z$$

设单位体积单位时间内微元体内组分 A 的生成速率为 r_A，单位为 $\mathrm{kg/m^3\cdot s}$，那么，微元控制体内由于化学反应生成 A 的质量速率为

$$r_A\mathrm{d}x\mathrm{d}y\mathrm{d}z$$

在控制体内组分 A 的质量累积速率为

$$\frac{\partial\rho_A}{\partial t}\mathrm{d}x\mathrm{d}y\mathrm{d}z$$

根据式（11-16），有

$$-\frac{\partial J_x}{\partial x}\mathrm{d}x\mathrm{d}y\mathrm{d}z-\frac{\partial J_y}{\partial y}\mathrm{d}x\mathrm{d}y\mathrm{d}z-\frac{\partial J_z}{\partial z}\mathrm{d}x\mathrm{d}y\mathrm{d}z+r_A\mathrm{d}x\mathrm{d}y\mathrm{d}z=\frac{\partial\rho_A}{\partial t}\mathrm{d}x\mathrm{d}y\mathrm{d}z$$

即

$$\frac{\partial\rho_A}{\partial t}+\frac{\partial J_x}{\partial x}+\frac{\partial J_y}{\partial y}+\frac{\partial J_z}{\partial z}-r_A=0 \tag{11-17}$$

式（11-7）即为质量传输微分方程。该方程仍不彻底，还需将 J_x、J_y、J_z 的表达式代入

方可。J_x、J_y、J_z的表达式根据质量传输方式（分子传质、对流传质）的不同表现为不同的形式，这是需要解决的问题。

11.1.4 传质学研究布局

综上所述，形成图 11-4 所示的质量传输研究布局。首先在分析传质过程的基础上建立起物质传输的定量化度量体系（或符号体系），即浓度、速度等。然后根据物质传输的特点和质量守恒定律建立多组分体系的质量传输微分方程，在建立起该微分方程后，发现必须根据质量传输方式的形式（分子传质、对流传质）得到质量传输的扩散通量密度的定量表达式，才能将质量传输微分方程彻底化，因此继续研究两种传质扩散通量的函数表达式，然后得到完备的质量传输微分方程，最后再对分子传质和对流传质深入研究。

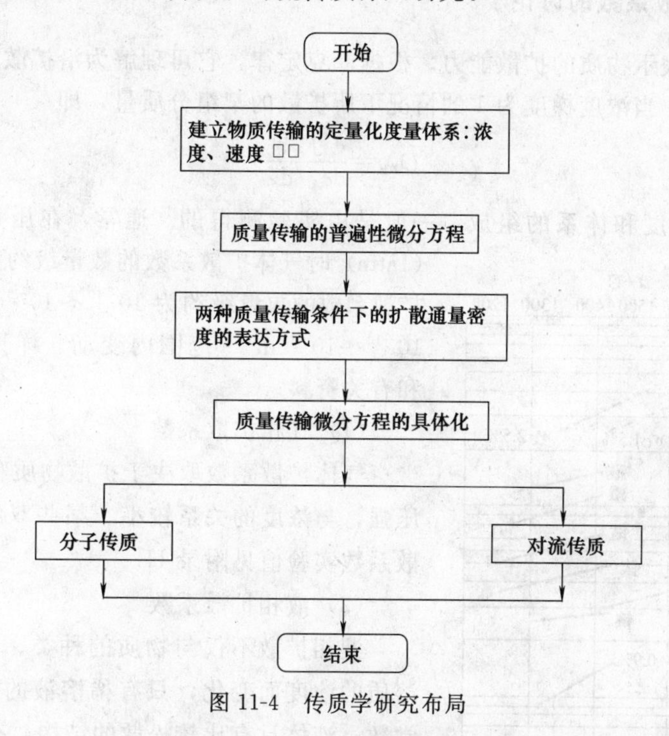

图 11-4 传质学研究布局

11.2 菲克第一定律及扩散系数

按照 11.1.4 的布局，本节首先研究分子传质时的扩散通量密度。然后对扩散系数进行相应的讨论。

11.2.1 菲克第一定律 (Fick's law)

在混合物中若各组分存在浓度梯度时，则发生分子扩散。对于两组分系统通过分子扩散传递的组分 A 的质量通量密度为

$$j_A = -D_{AB}\frac{\mathrm{d}\rho_A}{\mathrm{d}y} \tag{11-18}$$

式中 y——组分 A 的密度发生变化的方向的坐标，m；

j_A——组分 A 的质量通量密度，表示单位时间内通过单位面积传递的组分 A 的质量，

kg/(m^2·s)；

D_{AB}——组分 A 在组分 B 的扩散系数，m^2/s；

$d\rho_A/dy$——组分 A 的质量浓度，kg/(m^3·m)。

式中的负号表示质量通量的方向与浓度梯度的方向相反，即组分 A 朝着浓度降低的方向传递。

菲克第一定律也可以表示为浓度的形式：

$$j_A = -D_{AB}\frac{dc_A}{dz} \tag{11-19a}$$

式（11-19a）与式（11-18）意义相同，单位不同。在下面对扩散系数的讨论中，以浓度形式展开讨论。在讨论的一维情况中，今后各式中的所有矢量均沿 z 轴方向。

11.2.2 对扩散系数的讨论

分子扩散系数表示物质的扩散能力。根据菲克定律，它可理解为沿扩散方向，在单位时间内通过单位面积时，当浓度梯度为 1 的情况下所扩散的某组分质量，即

$$D_{AB} = \frac{J_A}{dc_A/dz} \tag{11-19b}$$

D_{AB} 取决于压力、温度和体系的组成，一般是由实验测得的。通常，在压力为 1.013×10^5Pa（1atm）时气体扩散系数的数量级约为 10^{-5}m^2/s；液体扩散系数的数量级约为 $10^{-10}\sim10^{-9}$m^2/s；固体的约为 $10^{-10}\sim10^{-15}$m^2/s 范围内变动。详见附录 H 和附录 J 和有关资料。

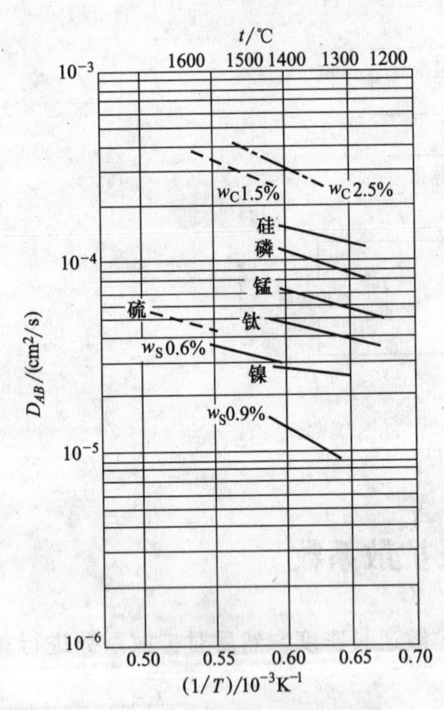

图 11-5 液态铁合金中合金元素的互扩散系数

——被饱和的铁中；- - -纯铁中

（1）气相扩散系数

气体扩散系数取决于扩散物质和扩散介质的温度、压强，与浓度的关系较小。某些双组分混合气体的扩散系数实验值见附录 H。

（2）液相扩散系数

液相扩散不仅与物质的种类、温度有关，而且随溶质的浓度而变化，只有稀溶液的扩散系数才可视为常数。液体具有比较松散的结构，有很多“空洞”，因此组元在液体中的扩散系数比在固体中大几个数量级。液态铁合金中互扩散系数如图 11-5 所示。

（3）固体扩散系数

固体中扩散已经被人们利用几百年了，如钢表面的渗碳即是一个最明显的例子。对固态物质的扩散研究主要有两个方面：一个是研究气体或液体进入固态物质孔隙的扩散；另一个是研究借粒子的运动在固体自身成分之间进行的互扩散。

温度对固体扩散系数 D 有很大的影响，两者关系可用下式表示：

$$D = D_0\exp\left(-\frac{Q}{RT}\right) \tag{11-20}$$

式中 Q——扩散激活能；

D_0——扩散常数，或称频率因子；

R——气体常数。

在很宽的温度范围内，Q 与 D_0 基本上为常数。由概率论指出，在简单立方晶格内，自扩散系数可用下式表示：

$$D_{AA}=\frac{1}{6}a^2\beta \tag{11-21}$$

式中 D_{AA}——自扩散系数，所谓自扩散是指纯金属中原子曲曲折折地通过晶格移动；

a——原子间距；

β——跳跃频率。

有色金属中的互扩散系数如图 11-6 所示。间隙元素在铁族物质中的互扩散系数如图 11-7 所示。

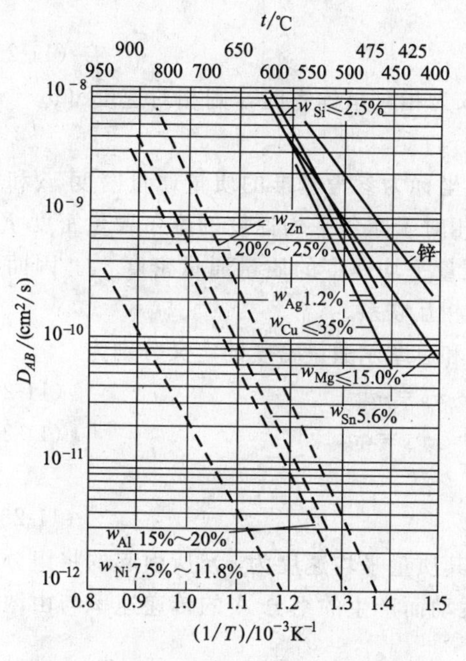

图 11-6 有色金属中的互扩散系数

——铝中的扩散；----铜中的扩散

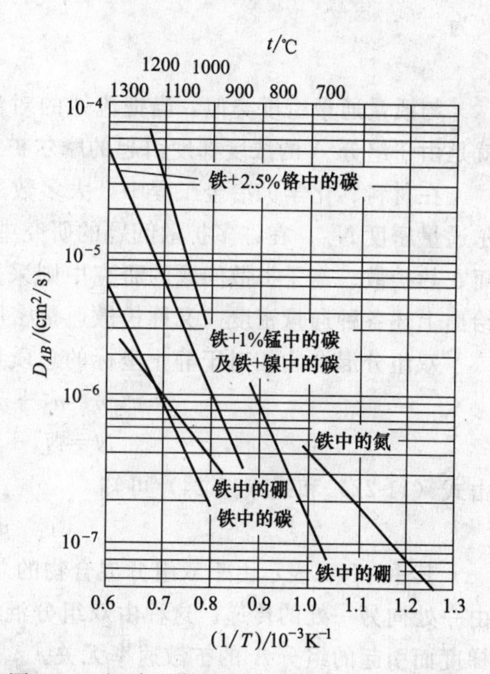

图 11-7 间隙元素在铁族物质中的互扩散系数

11.3 扩散通量密度

本节讨论将混合物中各组分流动速度考虑在内的扩散通量密度的表达形式，其中包含了分子传质和对流传质两方面的内容。

任一组分（例如组分 A）的通量密度是该组分的速度与其浓度的乘积。由这个定义知，它是一个矢量，其方向与该组分的速度方向一致，而大小则等于在垂直于速度方向的单位面积上、单位时间内通过的该组分的物质量。

组分的浓度有质量浓度和物质的量浓度之分，组分的速度也因不同的参考基准而异，所以组分的通量密度也有各种不同的定义。

① 相对于静止坐标的组分 A 的质量通量密度的定义为

$$n_A=\rho_A v_A \tag{11-22}$$

② 相对于静止坐标的组分 A 的摩尔通量密度的定义为

$$N_A=c_A v_A \tag{11-23}$$

③ 相对于质量平均速度的组分 A 的质量通量密度（或称 A 的质量扩散通量密度）的定义为

$$j_A=\rho_A(v_A-v) \tag{11-24}$$

该通量密度与菲克第一定律用浓度梯度表达的通量密度是相同的。菲克第一定律表现了扩散之所以会发生的直接动因，而式（11-24）则从现象上直接描述了扩散通量密度的数量。当把流体的对流速度 v 取为相对坐标系时，则相对速度（v_A-v）就是由于组分 A 的浓度梯度引起的扩散速度。

④ 相对于摩尔平均速度的组分 A 的摩尔通量密度（或称 A 的摩尔扩散通量密度）的定义为

$$J_A=c_A(v_A-v_m) \tag{11-25}$$

与质量通量密度类似，当把流体的对流速度 v_m 取为相对坐标系时，则相对速度（v_A-v）就是由于组分 A 的浓度梯度引起的摩尔扩散通量密度。

在材料、化学、冶金工程中，大多数采用以静止坐标为参考基准的质量通量密度 n_A 和摩尔通量密度 N_A；在许多扩散问题的研究中习惯采用相对于摩尔平均速度的摩尔通量密度 J_A；而在热扩散、离子扩散问题的研究中则采用相对于质量平均速度的质量通量密度 j_A。因而要给出上述各种通量密度（又称扩散通量密度）之间的相互联系。

双组分混合物相对于静止坐标的总质量通量密度和总摩尔通量密度的定义分别为

$$n=n_A+n_B=\rho_A v_A+\rho_B v_B=\rho v \tag{11-26}$$

$$N=N_A+N_B=c_A v_A+c_B v_B=c v_m \tag{11-27}$$

由式（11-22）和式（11-24）可知

$$n_A=j_A+\rho_A v \tag{11-28a}$$

其中，$\rho_A v$ 表示由于双组分混合物的总体流动（其质量平均速度为 v）所引起的将组分 A 由一处向另一处的传递。这种由双组分混合物总体运动而产生的组分 A 的传递速率与由浓度梯度而引起的组分 A 的扩散速率无关。

同样有

$$n_B=j_B+\rho_B v \tag{11-28b}$$

用类似的方法可得

$$N_A=J_A+c_A v_m \tag{11-29}$$

$$N_B=J_B+c_B v_m \tag{11-30}$$

显然有

$$j_A+j_B=\rho_A(v_A-v)+\rho_B(v_B-v)=0 \tag{11-31}$$

$$J_A+J_B=c_A(v_A-v_m)+c_B(v_B-v_m)=0 \tag{11-32}$$

由 11.2 菲克第一定律知：在双组分混合物中，若组分 A 的质量分数 ω_A 的分布是一维的（只沿着 z 方向有变化），则

$$j_A=-D_{AB}\rho\frac{\mathrm{d}\omega_A}{\mathrm{d}z} \tag{11-33}$$

其中 D_{AB} 是组分 A 在组分 B 中的扩散系数。对于完全气体及稀溶液，在一定温度和压强下

D_{AB}与浓度无关；但对非完全气体、浓溶液及固体的 D_{AB} 则是浓度的函数。

将式（11-33）代入式（11-28）并考虑到式（11-13）和式（11-26）可得

$$n_A=-D_{AB}\rho\frac{\mathrm{d}\omega_A}{\mathrm{d}z}+\rho_A v=-D_{AB}\rho\frac{\mathrm{d}\omega_A}{\mathrm{d}z}+\omega_A n \tag{11-34}$$

由式（11-34）可见，相对于静止坐标的组分 A 的质量通量密度 n_A 由两部分组成：一部分是由质量分数梯度（或质量浓度梯度）所引起的质量扩散通量密度 j_A；另一部分是由于存在混合物的总体流动，将组分 A 由一处携带到另一处而产生的对流质量通量密度 $\rho_A v=\omega_A n$。

类似地，对于组分 B 可以写出

$$n_B=-D_{BA}\rho\frac{\mathrm{d}\omega_B}{\mathrm{d}z}+\omega_B n \tag{11-35}$$

对于双组分混合物，可以证明组分 A 在组分 B 中的扩散系数 D_{AB} 必然等于组分 B 在组分 A 中的扩散系数 D_{BA}。实际上，若将式（11-34）和式（11-35）相加，并考虑到 $n=n_A+n_B$，$\omega_A+\omega_B=1$，$\mathrm{d}\omega_A/\mathrm{d}z=-\mathrm{d}\omega_B/\mathrm{d}z$，即可得

$$D_{AB}=D_{BA} \tag{11-36}$$

可以证明，从式（11-33）可以推导出费克定律的另一种等价的表示式为

$$J_A=-D_{AB}c\frac{\mathrm{d}x_A}{\mathrm{d}z} \tag{11-37}$$

由于液体物质的量浓度随组分变化较大，而质量浓度的变化较小，故式（11-33）常用于液体中。

将式（11-37）代入式（11-29）、并考虑到式（11-12）和式（11-27）可得：

$$N_A=-D_{AB}c\frac{\mathrm{d}x_A}{\mathrm{d}z}+c_A v_m=-D_{AB}c\frac{\mathrm{d}x_A}{\mathrm{d}z}+x_A N \tag{11-38}$$

由式（11-38）可知，相对于静止坐标的组分 A 的摩尔通量密度 N_A 由两部分组成：一部分是由摩尔分数梯度（或物质的量浓度梯度）所引起的摩尔扩散通量密度 J_A；另一部分是由于存在混合物的总体流动将组分 A 由一处携带到另一处而产生的对流摩尔通量密度 $c_A v_m=x_A N$。

类似地，对于组分 B 可以写出

$$N_B=-D_{BA}c\frac{\mathrm{d}x_B}{\mathrm{d}z}+x_B N \tag{11-39}$$

在上述诸通量方程式（11-33）、式（11-37）、式（11-34）、式（11-38）中的 j_A、J_A、n_A 和 N_A，均可用来描述分子传质。它们是根据不同参考基准来定义的，对于不同场合，可选用不同的方程。现将双组分混合物中各组分的通量密度的各种表示式以及它们之间的相互关系总结于表 11-3 中。

表 11-3 双组分混合物中各组分的通量密度表达式

项　目		质量通量密度/[kg/(m²·s)]	摩尔通量密度/[mol/(m²·s)]
定义式	相对于静止坐标 相对于质量平均速度 v 相对于摩尔平均速度 v_m	$n_A=\rho_A v_A$ $j_A=\rho_A(v_A-v)$	$N_A=c_A v_A$ $J_A=c_A(v_A-v_m)$
关系式	总的扩散通量	$n_A+n_B=n=\rho v$ $j_A+j_B=0$	$N_A+N_B=N=cv_m$ $J_A+J_B=0$
		$n_A=N_A M_A$ $n_A=j_A+\rho_A v$ $j_A=n_A-\omega_A(n_A+n_B)$	$n_A=n_A/M_A$ $N_A=J_A+c_A v_m$ $J_A=N_A-x_A(N_A+N_B)$

11.4 质量传输微分方程及定解条件

11.4.1 质量传输微分方程

11.4.1.1 传质微分方程通式

根据11.1.3节所述原理，在式（11-17）的基础上，考虑双组分混合流体存在对流的情况下传质微分方程的通式。

用ρ表示混合物的密度，ρ_A和ρ_B分别表示组分A和组分B的密度（亦称质量浓度），v_x、v_y、v_z分别表示混合物的质量平均速度在x、y、z方向的分量。

单位时间内，经过图11-3中左侧控制面流入控制体的组分A的质量通量密度，即J_x由两部分组成：①混合物整体流动产生的组分A的对流扩散通量$\rho_A v_x$；②由于组分A的质量浓度梯度引起的组分A的分子扩散通量j_{Ax}。

则

$$J_x=\rho_A v_x+j_{Ax}$$

同理

$$J_y=\rho_A v_y+j_{Ay}$$

$$J_z=\rho_A v_z+j_{Az}$$

将J_x、J_y、J_z代入式（11-17）得

$$\frac{\partial\rho_A}{\partial t}+\frac{\partial}{\partial x}(\rho_A v_x+j_{Ax})+\frac{\partial}{\partial y}(\rho_A v_y+j_{Ay})+\frac{\partial}{\partial z}(\rho_A v_z+j_{Az})-r_A=0 \tag{11-40}$$

因ρ_A的实质导数为

$$\frac{D\rho_A}{Dt}=\frac{\partial\rho_A}{\partial t}+v_x\frac{\partial\rho_A}{\partial x}+v_y\frac{\partial\rho_A}{\partial y}+v_z\frac{\partial\rho_A}{\partial z}$$

式（11-40）可变化为

$$\frac{D\rho_A}{Dt}+\rho_A\left(\frac{\partial v_x}{\partial x}+\frac{\partial v_y}{\partial y}+\frac{\partial v_z}{\partial z}\right)+\frac{\partial j_{Ax}}{\partial x}+\frac{\partial j_{Ay}}{\partial y}+\frac{\partial j_{Az}}{\partial z}-r_A=0 \tag{11-41}$$

式（11-41）中的j_{Ax}、j_{Ay}和j_{Az}可由菲克定律来确定。在无总体流动或静止的双组分混合物中，通过分子扩散传递的组分A的质量通量密度为

$$j_A=-D_{AB}\rho\nabla\omega_A \tag{11-42}$$

则

$$\left.\begin{aligned}j_{Ax}&=-D_{AB}\rho\frac{\partial\omega_A}{\partial x}\\ j_{Ay}&=-D_{AB}\rho\frac{\partial\omega_A}{\partial y}\\ j_{Az}&=-D_{AB}\rho\frac{\partial\omega_A}{\partial z}\end{aligned}\right\} \tag{11-43}$$

将式（11-43）代入式（11-41），得到双组分混合物中组分A质量传输方程为

$$\frac{D(\rho\omega_A)}{Dt}+\nabla(\rho\omega_A v)=D_{AB}\nabla^2(\rho\omega_A)+r_A \tag{11-44}$$

同理可得组分B的质量传输方程为

$$\frac{D(\rho\omega_B)}{Dt}+\nabla(\rho\omega_B v)=D_{AB}\nabla^2(\rho\omega_B)+r_B \tag{11-45}$$

11.4.1.2 质量传输微分方程的几种不同形式

因为浓度及扩散通量密度都具有不同的表达形式，与之相应的质量传输微分方程也有多种不同形式。除上述的质量分数表达式（11-44）外，还有以下几种形式（仅列出组分 A 的表达式）。

（1）以质量浓度表示的组分 A 的质量传输微分方程

$$\frac{D\rho_A}{Dt}+\nabla(\rho_A v)=D_{AB}\nabla^2(\rho_A)+r_A \tag{11-46}$$

（2）以组分 A 的摩尔质量 M_A 除式（11-44）可得以物质的量浓度表示的组分 A 的质量传输微分方程为

$$\frac{Dc_A}{Dt}+\nabla(c_A v)=D_{AB}\nabla^2 c_A+R_A \tag{11-47}$$

其中 $R_A=r_A/M_A$，为单位控制体内由于化学反应所引起的组分 A 的生成摩尔速率，单位为 $mol/(m^3 \cdot s)$。

（3）以质量通量密度表示的组分 A 的质量传输微分方程为

$$\frac{D\rho_A}{Dt}+\nabla n_A-r_A=0 \tag{11-48}$$

（4）以 M_A 除式（11-48）可得用摩尔通量密度表示的组分 A 的质量传递微分方程为

$$\frac{Dc_A}{Dt}+\nabla N_A-R_A=0 \tag{11-49}$$

11.4.1.3 质量传输微分方程的几种简化形式

在以下讨论中，假定扩散系数 D_{AB} 为常数。

（1）均质不可压缩流体　此时若混合物的总密度 $\rho=$ 常数，则 $\nabla v=0$，故方程式（11-46）简化为

$$\frac{D\rho_A}{Dt}-D_{AB}\nabla^2\rho_A-r_A=0 \tag{11-50}$$

（2）均质不可压缩流体没有化学反应的稳定态传质　此时有 $v=$ 常数，$r_A=r_B=0$，故方程式（11-46）和式（11-47）简化为

$$v\nabla\rho_A=D_{AB}\nabla^2\rho_A \tag{11-51}$$

$$v\nabla c_A=D_{AB}\nabla^2 c_A \tag{11-52}$$

（3）总体流动可忽略不计及不可压缩流体没有化学反应的非稳态传质　此时有 $v=0$，$r_A=r_B=0$，故方程式（11-46）和式（11-47）简化为

$$\frac{\partial\rho_A}{\partial t}=D_{AB}\nabla^2\rho_A \tag{11-53}$$

$$\frac{\partial c_A}{\partial t}=D_{AB}\nabla^2 c_A \tag{11-54}$$

通常将式（11-53）与式（11-54）的方程称为菲克第二定律。由于假定无总体流动，故它们只适用于固体、静止液体或气体所组成的等摩尔逆扩散体系。菲克第二定律与导热的傅里叶第二定律在形式上是完全一致的。式（11-54）在直角坐标系中的表示式为

$$\frac{\partial c_A}{\partial t}=D_{AB}\left(\frac{\partial^2 c_A}{\partial x^2}+\frac{\partial^2 c_A}{\partial y^2}+\frac{\partial^2 c_A}{\partial z^2}\right) \tag{11-55}$$

在柱坐标系中的表示式为

$$\frac{\partial c_A}{\partial t}=D_{AB}\left[\frac{1}{r}\frac{\partial}{\partial r}\left(r\frac{\partial c_A}{\partial r}\right)+\frac{1}{r^2}\frac{\partial^2 c_A}{\partial \theta^2}+\frac{\partial^2 c_A}{\partial z^2}\right] \tag{11-56}$$

在球坐标系中的表示式为

$$\frac{\partial c_A}{\partial t}=D_{AB}\left[\frac{1}{r}\frac{\partial^2}{\partial r^2}(r^2 c_A)+\frac{1}{r^2\sin\theta}\frac{\partial}{\partial \theta}\left(\sin\theta\frac{\partial c_A}{\partial \theta}\right)+\frac{1}{r^2\sin^2\theta}\frac{\partial^2 c_A}{\partial \varphi^2}\right] \tag{11-57}$$

再一次指出，方程式（11-55）～式（11-57）都只适用于总体流动可忽略不计及不可压缩流体没有化学反应的非稳态传质的特殊情况。

11.4.2 定解条件

质量传输的定解条件与热量传输的定解条件类似。

11.4.2.1 初始条件

初始时刻组分的浓度分布

$$t=0,\ c_A=c_A(x,\ y,\ z)$$

较简单的情况为

$$t=0,\ c_{A0}=常数$$

对于浓度场不随时间变化的稳定传质，不需要初始条件。

11.4.2.2 边界条件

边界条件的规定是视不同的具体情况而异的。常见的几种边界条件如下。

① 规定了边界上的浓度值：既可用质量浓度或质数分数来表示，又可用物质的量浓度或摩尔分数来表示。最简单的是规定边界上的浓度保持常数，例如，假如物体可以溶解在流体中并向外扩散，但是溶解过程比向外扩散过程进行得迅速，因而紧贴物面处的浓度是饱和浓度 c_0，这样物面上的边界条件 $c=c_0$，又若固体表面能吸收落到它上面的扩散物质 A，则在该固体表面的边界条件为 $c_A=0$。

② 规定边界上的质量通量密度 $(n_A)_\omega$ 或摩尔通量密度 $(N_A)_\omega$　也可以规定边界上的扩散质量通量密度 $(j_A)_\omega$ 或扩散摩尔通量密度 $(J_A)_\omega$。最简单的是规定边界上的通量密度等于常数。例如，若固体表面不吸收落到它上面的扩散物质 A，则边界条件为 $\partial c_A/\partial n=0$。

③ 规定了边界上物体与周围流体间的对流传质系数 k_c 及周围流体中组分 A 的浓度 $c_{A\infty}$（一般给定常数），即摩尔通量密度 $(N_A)_\omega$ 为

$$(N_A)_\omega=k_c(c_{A\omega}-c_{A\infty}) \tag{11-58}$$

式中，$c_{A\omega}$ 是组分贴近界面处的浓度。

④ 规定化学反应的速率　例如，若组分 A 经一级化学反应在边界上消失，则 $(N_A)_\omega=-k_1 c_{A\omega}$。其中 k_1 是一级反应速率常数（m/s）。当扩散组分通过一个瞬时反应而在边界上消失时，那个组分的浓度一般可假设为零。

复习思考题

1. 试从冶金、铸造、锻压、焊接、热处理等材料热加工过程中取一例，论述传输现象在其中的作用。
2. 在混合物体系中为什么会发生物质由浓度高的位置向浓度低的位置扩散的现象？
3. 传质学的研究目标是什么？
4. 存在几种传质方式？其传质特点是什么？
5. 试分析分子传质的过程，说明如何从扩散物质的分子数量的角度和从扩散物质质量的角度来描述扩散物质的量浓度。

6. 试推导双组分混合物中各组分的浓度转换关系。

7. 在对流扩散的情况下，如何用混合流体的量浓度去表示平均速度？如何从质量的角度去表示混合流体的速度？

8. 在混合物流体中，相对速度的含义是什么？

9. 质量传输研究的核心问题是什么？浓度场的函数表达式是什么？

10. 试根据多组分体系的质量守恒定律建立质量传输微分方程。

11. 试设计传质学研究布局。

12. 菲克第一定律表现的是什么情况下的质量通量密度？如果存在流动，则质量通量密度如何表示？

13. 推导传质微分方程通式，并将其转化为下述表述方式：1）以质量浓度表示的形式；2）以量浓度表示的形式；3）以质量通量密度表示的形式；4）以摩尔通量密度表示的形式。

14. 质量传输微分方程的定解条件是什么？

习　题

1. 有一 $O_2(A)$ 与 $CO_2(B)$ 的混合物，温度为 294K，压力为 1.519×10^5Pa，已知 $x_A=0.04$，$v_A=0.88$m/s，$v_B=0.02$m/s，试计算下列各值：

（1）混合物、组分 A 和组分 B 物质的量浓度 c、c_A 和 c_B(mol/m^3)；

（2）混合物、组分 A 和组分 B 的质量浓度 ρ 、ρ_A 和 ρ_B(kg/m^3)；

（3）v_A-v，v_B-v (m/s)；

（4）v_A-v_m，v_B-v_m(m/s)；

（5）N[mol/(m^2 · s)]；

（6）n_A，n_B，n[kg/(m^2 · s)]；

（7）j_B[kg/(m^2 · s)]，J_B[mol/(m^2 · s)]。

2. 在管中 CO_2 气体通过氮气进行稳定分于扩散，管长为 0.2m，管径为 0.01m，管内氮气的温度为 298K，总压为 101.3kPa。管两端 CO_2 的分压分别为 456mmHg（60.784kpa）和 76mmHg（10.13kPa）。CO_2 通过氮气的扩散系数 $D_{AB}=1.67\times10^{-5}$m^2/s，试计算的 CO_2 扩散通量。

3. 试写出菲克第一定律的四种形式表达式，并证明对同一系统四种表达式中的扩散系数 D_{AB} 为同一数值，讨论各种形式菲克定律的特点和在什么情况下常用。

4. 试证明在 A、B 组成的双组分系统中，在一般情况下进行分子扩散时（有主体流动，且 $N_A\neq N_B$），并在总浓度 c 恒定条件下，$D_{AB}=D_{BA}$。

第 12 章　分子传质

本章导读：式（11-44）～式（11-49）是质量传输微分方程的几种通式形式。本章所研究的分子传质是上述形式在没有总体流动情况下的特例，即在不流动或停滞介质以及固体中以分子扩散方式进行的质量传递过程。目的是找出内部浓度分布规律以及质量通量。

分子扩散和导热均由不规则分子热运动引起，传递机理类似，在无总体流动的情况下方程的形式也类似，因此求解导热问题的方法对分子扩散的求解也是适用的。

12.1　一维稳定态分子扩散

为简单起见，我们首先讨论一维稳定态分子扩散，即假设物体中各点浓度均不随时间而变，并只沿空间一个坐标 z 而变化。因在一定条件下，某些实际问题是可以简化为一维稳态分子扩散的。

12.1.1　等摩尔逆向扩散

12.1.1.1　等摩尔逆向扩散的物理模型

在常温常压下，扩散体系是由组分 A 和 B 组成的混合物，一维稳态扩散，无总体流动，无化学反应，两种组分的摩尔通量密度大小相等，方向相反，即 $N_A=-N_B$。

对于没有化学反应的一维稳态传质，设扩散在 z 方向进行，则质量传输微分方程式(11-49)简化为

$$\frac{\mathrm{d}N_A}{\mathrm{d}z}=0$$

说明 N_A 沿 z 方向是一个常量。

以下建立其数学模型并求解。

12.1.1.2　等摩尔逆向扩散的数学模型及求解

由上述物理模型，式（11-55）可简化为

$$\frac{\mathrm{d}^2 c_A}{\mathrm{d}z^2}=0 \tag{12-1a}$$

边界条件为：

$$z=0,\ c_A=c_{A1} \tag{12-1b}$$

$$z=L,\ c_A=c_{A2} \tag{12-1c}$$

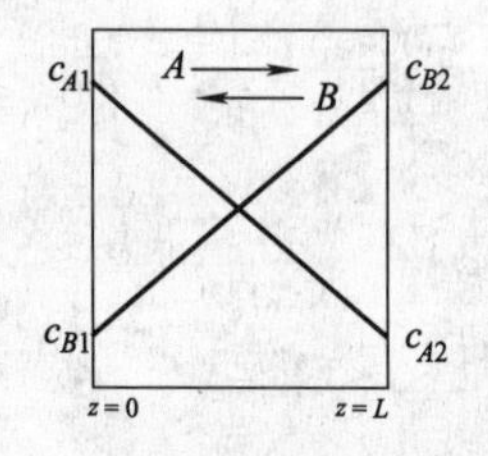

图 12-1　等摩尔逆向扩散浓度分布

经过两次积分，解得

$$c_A=\frac{c_{A2}-c_{A1}}{L}z+c_{A1} \tag{12-2}$$

可见组分 A 的量浓度分布为直线。同理，组分 B 的量浓度分布也是直线，如图 12-1 所示。解的结果表现为图 12-1 的形式。

下面求解其扩散通量密度。

因为是双组元体系的稳态分子扩散，根据菲克第一定律

$$N_A=-D_{AB}\frac{dc_A}{dz}$$

将式（12-2）对 z 求导并代入上式，可得

$$N_A=\frac{D_{AB}}{L}(c_{A1}-c_{A2})=\frac{D_{AB}c}{L}(x_{A1}-x_{A2}) \quad (12\text{-}3)$$

对于满足理想气体状态方程的完全气体混合物而言，$c_A=\frac{p_A}{RT}$，上式可改写为

$$N_A=\frac{D_{AB}}{RTL}(p_{A1}-p_{A2}) \quad (12\text{-}4)$$

式中，p_{A1} 和 p_{A2} 分别是组分 A 在 $z=0$ 和 $z=L$ 处的分压力。

可见，等摩尔逆向扩散的质量传输与一维稳态导热类似，只要用 C_A 代替 T 和用 D_{AB} 代替 λ 就能得到一维稳态导热相应的表达式。一维稳态导热中的保持常温表面的边界条件对应于一维等摩尔逆向扩散的可溶解表面的边界条件；一维稳态导热中的绝热表面的边界条件对应于一维等摩尔逆向扩散的不溶解表面的边界条件。二者在第一类边界条件下的结果对照列于表 12-1 中。

表 12-1　一维稳态导热与等摩尔逆向扩散的类比

项　目		一维稳态导热	等摩尔逆向扩散
无限大平壁	方程	$\frac{d^2T}{dz^2}=0$ $q=-\lambda\frac{dT}{dz}$	$\frac{d^2c}{dz^2}=0$ $N_A=-D_{AB}\frac{dc_A}{dz}$
	边界条件	$z=0,T=T_1$ $z=L,T=T_2$	$z=0,c_A=c_{A1}$ $z=L,c_A=c_{A2}$
	温度和浓度分布	$\frac{T-T_1}{T_2-T_1}=\frac{z}{L}$	$\frac{c_A-c_{A1}}{c_{A2}-c_{A1}}=\frac{z}{L}$
	通量密度	$q=\lambda\frac{T_1-T_2}{L}$	$N_A=D_{AB}\frac{c_{A2}-c_{A1}}{L}$
两同心圆柱间	方程	$\frac{d}{dr}\left(r\frac{dT}{dr}\right)=0$ $\Phi=-\lambda(2\pi rL)\frac{dT}{dr}$	$\frac{d}{dr}\left(r\frac{dc_A}{dr}\right)=0$ $J_A=N_AA=-D_{AB}(2\pi rL)\frac{dc_A}{dr}$
	边界条件	$r=r_i,T=T_i$ $r=r_0,T=T_0$	$r=r_i,c_A=c_{Ai}$ $r=r_0,c_A=c_{A0}$
	温度和浓度分布	$\frac{T-T_i}{T_0-T_i}=\frac{\ln\frac{r}{r_i}}{\ln\frac{r_0}{r_i}}$	$\frac{c_A-c_{Ai}}{c_{A0}-c_{Ai}}=\frac{\ln\frac{r}{r_i}}{\ln\frac{r_0}{r_i}}$
	通量密度	$\Phi=\frac{T_i-T_0}{\frac{1}{2\pi rL}\left(\ln\frac{r_0}{r_i}\right)}$	$J_A=\frac{c_{Ai}-c_{A0}}{\frac{1}{2\pi rD_{AB}}\left(\ln\frac{r_0}{r_i}\right)}$
同心球体间	方程	$\frac{d}{dr}\left(r^2\frac{dT}{dr}\right)=0$ $\Phi=-\lambda(4\pi r^2)\frac{dT}{dr}$	$\frac{d}{dr}\left(r^2\frac{dc_A}{dr}\right)=0$ $J_A=-D_{AB}(4\pi r^2)\frac{dc_A}{dr}$
	边界条件	$r=r_i,T=T_i$ $r=r_0,T=T_0$	$r=r_i,c_A=c_{Ai}$ $r=r_0,c_A=c_{A0}$
	温度和浓度分布	$\frac{T-T_i}{T_0-T_i}=\frac{\frac{1}{r}-\frac{1}{r_i}}{\frac{1}{r_0}-\frac{1}{r_i}}$	$\frac{c_A-c_{Ai}}{c_{A0}-c_{Ai}}=\frac{\frac{1}{r}-\frac{1}{r_i}}{\frac{1}{r_0}-\frac{1}{r_i}}$
	通量密度	$\Phi=\frac{T_i-T_0}{\frac{1}{4\pi\lambda}\left(\frac{1}{r_i}-\frac{1}{r_0}\right)}$	$J_A=\frac{c_{Ai}-c_{A0}}{\frac{1}{4\pi D_{AB}}\left(\frac{1}{r_i}-\frac{1}{r_0}\right)}$

12.1.2 通过静止气膜的单向扩散

以下讨论另一种形式的一维稳态分子扩散，即组分 A 通过静止的或不扩散的组分 B 的稳态扩散。如通过静止气膜的单向扩散。

12.1.2.1 通过静止气膜的单向扩散的物理模型

如图 12-2 所示，纯液体 A 的表面暴露于气体 B 中，液体表面能向气体 B 不断蒸发，作稳态扩散。气体 B 在液体 A 中的溶解度极小，可以忽略不计。A 和 B 不会发生化学反应。假设系统是绝热的，总压力 p 保持不变。在等温等压条件下，量浓度 c 和扩散系数 D_{AB} 均为常数。

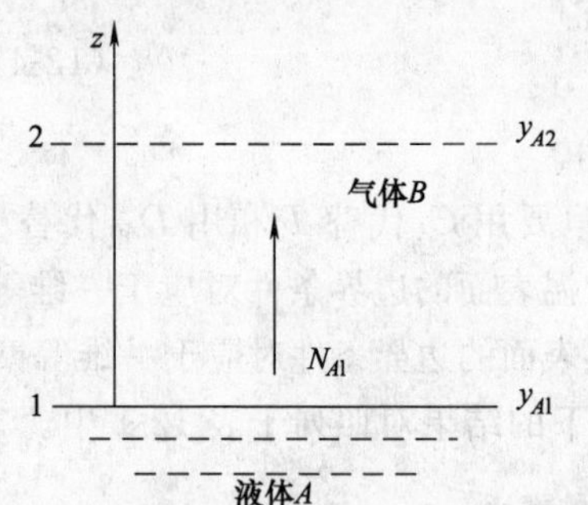

图 12-2 液体表面的蒸发

12.1.2.2 通过静止气膜的单向扩散的数学模型及求解

对于稳定态一维无化学反应的分子传质，式（11-49）可简化为

$$\frac{dN_{A,z}}{dz}=0;\quad \frac{dN_{B,z}}{dz}=0 \tag{12-5a}$$

边界条件：

$$z=z_1,\ x_A=x_{A1} \tag{12-5b}$$

$$z=z_2,\ x_A=x_{A2} \tag{12-5c}$$

(1) 对于气体 B

气体 B 不溶于液体 A，在 z_1 平面上 $N_{B,z}=0$，由式（12-5a），在 z 方向上 $N_{B,z}=0$。说明组分 B 是滞止气体，不发生扩散，只有组分 A 在 z 方向上扩散，这种只有一个组分在一个方向的扩散称为单向扩散。

(2) 对于组分 A

由式（11-38），组分 A 的摩尔通量密度为

$$N_A=-cD_{AB}\frac{dx_A}{dz}+x_A(N_A+N_B) \tag{12-6}$$

式中，x_A 表示气相组分 A 的摩尔分数。当 $N_B=0$ 时，上式简化为

$$N_A=-\frac{cD_{AB}}{1-x_A}\frac{dx_A}{dz} \tag{12-7}$$

将式（12-7）代入式（12-5a），得

$$\frac{d}{dz}\left[\frac{d\ln(1-x_A)}{dz}\right]=0 \tag{12-8}$$

积分两次可得

$$\ln(1-x_A)=C_1z+C_2 \tag{12-9}$$

积分常数 C_1 和 C_2 由边界条件式（12-5b）、式（12-5c）确定为

$$C_1=\frac{1}{z_2-z_1}\ln\frac{1-x_{A2}}{1-x_{A1}}$$

$$C_2=\frac{z_2\ln(1-x_{A1})-z_1\ln(1-x_{A2})}{z_2-z_1}$$

则浓度分布方程为

$$\frac{1-x_A}{1-x_{A2}}=\left(\frac{1-x_{A2}}{1-x_{A1}}\right)^{\frac{z-z_1}{z_2-z_1}} \tag{12-10}$$

因 $x_B=1-x_A$，故

$$\frac{x_B}{x_{B1}}=\left(\frac{x_{B2}}{x_{B1}}\right)^{\frac{z-z_1}{z_2-z_1}} \tag{12-11}$$

可见，通过静止气膜单向扩散时，组分物质的量浓度不再像等摩尔逆向扩散那样呈线性变化，而是按指数规律变化，如图 12-3 所示。

组分 A 通过静止的或不扩散的组分 B 的稳态扩散是经常遇到的，例如，水膜表面的绝热蒸发以及易挥发金属液体表面蒸发均为此类情况。

12.1.3 气体通过金属膜的扩散

以下再介绍一种比较特殊的分子传质特例：气体通过金属膜的扩散传质。

12.1.3.1 气体通过金属膜的扩散传质物理模型

设有一体系如图 12-4 所示，气体氢通过金属膜扩散。金属膜很薄，很难测量氢的浓度在膜内的分布情况，实验所测定的只是稳态通量，氢气通过薄膜产生的压力降，以及薄膜的厚度。该扩散体系为稳态分子扩散，符合菲克第一定律。如果能求得扩散系数 D_{AB}，则可以计算各种氢气压力情况下的扩散通量密度。

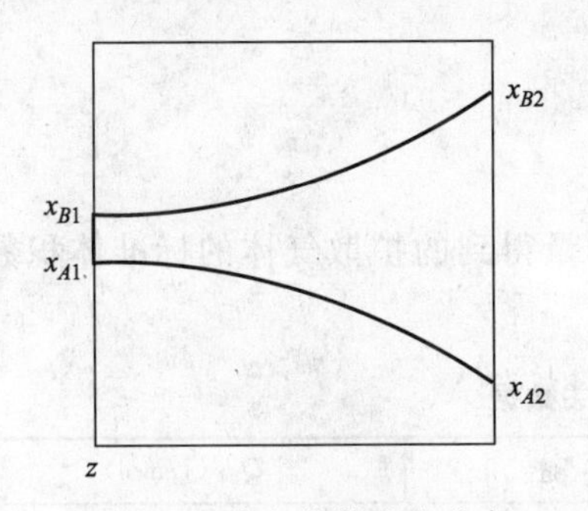

图 12-3 单向扩散浓度分布

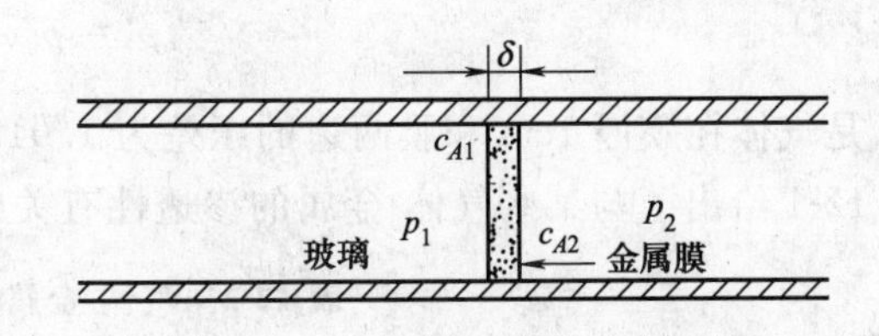

图 12-4 气体氢通过一金属膜的扩散

12.1.3.2 气体通过金属膜的扩散传质的数学求解

由菲克第一定律，有

$$N_{A,z}=-D_{AB}\frac{\mathrm{d}c_A}{\mathrm{d}z} \tag{12-12}$$

$N_{A,z}$ 可以通过实验获得。为了求得 $\mathrm{d}c_A/\mathrm{d}z$，作如下分析。

在金属膜的两侧界面上，均存在下面的化学平衡关系：

$$H_2/2=H_{液}$$

即膜两侧的气体（分子状态）与其溶解于金属内的气体（原子状态）处于化学平衡。设 K_p 为该反应的平衡常数，氢气在金属膜表面处的平衡溶解度分别为 S_1、S_2，p_1 与 p_2 为氢在薄膜两边的分压。根据平衡常数的定义，有

$$S_1=K_p p_1^{\frac{1}{2}}$$

$$S_2=K_p p_2^{\frac{1}{2}}$$

则浓度梯度为

$$\frac{\mathrm{d}c_A}{\mathrm{d}z}=\frac{S_1-S_2}{\delta}=\frac{K_p}{\delta}(\sqrt{p_1}-\sqrt{p_2}) \tag{12-13}$$

由式（12-12）得

$$N_{A,z}=-D_{AB}\frac{K_p}{\delta}(\sqrt{p_1}-\sqrt{p_2}) \tag{12-14}$$

由式（12-14）即可通过实验求得 D_{AB}。

在讨论气体通过金属膜的扩散时，常用到渗透性 P' 的概念，它表示气体透过薄膜能力的大小，定义如下：

$$P'=D_{AB}S=D_{AB}K_p\sqrt{p}$$

则式（12-14）也可表示为：

$$N_{A,z}=-\frac{P_1'-P_2'}{\delta}$$

通常，渗透性与温度有如下关系：

$$P'=A\mathrm{e}^{-Q_p/RT}$$

式中，Q_p 为渗透活化能；A 为常数。

在有些参考书中，也用到渗透性的其他定义方式，如当 $p=1.013\times10^5$ Pa（1atm）时，$P'=D_{AB}S=D_{AB}K_p=p^*$。此时扩散通量为：

$$N_{A,z}=-\frac{p^*}{\delta}(\sqrt{p_1}-\sqrt{p_2}) \tag{12-15}$$

p^* 与温度的关系如下：

$$p^*=p_0^*\exp\left(-\frac{Q_p}{RT}\right)$$

p_0^* 是气体在膜厚 1cm 和膜两边的压差为 1.013×10^5 Pa 下测量得到的扩散气体的标准体积数。表 12-1 给出了与某些气体-金属的渗透性有关的数据。

表 12-2 气体-金属体系渗透性的有关数据

气体	金属	p_0^* /[$\mathrm{cm^3/(s\cdot pa^{\frac{1}{2}})}$]	Q_p/(J/mol)
H_2	Ni	3.8×10^{-6}	57976
H_2	Cu	$(4.7\sim7.2)\times10^{-7}$	66976～78278
H_2	δ-Fe	9.1×10^{-6}	35162
H_2	Al	$(1.2\sim1.4)\times10^{-6}$	128929
H_2	Fe	1.41×10^{-5}	99627
O_2	Ag	9.1×10^{-6}	94394

【例 12-1】 一碳氢混合物加氢的试验工厂采用低碳钢材料，在设计中出现了壁厚对氢气损失速度影响的问题。如果容器内直径为 10cm，长为 100cm，计算在氢气压力为 7597kPa（75atm），450℃时氢气的损失？假设气体通过壁后在 101.3kPa（1atm）下被排走。

解：当扩散系数为常数时，通过圆筒壁的稳态扩散方程为

$$\frac{1}{r}\frac{\mathrm{d}}{\mathrm{d}r}\left(r\frac{\mathrm{d}c_A}{\mathrm{d}r}\right)=0$$

上式积分得

$$\frac{c_A-c_2}{c_1-c_2}=\frac{\ln\left(\frac{r}{r_2}\right)}{\ln\left(\frac{r_1}{r_2}\right)} \tag{12-16}$$

式中，r_1 和 r_2 为圆管的内径和外径；c_1 和 c_2 为圆管内外壁处氢的量浓度，c_A 为氢在扩散层内（圆管内）物质的量浓度。通过圆管的扩散通量为

$$N_{A,r}=2\pi rL\left(-D_{AB}\frac{\mathrm{d}c_A}{\mathrm{d}r}\right)$$

将式（12-16）微分并代入上式，得：

$$N_{A,r}=-2\pi LD_{AB}\frac{c_1-c_2}{\ln(r_1/r_2)} \tag{12-17}$$

$$N_{A,r}=-\frac{2\pi LD_{AB}K_p(\sqrt{p_1}-\sqrt{p_2})}{\ln(r_1/r_2)}$$

以渗透性表示

$$N_{A,r}=\frac{2\pi Lp^*(\sqrt{p_1}-\sqrt{p_2})}{\ln(r_1/r_2)}$$

由表 12-2 查得

$$p_0^*=9.1\times10^{-6}\,\mathrm{cm^3/(s\cdot Pa^{1/2})},\ Q_p=35162\ (\mathrm{J/mol})$$

$$p^*=p_0^*\exp\left(-\frac{Q_p}{RT}\right)=9.1\times10^{-6}\exp\left(\frac{-35162}{8.314\times723}\right)=2.77\times10^{-8}\,\mathrm{cm^3/(s\cdot Pa^{1/2})}$$

$$N_{A,r}=\frac{2\times3.14\times100\times2.77\times10^{-8}(\sqrt{7.597\times10^6}-\sqrt{1.013\times10^5})}{2.303(\lg5-\ln r_2)}\mathrm{cm^3/s}=\frac{1.842\times10^{-2}}{0.699-\ln r_2}\mathrm{cm^3/s}$$

上式的计算结果如图 12-5 所示。

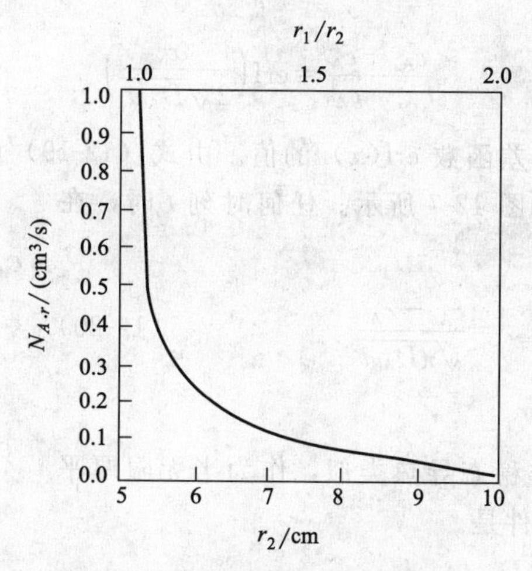

图 12-5　氢的扩散量与 r_2 的关系

12.2　非稳定态分子扩散

在工程传质问题中，经常出现非稳态分子扩散问题，即组分浓度分布不仅随位置变化，而且随时间变化。与非稳态导热问题类似，求解其数学解析解往往很复杂。其中有部分非稳态分子扩散问题（如扩散系数是常数，无总体流动也无化学反应）与对应的非稳态导热问题的数学解的形式相同。以下对一些非稳态分子扩散问题进行讨论。

12.2.1　忽略表面阻力的半无限大介质中的非稳定态分子扩散

钢的表面渗碳工艺中的固相扩散过程就是一种典型的非稳定态分子扩散过程。如图 12-6 所示，某一初始含碳量为 c_0 的钢，在电炉中加热到某一需要的温度后暴露在含有 CO_2 和 CO

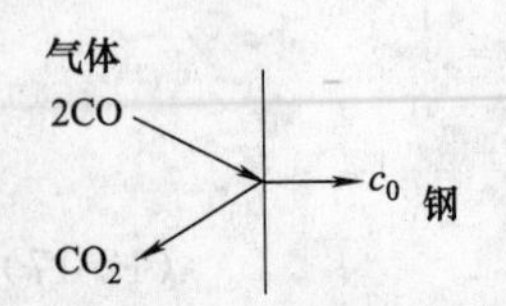

图 12-6 钢的表面渗碳

的气体混合物中，气相中的碳因浓度差向钢的表层及内部扩散。渗碳层比工件的截面厚度小很多，所以截面厚度方向可视为半无限大。要求解渗碳厚度及碳浓度分布状况。该问题可转化为下面的半无限大平板分子扩散的物理模型。

考虑一初始浓度均匀分布、其值为 c_{A0} 的半无限厚平板（y、z 方向无限大，x 方向半无限大），若一侧表面浓度突然提高到 $c_{A\omega}$，并始终维持不变。随时间增加，浓度变化将逐步深入到平板的内部。扩散仅沿 x 方向进行。描写这一现象的微分方程为

$$\frac{\partial c_A}{\partial t}=D_{AB}\frac{\partial^2 c_A}{\partial x^2} \tag{12-18a}$$

初始条件

$$t=0,\text{对所有 } x \text{ 值},\ c_A=c_{A0} \tag{12-18b}$$

边界条件

$$t>0, x=0,\ c_A=c_{A\omega} \tag{12-18c}$$

$$x=\infty,\ c_A=c_{A0} \tag{12-18d}$$

将式（12-18a）～式（12-18d）与式（8-30a）～式（8-30c）相比较，可知此时的微分方程，边界条件与一维非稳态导热（以及一维非稳态流动）类似。将温度换成浓度，将热量扩散系数换成扩散系数，则一维非稳态导热的解式（8-34）就可用于一维非稳态分子扩散过程。于是，组分 A 的浓度分布为

$$\frac{c_{A\omega}-c_A}{c_{A\omega}-c_{A0}}=\mathrm{erf}\left(\frac{x}{2\sqrt{D_{AB}t}}\right) \tag{12-19}$$

附录 A 中给出了高斯误差函数 $\mathrm{erf}(x)$ 的值。由式（12-19）可以计算任一时刻的浓度分布。不同时刻的浓度分布如图 12-7 所示。任何时刻 t 时，在 $x=0$处曲线的斜率为

$$\frac{\mathrm{d}c_A}{\mathrm{d}x}\bigg|_{x=0}=\frac{c_{A\omega}-c_{A0}}{\sqrt{\pi D_{AB}t}} \tag{12-20}$$

距离 $\sqrt{\pi D_{AB}t}$ 为渗透深度。

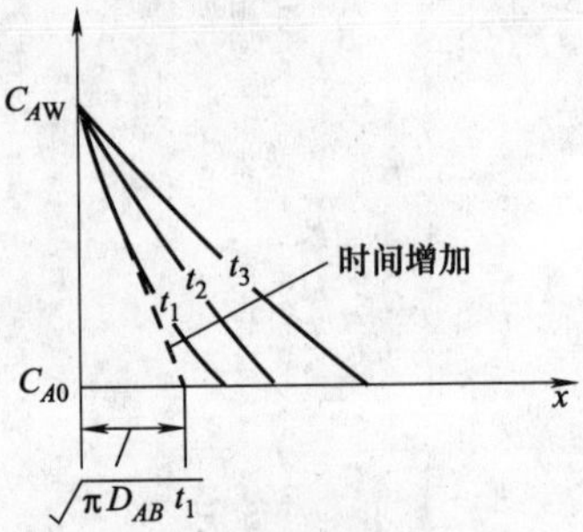

图 12-7 半无限大介质的非稳态扩散

与半无限厚平板中的非稳态导热类似，作为半无限厚平板非稳态分子扩散处理的条件是

$$F_0'=\frac{D_{AB}t}{L^2}\ll 0.1 \tag{12-21}$$

式中，F_0'为传质傅里叶特征数，它表示渗透深度与介质厚度之比。F_0'越大表示分子扩散越深入地传播到物体内部，物体内部的浓度越接近于周围介质的浓度。

【例 12-2】 一初始含量为 $w_c=0.20\%$，厚为 0.5cm 的低碳钢板，置于一定的温度下做渗碳处理 1h。此时碳的表面含量为 $w_c=0.70\%$，如果碳在钢中的扩散系数为 $1.0\times10^{-11}\,\mathrm{m^2/s}$，试问在钢件表面下 0.01cm、0.02cm 和 0.04cm 处的碳的含量为多少？

解： 因为在低碳钢中的碳的总含量很低，其含量可看作为常数，故用质量分数来表示：

$$\frac{c_{A\omega}-c_A}{c_{A\omega}-c_{A0}}=\frac{w_{A\omega}-w_A}{w_{A\omega}-w_{A0}}=\mathrm{erf}\left(\frac{x}{2\sqrt{D_{AB}t}}\right)$$

代入已知数据，则有

$$\frac{0.007-w_A}{0.007-0.002}=\mathrm{erf}\left(\frac{x}{2\sqrt{1\times10^{-11}\times3600}}\right)=\mathrm{erf}\left(\frac{x}{3.79\times10^{-4}}\right)$$

即

$$w_A=0.007-0.005\mathrm{erf}\left(\frac{x}{3.79\times10^{-4}}\right)$$

在 $x=0.01\mathrm{cm}$ 处

$$\mathrm{erf}\left(\frac{1\times10^{-4}}{3.79\times10^{-4}}\right)=\mathrm{erf}(0.264)=0.291$$

$$w_A=0.007-0.005\times0.291=0.0055=0.55\%$$

在 $x=0.02\mathrm{cm}$ 处

$$\mathrm{erf}\left(\frac{2\times10^{-4}}{3.79\times10^{-4}}\right)=\mathrm{erf}(0.528)=0.545$$

$$w_A=0.007-0.005\times0.54=0.0043=0.43\%$$

在 $x=0.04\mathrm{cm}$ 处

$$\mathrm{erf}\left(\frac{4\times10^{-4}}{3.79\times10^{-4}}\right)=\mathrm{erf}(1.055)=0.866$$

$$w_A=0.007-0.005\times0.866=0.0027=0.27\%$$

即，碳的含量（质量分数）分别为0.55%、0.43%和0.27%。

12.2.2 几种简单几何形状物体中的非稳定态分子扩散

对于简单几何形状物体中的非稳态分子扩散，当满足下列条件：①分子扩散系数为常数，无总体流动，也无化学反应的传质过程，可用菲克第二定律来描述；②物体有初始均匀浓度 c_{A0}；③边界处于一个新的状态，其浓度 $c_{A\infty}$ 值是不随时间而变化的常数。则第八章中非稳态导热的各种传热算图可用于非稳态分子扩散的计算上，它们是：

① 半无限大物体的计算方法。

② 厚度为 $2L$ 的无限大平板算图，图 8-13 和图 8-14。

③ 半径为 R 的无限长圆柱算图，图 8-16 和图 8-17。

④ 半径为 R 的球体算图。

12.2.3 二维和三维非稳态分子扩散

当满足上述三个条件后，二维和三维的非稳态分子扩散问题可类似于二维、三维非稳态导热。在式（8-55）、式（5-56）给出了二维及三维的乘积解，在此也是适用的。只需将温度 T 用组分 A 的浓度 c_A 替代即可。

复习思考题

1. 根据等摩尔逆向扩散的物理模型建立其数学模型，并求解。
2. 根据通过静止气膜的单向扩散的物理模型建立其数学模型并求解。
3. 根据气体通过金属膜扩散传质的物理模型建立其数学模型并求解。
4. 根据半无限大平板分子扩散的物理模型建立其数学模型并求解。

习　题

1. 在稳定态下气体混合物 A 和 B 进行稳定扩散。总压力为 101.325kPa、温度为 278K。两个平面的垂直距离为 0.1m，两平面上的分压分别为 $p_{A1}=100\times133.3\text{Pa}$ 和 $p_{A2}=50\times133.3\text{Pa}$。混合物的扩散系数为 $1.85\times10^{-5}\text{m}^2/\text{s}$，试计算组分 A 和 B 的摩尔通量密度 N_A 和 N_B。若

(1) 组分 B 不能穿过平面 S。

(2) 组分 A 和组分 B 都能穿过平面。

(3) 组分 A 扩散到平面 Z 与固体 C 发生反应。

$$\frac{1}{2}A+C(\text{固体})\longrightarrow B$$

将上计算所得 N_A 和 N_B 列表，并说明所得结果。

2. 一电厂打算用一台流化煤的反应器。如果可以把煤粉视为球形的，那么试将传质的通用微分方程简化，进而导出一个描述氧气稳定扩散到煤粉表面的特定微分方程。再以下述条件，求出来自周围空气中氧气通量的菲克定律表达式。

(1) 在碳粒表面上只产生 CO。

(2) 在碳粒表面上只产生 CO_2。

3. 将一块初始含量 $w_C=0.2\%$ 的软钢置于渗碳环境中 2h，在这种情况下碳的表面含量 $w_C=0.8\%$。如果碳在钢中的扩散系数为 $1.0\times10^{-11}\text{m}^2/\text{s}$，试问在钢件表面以下 0.01cm、0.02cm 和 0.04cm 处的含碳组分各为多少？

4. 一含有 5.15%（质量分数）琼脂凝胶的固体平板，温度为 278K，厚为 10.16mm，其中含有尿素，其浓度均匀为 0.1kmol/m^3。现仅在相距 10.16mm 的平板两表面进行扩散。突然将固体平板浸入呈湍流流动的纯水中，因此表面的对流传质阻力可忽略不计，即对流传质系数 k_c^0 很大。尿素在琼脂中的扩散系数为 $4.72\times10-10\text{m}^2/\text{s}$。试计算：

(1) 10h 后平板中心和距表面 2mm 处的浓度。

(2) 如将板厚减半，求 10h 后平板中心处的浓度。

5. 钢加热时，若表面碳含量立即降至 $w_C=0\%$，则脱碳后表层碳含量分布可按下式计算

$$\frac{w_C}{w_C'}=\text{erf}\left(\frac{z}{2\sqrt{Dt}}\right)$$

其中 w_C 为与表面距离 Z 处的碳含量，w_C' 为钢的原始碳含量，求原始碳含量为 $w_c'=1.3\%$ 的钢在 900℃ 保温 10h 后的碳含量——距离曲线。

第 13 章 对流传质

13.1 对流传质微分方程

13.1.1 对对流传质的分析

与对流换热类似，对流传质是指在运动流体与固体壁面之间，或不互溶的两种运动流体之间发生的质量传递过程。在对流传质中，不仅依靠分子扩散，而且依赖于流体各部分之间的宏观相对位移，这时质量传输将受到流体性质、流动状态（层流还是湍流）和流场的几何特性的影响。与 9.1 节对对流换热的分析类似，对流传质通量密度公式与对流换热中牛顿冷却公式的形式相同，即

$$N_A = k_c \Delta c_A \tag{13-1}$$

式中 N_A——组分 A 的摩尔通量密度，$\mathrm{mol/(m^2 \cdot s)}$；

Δc_A——组分 A 的量浓度差。例如：若传质在平板上进行，Δc_A 表示组分 A 的界面处与边界层外主流的浓度差，即 $\Delta c_A = c_{A\omega} - c_{A\infty}$，$\mathrm{mol/m^3}$；

k_c——以 Δc_A 为基准的对流传质系数（m/s）。为便于区别，当无总体流动时，用 k_c^0 表示对流传质系数。

对流传质系数与传质过程中的许多因素有关。它不仅取决于流体的物理性质、传质表面的形状和布置，而且还与流动状态、流动产生的原因等有密切关系。式（13-1）并未揭示出影响对流传质系数的种种复杂因素，仅给出了对流传质系数的定义，因此，研究对流传质的基本目的之一就是用理论分析或实验方法，来揭示各种场合下计算 k_c 的关系式。

与第九章求取换热系数类似，本章也采用相似原理和量纲分析法求取对流传质系数。

13.1.2 对流传质微分方程和 *Sh* 数

如前所述，流体流过固体表面时，由于流体黏性的作用，通常贴壁流体的流速等于零，即贴壁处流体是静止不动的。在静止流体中质量的传递只有分子传质，因此对流传质通量等于贴壁处流体的分子传质通量。分子传质通量可用菲克定律表示，在无总体流动时，在浓度 c = 常数的条件下有

$$N_A = -D_{AB} \frac{\mathrm{d}c_A}{\mathrm{d}z} \Big|_{z=0} \tag{13-2}$$

式中，$\left.\frac{\mathrm{d}c_A}{\mathrm{d}z}\right|_{z=0}$ 表示贴壁处组分 A 沿法向的浓度变化率。由式（13-1）和式（13-2）可得

$$k_c = -\frac{D_{AB}}{\Delta c_A} \frac{\mathrm{d}c_A}{\mathrm{d}z} \Big|_{z=0} \tag{13-3}$$

式（13-3）即对流传质微分方程。下面用此方程通过相似变换的方法求得包含传质系数 k_c

的相似特征数。

$$-D_{AB}\frac{\mathrm{d}c_A}{\mathrm{d}z}\bigg|_{z=0}=k_c(C_{A\omega}-C_{A\infty}) \tag{13-4a}$$

作相似转换

$$-D'_{AB}\frac{\mathrm{d}c'_A}{\mathrm{d}z'}\bigg|_{z'=0}=k'_c(C'_{A\omega}-C'_{A\infty}) \tag{13-4b}$$

$$-D''_{AB}\frac{\mathrm{d}c''_A}{\mathrm{d}z''}\bigg|_{z''=0}=k''_c(C''_{A\omega}-C''_{A\infty}) \tag{13-4c}$$

相似变换常数为

$$\left.\begin{aligned}&\frac{D''_{AB}}{D'_{AB}}=C_D\\&\frac{C''_A}{C'_A}=\frac{C''_{A\omega}}{C'_{A\omega}}=\frac{C''_{A\infty}}{C'_{A\infty}}=C_c\\&\frac{z''}{z'}=C_z\\&\frac{k''_c}{k'_c}=C_k\end{aligned}\right\} \tag{13-4d}$$

将式（13-4d）代入式（13-4c），得

$$-\frac{C_DC_c}{C_l}D'_{AB}\frac{\mathrm{d}c'_A}{\mathrm{d}z'}\bigg|_{z'=0}=C_kC_ck'_c(C'_{A\omega}-C'_{A\infty}) \tag{13-4e}$$

那么

$$\frac{C_kC_l}{C_D}=1$$

故

$$\frac{k_c{}'l'}{D'_{AB}}=\frac{k_c{}''l''}{D''_{AB}}\quad\text{或}\quad\frac{k_cl}{D_{AB}}=Sh \tag{13-4f}$$

式（13-4f）右端 Sh 为舍伍德数（Sherwood number）或传质的努塞尔数，为无量纲数，其中含有对流传质系数 k_c。本章的主要目标是用量纲分析的方法求得此数。

13.2 对流传质的量纲分析

本节用量纲分析的方法对强制对流传质过程和自然对流传质过程进行分析，以得到实验用无量纲相似特征数之间的关系式。

13.2.1 强制对流传质

现在来分析双组分流体通过圆管的强制对流传质。该传质的驱动力是 $c_{A\omega}-c_A$。与此过程有关的变量主要包括：流体性质、流体流动参量以及体系的几何形状等，其符号与量纲列于表13-1。

表 13-1 强质对流传质过程的变量符号与量纲

变量	符号	量纲	变量	符号	量纲
管直径	D	L	流体速率	v	L/t
流体密度	ρ	M/L^3	流体扩散系数	D_{AB}	L^2/t
流体黏度	η	M/Lt	传质系数	k_c	L/t

根据 π 定理，选定 D_{AB}、ρ、D 为基本物理量，则可以写出 3 个无量纲数来：

$$\pi_1=\frac{k_c}{D_{AB}^a\rho^b D^c}$$

$$\pi_2=\frac{v}{D_{AB}^d\rho^e D^f}$$

$$\pi_3=\frac{\eta}{D_{AB}^g\rho^h D^i}$$

对 π_1 来说，有

$$[\pi_1]=\frac{[LT^{-1}]}{[L^2T^{-1}]^a[ML^{-3}]^b[L]^c}$$

对 [L]　　$1=2a-3b+c$

对 [M]　　$0=b$

对 [T]　　$-1=-a$

解得　　$a=1$，$b=0$，$c=-1$

则

$$\pi_1=\frac{k_c l}{D_{AB}}=Sh$$

π_1 为舍伍德数 Sh。同理

$$\pi_2=\frac{Dv}{D_{AB}}$$

$$\pi_3=\frac{\eta}{\rho D_{AB}}=Sc$$

π_3 为施密特数 Sc。用 π_2 除以 π_3 可得

$$\frac{\pi_2}{\pi_3}=\left(\frac{Dv}{D_{AB}}\right)\left(\frac{D_{AB}\rho}{\mu}\right)=\frac{Dv\rho}{\eta}=Re$$

由 π 定理，有

$$Sh=f(Re,Sc) \tag{13-5}$$

式 (13-5) 即是强制对流传质的特征数方程式。它类似于强制对流换热的特征数方程式 $Nu=f(Re, Pr)$。

13.2.2 自然对流传质

在液相或气相中，只要密度发生变化，就会产生自然对流。这种密度变化可以由温差引起，也可以由比较大的浓度差引起。对于从垂直平壁向邻近流体进行传质的自然对流，列出其影响因素及相应的量纲表达式如表 13-2。

表 13-2　自然对流传质过程的变量符号和量纲

变量	符号	量纲	变量	符号	量纲
特征长度	L	L	流体黏度	η	M/Lt
流体扩散系数	D_{AB}	L^2/t	浮力	$g\Delta\rho_A$	M/L^2t^2
流体密度	ρ	M/L^3	传质系数	k_c	L/t

同样应用 π 定理，以 D_{AB}、L、η 为基本量，则

$$\pi_1=\frac{k_c}{D_{AB}^a L^b\eta^c}$$

$$\pi_2=\frac{\rho}{D_{AB}^{d}L^{e}\eta^{f}}$$

$$\pi_3=\frac{g\Delta\rho_A}{D_{AB}^{g}L^{h}\eta^{i}}$$

求解上面三个 π 参数，可得

$$\pi_1=\frac{k_c l}{D_{AB}}=Sh$$

$$\pi_2=\frac{\rho D_{AB}}{\eta}=\frac{1}{Sc}$$

$$\pi_3=\frac{L^3 g\Delta\rho_A}{\eta D_{AB}}$$

用 π_2 乘 π_3 得到格拉晓夫数 Gr(Grashof number)

$$\pi_2\pi_3=\left(\frac{\rho D_{AB}}{\eta}\right)\left(\frac{L^3 g\Delta\rho_A}{\eta D_{AB}}\right)=\frac{L^3\rho g\Delta\rho_A}{\rho\nu^2}=Gr_{AB}$$

由 π 定理

$$Sh=f(Gr_{AB},Sc) \tag{13-6}$$

式（13-5）即为自然对流传质的特征数方程式。

13.3　求解对流传质系数的工程举例

在 13.2 节中求出了对流传质的特征数方程式，之后就可以根据具体的对流传质情况进行相似模型实验来确定各种情况下的对流传质系数的函数表达式。以下给出一些目前工程技术设计中借助于实验数据建立起来的对流传质的关系式。

13.3.1　平板和球的传质

已经获得了详尽的关于流体和有规则的形体，如平板、圆柱体和球之间的传质数据。这些实验数据几乎都是通过研究纯组分蒸发到空气中，或一种微溶性固体溶解到水中而获得的。采用量纲分析法得到的这些经验公式可以用于与实验装置相似的其他体系中去。

13.3.1.1　平板

通过对自由液面的蒸发现象的测定，以及对一个易挥发的平板固体表面进入可控的空气流中的升华现象的测定，研究人员得到了如下的对流传质关系式：

$$Sh_L=0.664Re_L^{\frac{1}{2}}Sc^{\frac{1}{3}}\text{（层流）} \tag{13-7}$$

$$Sh_L=0.036Re_L^{0.8}Sc^{\frac{1}{3}}\text{（湍流）} \tag{13-8}$$

引用 j 因子的表达式为

$$j_D=\frac{k_c}{v_\infty}Sc^{\frac{2}{3}}=\left(\frac{k_c L}{D_{AB}}\right)\left(\frac{\eta}{\rho v_\infty L}\right)\left(\frac{\rho D_{AB}}{\eta}\right)\left(\frac{\eta}{\rho D_{AB}}\right)^{\frac{2}{3}}=\frac{Sh_L}{Re_L Sc^{\frac{1}{3}}} \tag{13-9}$$

式（13-7）和式（13-8）可改写成

$$j_D=0.664Re_L^{\frac{1}{2}}\text{（层流）} \tag{13-10}$$

$$j_D=0.036Re_L^{-0.2}\text{（湍流）} \tag{13-11}$$

上述各式的应用条件是 $0.6<Sc<2500$。当 $0.6<Pr<100$ 时，$j_H=j_D=\frac{C_f}{2}$。

13.3.1.2 单个球体

单个球体传质的舍伍德数表示成两项：一项是由纯分子扩散而引起的传质；另一项是由强制对流而引起的传质，其表达式为

$$Sh=2.0+cRe^{m}Sc^{\frac{1}{3}} \tag{13-12}$$

式中，c 和 m 是关联常数。当 Re 很小时，Sh 值应当接近于 2.0。读者可以从一个球体在很大体积的静止流体中沿径向做分子扩散而推导出该结论。

对于向液体进行传质，当 $100\leqslant Re\leqslant 700$，$1200\leqslant Sc\leqslant 1525$ 时，推荐应用下述关系式：

$$Sh=2.0+0.95Re^{\frac{1}{2}}Sc^{\frac{1}{3}} \tag{13-13}$$

对于向气体进行传质，当 $2\leqslant Re\leqslant 800$，$0.6\leqslant Sc\leqslant 2.7$ 时，推荐应用下述关系式：

$$Sh=2.0+0.552Re^{\frac{1}{2}}Sc^{\frac{1}{3}} \tag{13-14}$$

当强制对流传质和自然对流传质同时存在，并且 $1\leqslant Re\leqslant 3\times 10^{4}$，$0.6\leqslant Sc\leqslant 3200$ 时，可应用下述关联式：

$$Sh=Sh_{nc}+0.347(ReSc^{\frac{1}{2}})^{0.62} \tag{13-15}$$

当 $G_{rD}Sc<10^{8}$ 时　　$Sh_{nc}=2.0+0.569(G_{rD}Sc)^{0.25}$

当 $G_{rD}Sc>10^{8}$ 时　　$Sh_{nc}=2.0+0.0254(G_{rD}Sc)^{\frac{1}{3}}Sc^{0.244}$

式中，$G_{rD}=\dfrac{gd_{p}^{3}}{\nu^{2}}\dfrac{\Delta\rho A}{\rho}$，$d_{p}$ 为球的直径。

13.3.2 管内湍流传质

吉利兰和舍伍德对于几种不同液体蒸发到空气中去的情况进行了研究，并将实验数据整理成下列关联式：

$$\frac{k_{c}d}{D_{AB}}\frac{p_{B,lm}}{p}=0.023Re^{0.83}Sc^{0.44} \tag{13-16}$$

式中，d 为管径；D_{AB} 为蒸汽在气相中的扩散系数；$p_{B,lm}$ 为非扩散组分 B 的对数平均分压；p 为总压；Re 和 Sc 为空气的雷诺数和施密特数。式（13-16）的适用范围是 $2000<Re<35000$，$0.6<Sc<2.5$。

后来，林顿和舍伍德在研究苯酸、醇酸和 β-萘酸的溶解时，又把 Sc 范围扩大了。把吉利兰和舍伍德的结果与林顿和舍伍德的结果予以合并，可以得到

$$\frac{k_{c}d}{D_{AB}}=0.023Re^{0.83}Sc^{\frac{1}{3}} \tag{13-17}$$

式（13-17）的适用范围是 $2000<Re<70000$，$1000<Sc<2260$。

13.3.3 液滴和气泡内的传质

关于液滴或气泡内的传质问题，多年来已取得了许多成果。一般认为，液滴或气泡由形成到消失过程的整个生存期存在着四个截然不同的阶段。首先，液滴或气泡在筛孔或喷嘴处形成、长大，然后脱离孔板或喷嘴，这是液滴或气泡的形成阶段。脱离后，液滴或气泡在连续相中降落（或上升）时有一短暂的加速过程，这是液滴或气泡的放出阶段。经放出后，即以稳定的速度在连续相中自由降落或上升过程中与分散相的其他液滴或气泡聚结在一起，于是液滴或气泡即行消失，这是液滴或气泡的聚结阶段。当雷诺数大到一定数值后，液滴或气泡内部即出现内循环，这种现象是由于液滴或气泡与连续相之间的摩擦引起的。环流速度正比于液滴或气

泡直径和连续相流体的黏度，而与液滴或气泡流体的黏度成反比。当液滴或气泡的雷诺数较小时，内部呈层流内循环现象，流线如图 13-1 所示。在液滴或气泡内仅环形区 A 是静止的，而其他区域大体上是沿 B 至 C，再由 C 至 D 的方向进行循环。

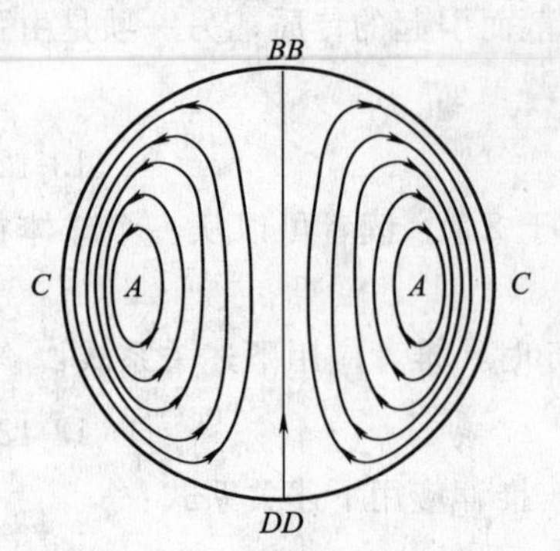

图 13-1　上升液滴或气泡内的循环形式

当液滴或气泡的雷诺数较大时，液滴或气泡内部呈湍流内循环，且在降落或上升过程出现摆动现象。这是因为呈湍流状态时，液滴或气泡内不仅有切向作用力，还有径向作用力，前者可使液滴或气泡产生内循环，后者会使液滴或气泡变形，产生摆动。

当液滴中呈湍流内循环流型，并不计滴外连续相的传质阻力时，传质系数可近似用下式计算：

$$k_c=\frac{3.75\times10^{-5}v_\infty}{1+\frac{\eta_d}{\eta_c}} \tag{13-18}$$

式中，v_∞ 为液滴相对于连续相的运动速度；η_d、η_c 分别为液滴和连续相流体的运动黏度。

13.4　传质系数模型

传质系数是计算对流传质速率的重要参数，目前这些参数主要由实验获得，而且只适用于一定的范围。人们希望能够建立某种理论来阐述传质机理，并提出相应的传质系数模型。许多学者在这方面做了大量工作，并提出了各种传质理论和传质系数模型，其中有代表性的有薄膜理论、渗透理论和表面更新理论。

13.4.1　薄膜理论

当流体流过一表面时，由于摩擦阻力的存在，在靠近表面的流体中存在一层流薄层，而与表面相接触的层流底层则处于静止状态。因此，在该表面与流体进行传质时，物质要穿过这个静止的层流底层和层流流动层，传质的阻力主要在这里。薄膜理论认为对流传质的阻力集中于界面上的流体薄膜。

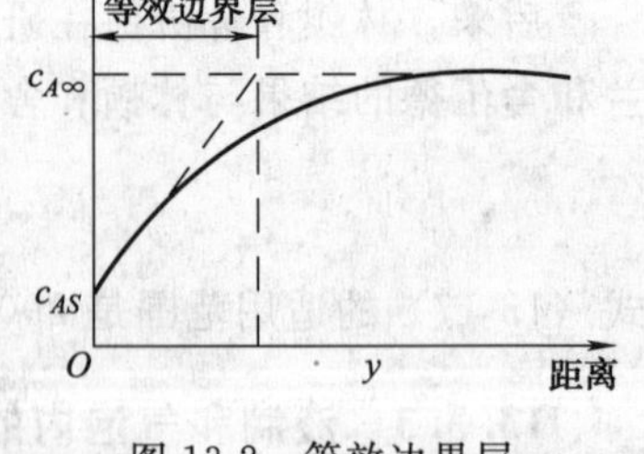

图 13-2　等效边界层

假设流体流过一表面时其浓度分布如图 13-2 所示。图中，c_{AS} 为界面处被传输物质 A 的浓度，$c_{A\infty}$ 为浓度边界层外主流物质 A 的浓度。在浓度边界层内浓度为非线性变化，故 $\mathrm{d}c_A/\mathrm{d}y$ 不为常数。

在 $y=0$ 处对浓度分布曲线作一切线，此切线与浓度边界层外主流的浓度 $c_{A\infty}$ 的延长线相交，通过交点作一与边界平行的直线，此直线与界面之间的区域叫做等效边界层，其厚度以 δ_c' 表示，于是有

$$\left(\frac{\partial c_A}{\partial y}\right)\bigg|_{y=0}=\frac{c_{A\infty}-c_{AS}}{\delta_c'}$$

由于在界面处，流体的流速为零，所以只存在分子扩散，其传质通量为

$$N_{Ay}=-D_{AB}\left(\frac{\partial c_A}{\partial y}\right)\bigg|_{y=0}$$

即

$$N_{Ay}=-\frac{D_{AB}}{\delta_c'}(c_{AS}-c_{A\infty}) \tag{13-19}$$

如果通量用对流传质系数表示，则

$$N_{Ay}=k_c(c_{AS}-c_{A\infty})$$

由此可见，$k_c=D_{AB}/\delta_c'$，即 k_c 与 D_{AB} 的一次方成正比。

用薄膜理论解释对流传质在物理上是不充分的，它忽略了主流湍流扩散的影响。等效边界层厚度，只是说明该对流传质相当于多大程度的分子扩散，它的值和流动密切相关。

13.4.2 渗透理论

1935 年希格比提出溶质渗透理论，他认为两相间的传质是靠着流体的体积元短暂地、重复地与界面相接触而实现的。体积元的这种运动是因为主流中湍流扰动的结果。溶质渗透理论如图 13-3 所示。当流体 1 和流体 2 相接触时，其中某一流体（如流体 2)，由于湍流的扰动，使得某些体积元被带到与流体间的界面相接触，如流体 1 中某组分 A 的浓度大于与流体 2 相平衡的浓度，流体 1 中的该组分向流体 2 的体积元迁移。经过时间 t_e 以后，该体积元离开界面，另一体积元进入与界面接触，重复上述的传质过程，这样就实现了两相间的传质。把体积元在界面处停留的时间 t_e 称为该微元的寿命。由于微元体积的寿命很短，组分 A 渗透到微元中的深度小于微元体积的厚度，还来不及达到稳态扩散，所发生的传质均由非稳态的分子扩散来实现。在数学上可以把微元与界面间的传质当作一维半无限大的非稳态扩散过程来处理。其初始和边界条件为

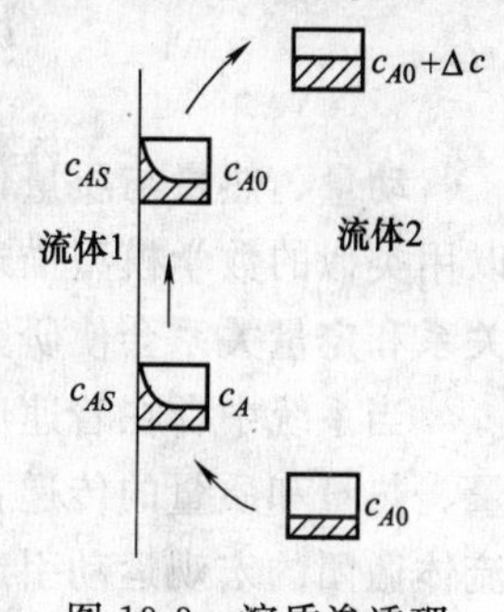

图 13-3 溶质渗透理论示意图

$$t=0,\ x\geqslant 0,\ c_A=c_{A0}$$
$$0\leqslant t\leqslant t_e,\ x=0,\ c_A=c_{AS}$$
$$x\rightarrow\infty,\ c_A=c_{A0}$$

对半无限大的非稳态扩散，由菲克第二定律导出单位时间的平均传质通量 $\overline{N}_A$ 为

$$\overline{N}_A=\frac{2(c_{AS}-c_{A0})\sqrt{D_{AB}t_e/\pi}}{t_e}$$
$$=2(c_{AS}-c_{A0})\sqrt{\frac{D_{AB}}{\pi t_e}} \tag{13-20}$$

如果用对流传质系数表示通量，则

$$\overline{N_A}=k_c(c_{AS}-c_{A0})$$

由此可见，$k_c=2\sqrt{D_{AB}/\pi t_e}$，即 k_c 与 D_{AB} 的平方根成正比。这一点为修伍德等人在填料塔及短湿壁塔中的实验数据所证实。渗透理论把 t_e 当作平均寿命，即每个体积元与界面接触时间都相同，但在实际应用中 t_e 很难求解。

13.4.3 表面更新理论

1951 年丹克沃茨将渗透理论向前推进了一步。在渗透理论中认为流体的体积元与界面的接触时间相同，丹克沃茨则认为接触时间是各不相同的，它们变动在零到无穷大，并按统计规律分布。

所推导出的单位时间的平均传质通量 $\overline{N}_A$ 为

$$\overline{N}_A=(c_{AS}-c_{A0})\sqrt{D_{AB}S} \tag{13-21}$$

又由传质系数定义式知：

$$\overline{N}_A=k_c(c_{AS}-c_{A0})$$

因此，$k_c=\sqrt{D_{AB}S}$，即 k_c 与 D_{AB} 的平方根成正比。这一结论和渗透理论是一致的。表面更新率 S 是一个有待实验测定的常数，它与流体动力学条件及系统的几何形状有关。当湍动强烈时，表面更新率必然增大，故 k_c 与 $\sqrt{S}$ 成正比是合乎逻辑的。

渗透-表面更新理论提出后获得了较快的发展。起初仅是针对吸收中液相内的传质提出的，后来又用于讨论伴有化学反应的吸收问题，现在已发展到用于解释对流传热机理，还可用来说明液-固界面的传质及液-液界面的传热和传质问题。

13.5 动量、热量和质量传输的类比

动量、热量与质量传输是一种探讨速率的科学，三者之间具有许多类似之处，它们不但可以用类似的数学模型描述，而且描述三者的一些物理量之间还存在着某些定量关系。这些类似关系和定量关系会使研究三类传输过程规律的问题得以简化。

当系统中存在着速度、温度和浓度梯度时，则分别发生动量、热量和质量的传输过程。动量、热量和质量的传递，既可由分子的微观运动引起的分子扩散传递，也可由旋涡混合造成的流体微团的宏观运动引起的湍流传递。以下讨论层流传输（分子传递）和湍流传输条件下动量、热量和质量传输的类似性，最后给出三种传输的定量类比。

13.5.1 层流传输（分子传递）的类似性

冶金熔液或气体等流体的黏性、热传导性和质量扩散性，统称为流体的分子传递（传输）性质。因为从微观上来考察，这些性质分别是非均匀流场中分子不规则运动在同一过程所引起的动量、热量和质量传输的结果。当流场中速度分布不均匀时，分子传递的结果产生切应力；而温度分布不均匀时，分子传递的结果产生热传导；在多组分的混合流体中，如果某种组分的浓度分布不均匀，分子传递的结果便引起该组分的质量扩散。表示上述三种分子传输性质的数学关系分别为牛顿黏性定律、傅里叶定律和菲克定律。

13.5.1.1 牛顿黏性定律（Newton’s law of viscosity）

两个作直线运动的流体层之间的切应力正比于垂直于运动方向的速度变化率，即

$$\tau=-\eta\frac{\mathrm{d}v}{\mathrm{d}y} \tag{13-22}$$

对于均质不可压缩流体，上式可改写为

$$\tau=-\frac{\eta}{\rho}\frac{\mathrm{d}(\rho v)}{\mathrm{d}y}=-\nu\frac{\mathrm{d}(\rho v)}{\mathrm{d}y} \tag{13-23}$$

式中 y——垂直于运动方向的坐标，m；

τ——切应力，又称动量通量，Pa；

η——流体的动力黏度或动力黏性系数，Pa·s；

ν——流体的运动黏度，m^2/s，$\nu=\eta/\rho$；

ρ——密度，kg/m^3；

$\mathrm{d}(\rho v)/\mathrm{d}y$——动量浓度变化率，表示单位体积内流体的动量在 y 方向的变化率，$N\cdot s/m^4$ 或

kg/（m³·s）；

式中的负号表示动量通量的方向与速度梯度的方向相反，即动量沿着速度降低的方向传递。

13.5.1.2　傅里叶定律（Fourier's law）

在均匀的各向同性材料内的一维温度场中，通过导热方式传递的热流密度为

$$q=-\lambda\frac{dT}{dy}\tag{13-24}$$

对于恒定ρc_p的流体，上式可改写为

$$q=-\frac{\lambda}{\rho c_p}\frac{d(\rho c_p T)}{dy}=-\alpha\frac{d(\rho c_p T)}{dy}\tag{13-25}$$

式中　y——温度发生变化方向的坐标，m；

q——热流密度，又称热量通量，表示单位时间内通过单位面积传递的热量，W/m^2；

λ——热导率，W/(m·K)；

a——热扩散率，m^2/s；

$d(\rho c_p T)/dy$——焓浓度变化率或热量浓度变化率，$J/(m^3\cdot m)$；

c_p——比定压热容，J/(kg·℃)。

式中的负号表示热量通量的方向与温度梯度的方向相反，即热量是沿着温度降低的方向传递的。

13.5.1.3　菲克第一定律（Fick's law）

在混合物中若各组分存在浓度梯度时，则发生分子扩散。对于两组分系统通过分子扩散传递的组分A的质量通量密度为

$$j_A=-D_{AB}\frac{d\rho_A}{dy}\tag{13-26}$$

式中　y——组分A的密度发生变化的方向的坐标，m；

j_A——组分A的质量通量密度，表示单位时间内通过单位面积传递的组分A的质量，$kg/(m^2\cdot s)$；

D_{AB}——组分A在组分B中的扩散系数，m^2/s；

$d(\rho_A)/dy$——组分A的质量浓度梯度，$kg/(m^3\cdot m)$。

式中的负号表示质量通量的方向与浓度梯度的方向相反，即组分A朝着浓度降低的方向传递。

13.5.1.4　三种传输现象的类比

由牛顿黏性定律、傅里叶定律和菲克第一定律的数学表达式（13-23）、式（13-25）、式（13-26）可以看出，动量、热量和质量传输过程的规律存在着许多类似性，可得到如下几点结论。

① 动量、热量和质量传输通量密度，均等于各自量的扩散系数与各自量的浓度梯度乘积的负值，三种分子传递过程可用一个通式来表达，即

(通量)＝－(扩散系数)×(浓度梯度)

② 动量、热量和质量扩散系数ν、α、D_{AB}具有相同的量纲，其单位均为m^2/s。

③ 通量为单位时间内通过与传递方向相垂直的单位面积上的动量、热量或质量，各量的传递方向均与该量的浓度梯度方向相反，故通量的通式中有一“负”号。

通常将通量密度等于扩散系数乘以浓度梯度的方程称为现象方程，它是一种关联所观察现象的经验方程。

13.5.2 湍流传输的类似性

在湍流流体中，由于存在着大大小小的旋涡运动，所以除分子传递外，还有湍流传递存在。旋涡的运动和交换，会引起流体微团的混合，从而可使动量、热量和质量的传递过程大大加剧。在流体湍动十分强烈的情况下，湍流传输的强度会大大超过分子传输的强度。此时，动量、热量和质量传输的通量也可以仿照分子传输的现象，将方程式（13-23）、式（13-25）和式（13-26）作如下处理。

① 对于湍流动量通量，可写成

$$\tau^{e}=-\varepsilon\frac{\mathrm{d}(\rho v_x)}{\mathrm{d}y} \tag{13-27}$$

式中 τ^{e}——湍流切应力或雷诺应力；

ε——湍流黏度。

② 湍流热量通量，可写成：

$$q^{e}=-\varepsilon_H\frac{\mathrm{d}(\rho c_p T)}{\mathrm{d}y} \tag{13-28}$$

式中 ε_H——湍流热量扩散系数。

③ 组分 A 的湍流质量通量，可写成

$$j_A^{e}=-\varepsilon_M\frac{\mathrm{d}\rho_A}{\mathrm{d}y} \tag{13-29}$$

式中 ε_M——湍流质量扩散系数。

上三式中湍流传输的动量通量、热量通量和质量通量 τ^{e}、q^{e}、j_A^{e} 的量纲次，分别与分子传输时相应的通量 τ、q、j_A 的量纲相同，它们的单位分别为 $N/m^2 \cdot s$、$J/m^2 \cdot s$、$kg/m^2 \cdot s$。各湍流扩散系数 ε、ε_H、和 ε_M 的量纲也与分子扩散系数 ν、α、D_{AB} 的量纲相同，单位为 m^2/s。在湍流传输过程中，ε、ε_H、和 ε_M 的数量级相同，因此，可采用类比的方法研究动量、热量和质量传输过程。在许多场合，可以采用类似的数学模型来描述三类传递过程的规律。在研究过程中已得悉，这三类传递过程的某些物理量之间还有一定关系。

需要注意的是：分子扩散系数 ν、α、D_{AB} 是物质的物理性质常数，它们仅与温度、压力及组成等因素有关。但湍流扩散系数 ε、ε_H、和 ε_M，则与流体的性质无关，而与湍动程度、流体在流道中所处的位置、边壁糙度等因素有关，因此湍流扩散系数较难确定。

表 13-3 中列出了三种情况下的传输通量表达式。

表 13-3 动量、热量和质量传输的通量表达式

项目	仅有分子运动的传输过程	以湍流运动为主的传输过程	兼有分子运动和湍流运动的传输过程
动量通量	$\tau=-\nu\frac{\mathrm{d}(\rho v_x)}{\mathrm{d}y}$	$\tau^{e}=-\varepsilon\frac{\mathrm{d}(\rho v_x)}{\mathrm{d}y}$	$\tau^{e}=-(\nu+\varepsilon)\frac{\mathrm{d}(\rho v_x)}{\mathrm{d}y}$
热量通量	$q=-a\frac{\mathrm{d}(\rho c_p T)}{\mathrm{d}y}$	$q^{e}=-\varepsilon_H\frac{\mathrm{d}(\rho c_p T)}{\mathrm{d}y}$	$q_t=-(a+\varepsilon_H)\frac{\mathrm{d}(\rho c_p T)}{\mathrm{d}y}$
质量通量	$j_A=-D_{AB}\frac{\mathrm{d}\rho_A}{\mathrm{d}y}$	$j_A^{e}=-\varepsilon_M\frac{\mathrm{d}\rho_A}{\mathrm{d}y}$	$j_{At}=-(D_{AB}+\varepsilon_M)\frac{\mathrm{d}\rho_A}{\mathrm{d}y}$

13.5.3 三种传输的类比

由于湍流流动的机理十分复杂，湍流扩散系数 ε、ε_H 和 ε_M 都很难用纯数学方法求得，一般工程上均采用类比法来求解湍流流动问题，即根据摩擦系数由类比关系推算出传热系数及传质系数。

在讨论传输现象相似时，都要求体系满足下列的 5 个条件：①常物性；②体系内不产生能量和质量，即不发生化学反应；③无辐射能量的吸收与发射；④无黏性损耗；⑤速度分布不受传质的影响，即只有低速率的传质存在。

13.5.3.1 雷诺类比

当流体沿平板作层流流动时，如果 $Sc=1$，边界层内浓度分布与速度分布的关系为

$$\frac{\partial}{\partial y}\left(\frac{c_A-c_{AS}}{c_{A\infty}-c_{AS}}\right)\bigg|_{y=0}=\frac{\partial}{\partial y}\left(\frac{v_x}{v_\infty}\right)\bigg|_{y=0} \tag{13-30}$$

紧贴壁面 $y=0$ 处的通量可表示为

$$N_{Ay}=-D_{AB}\frac{\partial}{\partial y}(c_A-c_{AS})\bigg|_{y=0}=k_c(c_{AS}-c_{A\infty}) \tag{13-31}$$

联立以上两式，得

$$k_c=\frac{\eta}{\rho v_\infty}\left(\frac{\partial v_x}{\partial y}\right)\bigg|_{y=0}$$

由式（5-27）关于摩擦阻力系数的定义，有

$$C_f=\frac{\tau_s}{\dfrac{\rho v_\infty^2}{2}}=\frac{2\eta\left(\dfrac{\partial v_x}{\partial y}\right)\bigg|_{y=0}}{\rho v_\infty^2}$$

所以

$$\left(\frac{\partial v_x}{\partial y}\right)\bigg|_{y=0}=\frac{C_f\rho v_\infty^2}{2\eta}$$

代入可得

$$\frac{k_c}{v_\infty}=\frac{C_f}{2}=S^*t \tag{13-32}$$

式中，S^*t 称为传质斯坦顿数。式（13-32）为传质雷诺类比，只要知道摩擦阻力系数，就可以算出对流传质系数。说明动量传递与质量传递是相似的。式（13-32）是两种传输的定量类比。

与传质类比相同，热量传递与动量传递也存在相似的定量类比关系。在热量传输中，当 $Pr=1$ 时，有

$$\frac{a}{\rho c_p v_\infty}=\frac{C_f}{2}=St \tag{13-33}$$

式中，St 为斯坦顿数，$St=Nu/(RePr)$。式（13-32）和式（13-33）具有相似性。

13.5.3.2 普朗特类比

普朗特假设湍流流动是由层流底层与湍流核心区组成的，对于层流底层来说，动量和质量的湍流扩散率可以忽略不计，从而导出与对流换热普朗特类比相似的对流传质普朗特类比关系式，即

$$\frac{k_c}{v_\infty}=\frac{\sqrt{C_f/2}}{1+5\sqrt{C_f/2}(Sc-1)} \tag{13-34}$$

将式（13-34）等号两边重新整理并乘以$\frac{v_\infty L}{D_{AB}}$，其中 L 是特征长度，得

$$\frac{k_c}{v_\infty}\frac{v_\infty L}{D_{AB}}=\frac{(C_f/2)(v_\infty L/D_{AB})}{1+5\sqrt{C_f/2}(Sc-1)}$$

或

$$Sh_L=\frac{(C_f/2)ReSc}{1+5\sqrt{C_f/2}(Sc-1)} \tag{13-35}$$

13.5.3.3　卡门类比

卡门认为湍流流动是由层流底层、过渡层和湍流核心区组成，从而导出质量传输的卡门类比关系式，即

$$\frac{k_c}{v_\infty}=\frac{(C_f/2)}{1+5\sqrt{C_f/2}\{Sc-1+\ln[(1+5Sc)/6]\}} \tag{13-36}$$

或

$$Sh_L=\frac{(C_f/2)ReSc}{1+5\sqrt{C_f/2}(Sc-1)\{Sc-1+\ln[(1+5Sc)/6]\}} \tag{13-37}$$

13.5.3.4　奇尔顿-科尔伯思类比

奇尔顿-科尔伯思认为满足传质实验数据的最好关联式为

$$\frac{k_c}{v_\infty}=\frac{C_f/2}{Sc^{2/3}}$$

或

$$j_D=\frac{k_c}{v_\infty}Sc^{2/3}=\frac{C_f}{2} \tag{13-38}$$

式（13-38）对于气体或液体而言，当 $0.6<Sc<2500$ 时都是正确的。j_D为传质的 j 因子，它与前面所定义的换热 j 因子相似。虽然式（13-38）是一个根据层流和湍流的实验数据而建立的经验方程，但是它满足下述平板层流边界层的精确解：

$$Sh_x=0.332Re_x^{1/2}Sc^{1/3}$$

完整的奇尔顿-科尔伯思类比关系式为

$$j_H=j_D=\frac{C_f}{2} \tag{13-39}$$

式（13-39）把三种传输现象联系在一起，它对于平板流动是准确的，而对于其他没有形状阻力存在的几何形体也是适用的。但是，对有形状阻力的体系应改为

$$j_H=j_D\neq\frac{C_f}{2} \tag{13-40}$$

或

$$\frac{a}{\rho v_\infty c_p}(Pr)^{\frac{2}{3}}=\frac{k_c}{v_\infty}Sc^{\frac{2}{3}} \tag{13-41}$$

式（13-41）把对流换热和对流传质关联在一个表达式中，因此可以通过一种传输现象的已知数据，来确定另一种传输现象的未知系数。对于气体或液体而言，式（13-41）适用条件为 $0.6<Sc<2500$，$0.6<Pr<100$。

【例 13-1】 湿球温度计的头部包上湿纱布置于压力为$1\times10^5\text{N/m}^2$的空气中，温度计读数t_s为18℃。它所指示的温度是少量液体蒸发到大量未饱和蒸气的稳态平衡温度。此温度下的物性参数为：水的蒸气压$0.02\times10^5\text{N/m}^2$，蒸发潜热2478kJ/kg，$C_{H_2O,s}=87\times10^5\text{kmol/m}^3$，$C_{H_2O,\infty}=0$，空气密度$C_{H_2O,\infty}=01.216\text{kg/m}^3$，比热容1.005kJ/(kg·℃)，$Pr=0.72$，$Sc=0.61$。试求空气温度$t_\infty$为多少？

解：水蒸发时通量为

$$N_{H_2O}=k_c(C_{H_2O,s}-C_{H_2O,\infty})$$

水蒸发所需的能量，是由对流换热提供的，即

$$q=a(t_\infty-t_s)=LM_{H_2O}N_{H_2O}$$

式中，L为表面温度下水的蒸发潜热。由此可知：

$$t_\infty=\frac{LM_{H_2O}N_{H_2O}}{a}+t_s$$

将第一式代入，可得

$$t_\infty=LM_{H_2O}\frac{k_c}{a}(C_{H_2O,s}-C_{H_2O,\infty})+t_s$$

应用奇尔顿-科尔伯思的j因子，可求出：$j_H=j_D$

即

$$\frac{a}{\rho v_\infty c_p}(Pr)^{\frac{2}{3}}=\frac{k_c}{v_\infty}Sc^{\frac{2}{3}}$$

于是

$$\frac{k_c}{a}=\frac{1}{\rho c_p}\left(\frac{Pr}{Sc}\right)^{\frac{2}{3}}$$

所以

$$t_\infty=\frac{LM_{H_2O}}{\rho c_p}\left(\frac{Pr}{Sc}\right)^{\frac{2}{3}}(C_{H_2O,s}-C_{H_2O,\infty})+t_s=\left[\frac{2478\times18}{1.216\times1.005}\times\left(\frac{0.27}{0.61}\right)^{\frac{2}{3}}\times(87\times10^{-5}-0)+18\right]℃=53.5℃$$

复习思考题

1. 构造对流传质通量密度公式，并与对流换热牛顿冷却公式相对比。
2. 推导对流传质微分方程，并用相似原理求出Sh数（舍伍德数）。
3. 用量纲分析法求出强制对流传质的特征数方程式。
4. 用量纲分析法求出自然对流传质的特征数方程式。
5. 传质模型主要有哪些？叙述其主要思想。
6. 类比牛顿黏性定律、傅里叶导热定律、菲克第一定律，说明其共同特点。

习　题

1. 一流体流过一块可轻微溶解的薄平板，在板的上方将有扩散发生。假设流体的速度与板平行，其值为$v=ay$。式中y为离开平板的距离，a为常数。试证明当附加某些简化条件以后，描述此传质过程的微分方程为：

$$D_{AB}\left(\frac{\partial^2 c_A}{\partial x^2}+\frac{\partial^2 c_A}{\partial y^2}\right)=ay\frac{\partial c_A}{\partial x}$$

并列出所作的简化假设条件。

2. 欲测定常压下热空气的温度，估计其温度在100℃以上，但现在温度计只能用来测定100℃以下的温度。因此在温度计头上先缠以湿纱布，然后再放到气流中去。在整个测定过程中纱布完全润湿，当到达稳定状态后湿球温度计上读数为32℃，试求热空气的真实温度。计算时可近似取 $Sc/Pr=0.6/0.7$。

3. 常压下45℃的空气以1m/s的速度预先通过直径为25mm、长度为2m的金属管道，然后进入与该管道连接的具有相同直径的萘管，于是萘由管壁向空气中传质。如萘管长度为0.6m，试求算出口气体中萘的浓度以及针对全萘管的传质速率。[45℃及101.3kPa（1atm）下萘在空气中的扩散系数为 $6.87\times10^{-6}\,m^2/s$，萘的饱和浓度为 $2.80\times10^{-5}\,kmol/m^3$]。

4. 干空气以5m/s的速度吹过 $0.3\times0.3\,m^2$ 的浅盛水盘，在空气温度20℃、水温15℃的条件下，问水的蒸发速率为多少？已知 $D=0.224\,cm^2/s$。

附　录

附录 A　高斯误差函数表

$$\mathrm{erf}(x)=\frac{2}{\sqrt{\pi}}\int_0^x \mathrm{e}^{-\eta^2}\,\mathrm{d}\eta$$

x	erf(x)	x	erf(x)	x	erf(x)	x	erf(x)	x	erf(x)
0.0	0.00000	0.38	0.40901	0.76	0.71754	1.28	0.92973	2.10	0.99702
0.02	0.02256	0.40	0.42839	0.78	0.73001	1.32	0.93806	2.20	0.99814
0.04	0.04511	0.42	0.44749	0.80	0.74210	1.36	0.94556	2.30	0.99886
0.06	0.06762	0.44	0.46622	0.82	0.75381	1.40	0.95228	2.40	0.99931
0.08	0.09008	0.46	0.48466	0.84	0.76514	1.44	0.95830	2.50	0.99959
0.10	0.11246	0.48	0.50275	0.86	0.77610	1.48	0.96365	2.60	0.99976
0.12	0.13476	0.50	0.52050	0.88	0.78669	1.52	0.96841	2.70	0.99987
0.14	0.15695	0.52	0.53790	0.90	0.79691	1.56	0.97263	2.80	0.99993
0.16	0.17901	0.54	0.55494	0.92	0.80677	1.60	0.97635	2.90	0.99996
0.18	0.20094	0.56	0.57162	0.94	0.81672	1.64	0.97962	3.00	0.99998
0.20	0.22270	0.58	0.58792	0.96	0.82542	1.68	0.98249	3.20	0.99999
0.22	0.24430	0.60	0.60386	0.98	0.83423	1.72	0.98500	3.40	1.00000
0.24	0.26570	0.62	0.61941	1.00	0.84270	1.76	0.98719	3.60	1.00000
0.26	0.28690	0.64	0.63459	1.04	0.85865	1.80	0.98909		
0.28	0.30788	0.66	0.64938	1.08	0.87333	1.84	0.99074		
0.30	0.32863	0.68	0.66278	1.12	0.88079	1.88	0.99216		
0.32	0.34913	0.70	0.67780	1.16	0.89910	1.92	0.99338		
0.34	0.36936	0.72	0.69143	1.20	0.91031	1.96	0.99443		
0.36	0.38933	0.74	0.70468	1.24	0.92050	2.00	0.99532		

附录 B　金属材料的密度、比定压热容和热导率

材料名称	20℃		热导率 λ/[W/(m·℃)]										
	密度 ρ /(kg/m²)	比定压热容 C_p /[J/(kg·℃)]		温度/℃									
			20	−100	0	100	200	300	400	600	800	1000	1200
纯铝	2710	902	236	243	236	240	238	234	223	215			
杜拉铝(96Al-4Cu,微量 Mg)	2790	881	169	124	160	188	188	193					
铝合金(92Al-8Mg)	2610	904	107	86	102	123	148						
铝合金(87Al-13Si)	2660	871	162	139	158	173	176	180					
铍	1850	1758	219	382	213	170	145	129	118				
纯铜	8930	386	398	421	401	393	389	384	379	366	352		
铝青铜(90Cu-10Al)	8360	420	56		49	57	66						
青铜(89Cu-11Sn)	8800	343	24.8		24	28.4	33.2						

续表

材料名称	20℃		热导率 λ/[W/(m·℃)]										
	密度 ρ /(kg/m^2)	比定压热容 C_p /[J/(kg·℃)]	温度/℃										
			20	−100	0	100	200	300	400	600	800	1000	1200
黄铜(70Cu-30Zn)	8440	377	109	90	106	131	143	145	148				
铜合金(60Cu-40Ni)	8920	410	22.2	19	22.2	23.4							
黄金	19300	127	315	331	318	313	310	305	300	287			
纯铁	7870	455	81.1	96.7	83.5	72.1	63.5	56.5	50.3	39.4	29.6	29.4	31.6
灰铸铁(w_C≈3%)	7570	470	39.2		28.5	32.4	35.8	37.2	36.6	20.8	19.2		
碳钢(w_C≈0.5%)	7840	465	49.8		50.5	47.5	44.8	42.0	39.4	34.0	29.0		
碳钢(w_C≈1.5%)	7750	470	36.7		36.8	36.6	36.2	35.7	34.7	31.7	27.8		
铬钢(w_{Cr}≈5%)	7830	460	36.1		36.3	35.2	34.7	33.5	31.4	23.0	27.2	27.2	27.2
铬钢(w_{Cr}≈13%)	7740	460	26.8		26.5	27.0	27.0	27.0	27.6	28.4	29.0	29.0	
铬钢(w_{Cr}≈17%)	7710	460	22		22	22.2	22.6	22.6	23.3	24.0	24.8	25.5	
铬钢(w_{Cr}≈26%)	7650	460	22.6		22.6	23.8	25.5	27.2	28.5	31.8	35.1	38	
铬镍钢(17～19Cr/9～13Ni)	7830	460	14.7	11.8	14.3	16.1	17.5	18.8	20.2	22.8	25.5	28.2	30.9
镍钢(w_{Ni}≈1%)	7900	460	45.5	40.8	45.2	46.8	46.1	44.1	41.2	35.7			
镍钢(w_{Ni}≈3.5%)	7910	460	36.5	30.7	36.0	38.8	39.7	39.2	37.8				
镍钢(w_{Ni}≈25%)	8030	460	13.0										
镍钢(w_{Ni}≈35%)	8110	460	13.8	10.9	13.4	15.4	17.1	18.6	20.1	23.1			
镍钢(w_{Ni}≈50%)	8260	460	19.6	17.3	19.4	20.5	21.0	21.1	21.3	22.5			
锰钢(12～13Mn/3Ni)	7800	487	13.6			14.8	16.0	17.1	18.3				
锰钢(w_{Mn}≈0.4%)	7860	440	51.2			51.0	50.0	47.0	43.5	35.5	27		
钨钢(w_W≈5%～6%)	8070	436	18.7		18.4	19.7	21.0	22.3	23.6	24.9	26.3		
铅	11340	123	35.3	37.2	35.5	34.3	32.8	31.5					
镁	1730	1020	156	160	157	154	152	150					
钼	9590	255	133	146	139	135	131	127	123	116	100	103	93.7
镍	8900	444	91.4	144	94	82.8	74.2	67.3	64.6	69.0	73.3	77.6	81.9
铂	21450	133	71.4	73.3	71.5	71.6	72.0	72.8	73.6	76.6	80.0	84.2	88.9
银	10500	234	427	431	428	422	415	407	399	384			
锡	7310	228	67	75	68.2	63.2	60.9						
钛	4500	520	22	23.3	22.4	20.7	19.9	19.5	19.4	19.9			
铀	19070	116	27.4	24.3	27	29.1	31.1	33.4	35.7	40.6	45.6		
锌	7140	388	121	123	122	117	112						
锆	6570	276	22.9	26.5	23.2	21.8	21.2	29.9	21.4	22.3	24.5	26.4	28.0
钨	19350	134	179	204	182	166	153	142	134	125	119	114	110

附录C 几种保温、耐火材料的热导率与温度的关系

材料名称	材料最高允许温度 t/℃	密度 ρ/(kg/m^3)	热导率 λ/[W/(m·℃)]
超细玻璃棉毡、管	400	18～20	$0.033+0.00023t$[①]
矿渣棉	550～600	350	$0.0674+0.000215t$
水泥蛭石制品	800	420～450	$0.103+0.000198t$
水泥珍珠岩制品	600	300～400	$0.065+0.000105t$
粉煤灰泡沫砖	300	500	$0.099+0.0002t$
水泥泡沫砖	250	450	$0.1+0.0002t$
A级硅藻土制品	900	500	$0.0395+0.00019t$
B级硅藻土制品	900	550	$0.0477+0.0002t$
膨胀珍珠岩	1000	55	$0.0424+0.000137t$

续表

材料名称	材料最高允许温度 t/℃	密度 ρ/(kg/m³)	热导率 λ/[W/(m·℃)]
微孔硅酸钙制品	650	≤250	$0.041+0.0002t$
耐火黏土砖	1350～1450	1800～2040	$(0.7\sim0.84)+0.00058t$
轻质耐火砖	1250～1300	800～1300	$(0.29\sim0.41)+0.00026t$
超轻质耐火黏土砖	1150～1300	540～610	$0.093+0.00016t$
超轻质耐火黏土砖	1100	270～330	$0.058+0.00017t$
硅砖	1700	1900～1950	$0.093+0.0007t$
镁砖	1600～1700	2300～2600	$2.1+0.00019t$
铬砖	1600～1700	2600～2800	$4.7+0.00017t$

① t 表示材料的平均摄氏温度。

附录 D 饱和水的热物理性质

t/℃	$p\times10^{-5}$/Pa	ρ/(kg/m³)	h/(kJ/kg)	c_p/[kJ/(kg·℃)]	$\lambda\times10^2$/[W/(m·℃)]	$a\times10^8$/(m²/s)	$\eta\times10^6$/Pa·s	$\nu\times10^6$/(m²/s)	$\alpha_V\times10^4$/K⁻¹	σ/(N/m)	Pr
0	0.00611	999.9	0	4.212	55.1	13.1	1788	1.789	−0.81	756.4	13.67
10	0.01227	999.7	42.04	4.191	57.4	13.7	1306	1.305	+0.87	741.6	9.52
20	0.02338	998.2	83.91	4.183	59.9	14.3	1004	1.006	2.09	726.9	7.02
30	0.4241	995.7	125.7	4.174	61.8	14.9	801.5	0.805	3.05	712.2	5.42
40	0.07375	992.2	167.5	4.174	63.5	15.3	653.3	0.659	3.87	696.5	4.31
50	0.12335	988.1	209.3	4.174	64.8	15.7	549.4	0.556	4.49	676.9	3.54
60	0.1992	983.1	257.3	4.179	65.9	16.0	469.1	0.478	5.11	662.2	2.99
70	0.3116	977.8	293.0	4.187	66.8	16.3	406.1	0.415	5.70	643.5	2.55
80	0.4736	971.8	355.0	4.195	67.4	16.6	355.1	0.365	6.32	625.9	2.21
90	0.7011	965.3	377.0	4.208	68.0	16.8	314.9	0.326	6.95	607.2	1.95
100	1.013	958.4	419.1	4.220	68.3	16.9	282.5	0.295	7.52	588.6	1.75
110	1.43	951.0	461.4	4.233	68.5	17.0	259.0	0.272	8.08	569.0	1.60
120	1.98	943.1	503.7	4.250	68.6	17.1	237.4	0.252	8.61	548.4	1.47
130	2.70	934.8	546.4	4.266	68.6	17.2	217.8	0.233	9.19	528.8	1.36
140	3.61	926.1	589.1	4.287	68.5	17.2	201.1	0.217	9.72	507.2	1.26
150	4.76	917.0	632.2	4.313	68.4	17.3	186.4	0.203	10.3	486.6	1.17
160	6.18	907.0	675.4	4.346	68.3	17.3	173.6	0.191	10.7	466.0	1.10
170	7.92	897.3	719.3	4.380	67.9	17.3	162.3	0.181	11.3	443.4	1.05
180	10.03	886.9	763.3	4.417	67.4	17.2	153.0	0.173	11.9	422.8	1.00
190	12.55	876.0	807.8	4.459	67.0	17.1	144.2	0.165	12.6	400.2	0.96
200	15.55	863.0	852.8	4.505	66.3	17.0	136.4	0.158	13.3	376.7	0.93
210	19.08	852.3	897.7	4.555	65.5	16.9	130.5	0.153	14.1	354.1	0.91
220	23.20	840.3	943.7	4.614	64.5	16.6	124.6	0.148	14.8	331.6	0.89
230	27.98	827.3	990.2	4.681	63.7	16.4	119.7	0.145	15.9	310.0	0.88
240	33.48	813.6	1037.5	4.756	62.8	16.2	114.8	0.141	16.8	285.5	0.87
250	39.78	799.0	1085.7	4.844	61.8	15.9	109.9	0.137	18.1	261.9	0.86
260	46.94	784.0	1135.7	4.949	60.5	15.6	105.9	0.135	19.7	237.4	0.87
270	55.05	767.9	1185.7	5.070	59.0	15.1	102.0	0.133	21.6	214.8	0.88
280	64.19	750.7	1236.8	5.230	57.4	14.6	98.1	0.131	23.7	191.3	0.90
290	74.45	732.3	1290.0	5.485	55.8	13.9	94.2	0.126	26.2	168.7	0.93
300	85.92	712.5	1344.9	5.736	54.0	13.2	91.2	0.129	29.2	144.2	0.97
310	98.70	619.1	1402.2	6.071	52.3	12.5	88.3	0.128	32.9	120.7	1.03
320	12.90	667.1	1462.1	6.574	50.6	11.5	85.3	0.128	38.2	98.10	1.11
330	128.65	640.2	1526.2	7.244	48.4	10.4	81.4	0.127	53.4	56.70	1.39
340	146.08	610.1	1594.8	8.165	45.7	9.17	77.5	0.127	53.4	56.70	1.39
350	165.37	574.4	1671.4	9.504	43.0	7.88	72.6	0.126	66.8	38.16	1.60
360	186.74	528.0	1761.5	13.984	39.5	5.36	66.7	0.126	109	20.21	2.35
370	210.58	450.5	1892.5	40.321	33.7	1.86	56.9	0.126	164	4.709	6.79

附录 E　液态金属的热物理性质

金属名称	t/℃	ρ /(kg/m³)	λ /[W/(m·℃)]	c_p /[kJ/(kg·℃)]	$a\times10^6$ /(m²/s)	$\nu\times10^8$ /(m²/s)	$Pr\times10^2$
水银 熔点−38.9℃ 沸点 357℃	20	13550	7.90	0.1390	4.36	11.4	2.72
	100	13350	8.95	0.1373	4.89	9.4	1.92
	150	13230	9.65	0.1373	5.30	8.6	1.62
	200	13120	10.3	0.1373	5.72	8.0	1.40
	300	12880	11.7	0.1373	6.64	7.1	1.07
锡 熔点 231.9℃ 沸点 2270℃	250	6980	34.1	0.255	19.2	27.0	1.41
	300	6940	33.7	0.255	19.0	24.0	1.26
	400	6860	33.1	0.255	18.9	20.0	1.06
	500	6790	32.6	0.255	18.8	17.3	0.92
铋 熔点 271℃ 沸点 1477℃	300	10030	13.0	0.151	8.61	17.1	1.98
	400	9910	14.4	0.151	9.72	14.2	1.46
	500	1785	15.8	0.151	10.8	12.2	1.13
	600	9660	17.2	0.151	11.9	10.8	0.91
锂 熔点 179℃ 沸点 1317℃	200	515	37.2	4.187	17.2	111.0	6.43
	300	505	39.0	4.187	18.3	92.7	5.03
	400	495	41.9	4.187	20.3	81.7	4.04
	500	484	45.3	4.187	22.3	73.4	3.28
铋铅(w_{Bi}=56.5%) 熔点 123.5℃ 沸点 1670℃	150	10550	9.8	0.146	6.39	28.9	4.50
	200	10490	10.3	0.146	6.67	24.3	3.64
	300	10360	11.4	0.146	7.50	18.7	2.50
	400	10240	12.6	0.146	8.33	15.7	1.87
	500	10120	14.0	0.146	9.44	13.6	1.44
钠钾(w_{Na}=56.5%) 熔点−11℃ 沸点 784℃	100	851	23.2	1.143	23.9	60.7	2.51
	200	828	24.5	1.072	27.6	45.2	1.64
	300	808	25.8	1.038	31.0	36.6	1.18
	400	778	27.1	1.005	34.7	30.8	0.89
	500	753	28.4	0.967	39.0	26.7	0.69
	600	729	29.6	0.934	43.6	23.7	0.54
	700	704	30.9	0.900	48.8	21.4	0.44
钠 熔点 97.8℃ 沸点 883℃	150	916	84.9	1.356	68.3	59.4	0.87
	200	903	81.4	1.327	67.8	50.6	0.75
	300	878	70.9	1.281	63.0	39.4	0.63
	400	854	63.9	1.273	58.9	33.0	0.56
	500	829	57.0	1.273	54.2	28.9	0.53
钾 熔点 64℃ 沸点 760℃	100	819	46.6	0.805	70.7	55	0.78
	250	783	44.8	0.783	73.1	38.5	0.53
	400	747	39.4	0.769	68.8	29.6	0.43
	750	678	28.4	0.775	54.2	20.2	0.37

附录 F　干空气的热物理性质

(p=760mmHg=1.01325×10⁵Pa)

t/℃	ρ /(kg/m³)	c_p /[kJ/(kg·℃)]	$\lambda\times10^2$ /[W/(m·℃)]	$a\times10^6$ /(m²/s)	$\eta\times10^6$ /Pa·s	$\nu\times10^6$ /(m²/s)	Pr
−50	1.584	1.013	2.04	12.7	14.6	9.23	0.782
−40	1.515	1.013	2.12	13.8	15.2	10.04	0.728
−30	1.453	1.013	2.20	14.9	15.7	10.80	0.723
−20	1.395	1.009	2.23	16.2	16.2	11.61	0.716

续表

t/℃	ρ /(kg/m³)	c_p /[kJ/(kg·℃)]	$\lambda\times10^2$ /[W/(m·℃)]	$a\times10^6$ /(m²/s)	$\eta\times10^6$ /Pa·s	$\nu\times10^6$ /(m²/s)	Pr
−10	1.342	1.009	2.36	17.4	16.7	12.43	0.712
0	1.293	1.005	2.44	18.8	17.2	13.28	0.707
10	1.247	1.005	2.51	20.0	17.6	14.16	0.705
20	1.205	1.005	2.59	21.4	18.1	15.06	0.703
30	1.165	1.005	2.67	22.9	18.6	16.00	0.701
40	1.128	1.005	2.76	24.3	19.1	16.96	0.699
50	1.093	1.005	2.83	25.7	19.6	17.95	0.698
60	1.060	1.005	2.90	27.2	20.1	18.97	0.696
70	1.029	1.009	2.96	28.6	20.6	20.02	0.694
80	1.000	1.009	3.05	30.2	21.1	21.09	0.692
90	0.972	1.009	3.13	31.9	21.5	22.10	0.690
100	0.946	1.009	3.21	33.6	21.9	23.13	0.688
120	0.898	1.009	3.34	36.8	22.8	25.45	0.686
140	0.854	1.013	3.49	40.3	23.7	27.30	0.684
160	0.815	1.017	3.64	43.9	24.5	30.09	0.682
180	0.779	1.022	3.78	47.5	25.3	32.49	0.681
200	0.746	1.026	3.93	51.4	26.0	34.85	0.680
250	0.674	1.038	4.27	61.0	27.4	40.61	0.677
300	0.615	1.047	4.60	71.6	29.7	48.33	0.674
350	0.566	1.059	4.91	81.9	31.4	55.46	0.676
400	0.524	1.068	5.21	93.1	33.0	63.09	0.678
500	0.456	1.093	5.74	115.3	36.2	79.38	0.687
600	0.404	1.114	6.22	138.3	39.1	96.89	0.699
700	0.362	1.135	6.71	163.4	41.8	115.4	0.706
800	0.329	1.156	7.18	188.8	43.3	134.8	0.713
900	0.301	1.172	7.63	216.2	46.7	155.1	0.717
1000	0.277	1.185	8.07	245.9	49.0	177.1	0.719
1100	0.257	1.197	8.50	276.2	51.2	199.3	0.722
1200	0.239	1.210	9.15	316.5	53.5	233.7	0.724

附录 G 在大气压力下烟气的热物理性质

（烟气中组成成分：$\varphi_{CO_2}=0.13$；$\varphi_{H_2O}=0.11$；$\varphi_{N_2}=0.76$）

t/℃	ρ /(kg/m³)	c_p /[kJ/(kg·℃)]	$\lambda\times10^2$ /[W/(m·℃)]	$a\times10^6$ /(m²/s)	$\eta\times10^6$ /Pa·s	$\nu\times10^6$ /(m²/s)	Pr
0	1.295	1.042	2.28	16.9	15.8	12.20	0.72
100	0.950	1.068	3.13	30.8	20.4	21.54	0.69
200	0.748	1.097	4.01	48.9	24.5	32.80	0.67
300	0.617	1.122	4.84	69.9	28.2	48.51	0.65
400	0.525	1.151	5.70	94.3	31.7	60.38	0.64
500	0.457	1.185	6.56	121.1	34.8	76.30	0.63
600	0.405	1.214	7.42	150.9	37.9	93.61	0.62
700	0.363	1.239	8.27	183.8	40.7	112.1	0.61
800	0.330	1.264	9.15	219.7	43.4	131.8	0.60
900	0.301	1.290	10.00	258.0	45.9	152.5	0.59
100	0.275	1.306	10.09	303.4	48.4	174.3	0.58
1100	0.257	1.323	11.75	345.5	50.7	197.1	0.57
1200	0.240	1.340	12.62	392.4	53.0	221.0	0.56

附录 H 二元体系的质量扩散系数

表 1 气体中二元质量扩散系数

体　系	T/K	$D_{AB}P$/(cm² · Pa/s)	体　系	T/K	$D_{AB}P$/(cm² · Pa/s)
空气					
氨	273	2.006	氮	298	1.601
苯胺	298	0.735	氧化氮	298	1.185
苯	298	0.974	丙烷	298	0.874
溴	293	0.923	水	298	1.661
二氧化碳	273	1.378	一氧化碳		
二硫化碳	273	0.894	乙烯	273	1.530
氯	273	1.256	氢	273	6.595
联(二)苯	491	1.621	氮	288	1.945
醋酸乙脂	273	0.718	氧	273	1.874
乙醇	298	1.337	氦		
乙醚	293	0.908	氩	273	6.493
碘	298	0.845	苯	298	3.890
甲醇	298	1.641	乙醇	298	5.004
贡	614	4.791	氢	293	16.613
萘	298	0.619	氖	293	12.460
硝基苯	298	0.879	水	298	9.198
正辛烷	298	0.610	氢		
氧	273	1.773	氨	293	8.600
醋酸丙醇	315	0.932	氩	293	7.800
二氧化硫	273	1.236	苯	273	3.211
甲苯	298	0.855	乙烷	273	4.447
水	298	2.634	甲烷	273	6.331
氨	氧	273	7.061		
乙烯	293	1.793	水	293	8.611
氖	293	3.333	氨	293	2.441
二氧化碳					
苯	318	0.724	乙烯	298	1.651
二硫化碳	318	0.724	氢	288	7.527
醋酸乙酯	319	0.675	碘	273	0.709
乙醇	273	0.702	氧	273	1.834
乙醚	273	0.548	氧		
氢	273	5.572	氨	293	2.563
甲烷	273	1.550	苯	296	0.951
甲醇	298.6	1.064	乙烯	293	1.844

表 2 固体中二元扩散系数

溶质	固体	温度/K	扩散系数/(cm²/s)	溶质	固体	温度/K	扩散系数/(cm²/s)
氦	派热克斯玻璃	293	4.49×10^{-11}	汞	铝	293	2.50×10^{-15}
		773	2.00×10^{-8}	锑	银	293	3.51×10^{-21}
氢	镍	358	1.16×10^{-8}				
	铁	293	2.59×10^{-9}	铝	铜	293	1.30×10^{-30}
铋	铅	293	1.10×10^{-16}	镉	铜	293	2.71×10^{-15}

附录I　固体材料沿表面法线方向上辐射发射率 ε（ε_n）

材　　料	t/℃	ε
氧化后的铁	100	0.736
表面磨光的铝	225～575	0.039～0.057
表面不光滑的铝	26	0.055
在600℃时氧化后的铝	200～600	0.11～0.19
表面磨光的铁	425～1020	0.144～0.377
未经加工处理的铸铁	925～1115	0.87～0.95
表面磨光的钢铸件	770～1040	0.52～0.76
经过研磨的钢板	940～1100	0.55～0.61
在600℃时氧化后的钢	200～600	0.80
氧化铁	500～1200	0.85～0.95
在600℃时氧化后的生铁	200～600	0.64～0.78
生铁(液态、未氧化)	1375以上	0.4～0.5
生铁(液态、氧化)	1230～1280	0.9～0.95
	1375	0.7
钢(液态、为氧化)		0.4
合金钢(液态、氧化)		0.7～0.75
无光泽的黄铜板	50～350	0.22
在600℃时氧化后的黄铜	200～600	0.01～0.59
精密磨光的电解铜	80～115	0.1018～0.023
在600℃时氧化后的生铜	200～600	0.57～0.87
氧化铜	800～1100	0.66～0.54
锡、光亮的镀锡铁皮	25	0.43～0.664
纯汞	0～100	0.09～0.12
磨光的纯银	223～625	0.0198～0.0324
铬	100～1000	0.08～0.26
有光泽的镀锌铁皮	28	0.228
石棉纸	40～370	0.93～0.945
水面	0～100	0.95～0.963
石膏	20	0.093
建筑用砖	29	0.93
上釉的黏土耐火砖	1100	0.75
白釉漆	23	0.906
耐火砖		0.8～0.9
有光泽的黑漆	25	0.875
无光泽的黑漆	40～95	0.96～0.98
各种不同颜色的油质涂料	100	0.92～0.96
表面磨光的灰色大理石	22	0.931
平整的玻璃	22	0.937
石灰浆粉刷	10～88	0.91
熔附在铁面上的白色珐琅	19	0.897
油纸	21	0.91

附录J　主要物理量的单位换算表

物理量[量纲]	N	dym	kgf		
力[MLT^{-2}]	1	1×10^{-5}	1.020×10^{-1}		
	1×10^{-5}	1	1.020×10^{-6}		
	9.807	9.807×10^{5}	1		
	Pa	Bar	atm	$kgf\cdot cm^{-2}$	mmHg(torr)
压力、应力[$ML^{-1}T^{-2}$]	1	1×10^{-5}	9.869×10^{-6}	1.020×10^{-5}	7.501×10^{-3}
	1×10^{5}	1	9.869×10^{-1}	1.020	7.501×10^{2}
	1.013×10^{5}	1.013	1	1.033	7.30×10^{2}
	9.807×10^{4}	9.807×10^{-1}	9.687×10^{-1}	1	7.36×10^{2}
	1.333×10^{2}	1.333×10^{-3}	1.316×10^{-3}	1.360×10^{-3}	1

续表

物理量[量纲]	N	dym	kgf	
能量、功、热 [ML^2T^{-2}]	J	kgf·m	cal	kW·h
	1	1.020×10^{-1}	2.388×10^{-1}	2.778×10^{-7}
	9.807	1	2.344	2.72×10^{-6}
	4.187	4.27×10^{-1}	1	1.63×10^{-6}
	3.600×10^{6}	3.67×10^{5}	8.598×10^{5}	1
功率、热流量 [ML^2T^{-3}]	W	$J\cdot s^{-1}$	$kgf\cdot m\cdot s^{-1}$	$cal\cdot s^{-1}$
	1	1	1.020×10^{-1}	2.388×10^{-1}
	9.807	9.807	1	2.34
	4.19	4.19	4.27×10^{-1}	1
比热容 [$L^2T^{-2}\theta^{-1}$]	$kJ\cdot kg^{-1}\cdot K^{-1}$	$kcal\cdot kg^{-1}\cdot ℃^{-1}$		
	1	2.388×10^{-1}		
	4.187	1		
热导率 [$MLT^{-3}\theta^{-1}$]	$W\cdot m^{-1}K^{-1}$	$cal\cdot m^{1}\cdot ℃^{-1}$		
	1	2.388×10^{-1}		
	4.187	1		
动力黏度 [$ML^{-1}T^{-1}$]	Pa·s	Poise	$kgf\cdot s\cdot m^{-2}$	
	1	1×10^{1}	1.020×10^{-1}	
	1×10^{-1}	1	1.020×10^{-2}	
	9.807	9.807×10^{1}	1	
运动黏度、热散率 [L^2T^{-1}]	$m^2\cdot s^{-1}$	$cm^2\cdot s^{-1}$	$m^2\cdot h^{-1}$	
	1	1×10^{4}	3.6×10^{3}	
	1×10^{-4}	1	3.60×10^{-1}	
	2.778×10^{-4}	2.778	1	
传热系数、表面传热系数[$MT^{-3}\theta^{-1}$]	$W\cdot m^{-2}\cdot K^{-1}$	$cal\cdot cm^{-2}\cdot s^{-1}\cdot ℃^{-1}$	$kcal\cdot m^{-2}\cdot h^{-1}\cdot ℃^{-1}$	
	1	2.389×10^{-5}	8.60×10^{-1}	
	4.184×10^{4}	1	3.60×10^{4}	
	1.163	2.78×10^{-5}	1	
热流密度(通量) [MT^{-3}]	$W\cdot m^{-2}$	$cal\cdot cm^{-2}\cdot s^{-1}$	$kcal\cdot m^{-2}\cdot h^{-1}$	
	1	2.389×10^{-5}	8.60×10^{-1}	
	4.184×10^{4}	1	3.60×10^{4}	
	1.163	2.78×10^{-5}	1	

参考文献

[1] 鲁德洋．冶金传输基础．西安：西北工业大学出版社，1991.

[2] 吴树森．材料加工冶金传输原理．北京：机械工业出版社，2002.

[3] J. R. 威尔逊等．动量、热量和质量传递原理．第四版．马紫峰等译．北京：化学工业出版社，2005.

[4] 黄卫星等．工程流体力学．北京：化学工业出版社，2001.

[5] 李诗久．工程流体力学．北京：机械工业出版社，1982.

[6] 吉泽升．传输原理．哈尔滨：哈尔滨工业大学出版社，2002.

[7] 陶文铨．数值传热学，第二版．西安：西安交通大学出版社，2003.

[8] 柳百成．铸造工程的模拟仿真与质量控制．北京，机械工业出版社，2002.

[9] 向义和．大学物理导论——物理学的理论与方法、历史与前沿．北京：清华大学出版社，2000.

[10] John H. Lienhard IV *and* John H. Lienhard V. A Heat Transfer Textbook（Third Edition）. Published by Phlogiston Press Cambridge，Massachusetts，U. S. A.，2005.

[11] 钱令希等．中国科学技术专家传略．中国科学技术出版社，北京（1993）：1-19，62-78，122-165.

[12] 周光炯等．流体力学．北京大学出版社，北京（1992）：1-10.

[13] Oswatitsh. CourantR，FriedrichsK. O and LewyH. On the PartialDifference Equations of MathematicalPhysics. IBM Journal. March. 1967：215-234.

[14] Lomax，H.，ed.，MuttiqridMethods，NASACp-2202，1982. Bowditeh，D. N.，Private Communieation，NASALewisReserehCenter，Ctevetand，ohio，Nov. 1982.

[15] Joary. Math. Comput. 18，1（1964）.

[16] A. Jameson，W. Sehmidt，and E. Turket. Numerical Solution of the Euter Equations by Finite Votume Methods UsinqRunqe-KuttaTime-Steppinq Schemes，AIAA Paper No. 81-1259，1981.

[17] 蒋方明，刘登瀛．非傅立叶导热的最新研究进展［J］．力学进展，2002，(1).